“十三五”普通高等教育本科系列教材

基础工程

主　编　黄太华　覃银辉
副主编　黄　伟
参　编　成洁筠　袁　健　全　洪
主　审　江学良

中国电力出版社
CHINA ELECTRIC POWER PRESS

内 容 提 要

本书为“十三五”普通高等教育本科系列教材。全书共分10章，主要内容包括概述、地基基础的类型及其设计原则、条形扩展基础、独立扩展基础、连续基础、桩基础、重力式挡土墙及基坑工程、特殊土地基、地基处理、地基基础抗震。本书根据现行相关规范编写并与工程实践紧密联系，介绍了基础工程的基本设计原理与设计方法，注重对规范的准确理解和应用，并通过适当的例题使读者能够准确掌握重要概念。

本书可作为高等院校建筑工程、岩土工程及相关专业教材，也可作为工程技术人员的参考书，同时对参加注册结构工程师、注册土木工程师（岩土）等考试的人员也会有所帮助。

图书在版编目（CIP）数据

基础工程/黄太华，覃银辉主编．—北京：中国电力出版社，2019.5（2023.1重印）
“十三五”普通高等教育本科规划教材
ISBN 978-7-5198-0421-3

Ⅰ.①基… Ⅱ.①黄… ②覃… Ⅲ.①电力工程—高等学校—教材 Ⅳ.①TM7

中国版本图书馆CIP数据核字（2019）第031068号

出版发行：中国电力出版社
地　　址：北京市东城区北京站西街19号（邮政编码100005）
网　　址：http：//www.cepp.sgcc.com.cn
责任编辑：孙　静　曹　慧
责任校对：黄　蓓　李　楠
装帧设计：赵姗姗
责任印制：钱兴根

印　　刷：廊坊市文峰档案印务有限公司
版　　次：2019年5月第一版
印　　次：2023年1月北京第四次印刷
开　　本：787毫米×1092毫米　16开本
印　　张：20.25
字　　数：500千字
定　　价：58.00元

前 言

基础工程是土木工程专业和岩土工程专业方向的重要专业课，这门课程与工程实践联系较为紧密。

在编者的教学实践中，为了满足教学的基本需求采用过数本不同出版社的教材，总的感觉不是书中错误较多，就是教材对工程实践中很重要的内容表述过于简略，以至于在课程设计和毕业设计时教材不能很好地帮助学生。为了有助于自己的教学，也为了使使用本书的学生或阅读本书的工程技术人员少受误导，编者花了一年左右的时间精心编写了本书。

基础工程实践价值最大也最重要的部分是基础部分，常用的基础有条形扩展基础、独立扩展基础、筏板基础和桩基础。考虑到条形扩展基础和独立扩展基础在工程实践中的重要性和设计方法上的显著差异，本书中这两部分内容单独成章。书中对这些重要内容进行了深入细致的阐述，并配置了适量的例题，既有助于初学者对这些知识点的准确掌握，也有助于对工程实践进行指导。

挡土墙和基坑工程在工程实践中很常用，部分院校安排在特种结构课程中学习。考虑到有的学校没有开设特种结构这门课，本书列入了极其常用的重力式挡土墙和基坑工程的内容，便于没有开设特种结构这门课程的学校选用。

本书共分10章，其中第1章、第2章、第4章由中南林业科技大学黄太华编写，第3章由中南林业科技大学成洁筠编写，第5章和第6章由中南林业科技大学覃银辉编写，第7章由中南林业科技大学成洁筠、袁健共同编写，第8章由中南林业科技大学黄太华、全洪共同编写，第9章、第10章由重庆科技学院黄伟编写。全书由黄太华编写大纲、修改并定稿。

中南林业科技大学江学良教授担任本书主审，为我们提出了许多宝贵意见，在此深表感谢。

本书编写过程中参考了大量文献，编者虽在书后的参考文献中力求列全，但未必能够如愿，若有遗漏望能指出，便于在以后修编时补充。

编写本书时，编者力求准确使用现行规范并与工程实践紧密结合，虽尽了最大的努力，但限于编者水平，书中仍可能存在错漏，恳请读者批评指正并提出宝贵的修改意见。

编 者

2019年3月

目 录

第1章 概　述

1.1 地基与基础的基本概念

基础工程是岩土工程和结构工程相结合的一门学科。通常，用岩土工程的基本理论和方法去解决地基方面的工程问题；由于基础是建筑物结构的一部分，在基础设计中需要进行结构计算，因此，基础工程也与结构计算理论和计算技术密切相关。

基础工程研究的对象主要是地基与基础问题，即各类建筑物和构筑物（如工业与民用建筑、桥梁工程、水利工程、港口工程、地下工程等）的地基基础和挡土结构物的设计和施工，以及为满足基础工程要求进行的地基处理方法。

地基指的是直接承托建筑物和构筑物基础的岩土层。在建筑物和构筑物的荷载作用下，地基会产生附加应力并由附加应力而产生变形，附加应力的范围随基础类型、基础尺寸、荷载大小以及土层分布而不同。建筑物和构筑物对地基的要求是满足地基承载力、沉降变形和地基稳定的要求，除考虑地基岩土本身的地基承载力和沉降变形特性外，应考虑周围已有建筑物、构筑物对新建建筑物和构筑物在施工阶段和使用期间的影响，还应考虑水文条件、气象条件和环境条件及其变化对新建建筑物和构筑物在施工阶段和使用期间的影响，流砂管涌、液化、冻胀、湿陷等也会对新建建筑物和构筑物在施工阶段和使用期间造成损害。

通常把地基区分为持力层和下卧层。直接与基础底面接触的附加压力较大的岩土层称为持力层，持力层以下的岩土层称为下卧层。持力层和下卧层都应满足地基承载力的要求，持力层的附加压力数值较大，故对持力层的地基承载力要求显然比对下卧层要高。对于同一种岩土层或一般的岩土层，下卧层的地基承载力普遍比持力层要高，大多数情况下不需要进行下卧层的地基承载力验算；工程中也可能出现下卧层地基承载力显著低于持力层地基承载力的情况，工程中称这种下卧层为软弱下卧层，这种情况需要进行下卧层地基承载力验算。

地基又可分为天然地基和人工地基两类。天然地基是不进行人工处理就可以直接用作建筑物地基的天然岩土层，人工地基是必须经过地基处理后才能满足建筑物和构筑物对地基要求的土层。显然，当能满足基础的受力要求时，采用天然地基是最经济的。

基础是建筑物和构筑物上部结构与地基之间过渡的结构部分，一般位于地面以下，若有地下室则为地下室底板以下，箱形基础则部分地下室也包含在基础范围内。

基础与上部结构一样应满足强度、刚度和耐久性的要求。将基础从上部结构中分出单独研究是出于以下原因：

（1）基础是直接与地基土接触的结构部分，设计中必须考虑地基与基础的相互作用。

（2）基础的结构尺寸和结构计算方法完全与上部结构不同，明显有别于上部结构，有独立的设计规范。

（3）基础施工有专门的技术和方法，包括基坑开挖、施工降水、桩基础和其他深基础的专项技术及各类地基处理技术等，基础施工受自然条件和环境条件的影响要比上部结构大得多。

（4）基础有独特的功能和构造要求。

根据基础传力方式的不同，基础又可分为浅基础和深基础两大类，两者的设计和施工方法明显不同。浅基础将上部结构的荷载通过扩大接触面积直接传递给持力层，再通过持力层将力扩散；深基础将大部分上部结构的荷载直接传递到较深的土层中。

1.2 基础工程的重要性

“基础工程”是土木工程及其相关专业的一门重要专业课，相关知识在工程实践中应用极其广泛，从事土木工程及其相关专业工作必须具备基础工程的专业知识。

“基础工程”与“土力学”“混凝土结构设计原理”联系紧密，与“工程地质学”“砌体结构”“结构抗震设计”也有一定联系，可为后续结构软件课程及毕业设计准备相关专业知识。

基础工程的重要性主要表现在以下几个方面：

（1）地基基础问题是土木工程领域普遍存在的问题。基础设计和施工是整座建筑物设计和施工中必不可少的一环，掌握基础工程的设计理论和方法，了解施工原理和过程是十分必要的。当地基条件复杂或者恶劣时，基础工程经常会成为工程中的难点，而由于岩土的复杂性、勘测工作的有限性等造成岩土工程的不定性和经验性，基础工程问题往往又成为最难把握的问题。

（2）地基基础造价占土建总造价较大的比例，基础及地下室的工期往往较长。在软土地区，基础造价占土建总造价的比例可达百分之十几甚至超过 20%，如包括地下室则更高。这样高的造价既要求设计和施工必须保证建筑物的安全和正常使用，同时也提出是否能选择最合适的设计方案和施工方法，以降低基础部分的造价并缩短工期。

（3）地基基础事故屡见不鲜，有时甚至酿成重大损失。而一旦发生地基基础事故，有时候是灾难性的，就算不造成大的灾难，弥补和整治也是费钱、费力又费时的事。工程事故常常由地基事故所引起，例如国际水利工程的统计表明，自 1830 年以来，大坝失事中有 25% 可归咎于地基事故。而造成基础工程事故的原因有勘测、设计或施工的失误，环境气候的变化乃至使用的不当等，有时这些原因同时存在，某一环节失误或者考虑不周就可能酿发事故。例如，世界著名的比萨斜塔就是由于地基的不均匀沉降形成的。

随着计算机的广泛使用，工程结构软件大量应用于工程实践。在进行上部结构设计时，软件的计算结果与实际情况越来越接近，但由于基础的特殊性，软件在基础设计方面还不是很完美，软件在基础设计方面的计算结果有时不能满足设计的要求，工程技术人员需要对软件的运算结果进行大量的人工判断并辅以一定的手工计算，促使设计人员对基础工程有较深的理解才能解决工程实践中的复杂问题。

1.3 本课程的主要内容

工程实践中最常用的基础类型主要是柱下独立基础和桩基础，另外砌体墙下条形基础、筏板基础也较常用。考虑到工程应用的重要性和设计方法的显著差别，本书把砌体墙下条形扩展基础和柱下独立扩展基础分开编写。

因部分高校未开设“特种结构”这门课程，而挡土墙和基坑支护在工程实践中极其常见，故本书增加了重力式挡土墙及基坑支护一章，以便学生对挡土墙和基坑支护设计理论有一定的了解。

根据基础工程实践中所涉及的技术问题，本书从以下九个方面加以系统论述：

第2章主要介绍了地基基础类型和地基基础的设计原则，基础埋深的合理取值，以及沉降计算要求和稳定性验算。

第3章主要介绍了条形扩展基础的设计方法，将墙下刚性条形基础和墙下钢筋混凝土条形基础分开表述。钢筋混凝土条形基础可作为地下室外围混凝土挡土墙的基础，也可作为截面高度较大的剪力墙的扩展基础。

第4章主要介绍了独立扩展基础的设计方法。独立扩展基础可作为混凝土柱或截面高度较小的剪力墙的扩展基础。完整的独立基础设计包含四个方面：基础埋深、基础底面尺寸、基础高度和基础底板配筋。通过地基承载力验算确定基础底面尺寸，通过抗冲切验算确定基础高度，通过受弯设计确定基础底板配筋。

第5章主要介绍了连续基础的设计方法。连续基础主要包含柱下钢筋混凝土条形基础、柱下钢筋混凝土十字交叉基础、筏板基础和箱形基础。

第6章主要介绍了桩基础的设计方法。桩的承载力计算是本章的重要内容，一般的桩基础设计主要包含四个大的方面：单桩承载力的确定、竖向构件（含柱和剪力墙）下桩数的确定、承台厚度的确定、承台配筋计算。

第7章主要介绍了重力式挡土墙及基坑工程的设计方法，并对一些简单常用的基坑支护形式进行了介绍。重力式挡土墙的设计包含挡土墙形式的确定、稳定性验算、地基承载力验算和墙身承载力验算。

第8章主要介绍了特殊土地基的主要类型和设计/处理方法。

第9章主要介绍了一些常用的地基处理方法。

第10章主要介绍了地基的液化和基础的抗震设计要求。

本书第2～4章和第6章为重要内容，学习时必须掌握；第5章的筏板基础在工程中也较为常用，对基础与地基变形协调计算方法的合理选择也应有较深的理解。为了便于学习时深刻理解所学内容，重要的部分都配置有相应的例题。

第 2 章　地基基础的类型及其设计原则

2.1 地 基 类 型

2.1.1　一般地基的工程分类

自然界中岩土种类繁多、工程性质各异，地基的分类就是依据它们的粒径、粒组含量、含水情况和密实性等物理特性将土划分类别，便于认识和评价地基的工程特性。地基岩土的分类方法很多，我国不同行业根据岩土的用途对其采用各自的分类方法。GB 50007—2011《建筑地基基础设计规范》将作为一般地基的岩土划分为岩石、碎石土、砂土、黏性土、粉土五大类。在大多数情况下，这五类地基不需人工处理即可作为建筑物或构筑物的地基。

1. *岩石*

岩石是指颗粒间牢固黏结，呈整体或具有节理裂隙的岩体。岩石的地基承载能力主要由岩石的坚硬程度、完整程度和风化程度决定，岩石中的水对岩石地基的承载力影响相对较小。

岩石的坚硬程度根据岩块的饱和单轴抗压强度标准值划分为坚硬岩、较硬岩、较软岩、软岩和极软岩五类，见表 2-1。

表 2-1　　岩石坚硬程度的划分

坚硬程度类别	坚硬岩	较硬岩	较软岩	软岩	极软岩
饱和单轴抗压强度标准值 f_{rk} (MPa)	$f_{rk}>60$	$30<f_{rk}\leqslant 60$	$15<f_{rk}\leqslant 30$	$5<f_{rk}\leqslant 15$	$f_{rk}\leqslant 5$

岩石的完整程度根据岩石的完整性指数划分为完整、较完整、较破碎、破碎和极破碎五类，见表 2-2。

表 2-2　　岩石完整程度的划分

完整程度类别	完整	较完整	较破碎	破碎	极破碎
完整性指数	>0.75	0.75～0.55	0.55～0.35	0.35～0.15	<0.15

注　完整性指数为天然岩体纵波波速与完整岩块纵波波速之比的平方。选定岩体、岩块测定波速时应有代表性。

当缺乏试验资料时，可在现场通过观察定性划分。岩石坚硬程度的定性划分见表 2-3。

表 2-3　　岩石坚硬程度的定性划分

名称		定性鉴别	代表性岩石
硬质岩	坚硬岩	锤击声清脆，有回弹，振手，难击碎；基本无吸水反映	未风化或微风化的花岗岩、闪长岩、辉绿岩、玄武岩、安山岩、片麻岩、石英岩、硅质砾岩、石英砂岩、硅质石灰岩等
	较硬岩	锤击声较清脆，有轻微回弹，稍振手，较难击碎；有轻微吸水反映	(1) 微风化的坚硬岩。 (2) 未风化或微风化的大理岩、板岩、石灰岩、钙质砂岩等

续表

名称		定性鉴别	代表性岩石
软质岩	较软岩	锤击声不清脆，无回弹，较易击碎；指甲可刻出印痕	（1）中风化的坚硬岩和较硬岩。 （2）未风化或微风化的凝灰岩、千枚岩、砂质泥岩、泥灰岩等
	软岩	锤击声哑，无回弹，有凹痕，易击碎；浸水后可捏成团	（1）强风化的坚硬岩和较硬岩。 （2）中风化的较软岩。 （3）未风化或微风化的泥质砂岩、泥岩等
极软岩		锤击声哑，无回弹，有较深凹痕，手可捏碎；浸水后可捏成团	（1）风化的软岩。 （2）全风化的各种岩石。 （3）各种半成岩

当缺乏试验资料时，可在现场通过观察定性划分。岩石完整程度的定性划分见表 2-4。

表 2-4　　岩石完整程度的定性划分

完整程度类别	结构面组数	控制性结构面平均间距（m）	代表性结构类型
完整	1～2	＞1.0	整状结构
较完整	2～3	0.4～1.0	块状结构
较破碎	＞3	0.2～04	镶嵌状结构
破碎	＞3	＜0.2	碎裂状结构
极破碎	无序	—	散体状结构

岩石的风化程度可分为未风化、微风化、中风化、强风化和全风化五类。

2. 碎石土

碎石土的地基承载力主要由主土粒的粒径、密实度决定，碎石土中的含水因素影响相对较小。

碎石土是指粒径大于 2mm 的颗粒含量超过总质量的 50％的土，按粒径和颗粒形状可进一步划分为漂石、块石、卵石、碎石、圆砾和角砾六个亚类土，具体划分见表 2-5。

表 2-5　　碎石土的分类

土的名称	颗粒形状	粒组含量
漂石	圆形及亚圆形为主	粒径大于 200mm 的颗粒超过总质量的 50％
块石	棱角形为主	
卵石	圆形及亚圆形为主	粒径大于 20mm 的颗粒超过总质量的 50％
碎石	棱角形为主	
圆砾	圆形及亚圆形为主	粒径大于 2mm 的颗粒超过总质量的 50％
角砾	棱角形为主	

注　分类时，应根据“粒组含量”栏从上到下以最先符合者确定。

漂石或块石作为土的名称与一般意义上的漂石或块石完全不同，漂石或块石作为土的名称不表示土全部由漂石或块石组成，在漂石或块石间还有更细颗粒的土填充；其他四种亚类土含义类同。

碎石土的密实度可按表 2-6 中标准分为松散、稍密、中密、密实四类。

表 2-6 碎石土的密实度划分

重型圆锥动力触探锤击数 $N_{63.5}$	密实度
$N_{63.5}\leqslant 5$	松散
$5<N_{63.5}\leqslant 10$	稍密
$10<N_{63.5}\leqslant 20$	中密
$N_{63.5}>20$	密实

注 1. 本表适用于平均粒径小于或等于 50mm 且最大粒径不超过 100mm 的卵石、碎石、圆砾、角砾；对于平均粒径大于 50mm 或最大粒径大于 100mm 的碎石土，可按规范鉴别其密实度。
2. 表内 $N_{63.5}$ 为经综合修正后的平均值。

3. 砂土

砂土的地基承载力主要由主土粒的粒径、密实度决定，砂土中的含水影响相对较小。

砂土是指粒径大于 2mm 的颗粒含量不超过总质量的 50%、粒径大于 0.075mm 的颗粒含量超过总质量 50%的土。砂土可再划分为砾砂、粗砂、中砂、细砂和粉砂 5 个亚类土，具体划分见表 2-7。

表 2-7 砂土的分类

土的名称	粒组含量
砾砂	粒径大于 2mm 的颗粒占总质量的 25%～50%
粗砂	粒径大于 0.5mm 的颗粒超过总质量的 50%
中砂	粒径大于 0.25mm 的颗粒超过总质量的 50%
细砂	粒径大于 0.075mm 的颗粒超过总质量的 85%
粉砂	粒径大于 0.075mm 的颗粒超过总质量的 50%

注 定名时，应根据“粒组含量”栏从上到下以最先符合者确定。

砾砂或粗砂作为土的名称与一般意义上的砾砂或粗砂完全不同，砾砂或粗砂作为土的名称不表示土全部由砾砂或粗砂组成，在砾砂或粗砂间还有更细颗粒的土填充；其他三种亚类土含义类同。

砂土的密实度可按表 2-8 中标准分为松散、稍密、中密、密实四类。

表 2-8 砂土的密实度

标准贯入试验锤击数 N	密实度
$N\leqslant 10$	松散
$10<N\leqslant 15$	稍密
$15<N\leqslant 30$	中密
$N>30$	密实

注 当用静力触探探头阻力判定砂土的密实度时，可根据当地经验确定。

4. 黏性土

粒径大于 0.075mm 的颗粒不超过总质量 50%的土为粉土或黏性土，黏性土的粒径比粉土小。

当土颗粒直径很小时，粒径大小对土的承载力影响变得很小，地基的承载力主要由孔隙比、含水情况（一般用液性指数 I_L表示）决定。

当土颗粒直径很小时，无法通过筛分来区分黏性土和粉土，而只能通过土颗粒比表面积的相对大小来区分。土颗粒越细，比表面积越大，液限和塑限的差值也越大，因而塑性指数 I_P也越大；规范将塑性指数 $I_P>10$ 的土定义为黏性土，根据土颗粒的大小或塑性指数 I_P的大小又可将黏性土分为黏土、粉质黏土两类，见表 2-9。

表 2-9　　黏性土的分类

塑性指数 I_P	土的名称
$I_P>17$	黏土
$10<I_P\leqslant17$	粉质黏土

注　塑性指数由相应于 76g 圆锥体沉入土样中深度为 10mm 时测定的液限计算而得。

同样的含水量，土颗粒越细，土越显得干燥，故考虑土颗粒大小的影响，不能直接用含水量来反映黏性土的干湿程度；为了反映土的干燥程度，引入液性指数 I_L。根据液性指数 I_L，可将黏性土的状态分为坚硬、硬塑、可塑、软塑、流塑五类，见表 2-10。

表 2-10　　黏性土的状态

液性指数 I_L	状　态
$I_L\leqslant0$	坚硬
$0<I_L\leqslant0.25$	硬塑
$0.25<I_L\leqslant0.75$	可塑
$0.75<I_L\leqslant1$	软塑
$I_L>1$	流塑

注　当用静力触探探头阻力判定黏性土的状态时，可根据当地经验确定。

5. 粉土

粉土是指塑性指数 I_P小于或等于 10 且粒径大于 0.075mm 的颗粒含量不超过总质量 50%的土。

粉土是介于砂土和黏性土之间的过渡性土类，它具有砂土和黏性土的某些特征。根据黏粒含量，可以将粉土再划分为砂质粉土和黏质粉土。

自然界中的粉土普遍具有孔隙比大、透水性强、地基承载力低的特征。

2.1.2　特殊地基土的工程分类

工程中还可能遇到特殊的地基土，特殊地基土一般不能直接用作建筑物或构筑物的地基，而必须经过鉴别判定或人工处理方可作为建筑物或构筑物的地基。

特殊地基土包含淤泥类土、红黏土、人工填土、膨胀土、湿陷性黄土和冻土等。

1. 淤泥类土

淤泥类土为在静水或缓慢的流水环境中沉积，并经生物化学作用形成的土，具有含水量高、孔隙比大、压缩性强、透水性差和压缩完成时间长的特点。

淤泥类土又可细分为淤泥、淤泥质土、泥炭、泥炭质土。其中，天然含水量大于液限、天然孔隙比大于或等于 1.5 的黏性土为淤泥。天然含水量大于液限而天然孔隙比小于 1.5 但大于或等于1.0的黏性土或粉土为淤泥质土。含有大量未分解的腐殖质，有机质含量大于60%的土为泥炭。有机质含量大于或等于10%且小于或等于60%的土为泥炭质土。

2. 红黏土

红黏土为碳酸盐岩系的岩石经红土化作用形成的高塑性黏土，其液限一般大于50%。红黏土经再搬运后仍保留其基本特征，其液限大于45%的土为次生红黏土。

红黏土与碳酸盐岩系的岩石关系密切，在红黏土与碳酸盐岩的结合面一般会有土洞存在；土洞埋藏过浅或范围过大会对浅基础形成安全危害，土洞还会给灌注桩的混凝土施工造成困难。

3. 人工填土

人工填土根据其组成和成因，可分为素填土、压实填土、杂填土、冲填土。

素填土为由碎石土、砂土、粉土、黏性土等组成的填土。经过压实或夯实的素填土为压实填土。杂填土为含有建筑垃圾、工业废料、生活垃圾等杂物的填土。冲填土为由水力冲填泥砂形成的填土。

人工填土具有孔隙比大、自重固结沉降未完成、地基承载力低的特点，未经处理的人工填土不能作为建筑物或构筑物的地基。若为杂填土，还可能会给桩基的施工造成困难。

4. 膨胀土

膨胀土为自由膨胀率大于或等于40%的黏性土土中黏粒成分主要由亲水性矿物组成，具有显著的吸水膨胀和失水收缩特性。

膨胀土在吸水膨胀和失水收缩时都会对建筑物或构筑物的基础造成破坏。

5. 湿陷性土

湿陷性土为在一定压力下浸水后产生附加沉降，其湿陷系数大于或等于0.015的土。

湿陷性土在浸水湿陷时会对建筑物或构筑物的基础造成破坏。

6. 冻土

冻土分为季节性冻土和多年冻土，冻土会发生冻胀和溶沉两种现象。

冻土的冻胀和溶沉会对建筑物或构筑物的基础造成破坏。

2.1.3　地基的工程特性指标

土的工程特性指标由勘探单位在现场或实验室按规范规定获取，并被写入岩土工程勘察报告，供设计单位和施工单位使用。

土的工程特性指标有强度指标、压缩性指标，以及静力触探探头阻力、动力触探锤击数、标准贯入试验锤击数、载荷试验获得的地基承载力等。

地基土工程特性指标的代表值分别为标准值、平均值及特征值。抗剪强度指标应取标准值，压缩性指标应取平均值，载荷试验获得的地基承载力应取特征值。

载荷试验有浅层平板载荷试验、深层平板载荷试验或岩石载荷试验。浅层平板载荷试验适用于浅层地基，深层平板载荷试验适用于深层地基（尤其是大直径桩底），岩石载荷试验适用于完整基岩。

土的抗剪强度指标可采用原状土室内剪切试验、无侧限抗压强度试验、现场剪切试验、十字板剪切试验等方法测定。当采用室内剪切试验确定时，宜选择三轴压缩试验的自重压力下预固结的不固结不排水试验。经过预压固结的地基可采用固结不排水试验。每层土的试验数量不得少于6组。室内试验抗剪强度指标标准值——黏聚力（c_k）和内摩擦角φ_k，可按规范确定。在验算坡体的稳定性时，对于已有剪切破裂面或其他软弱结构面的抗剪强度，应进行野外大型剪切试验。

土的压缩性指标可采用原状土室内压缩试验、原位浅层或深层平板载荷试验、旁压试验确定，并应符合下列规定：

（1）当采用室内压缩试验确定压缩模量时，试验所施加的最大压力应超过土自重压力与预计的附加压力之和，试验成果用 e-p 曲线表示。

（2）当考虑土的应力历史进行沉降计算时，应进行高压固结试验，确定先期固结压力、压缩指数，试验成果用 e-$\lg p$ 曲线表示。为确定回弹指数，应在估计的先期固结压力之后进行一次卸荷，再继续加荷至预定的最后一级压力。

（3）当考虑深基坑开挖卸荷和再加荷时，应进行回弹再压缩试验，其压力的施加应与实际的加卸荷状况一致。

地基土的压缩性可按 p_1 为 100kPa、p_2 为 200kPa 时相对应的压缩系数值 a_{1-2} 划分为低、中、高压缩性，并符合以下规定：

1）当 $a_{1-2}<0.1\text{MPa}^{-1}$时，为低压缩性土；

2）当 $0.1\text{MPa}^{-1}\leqslant a_{1-2}<0.5\text{MPa}^{-1}$时，为中压缩性土；

3）当 $a_{1-2}\geqslant 0.5\text{MPa}^{-1}$时，为高压缩性土。

2.1.4　地基承载力

岩石的饱和单轴抗压强度 f_{rk} 同时反映了岩石的坚硬程度和风化程度，再结合岩石的破碎程度，按公式 $f_a=\psi_r f_{rk}$ 可计算出岩石地基的承载力特征值 f_a，其中 ψ_r 为折减系数（相关计算方法详见 3.2.2.4）。岩石地基的承载力特征值不进行深度修正和宽度修正。对于风化程度不是很严重的岩石，当桩支承在岩石表面时，桩的端阻力与浅基础的岩石地基承载力在数值上基本接近。

土类地基的地基承载力由土的自身物理特性、基础宽度和基础埋深共同决定。土的自身物理特性包含了土的粒径大小、密实度、孔隙比和含水量等，对粗颗粒的土含水量影响不大，对细颗粒的土粒径影响不大。土的自身物理特性决定了土的抗剪强度指标——黏聚力和内摩擦角的大小，而抗剪强度指标的大小又决定了地基承载力的大小。

一般而言，大粒径土比细粒径土有更大的摩擦角，因而大粒径土比细粒径土有更大的地基承载力；密实性好的土比密实性差的土有更大的摩擦角，因而密实性好的土比密实性差的土有更大的地基承载力；对细颗粒的黏性土和粉土，孔隙比小的土和液性指数小的土有更大的摩擦角和黏聚力，因而孔隙比小的土和含水量小的土有更大的地基承载力。同样的土质，天然的土比填土密实性更好，故天然的土比填土有更高的抗剪强度指标，在进行支挡结构设计时应特别注意。

在岩土勘察报告中，一般不考虑基础宽度和基础埋深的影响，只考虑土的自身特性提出修正前的地基承载力特征值，设计人员在设计时再进行宽度和深度修正。

修正前的地基土承载力特征值可由载荷试验或其他原位测试、公式计算，并结合工程实践经验等方法综合确定。

2.2　基础类型

主要根据基础的受力特点并考虑基础的深度将基础分为浅基础和深基础两个大类。

浅基础通过在平面上扩大基础底面尺寸，将竖向构件的竖向压力传到地基中；深基础通过桩、地下连续墙等构件将竖向构件的绝大部分竖向压力传到深层岩土中。

2.2.1 浅基础

1. 独立基础

独立基础是扩展基础的一种，一般用作砖柱、框架柱和排架柱的柱下基础，大多采用一柱一基础的形式，如图 2-1 所示。

当上部柱是砖柱时，基础大多采用砖、毛石或素混凝土等材料做基础。这种基础材料的抗拉能力较差，需要满足刚性角要求，基础总高度很大而使基础刚度很大，变形适应能力差，通常称为刚性基础。

混凝土框架和混凝土排架的钢筋混凝土柱下基础一般设计为钢筋混凝土基础，这种基础用钢筋抵抗基础中产生的拉应力，不需要满足刚性角要求，基础总高度有所减小，变形适应能力稍强，通常称为柔性基础。

钢结构中的钢柱一般也设计为独立基础，用混凝土短柱连接基础和地面以上的钢柱。

当相邻柱间距很小而使两个或多个柱的基础重叠时，可以设计成多柱联合基础。

砌体结构若遇地基局部超深，也可用局部独立基础支撑砌体墙下的基础梁，再在基础梁上砌墙。

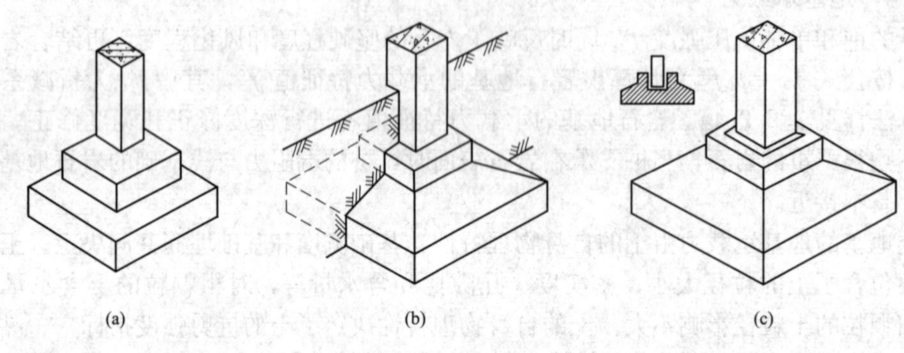

图 2-1 独立基础

(a) 阶梯形；(b) 锥形；(c) 杯口形

2. 条形基础

条形基础也是扩展基础的一种，条形基础分为柱下条形基础和墙下条形基础，如图 2-2 所示。

当柱的荷载过大或地基承载力过低导致基础尺寸过大时，可以将一排柱的基础连在一起，设计成柱下条形基础。在柱的连线上设计地基梁，将独立基础底板的双向受弯转变为地基梁两侧翼板的单向受弯。这种基础在地基梁方向有较强的变形协调能力，在柱的间距不是很大时经济性较好，属于柔性基础。

砌体结构的墙下大多设计为砖、毛石和素混凝土等材料的条形基础。这种基础材料的抗拉能力较差，需要满足刚性角要求，基础总高度很大而使基础刚度很大，变形适应能力差，通常称为刚性基础。当墙的荷载过大或地基承载力过低导致基础尺寸过大时，为了满足刚性角要求，需要很大的基础高度从而需要较大的基础埋深，为了减少埋深，也可以设计为钢筋混凝土条形基础。钢筋混凝土条形基础是柔性基础的一种。

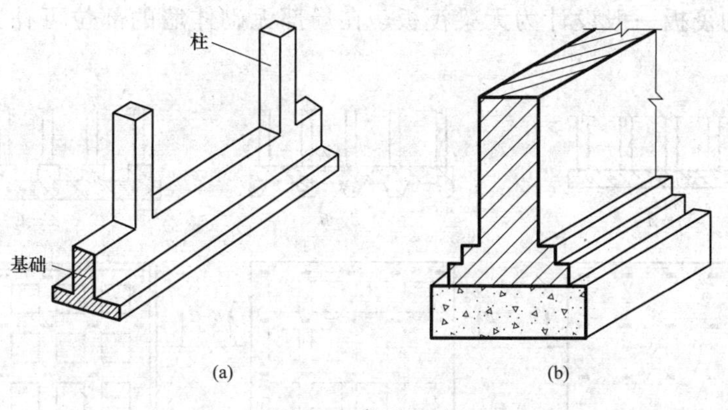

图 2-2　条形基础
(a) 柱下条形基础；(b) 墙下条形基础

3. 十字交叉基础

随着柱下条形基础平面尺寸的加大，地基梁翼板的尺寸会越来越大，为了使基础设计更经济、基础的平面变形适应能力更强，将基础在柱的两个方向用地基梁连起来而设计成十字交叉基础，如图 2-3 所示。这种基础在地基梁的两个方向均有较强的变形协调能力。

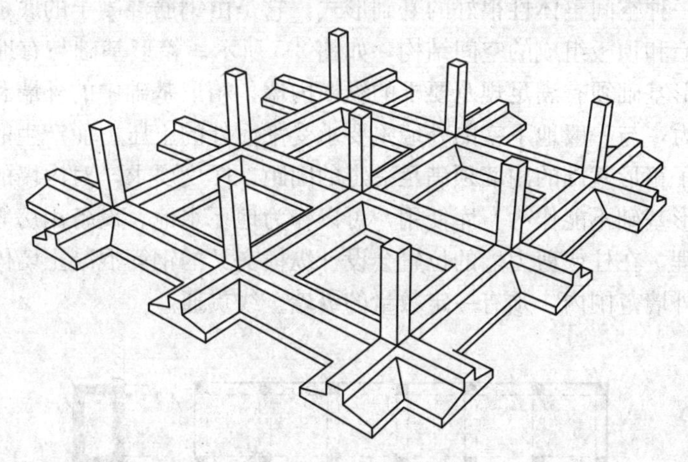

图 2-3　十字交叉基础

4. 筏板基础

当十字交叉的地基梁间的所有翼板已经封闭或大部分已经封闭时，可以将建筑物范围内的所有翼板封闭而做成整板。为了使边跨板中部弯矩减小，一般将板朝建筑物外挑出一定尺寸，这种基础称为筏板基础，也称为片筏基础，如图 2-4 所示。由于基础平面尺寸很大，可以比其他基础形式获得更大的竖向荷载承载能力。

筏板基础可以是柱下筏板，也可以是砌体墙下筏板，还可以是剪力墙下筏板或它们的组合形式。柱下筏板一般设计为有地基梁的筏板，这种筏板经济性更好；若建筑物无地下室，一般将板设计为筏板底面平整；若建筑物有地下室，筏板底面平整施工较方便，但存在地下室地面的回填平整问题，筏板顶面平整虽然施工不便，但不存在地下室地面的回填平整问题。也有将柱下筏板设计为无梁筏板的，柱下无梁筏板的经济性没有有梁筏板好，但施工较方便，柱下荷载若很大，可在柱下增加柱墩以改善受力。

砌体墙下的筏板一般设计为无梁筏板，在局部无砌体墙的部位可补充地基梁以改善受力。

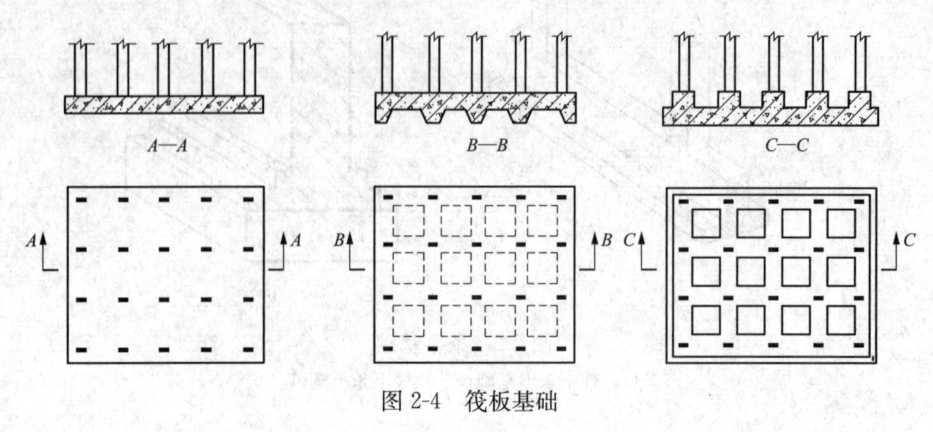

图 2-4 筏板基础

5. 箱形基础

柱下条形基础、十字交叉基础、筏板基础均需考虑地基和基础的变形协调，结构的受力形态为一维的或二维的，基础的空间整体性不好。

箱形基础是一种空间整体性很好的基础形式，它是由钢筋混凝土的底板、外墙、满足规范要求的纵横内墙和顶板组成的空间结构，如图 2-5 所示。箱形基础与有地下室的筏板基础的主要区别是箱形基础须有满足规范要求的纵横内墙，箱形基础中的外墙和内墙主要承受平面内的弯矩和剪力，与一般地下室的外墙主要承受平面外的土压力而产生的弯矩和剪力明显不同。规范规定了箱形基础的内墙须满足一定的间距、厚度要求，对内墙的门洞位置、大小也有规定，故箱形基础不能作为车库使用，可以作为地下水池、设备用房等设施使用。

为了受力合理，在柱或剪力墙的位置会设计纵横交叉的钢筋混凝土墙体，剪力墙一般位于箱形基础的内外墙范围内，须有一定数量的纵墙全线贯通。

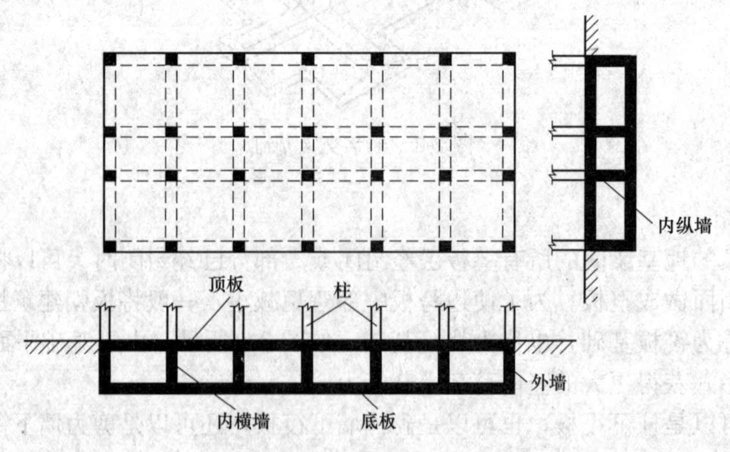

图 2-5 箱形基础

2.2.2 深基础

若竖向构件的荷载特别大或者表层地基很软弱，就需要桩、地下连续墙等深基础将力传到深层岩石或深层土层中去。深基础有建筑工程中很常用的桩基础，还有桥梁工程中所用的沉井基础、沉箱基础，在地铁施工中还可能用到地下连续墙基础。

1. 桩基础

桩基础是用长细比较大的桩将上部结构的荷载传递到深层岩石或深层土层的基础形式，如图2-6所示。若桩身直径很大，可设计为一柱一桩的形式；若桩身直径较小，一般设计为柱下群桩的形式。

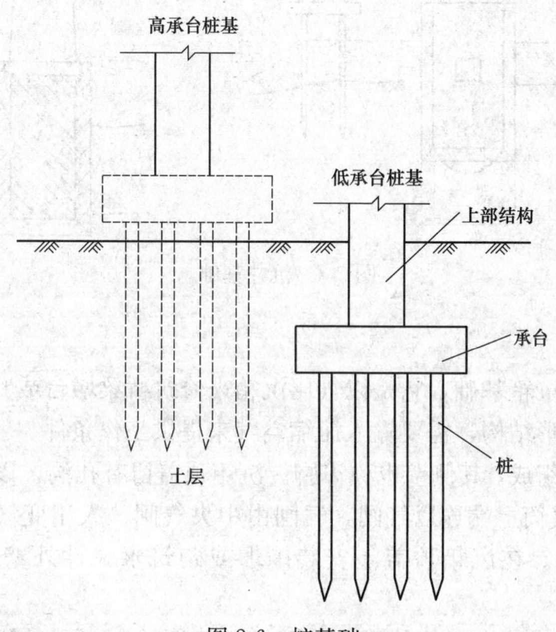

图2-6 桩基础

当为柱下单桩时柱的投影在桩的范围内，一般会在柱与桩连接的部位设计桩帽，桩帽与基础梁同时施工。群桩基础须在柱与桩之间设计承台将柱的荷载分散到群桩，按承台与地表的位置分为高承台桩基和低承台桩基，建筑工程一般为低承台桩基，桥梁工程可能为高承台桩基。

桩基础具有承载力大，沉降变形小的特点。

2. 沉井基础

沉井是一个无底无盖的井筒，一般由刃脚、井壁、隔墙、井孔、凹槽、射水管组和探测管、封底混凝土、顶盖等部分组成。沉井在施工时作为支护结构使用，混凝土浇筑后作为基础将上部荷载传至深层地基。在沉井内挖土使其下沉，达到设计标高后，进行混凝土封底、填心并修建顶盖，构成沉井基础，如图2-7所示。

沉井平面尺寸大、埋深较深、整体性和稳定性好，具有较大的承载面积，能承受较大的垂直和水平荷载。此外，沉井既是基础，又是施工时的挡土和挡水围堰结构物，在桥梁工程中应用较为广泛，如桥梁墩台基础、地下泵房、水池、油库、矿用竖井，以及大型设备基础、高层和超高层建筑物基础等。但沉井基础施工工期较长，对粉砂、细砂类土在井内抽水时易发生流砂现象，造成沉井倾斜；沉井下沉过程中遇到的大孤石、树干或井底岩层表面倾斜过大，也将给施工带来一定的困难。

沉井按其截面轮廓分，有圆形、矩形和圆端形三类；按竖向剖面形状分，有柱形沉井和阶梯形沉井两类；按使用材料分，有木沉井、砖沉井、石沉井、混凝土沉井、钢筋混凝土沉井和钢沉井等，其中钢筋混凝土沉井应用最为广泛。

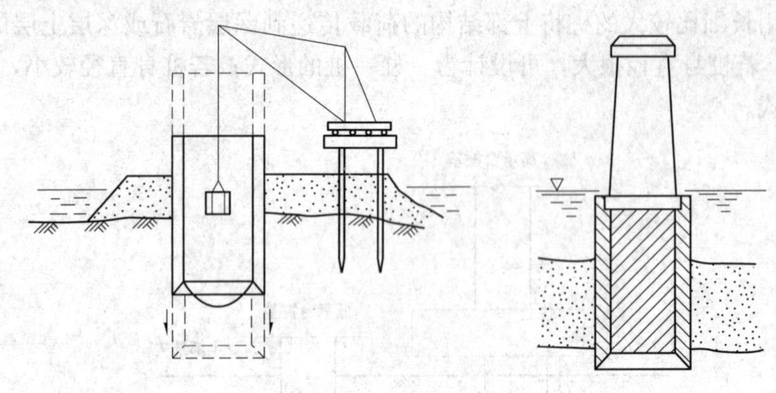

图 2-7　沉井基础

3. 沉箱基础

沉箱基础又称气压沉箱基础，它是以气压沉箱来修筑桥梁墩台或其他构筑物的基础。气压沉箱是一种无底的箱形结构，需要输入压缩空气来提供工作条件。

沉箱由顶盖和侧壁组成，其侧壁也称刃脚。沉箱顶盖留有孔洞，以安设向上接高的气筒（井管）和各种管路。气筒上端连以气闸，气闸由中央气闸、人用变气闸及料用变气闸（或进料筒、出土筒）组成。在沉箱顶盖上安装围堰或砌筑永久性外壁。顶盖下的空间为工作室。

当把沉箱沉入水下时，在沉箱外用空气压缩机把压缩空气通过储气筒、油质分离器经输气管分别输入气闸和沉箱工作室，把工作室内的水压出室外，工作人员就可经人用变气闸，从中央气闸及气筒内的扶梯进到工作室内工作。人用变气闸的作用是通过逐步改变闸内气压而使工作人员适应室内外的气压差，同时可防止由于人员出入工作室而导致高压空气外溢。

在沉箱工作室里，工作人员用挖土机具、水力机械和其他机具挖除沉箱底下的土石，排除各种障碍物，使沉箱在其自重及其上逐渐增加的圬工或其他压重作用下，克服周围的摩阻力及压缩空气的反力而下沉。沉箱下到设计标高并经检验、处理后，用圬工填充工作室，拆除气闸气筒，这时沉箱就成了基础的组成部分。在其上面可在围堰的保护下继续修筑所需要的建筑物，如桥梁墩台、水底隧道、地下铁道及其他水工、港口构筑物等。

沉箱的施工按其下沉地区的条件有陆地下沉和水中下沉两种方法。陆地下沉在地面无水时就地制造沉箱下沉，水不深时采取围堰筑岛制造沉箱下沉。水中下沉在高出水面的脚手架上或在驳船上制造沉箱下沉，或在岸边制造成可浮运的沉箱，再下水浮运就位下沉。为保证沉箱平稳下沉，在沉箱内挖土应有一定的顺序；如沉箱内周围土的摩擦阻力过大而不能下沉时，可暂时撤离工作人员，降低工作室内气压以强迫下沉。

除了在施工后就成为基础一部分的沉箱外，还有一种可多次使用的轻型沉箱，称为可撤式沉箱。修筑基础时它像一个圬工上的罩子，随着圬工面的升高而升高。施工完后，移出基础。这种沉箱的上升能力有限，入土深度不大，多用于维修工程。

沉箱的缺点是在沉箱工作室内的工作人员处于高气压的条件下工作，对身体有损害。

4. 地下连续墙基础

地下连续墙是在基坑开挖前，使用开槽机械，采用泥浆护壁，在地基中按建筑物平面的墙体位置形成深槽，在槽内放置钢筋随后浇筑混凝土，分段连续施工然后连成整体的钢筋混凝土墙。

地下连续墙在基坑开挖时作为支护结构使用，在建筑物施工完毕后作为地下室的外墙使用。

城市地铁站施工时，采用地下连续墙支护的基坑安全可靠性高；配合内支撑，基坑深度可以达到很深。

2.2.3　组合形式

1. 桩筏基础

桩筏基础是桩基和筏板基础的组合形式。

如果结构荷载很大，单靠桩基或单靠筏板基础均不能承受结构荷载，可采用筏板基础和桩基共同承受荷载的方式。

2. 桩箱基础

桩箱基础是桩基和箱形基础的组合形式。

如果结构荷载很大，单靠桩基或单靠箱形基础均不能承受结构荷载，可采用箱形基础和桩基共同承受荷载的方式。

2.3　一般设计原则

2.3.1　设计等级

地基基础设计应根据地基复杂程度、建筑物规模和功能特征，以及由于地基问题可能造成建筑物破坏或影响正常使用的程度分为三个设计等级，设计时应根据具体情况，按表2-11选用。

表2-11　地基基础设计等级

设计等级	建筑和地基类型
甲级	(1) 重要的工业与民用建筑物。 (2) 30层以上的高层建筑。 (3) 体型复杂，层数相差超过10层的高低层连成一体的建筑物。 (4) 大面积的多层地下建筑物（如地下车库、商场、运动场等）。 (5) 对地基变形有特殊要求的建筑物。 (6) 复杂地质条件下的坡上建筑物（包括高边坡）。 (7) 对原有工程影响较大的新建建筑物。 (8) 场地和地基条件复杂的一般建筑物。 (9) 位于复杂地质条件及软土地区的二层及二层以上地下室的基坑工程。 (10) 开挖深度大于15m的基坑工程。 (11) 周边环境条件复杂、环境保护要求高的基坑工程
乙级	(1) 除甲级、丙级以外的工业与民用建筑物。 (2) 除甲级、丙级以外的基坑工程

续表

设计等级	建筑和地基类型
丙级	(1) 场地和地基条件简单、荷载分布均匀的七层及七层以下民用建筑及一般工业建筑；次要的轻型建筑物。 (2) 非软土地区且场地地质条件简单、基坑周边环境条件简单、环境保护要求不高且开挖深度小于5.0m的基坑工程

确定建筑物设计等级的主要目的在于根据建筑物广义沉降的大小和沉降对建筑物的危害程度，确定需要进行沉降验算的范围。

广义沉降包含沉降量、沉降差、局部倾斜和整体倾斜。

2.3.2 设计要求

在编制房屋建筑国家标准和行业标准时，将现行房屋建筑国家标准和行业标准中涉及人民生命财产安全、人身健康、节能、节地、节水、节材、环境保护和其他公众利益，以及保护资源、节约投资、提高经济效益和社会效益等政策要求的条文规定为强制性条文。强制性条文必须无条件地严格执行，在工程建设中不执行强制性条文的建设参与单位和个人将受到严厉的处罚。

结构专业的强制性条文主要是指在编制房屋建筑国家结构标准和结构行业标准时，将现行房屋建筑国家结构标准和结构行业标准中涉及人民生命财产安全的条文规定为强制性条文，这些条文对保证结构安全有很重要的作用。

有关地基及与地基相关的计算要求，GB 50007—2011《建筑地基基础设计规范》有以下强制性条文：

根据建筑物地基基础设计等级及长期荷载作用下地基变形对上部结构的影响程度，地基基础设计应符合下列规定：

(1) 所有建筑物的地基计算均应满足承载力计算的有关规定。

(2) 设计等级为甲级、乙级的建筑物，均应按地基变形设计。

(3) 设计等级为丙级的建筑物有下列情况之一时应作变形验算：

1) 地基承载力特征值小于130kPa，且体型复杂的建筑；

2) 在基础上及其附近有地面堆载或相邻基础荷载差异较大，可能引起地基产生过大的不均匀沉降时；

3) 软弱地基上的建筑物存在偏心荷载时；

4) 相邻建筑距离近，可能发生倾斜时；

5) 地基内有厚度较大或厚薄不均的填土，其自重固结未完成时。

(4) 对经常受水平荷载作用的高层建筑、高耸结构和挡土墙等，以及建造在斜坡上或边坡附近的建筑物和构筑物，尚应验算其稳定性。

(5) 基坑工程应进行稳定性验算。

(6) 建筑地下室或地下构筑物存在上浮问题时，尚应进行抗浮验算。

不需要进行沉降验算的范围为表2-12范围内的丙级建筑物而且不符合上述强制性条文第3款任意一条的丙级建筑物。GB 50007—2011对不需要进行沉降验算的范围进行了较严格的规定。

表 2-12　可不作地基变形验算的设计等级为丙级的建筑物范围

<table>
<tr><td colspan="4">项目</td><td colspan="5">参数</td></tr>
<tr><td rowspan="2">地基主要受力层情况</td><td colspan="3">地基承载力特征值 f_{ak}（kPa）</td><td>$80 \leqslant f_{ak} < 100$</td><td>$100 \leqslant f_{ak} < 130$</td><td>$130 \leqslant f_{ak} < 160$</td><td>$160 \leqslant f_{ak} < 200$</td><td>$200 \leqslant f_{ak} < 300$</td></tr>
<tr><td colspan="3">各土层坡度（%）</td><td>≤5</td><td>≤10</td><td>≤10</td><td>≤10</td><td>≤10</td></tr>
<tr><td rowspan="9">建筑类型</td><td colspan="3">砌体承重结构、框架结构层数（层）</td><td>≤5</td><td>≤5</td><td>≤6</td><td>≤6</td><td>≤7</td></tr>
<tr><td rowspan="4">单层排架结构（6m 柱距）</td><td rowspan="2">单跨</td><td>吊车额定起重量（t）</td><td>10～15</td><td>15～20</td><td>20～30</td><td>30～50</td><td>50～100</td></tr>
<tr><td>厂房跨度（m）</td><td>≤18</td><td>≤24</td><td>≤30</td><td>≤30</td><td>≤30</td></tr>
<tr><td rowspan="2">多跨</td><td>吊车额定起重量（t）</td><td>5～10</td><td>10～15</td><td>15～20</td><td>20～30</td><td>30～75</td></tr>
<tr><td>厂房跨度（m）</td><td>≤18</td><td>≤24</td><td>≤30</td><td>≤30</td><td>≤30</td></tr>
<tr><td colspan="2">烟囱</td><td>高度（m）</td><td>≤40</td><td>≤50</td><td colspan="2">≤75</td><td>≤100</td></tr>
<tr><td colspan="2" rowspan="2">水塔</td><td>高度（m）</td><td>≤20</td><td>≤30</td><td colspan="2">≤30</td><td>≤30</td></tr>
<tr><td>容积（m^3）</td><td>50～100</td><td>100～200</td><td>200～300</td><td>300～500</td><td>500～1000</td></tr>
</table>

注　1. 地基主要受力层系指条形基础底面下深度为 $3b$（b 为基础底面宽度）、独立基础下为 $1.5b$ 且厚度均不小于 5m 的范围（二层以下一般的民用建筑除外）。

2. 地基主要受力层中如有承载力特征值小于 130kPa 的土层，则表中砌体承重结构的设计应符合 GB 50007—2011 第 7 章的有关要求。

3. 表中砌体承重结构和框架结构均指民用建筑，对于工业建筑，可按厂房高度、荷载情况折合成与其相当的民用建筑层数。

4. 表中吊车额定起重量、烟囱高度和水塔容积的数值系指最大值。

基础承载力的设计要求见后续章节。

地基基础设计前应进行岩土工程勘察，并提供岩土工程勘察报告。岩土工程勘察报告应提供下列资料：

1）有无影响建筑场地稳定性的不良地质作用，评价其危害程度。

2）建筑物范围内的地层结构及其均匀性，各岩土层的物理力学性质指标，以及对建筑材料的腐蚀性。

3）地下水埋藏情况、类型和水位变化幅度及规律，以及对建筑材料的腐蚀性。

4）在抗震设防区应划分场地类别，并对饱和砂土及粉土进行液化判别。

5）对可供采用的地基基础设计方案进行论证分析，提出经济合理、技术先进的设计方案建议；提供与设计要求相对应的地基承载力及变形计算参数，并对设计与施工应注意的问题提出建议。

6）当工程需要时，尚应提供：深基坑开挖的边坡稳定计算和支护设计所需的岩土技术参数，论证其对周边环境的影响；基坑施工降水的有关技术参数及地下水控制方法的建议；用于计算地下水浮力的设防水位。

地基评价宜采用钻探取样、室内土工试验、触探并结合其他原位测试方法进行。设计等级为甲级的建筑物应提供载荷试验指标、抗剪强度指标、变形参数指标和触探资料；设计等级为乙级的建筑物应提供抗剪强度指标、变形参数指标和触探资料；设计等级为丙级的建筑物应提供触探及必要的钻探和土工试验资料。

建筑物地基均应进行施工验槽。当地基条件与原勘察报告不符时，应进行施工勘察。

2.3.3 内力组合

1. 标准组合

正常使用极限状态下，标准组合的效应设计值（S_k）应按下式确定

$$S_k = S_{Gk} + S_{Q1k} + \psi_{c2} S_{Q2k} + \cdots + \psi_{cn} S_{Qnk} \tag{2-1}$$

式中 S_{Gk}——永久作用标准值（G_k）的效应；

S_{Qik}——第 i 个可变作用标准值（Q_{ik}）的效应；

ψ_{ci}——第 i 个可变作用（Q_i）的组合值系数，按 GB 50009—2012《建筑结构荷载规范》的规定取值。

活荷载标准值对应的超越概率为 5%，建筑物在使用期间标准组合值的超越可能性较小，是一种荷载短期效应组合。标准组合值主要用于地基承载力验算。

2. 准永久组合

准永久组合的效应设计值（S_q）应按下式确定

$$S_q = S_{Gk} + \psi_{q1} S_{Q1k} + \psi_{q2} S_{Q2k} + \cdots + \psi_{qn} S_{Qnk} \tag{2-2}$$

式中 ψ_{qi}——第 i 个可变作用的准永久值系数，按 GB 50009—2012《建筑结构荷载规范》的规定取值。

活荷载准永久值对应的超越概率为 50%，建筑物在使用期间准永久组合值的超越可能性最大，在建筑使用期间经常出现，是一种荷载长期效应组合。准永久组合值主要用于地基的沉降验算。

3. 基本组合

承载能力极限状态下，由可变作用控制的基本组合的效应设计值（S_d）应按下式确定

$$S_d = \gamma_G S_{Gk} + \gamma_{Q1} S_{Q1k} + \gamma_{Q2} \psi_{c2} S_{Q2k} + \cdots + \gamma_{Qn} \psi_{cn} S_{Qnk} \tag{2-3}$$

式中 γ_G——永久作用的分项系数，GB 50009—2012《建筑结构荷载规范》的规定取值；

γ_{Qi}——第 i 个可变作用的分项系数，按 GB 50009—2012《建筑结构荷载规范》的规定取值。

基本组合值对应的超越概率小于 5%，在建筑物使用期间很难出现。基本组合值主要用于基础的结构承载力设计。

结构软件按式（2-3）计算结构内力，进行基础承载力设计。

在需要将标准组合值换算为基本组合值时，对由永久作用控制的基本组合，也可采用简化规则，基本组合的效应设计值（S_d）可按下式确定

$$S_d = 1.35 S_k \tag{2-4}$$

式中 S_k——标准组合的作用效应设计值。

在同样的荷载作用下，有 $S_d > S_k > S_q$。

在竖向荷载和水平荷载的共同作用下，结构软件计算出的柱脚内力的基本组合值组数很多，人工很难判断哪组基本组合值决定基础设计，理想的做法是用一种组合进行设计，然后

对所有组合都进行验算，取最不利的计算结果用于工程设计。

2.3.4　取值规定

地基基础的设计使用年限不应小于建筑结构的设计使用年限。

对于作用效应和抗力限值的取值，规范有以下强制性条文：

地基基础设计时，所采用的作用效应与相应的抗力限值应符合下列规定：

(1) 按地基承载力确定基础底面积及埋深或按单桩承载力确定桩数时，传至基础或承台底面上的作用效应应按正常使用极限状态下作用的标准组合。相应的抗力应采用地基承载力特征值或单桩承载力特征值。

(2) 计算地基变形时，传至基础底面上的作用效应应按正常使用极限状态下作用的准永久组合，不应计入风荷载和地震作用。相应的限值应为地基变形允许值。

(3) 计算挡土墙、地基或滑坡稳定以及基础抗浮稳定时，作用效应应按承载能力极限状态下作用的基本组合，但其分项系数均为 1.0。

(4) 在确定基础或桩基承台高度、支挡结构截面，计算基础或支挡结构内力，确定配筋和验算材料强度时，上部结构传来的作用效应和相应的基底反力、挡土墙土压力以及滑坡推力，应按承载能力极限状态下作用的基本组合，采用相应的分项系数。当需要验算基础裂缝宽度时，应按正常使用极限状态作用的标准组合。

(5) 基础设计安全等级、结构设计使用年限、结构重要性系数应按有关规范的规定采用，但结构重要性系数 (γ_0) 不应小于 1.0。

地基承载力验算和桩承载力验算都属于承载力极限状态验算，需要有较大的安全储备，作用效应在验算时取正常使用极限状态下作用的标准组合，通过抗力取地基承载力特征值或单桩承载力特征值保证结构安全。

地基变形验算属于正常使用极限状态验算，安全储备可适当降低，作用效应取正常使用极限状态下的准永久组合值。

基础的结构计算规定与相应专业规范的规定相同。

2.4　桩基设计原则

桩基设计应以 JGJ 94—2008《建筑桩基设计规范》作为设计依据，在 JGJ 94—2008《建筑桩基设计规范》中无详细规定时，参考 GB 50007—2011《建筑地基基础设计规范》进行设计。

桩基础应进行承载能力极限状态和正常使用极限状态这两类极限状态设计。承载能力极限状态包含桩基达到最大承载能力、整体失稳或发生不适于继续承载的变形；正常使用极限状态为桩基达到建筑物正常使用所规定的变形限值或达到耐久性要求的某项限值。桩基础的承载能力极限状态设计主要包含桩身承载能力设计、桩端土及桩侧土的承载能力设计、承台的承载力设计；桩基础的正常使用极限状态设计主要为桩基础的沉降验算和混凝土构件的裂缝验算。

2.4.1　桩基安全等级

根据建筑规模、功能特征、对差异变形的适应能力、场地地基的复杂性和建筑物体型的复杂性，以及由于桩基问题可能造成建筑破坏或影响正常使用的程度，将桩基设计分为甲、乙、丙三个设计等级，见表 2-13。

表 2-13 建筑桩基设计等级

设计等级	建 筑 类 型
甲级	(1) 重要的建筑。 (2) 30层以上或高度超过100m的高层建筑。 (3) 体型复杂且层数相差超过10层的高低层(含纯地下室)连体建筑。 (4) 20层以上框架-核心筒结构及其他对差异沉降有特殊要求的建筑。 (5) 场地和地基条件复杂的7层以上的一般建筑及坡地、岸边建筑。 (6) 对相邻既有工程影响较大的建筑
乙级	除甲级、丙级以外的建筑
丙级	场地和地基条件简单、荷载分布均匀的7层及7层以下的一般建筑

桩基设计等级主要考虑因素为桩的广义沉降量大小及建筑对沉降反应的敏感程度。

2.4.2 设计要求

1. 桩基规范对承载能力极限状态设计的强制性条文

桩基应根据具体条件分别进行下列承载能力计算和稳定性验算:

(1) 应根据桩基的使用功能和受力特征分别进行桩基的竖向承载力计算和水平承载力计算。

(2) 应对桩身和承台结构承载力进行计算;对于桩侧土不排水抗剪强度小于10kPa且长径比大于50的桩,应进行桩身压屈验算;对于混凝土预制桩,应按吊装、运输和锤击作用进行桩身承载力验算;对于钢管桩,应进行局部压屈验算。

(3) 当桩端平面以下存在软弱下卧层时,应进行软弱下卧层承载力验算。

(4) 对位于坡地、岸边的桩基,应进行整体稳定性验算。

(5) 对于抗浮、抗拔桩基,应进行基桩和群桩的抗拔承载力计算。

(6) 对于抗震设防区的桩基,应进行抗震承载力验算。

2. 桩基规范对正常使用极限状态设计的强制性条文

下列建筑桩基应进行沉降计算:

(1) 设计等级为甲级的非嵌岩桩和非深厚坚硬持力层的建筑桩基。

(2) 设计等级为乙级的体型复杂、荷载分布显著不均匀或桩端平面以下存在软弱土层的建筑桩基。

(3) 软土地基多层建筑减沉复合疏桩基础。

桩在受到竖向荷载作用时的沉降因竖向荷载绝对值的加大增大不很显著,桩的正常使用沉降量主要取决于正常使用时的竖向荷载值与桩极限承载力的比值。对于绝大多数建筑,不同建筑在正常使用时的竖向荷载值与桩极限承载力的比值差别不大,故桩基的沉降不会很大,一般不需验算就能满足规范要求。

考虑到桩基的沉降远小于浅基础的沉降,桩基的沉降计算范围远比浅基础的沉降计算范围小。

对受水平荷载较大,或对水平位移有严格限制的建筑桩基,应计算其水平位移。

应根据桩基所处的环境类别和相应的裂缝控制等级,验算桩和承台正截面的抗裂或裂缝宽度。

软土地基上的多层建筑物，当天然地基承载力基本满足要求时，可采用减沉复合疏桩基础。采用减沉复合疏桩基础主要利用了桩在受到小于桩极限承载力时沉降较小的特点，用于减小沉降的疏桩在正常使用时的荷载作用普遍偏大，可能会超过桩的承载力特征值。

2.4.3　取值规定

桩基设计时，所采用的作用效应组合与相应的抗力应符合下列规定：

(1) 确定桩数和布桩时，应采用传至承台底面的荷载效应标准组合；相应的抗力应采用基桩或复合基桩承载力特征值。

(2) 计算荷载作用下的桩基沉降和水平位移时，应采用荷载效应准永久组合；计算水平地震作用、风载作用下的桩基水平位移时，应采用水平地震作用、风载效应标准组合。

(3) 验算坡地、岸边建筑桩基的整体稳定性时，应采用荷载效应标准组合；抗震设防区，应采用地震作用效应和荷载效应的标准组合。

(4) 在计算桩基结构承载力、确定尺寸和配筋时，应采用传至承台顶面的荷载效应基本组合。当进行承台和桩身裂缝控制验算时，应分别采用荷载效应标准组合和荷载效应准永久组合。

(5) 桩基结构设计安全等级、结构设计使用年限和结构重要性系数 γ_0 应按现行有关建筑结构规范的规定采用，除临时性建筑外，重要性系数 γ_0 不应小于1.0。

(6) 当桩基结构进行抗震验算时，其承载力调整系数 γ_{RE} 应按GB 50011—2010《建筑抗震设计规范》的规定采用。

2.5　埋 深 选 择

基础的埋深应为建筑物室外地面到基础底面（或基础垫层顶面）的距离，当室外地面不在同一标高时，应取影响建筑物稳定的较低室外地面作为计算依据。对于桩基础，基础的埋深应为建筑物室外地面到承台底面（或承台垫层顶面）的距离，不计入桩身长度。

基础的埋深须综合考虑各方面因素的影响并取较大的埋深作为设计依据，需考虑的主要因素有：

(1) 建筑物的用途，有无地下室、设备基础和地下设施，基础的形式和构造；

(2) 作用在地基上的荷载大小和性质；

(3) 工程地质和水文地质条件；

(4) 相邻建筑物的基础埋深；

(5) 地基土冻胀和融陷的影响。

为了避免动植物对地基造成伤害而影响建筑物安全，土质地基的最小埋深为0.5m；岩石地基的基础埋深可小于0.5m。基础的顶面若暴露在室外地面以上，将影响建筑物的整体观感，在使用期间也可能会对暴露的基础形成损害，故基础顶面应在室外地面下0.1m。

高层建筑的基础埋深对建筑物抵抗水平力的能力影响较大，规范对高层建筑的基础埋深有以下强制性条文：**高层建筑基础的埋置深度应满足地基承载力、变形和稳定性要求。位于岩石地基上的高层建筑，其基础埋深应满足抗滑稳定性要求。**

2.5.1 建筑物高度因素

基础埋深应综合考虑影响建筑物倾覆和抵抗建筑物倾覆这两方面的因素。沿海风荷载较大，应比内陆地区有更大的埋深；抗震设防区的高烈度区比低烈度区地震反应更大，高烈度区应有更大的埋深；建筑物越高，水平倾覆力矩越大，较高的建筑应有较大的埋深。另外，建筑的高宽比较小，建筑的稳定性更好，埋深可减小；有地下室的建筑与无地下室的建筑相比，有地下室的建筑周边填土对建筑的约束更强；筏板基础、箱形基础的刚度比一般扩展基础的刚度更好，对抗倾覆也是有利的。

依据对高层建筑在8度地区的整体稳定性的研究，规范规定：在抗震设防区，除岩石地基外，天然地基上的箱形和筏形基础，其埋深不宜小于建筑物高度的1/15；桩箱或桩筏基础的埋深不宜小于建筑物高度的1/18。建筑物高度为主要屋面标高到影响建筑物稳定的较低室外地面的距离。

多层建筑、其他基础形式、抗震烈度情况参照上述要求合理选取基础埋深。

2.5.2 工程地质因素

在满足地基稳定和变形要求的前提下，当上层地基的承载力大于下层土时，宜利用上层土作持力层。

当地表有一定厚度的软土层时，应考虑将表层软土挖除，将基础置于较坚实的土层中。

施工图所表示的埋深为施工时的最小控制埋深，软土层与坚实土层的分界线一般不会平整，施工时应将表层软土全部挖除，而不是挖到设计标高为止。

当出现基础局部小范围超深时，可以考虑局部用低强度等级素混凝土、毛石混凝土等材料回填至设计标高，也可以考虑局部将基础降低标高；若局部将基础降低标高，基础按原设计施工是偏安全的，但须考虑竖向构件局部加长带来的竖向构件承载力的降低和竖向构件刚度下降导致的对水平荷载分配的影响。毛石混凝土是在素混凝土中掺入毛石，而不是在毛石中用素混凝土灌缝。

出现局部超深时，若为地基承载力较高的地基，使用砂石等透水性较强的材料回填将使持力层的含水量增加，导致持力层的承载力下降，故对于地基承载力较高的地基，不允许使用砂石等透水性较强的材料回填；回填土层的地基承载力不得低于持力层的地基承载力。若为软土地基，可用天然级配砂石回填到设计标高。

当出现地基局部超深时，在超深部位与非超深部位的过渡段不允许用斜面连接，而必须将地基挖成台阶过渡，台阶的高宽比为1∶2，每阶高度不超过500mm。

2.5.3 地下水因素

为了方便施工，基础宜埋置在地下水位以上；当必须埋在地下水位以下时，应采取地基土在施工时不受扰动的措施，以免降低持力层的地基承载力。

若基础埋置在易风化的岩层上，施工时应在基坑开挖后立即铺筑素混凝土垫层。

2.5.4 相邻建筑物因素

对于浅基础，当存在相邻建筑物时，新建建筑物的基础埋深宜小于已有建筑基础。当埋深需大于原有建筑基础时，两基础间应保持一定净距，其数值应根据建筑荷载大小、基础形式和土质情况确定。

对于桩基础，在基础埋深差别不大时，新建建筑与原有建筑基础间的影响不大，新建建筑物的基础埋深可稍大于原有建筑基础。

当需开挖较深的基坑时，须离开已有建筑一定距离，并采取基坑支护措施，以保证施工安全和已建建筑物安全。

2.5.5　地基冻融因素

季节性冻土地基的场地冻结深度应按下式进行计算

$$z_d = z_0 \cdot \psi_{zs} \cdot \psi_{zw} \cdot \psi_{ze} \tag{2-5}$$

式中　z_d——场地冻结深度（m），当有实测资料时，按 $z_d = h' - \Delta z$ 计算；

h'——最大冻深出现时场地最大冻土层厚度（m）；

Δz——最大冻深出现时场地地表冻胀量（m）；

z_0——标准冻结深度（m），当无实测资料时，按规范采用；

ψ_{zs}——土的类别对冻深的影响系数；

ψ_{zw}——土的冻胀性对冻深的影响系数；

ψ_{ze}——环境对冻深的影响系数。

季节性冻土地区基础埋深宜大于场地冻结深度。对于深厚季节冻土地区，当建筑基础底面土层为不冻胀、弱冻胀、冻胀土时，基础埋深可以小于场地冻结深度，基底允许冻土层最大厚度应根据当地经验确定。没有地区经验时可按规范查取，此时基础最小埋深 d_{min} 可按下式计算

$$d_{min} = z_d - h_{max} \tag{2-6}$$

式中　h_{max}——基础底面下允许冻土层的最大厚度（m）。

2.5.6　其他因素

建筑物中若有电梯，电梯首层入口处到电梯坑底的距离依据不同的电梯型号需要至少1.4m，考虑到电梯坑底混凝土板厚的影响，电梯处的基础底面离地面或地下室电梯入口的尺寸至少在1.6m以上。

上下水管、燃气管等管线不能埋设在基础持力层中，建筑物墙体有上下水管、燃气管等管线穿过的地方，基础埋深应相应加深。

位于稳定土坡坡顶上的建筑，依据基础形式的不同，基础宽度、基础埋深、基础边缘离坡顶边缘的距离及坡度应达到一定的安全关系。对于条形基础或矩形基础，当垂直于坡顶边缘线的基础底面边长小于或等于3m时，其基础底面外边缘线至坡顶的水平距离（见图2-8）应符合下列要求，且不得小于2.5m：

条形基础

$$a \geqslant 3.5b - \frac{d}{\tan\beta} \tag{2-7}$$

矩形基础

$$a \geqslant 2.5b - \frac{d}{\tan\beta} \tag{2-8}$$

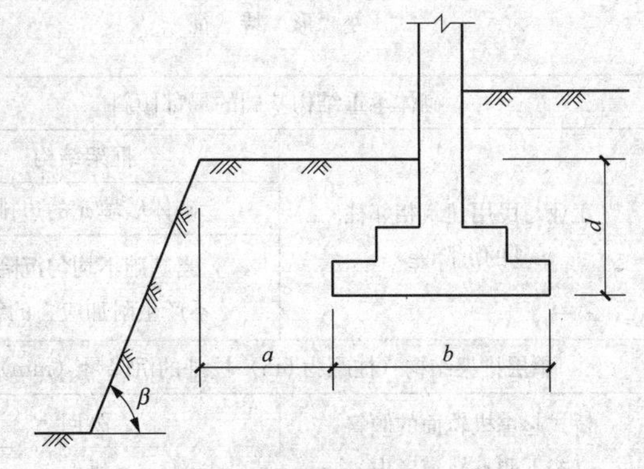

图2-8　基础底面外边缘线至坡顶的水平距离示意

式中　a——基础底面外边缘线至坡顶的水平距离（m）；

b——垂直于坡顶边缘线的基础底面边长（m）；

d——基础埋深（m）；

β——边坡坡角（°）。

当基础底面外边缘线至坡顶的水平距离不满足式（2-7）和式（2-8）的要求时，可按圆弧滑动面法进行包含基础在内的稳定性验算，确定基础距坡顶边缘的距离和基础埋深。

当边坡坡角大于45°、坡高大于8m时，应按圆弧滑动面法进行包含基础在内的稳定性验算。

2.6 变形验算

2.6.1 浅基础的变形验算

建筑物的地基变形计算值，不应大于地基变形允许值。

按不同的结构形式，地基变形可分别由沉降量、沉降差、倾斜、局部倾斜控制。建筑地基不均匀、荷载差异很大、体型复杂等因素均会导致地基的差异变形。对于砌体承重结构，应由局部倾斜值控制；对于框架结构和单层排架结构，应由相邻柱基的沉降差控制；对于多层或高层建筑和高耸结构，应由倾斜值控制；必要时，尚应控制平均沉降量。

在必要的情况下，需要分别预估建筑物在施工期间和使用期间的地基变形值，以便预留建筑物有关部分之间的净空，选择连接方法和施工顺序。

1. 地基变形允许值

规范对于地基的变形允许值有以下强制性条文：

建筑物的地基变形允许值应按表2-14中的规定采用。对表中未包括的建筑物，其地基变形允许值应根据上部结构对地基变形的适应能力和使用上的要求确定。

表2-14　　建筑物的地基变形允许值

变形特征		地基土类别	
		中、低压缩性土	高压缩性土
砌体承重结构基础的局部倾斜		0.002	0.003
工业与民用建筑相邻柱基的沉降差	框架结构	$0.002l$	$0.003l$
	砌体墙填充的边排柱	$0.0007l$	$0.001l$
	当基础不均匀沉降时不产生附加应力的结构	$0.005l$	$0.005l$
单层排架结构（柱距为6m）柱基的沉降量（mm）		(120)	200
桥式起重机轨面的倾斜（按不调整轨道考虑）	纵向	0.004	
	横向	0.003	
多层和高层建筑的整体倾斜	$H_g \leqslant 24$	0.004	
	$24 < H_g \leqslant 60$	0.003	
	$60 < H_g \leqslant 100$	0.0025	
	$H_g > 100$	0.002	
体型简单的高层建筑基础的平均沉降量（mm）		200	

续表

变形特征		地基土类别	
		中、低压缩性土	高压缩性土
高耸结构基础的倾斜	$H_g \leqslant 20$	0.008	
	$20 < H_g \leqslant 50$	0.006	
	$50 < H_g \leqslant 100$	0.005	
	$100 < H_g \leqslant 150$	0.004	
	$150 < H_g \leqslant 200$	0.003	
	$200 < H_g \leqslant 250$	0.002	
高耸结构基础的沉降量（mm）	$H_g \leqslant 100$	400	
	$100 < H_g \leqslant 200$	300	
	$200 < H_g \leqslant 250$	200	

注　1. 本表中数值为建筑物地基实际最终变形允许值。
2. 有括号者仅适用于中压缩性土。
3. l 为相邻柱基的中心距离（mm），H_g为自室外地面起算的建筑物高度（m）。
4. 倾斜指基础倾斜方向两端点的沉降差与其距离的比值。
5. 局部倾斜指砌体承重结构沿纵向 6～10m 内基础两点的沉降差与其距离的比值。

2. 单个基础的常规地基变形计算值

计算单个基础的地基变形时，地基内的应力分布可采用各向同性均质线性变形体理论。其最终变形量可按下式进行计算

$$s = \psi_s s' = \psi_s \sum_{i=1}^{n} \frac{p_0}{E_{si}} (z_i \bar{\alpha}_i - z_{i-1} \bar{\alpha}_{i-1}) \tag{2-9}$$

式中　s——地基最终变形量（mm）；

s'——按分层总和法计算出的地基变形量（mm）；

ψ_s——沉降计算经验系数，根据地区沉降观测资料及经验确定，无地区经验时可根据变形计算深度范围内压缩模量的当量值（$\overline{E}_s$）、基底附加压力按表 2-15 取值；

n——地基变形计算深度范围内所划分的土层数（见图 2-9）；

p_0——相应于作用的准永久组合时基础底面处的附加压力（kPa）；

E_{si}——基础底面下第 i 层土的压缩模量（MPa），应取土的自重压力至土的自重压力与附加压力之和的压力段计算；

z_i、z_{i-1}——基础底面至第 i 层土、第 $i-1$ 层土底面的距离（m）；

$\bar{\alpha}_i$、$\bar{\alpha}_{i-1}$——基础底面计算点至第 i 层土、第 $i-1$ 层土底面范围内的平均附加应力系数，可按规范采用。

表 2-15　沉降计算经验系数ψ_s

基底附加压力	$\overline{E}_s$（MPa）				
	2.5	4.0	7.0	15.0	20.0
$p_0 \geqslant f_{ak}$	1.4	1.3	1.0	0.4	0.2
$p_0 \leqslant 0.75 f_{ak}$	1.1	1.0	0.7	0.4	0.2

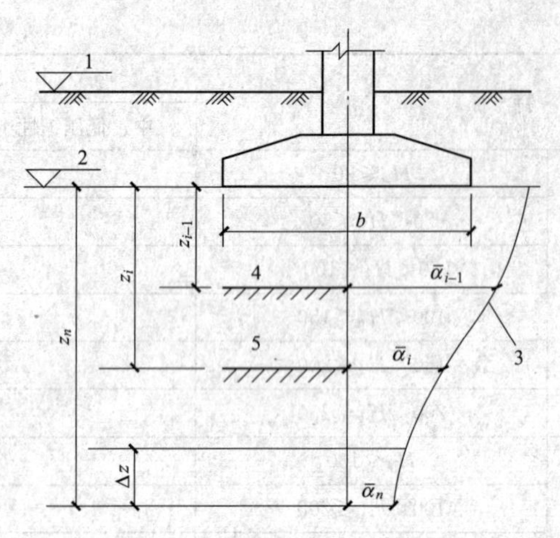

图 2-9　基础沉降计算分层示意

1—天然地面标高；2—基底标高；3—平均附加应力系数 $\bar{\alpha}$ 曲线；4—第 $i-1$ 层；5—第 i 层

变形计算深度范围内压缩模量的当量值（$\overline{E}_s$）应按下式计算

$$\overline{E}_s = \frac{\sum A_i}{\sum \frac{A_i}{E_{si}}} \tag{2-10}$$

式中　A_i——第 i 层土附加应力系数沿土层厚度的积分值。

地基变形计算深度 z_n（见图 2-9）应符合式（2-11）的规定。当计算深度下部仍有较软土层时，应继续计算。

$$\Delta s'_n \leqslant 0.025\sum_{i=1}^{n}\Delta s'_i \tag{2-11}$$

式中　$\Delta s'_i$——计算深度范围内第 i 层土的计算变形值（mm）；

$\Delta s'_n$——在由计算深度向上取厚度为 Δz 的土层计算变形值（mm），Δz 见图 2-9 并按表 2-16 确定。

表 2-16　　　　Δz 取值　　　　m

b	$\leqslant 2$	$2<b\leqslant 4$	$4<b\leqslant 8$	$b>8$
Δz	0.3	0.6	0.8	1.0

当无相邻荷载影响，基础宽度在 1～30m 范围内时，基础中点的地基变形计算深度也可按简化公式（2-12）进行计算，即

$$z_n = b(2.5 - 0.4\ln b) \tag{2-12}$$

式中　b——基础宽度（m）。

3. 具有刚性下卧层时的地基变形计算值

刚性下卧层的存在将对土层的应力扩散形成影响，按式（2-9）计算的沉降偏小；这种影响随基底下土层厚度相对于基础底面宽度的比值的减小而变大，须对式（2-9）的计算结果进行修正。

在计算深度范围内存在基岩时，z_n 可取至基岩表面；当存在较厚的坚硬黏性土层，坚硬黏性土层的孔隙比小于 0.5、压缩模量大于 50MPa，或存在较厚的密实砂卵石层，密实砂卵

石层的压缩模量大于80MPa时，z_n可取至该层土表面。此时，地基土附加压力分布应考虑相对硬层存在的影响，按下式计算地基最终变形量

$$s_{gz}=\beta_{gz}s_z \tag{2-13}$$

式中　s_{gz}——具刚性下卧层时地基土的变形计算值（mm）；

β_{gz}——刚性下卧层对上覆土层的变形增大系数，按表2-17选用；

s_z——变形计算深度相当于实际土层厚度按式（2-9）计算确定的地基最终变形计算值（mm）。

表2-17　刚性下卧层对上覆土层的变形增大系数 β_{gz}

项　目	数　值				
h/b	0.5	1.0	1.5	2.0	2.5
β_{gz}	1.26	1.17	1.12	1.09	1.00

注　h—基底下的土层厚度；b—基础底面宽度。

4. 回弹再压缩的地基变形计算值

当建筑物地下室基础埋置较深时，基坑开挖过程中地基将会出现回弹，回弹后再受到压力作用时产生的沉降比浅基坑建筑物更大。地基土的回弹变形量可按下式进行计算

$$s_c=\psi_c\sum_{i=1}^{n}\frac{p_c}{E_{ci}}(z_i\overline{\alpha}_i-z_{i-1}\overline{\alpha}_{i-1}) \tag{2-14}$$

式中　s_c——地基的回弹变形量（mm）；

ψ_c——回弹量计算的经验系数，无地区经验时可取1.0；

p_c——基坑底面以上土的自重压力（kPa），地下水位以下应扣除浮力；

E_{ci}——土的回弹模量（kPa），按GB/T 50123—1999《土工试验方法标准》中土的固结试验回弹曲线的不同应力段计算。

地基的回弹再压缩变形量计算可采用再压缩的压力小于卸荷土的自重压力段内再压缩变形线性分布的假定计算

$$s'_c=\psi'_c s_c\frac{p}{p_c} \tag{2-15}$$

式中　s'_c——地基的回弹再压缩变形量（mm）；

ψ'_c——回弹再压缩变形增大系数，由土的固结回弹再压缩试验确定；

s_c——地基的最大回弹变形量（mm）；

p——再压缩的荷载压力（kPa）；

p_c——基坑底面以上土的自重压力（kPa），地下水位以下应扣除浮力。

5. 相邻基础应力叠加对变形的影响

当存在相邻荷载时，应计算相邻荷载应力扩散至计算基础引起的计算基础的地基变形，其值可按应力叠加原理，采用角点法计算。

6. 共同作用对变形的影响

上述变形为基础中心点正下方土中附加压应力产生的变形累加值，未考虑基础的尺寸大小影响，也未考虑基础和上部结构刚度的影响，有一定的近似性。

在同一整体大面积基础上建有多栋高层和低层建筑时，宜考虑上部结构、基础与地基的共同作用进行变形计算。

2.6.2　桩基础的变形验算

建筑桩基沉降变形计算值不应大于桩基沉降变形允许值。

桩基沉降变形可用沉降量、沉降差、整体倾斜和局部倾斜 4 个指标表示。整体倾斜为建筑物桩基础倾斜方向两端点的沉降差与其距离的比值；局部倾斜为墙下条形承台沿纵向某一长度范围内桩基础两点的沉降差与其距离的比值。

土层厚度与性质不均匀、荷载差异、体型复杂、相互影响等因素引起的桩基沉降变形，对于砌体承重结构，应由局部倾斜控制；对于多层或高层建筑和高耸结构，应由整体倾斜控制；当其结构为框架、框架-剪力墙、框架-核心筒结构时，尚应控制柱（墙）之间的差异沉降。

1. 桩基沉降变形允许值

JGJ 94—2008《建筑桩基技术规范》对桩基沉降变形允许值有以下强制性条文：

建筑桩基沉降变形允许值，应按表 2-18 中的规定采用。

表 2-18　　建筑桩基沉降变形允许值

变形特征		允许值
砌体承重结构基础的局部倾斜		0.002
各类建筑相邻柱（墙）基的沉降差： （1）框架、框架-剪力墙、框架-核心筒结构。 （2）砌体墙填充的边排柱。 （3）当基础不均匀沉降时不产生附加应力的结构		 $0.002\,l_0$ $0.000\,7\,l_0$ $0.005\,l_0$
单层排架结构（柱距为 6m）桩基的沉降量（mm）		120
桥式起重机轨面的倾斜（按不调整轨道考虑）： 纵向 横向		 0.004 0.003
多层和高层建筑的整体倾斜	$H_g \leqslant 24$ $24 < H_g \leqslant 60$ $60 < H_g \leqslant 100$ $H_g > 100$	0.004 0.003 0.002 5 0.002
高耸结构桩基的整体倾斜	$H_g \leqslant 20$ $20 < H_g \leqslant 50$ $50 < H_g \leqslant 100$ $100 < H_g \leqslant 150$ $150 < H_g \leqslant 200$ $200 < H_g \leqslant 250$	0.008 0.006 0.005 0.004 0.003 0.002
高耸结构基础的沉降量（mm）	$H_g \leqslant 100$ $100 < H_g \leqslant 200$ $200 < H_g \leqslant 250$	350 250 150
体型简单的剪力墙结构 高层建筑桩基最大沉降量（mm）	—	200

注　l_0 为相邻柱（墙）两测点间距离，H_g 为自室外地面算起的建筑物高度。

对于表 2-18 中未包括的建筑桩基沉降变形允许值，应根据上部结构对桩基沉降变形的适应能力和使用要求确定。

2. 桩中心距不大于 6 倍桩径桩基的沉降计算

对于桩中心距不大于 6 倍桩径的桩基，其最终沉降量计算可采用等效作用分层总和法。等效作用面位于桩端平面，等效作用面积为桩承台投影面积，等效作用附加压力近似取承台底平均附加压力。等效作用面以下的应力分布采用各向同性均质直线变形体理论。计算模式如图 2-10 所示，桩基上任一点的最终沉降量可采用角点法按下式计算

$$s = \psi \cdot \psi_e \cdot s' = \psi \cdot \psi_e \cdot \sum_{j=1}^{m} p_{0j} \sum_{i=1}^{n} \frac{z_{ij}\bar{\alpha}_{ij} - z_{(i-1)j}\bar{\alpha}_{(i-1)j}}{E_{si}} \tag{2-16}$$

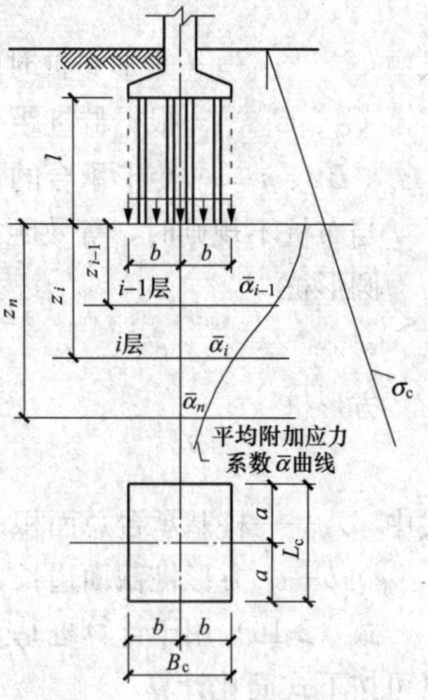

图 2-10　桩基沉降计算示意

式中　s——桩基最终沉降量（mm）；

s'——采用布辛奈斯克解，按实体深基础分层总和法计算出的桩基沉降量（mm）；

ψ——桩基沉降计算经验系数；

ψ_e——桩基等效沉降系数；

m——角点法计算点对应的矩形荷载分块数；

p_{0j}——第 j 块矩形底面在荷载效应准永久组合下的附加压力（kPa）；

n——桩基沉降计算深度范围内所划分的土层数；

z_{ij}、$z_{(i-1)j}$——桩端平面第 j 块荷载作用面至第 i 层土、第 $i-1$ 层土底面的距离（m）；

$\bar{\alpha}_{ij}$、$\bar{\alpha}_{(i-1)j}$——桩端平面第 j 块荷载计算点至第 i 层土、第 $i-1$ 层土底面深度范围内平均附加应力系数，可按 JGJ 94—2008《建筑桩基技术规范》中附录 D 选用；

E_{si}——等效作用面以下第 i 层土的压缩模量（MPa），采用地基土在自重压力至自重压力加附加压力作用时的压缩模量。

当无当地可靠经验时，桩基沉降计算经验系数 ψ 可按表 2-19 选用。对于采用后注浆施工工艺的灌注桩，桩基沉降计算经验系数应根据桩端持力土层类别，乘以 0.7（砂、砾、卵石）～0.8（黏性土、粉土）折减系数；饱和土中采用预制桩（不含复打、复压、引孔沉桩）时，应根据桩距、土质、沉桩速率和顺序等因素，乘以 1.3～1.8 挤土效应系数，土的渗透性低、桩距小、桩数多、沉降速率快时取大值。

表 2-19　桩基沉降计算经验系数 ψ

$\overline{E}_s$(MPa)	≤10	15	20	35	≥50
ψ	1.2	0.9	0.65	0.50	0.40

注　1. $\overline{E}_s$ 为沉降计算深度范围内压缩模量的当量值，其计算公式为 $\overline{E}_s = \sum A_i / \sum \frac{A_i}{E_{si}}$，式中 A_i 为第 i 层土附加压力系数沿土层厚度的积分值，可近似按分块面积计算。

2. ψ 可根据 $\overline{E}_s$ 按上表内插取值。

桩基等效沉降系数 ψ_e 可按下列公式简化计算

$$\psi_e = C_0 + \frac{n_b - 1}{C_1(n_b - 1) + C_2} \tag{2-17}$$

$$n_b = \sqrt{n \cdot B_c / L_c} \tag{2-18}$$

式中 n_b——矩形布桩时的短边布桩数，$n_b > 1$；

C_0、C_1、C_2——根据群桩距径比 s_a/d、长径比 l/d 及基础长宽比 L_c/B_c，按规范确定；

L_c、B_c、n——矩形承台的长度、宽度及总桩数。

当布桩不规则时，等效距径比可按下列公式近似计算：

圆形桩

$$s_a/d = \sqrt{A}/(\sqrt{n} \cdot d) \tag{2-19}$$

方形桩

$$s_a/d = 0.886\sqrt{A}/(\sqrt{n} \cdot b) \tag{2-20}$$

式中 A——桩基承台总面积；

b——方形桩截面边长。

式（2-16）用于计算桩基上任一点的最终沉降量，计算矩形桩基中点沉降时，桩基沉降量可按下式简化计算

$$s = \psi \cdot \psi_e \cdot s' = 4 \cdot \psi \cdot \psi_e \cdot p_0 \sum_{i=1}^{n} \frac{z_i \bar{\alpha}_i - z_{i-1}\bar{\alpha}_{i-1}}{E_{si}} \tag{2-21}$$

式中 p_0——在荷载效应准永久组合下承台底的平均附加压力；

$\bar{\alpha}_i$、$\bar{\alpha}_{i-1}$——平均附加应力系数，根据矩形长宽比 a/b 及深宽比 $\frac{z_i}{b}=\frac{2z_i}{B_c}$、$\frac{z_{i-1}}{b}=\frac{2z_{i-1}}{B_c}$，可按规范选用。

桩基沉降计算深度 z_n 应按应力比法确定，即计算深度处的附加应力 σ_z 与土的自重应力 σ_c 应符合下列要求

$$\sigma_z \leqslant 0.2\sigma_c \tag{2-22}$$

$$\sigma_z = \sum_{j=1}^{m} \alpha_j p_{0j} \tag{2-23}$$

式中 α_j——附加应力系数，可根据角点法划分的矩形长宽比及深宽比按桩基规范附录 D 选用。

计算桩基沉降时，应考虑相邻基础的影响，采用叠加原理计算；桩基等效沉降系数可按独立基础计算。

当桩基形状不规则时，可采用等代矩形面积计算桩基等效沉降系数，等效矩形的长宽比可根据承台实际尺寸和形状确定。

3. 单桩、单排桩、疏桩基础的沉降计算

单桩、单排桩、桩中心距大于 6 倍桩径的疏桩基础的沉降计算应下列方法计算：

（1）承台底地基土不分担荷载的桩基。桩端平面以下地基中由基桩引起的附加应力，按考虑桩径影响的明德林解计算确定。将沉降计算点水平面影响范围内各基桩对应力计算点产生的附加应力叠加，采用单向压缩分层总和法计算土层的沉降，并计入桩身压缩 s_e。桩基的最终沉降量可按下列公式计算

$$s=\psi\sum_{i=1}^{n}\frac{\sigma_{zi}}{E_{si}}\Delta z_i+s_e \tag{2-24}$$

其中

$$\sigma_{zi}=\sum_{j=1}^{m}\frac{Q_j}{l_j^2}[\alpha_j I_{p,ij}+(1-\alpha_j)I_{s,ij}] \tag{2-25}$$

$$s_e=\xi_e\frac{Q_j l_j}{E_c A_{ps}} \tag{2-26}$$

（2）承台底地基土分担荷载的复合桩基。将承台底土压力对地基中某点产生的附加应力按布辛奈斯克解计算后，与基桩产生的附加应力叠加，采用上述方法计算沉降。其最终沉降量可按下列公式计算

$$s=\psi\sum_{i=1}^{n}\frac{\sigma_{zi}+\sigma_{zci}}{E_{si}}\Delta z_i+s_e \tag{2-27}$$

其中

$$\sigma_{zci}=\sum_{k=1}^{u}\alpha_{ki}\cdot p_{ck} \tag{2-28}$$

以上各式中　ψ——沉降计算经验系数，无当地经验时，可取1.0；

n——沉降计算深度范围内土层的计算分层数，分层数应结合土层性质，分层厚度不应超过计算深度的0.3倍；

σ_{zi}——水平面影响范围内各基桩对应力计算点桩端平面以下第i层土1/2厚度处产生的附加竖向应力之和，应力计算点应取与沉降计算点最近的桩中心点；

Δz_i——第i计算土层的厚度（m）；

s_e——计算桩身压缩；

E_{si}——第i计算土层的压缩模量（MPa），采用土的自重压力至土的自重压力加附加压力作用时的压缩模量；

m——以沉降计算点为圆心、0.6倍桩长为半径的水平面影响范围内的基桩数；

Q_j——第j桩在荷载效应准永久组合作用下桩顶的附加荷载（kN），当地下室埋深超过5m时，取荷载效应准永久组合作用下的总荷载为考虑回弹再压缩的等代附加荷载；

l_j——第j桩的桩长（m）；

α_j——第j桩总桩端阻力与桩顶荷载之比，近似取极限总端阻力与单桩极限承载力之比；

$I_{p,ij}$、$I_{s,ij}$——第j桩的桩端阻力和桩侧阻力对计算轴线第i计算土层1/2厚度处的应力影响系数，可按JGJ 94—2008中附录F确定；

ξ_e——桩身压缩系数，端承型桩，取$\xi_e=1.0$；摩擦型桩，当$l/d\leqslant30$时，取$\xi_e=2/3$；$l/d\geqslant50$时，取$\xi_e=1/2$；介于两者之间可线性插值；

E_c——桩身混凝土的弹性模量；

A_{ps}——桩身截面面积；

σ_{zci}——承台压力对应力计算点桩端平面以下第i计算土层1/2厚度处产生的应

力，可将承台板划分为 u 个矩形块，可按 JGJ 94—2008 中附录 D 采用角点法计算；

α_{ki} ——第 k 块承台底角点处，桩端平面以下第 i 计算土层 1/2 厚度处的附加应力系数，可按 JGJ 94—2008 中附录 D 确定；

p_{ck} ——第 k 块承台底均布压力，可按 $p_{ck}=\eta_{ck}\cdot f_{ak}$ 取值，其中 η_{ck} 为第 k 块承台底板的承台效应系数，按规范确定，f_{ak} 为承台底地基承载力特征值。

单桩、单排桩、疏桩复合桩基础的最终沉降计算深度 z_n 可按应力比法确定，即 z_n 处由桩引起的附加应力 σ_z 、由承台土压力引起的附加应力 σ_{zc} 与土的自重应力 σ_c 应符合下式要求

$$\sigma_z+\sigma_{zc}=0.2\sigma_c$$

（3）减沉复合疏桩基础中点沉降计算。减沉复合疏桩基础中点沉降可按下列公式计算

$$s=\psi(s_s+s_{sp}) \tag{2-29}$$

$$s_s=4p_0\sum_{i=1}^{m}\frac{z_i\bar{\alpha}_i-z_{i-1}\bar{\alpha}_{i-1}}{E_{si}} \tag{2-30}$$

$$s_{sp}=280\frac{\overline{q_{su}}}{\overline{E_s}}\cdot\frac{d}{(s_a/d)^2} \tag{2-31}$$

$$p_0=\eta_p\frac{F-nR_a}{A_c} \tag{2-32}$$

式中 s ——桩基中心点沉降量；

s_s ——由承台底地基土附加压力作用下产生的中点沉降（见图 2-11）；

s_{sp} ——由桩土相互作用产生的沉降；

p_0 ——按荷载效应准永久值组合计算的假想天然地基的平均附加压力（kPa）；

E_{si} ——承台底以下第 i 层土的压缩模量，应取自重压力至自重压力与附加压力段的模量值；

m ——地基沉降计算深度范围的土层数；沉降计算深度按 $\sigma_z=0.1\sigma_c$ 确定，σ_z 可按桩基规范确定；

$\overline{q_{su}}$ 、$\overline{E_s}$ ——桩身范围内按厚度加权的平均桩侧极限摩阻力、平均压缩模量；

d ——桩身直径，当为方形桩时，$d=1.27b$（b 为方形桩截面边长）；

s_a/d ——等效距径比，可按桩基规范执行；

z_i 、z_{i-1} ——承台底至第 i 层、第 $i-1$ 层土底面的距离；

$\bar{\alpha}_i$ 、$\bar{\alpha}_{i-1}$ ——承台底至第 i 层、第 $i-1$ 层土层底范围内的角点平均附加应力系数；根据承台等效面积的计算分块矩形长宽比 a/b 及深宽比 $z_i/b=2z_i/B_c$，按 JGJ 94—2008 中附录 D 确定；其中承台等效宽度 $B_c=B\sqrt{A_c}/L$ ，B 、L 分别为建筑物基础外缘平面的宽度和长度；

F ——荷载效应准永久值组合下作用于承台底的总附加荷载（kN）；

η_p ——基桩刺入变形影响系数；按桩端持力层土质确定，砂土为 1.0，粉土为 1.15，黏性土为 1.30；

ψ ——沉降计算经验系数，无当地经验时，可取 1.0。

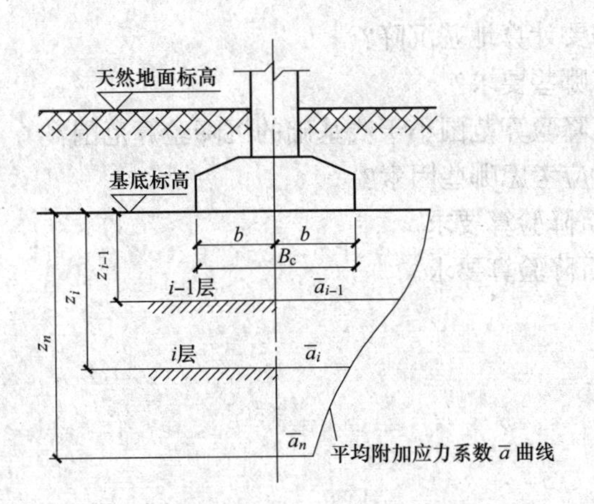

图 2-11　复合疏桩基础沉降计算分层示意

2.7　稳定性验算

建于陡坡上的建筑物应进行整体抗滑移稳定性验算，地基稳定性可采用圆弧滑动面法进行验算。最危险的滑动面上诸力对滑动中心所产生的抗滑力矩与滑动力矩应符合下式要求

$$M_R/M_S \geqslant 1.2 \tag{2-33}$$

式中　M_R——抗滑力矩（kN·m）；

M_S——包含建筑物影响的滑动力矩（kN·m）。

建筑物的单个基础一般不存在抗滑移和抗倾覆问题；对于造型特别的建筑，当柱脚水平分力很大时，应进行单个基础的稳定性验算。

建筑物基础存在浮力作用时应进行抗浮稳定性验算。

对于简单的浮力作用情况，基础抗浮稳定性应符合下式要求

$$\frac{G_k}{N_{w,k}} \geqslant k_w \tag{2-34}$$

式中　G_k——建筑物自重及压重之和（kN）；

$N_{w,k}$——按抗浮设计水位计算的浮力作用值（kN）；

k_w——抗浮稳定安全系数，一般情况下可取1.05。

抗浮稳定性不满足式（2-34）的要求时，可采用增加压重或设置抗浮锚杆、抗浮桩等抗浮措施。在整体满足抗浮稳定性要求而局部不满足时，也可采用增加结构构件刚度并保证抗浮构件承载力的措施。

思考题

1. 天然地基有哪几大类？各有哪些亚类？
2. 特殊土地基有哪些类型？
3. 地基的工程特性指标有哪些？各采用什么代表值？如何获取这些工程特性指标？
4. 简述岩石地基承载力的影响因素及土类地基的地基承载力影响因素。
5. 常用的基础形式有哪些？

6. 哪些建筑物不需要计算地基沉降？
7. 基础设计取值有哪些要求？
8. 为什么桩基的沉降验算范围小于浅基础的沉降验算范围？
9. 确定基础埋深时应考虑哪些因素？
10. 简述浅基础的沉降验算要求。
11. 简述桩基础的沉降验算要求。

第3章 条形扩展基础

3.1 概 述

上部结构的竖向重力荷载通过水平承重结构体系传递给竖向承重构件，水平承重结构体系一般由梁和板共同组成。对于板柱结构，水平承重结构体系只有板而无梁，竖向承重构件则可能为柱或墙，柱一般为钢筋混凝土柱，墙则可能为钢筋混凝土墙或砌体墙。在竖向承重构件的底部一般会产生较大的轴压力，竖向承重构件底部横截面上的压应力通常远大于地基承载力，因此竖向承重构件墙、柱不能直接设置于地基上。为了将竖向构件的力可靠地传到地基中，在表层地基承载力较高时，可在墙、柱与地基之间设置平面尺寸扩大的基础，称为扩展基础。扩展基础将上部结构传来的竖向荷载扩散分布于基础的底面，使之满足地基承载力和变形的要求。

钢筋混凝土柱和剪力墙下扩展基础采用钢筋混凝土扩展基础，地下室周边混凝土挡土墙下扩展基础也采用钢筋混凝土扩展基础，砌体墙下扩展基础根据具体情况可采用无筋扩展基础或钢筋混凝土扩展基础。

柱下扩展基础一般为矩形或正方形，也称为柱下独立基础或独立基础，将在第4章中进行介绍。高层建筑剪力墙下扩展基础一般为矩形，其受力情况和设计方法与柱下扩展基础类似。

地下室周边混凝土挡土墙下扩展基础和砌体墙下扩展基础均为条形，本章主要介绍无筋条形扩展基础和钢筋混凝土条形扩展基础。

3.1.1 无筋条形扩展基础

无筋条形扩展基础的材料一般采用砖、素混凝土或毛石混凝土，也可能采用片石、灰土或三合土。无筋扩展基础因采用的材料不同，有不同的适用条件。

1. 砖基础（见图3-1）

就强度和抗冻性来说，砖不能算是优良的基础材料，在干燥而较温暖的地区较为合适采用，而在寒冷而又潮湿的地区不甚理想。但是，由于砖的价格较低、施工简便，因此应用比较广泛。为保证砖基础在潮湿或霜冻条件下坚固耐久，砖的强度不应低于MU10，砌筑砂浆的强度等级不应低于M5。在地下水位以上可以采用水泥、石灰、水和砂配制的混合砂浆，在地下水位以下应采用水泥、水和砂配制的水泥砂浆。

砖基础是砌体墙下最常采用的基础形式。在砖基础施工前，底面必须平整，一般在天然岩土地基的表面施工厚度不小于70mm的C15素混凝土垫层将其找平。

2. 素混凝土基础

混凝土的强度、耐久性和抗冻性都比较好，是一种较好的基础材料。在墙下荷载较大或需要减小基础高度（H_0）时，可采用强度等级较低的素混凝土基础。但混凝土造价稍高，消耗的水泥量较大，因此较多用于地下水位以下的基础，其强度等级一般采用C15、C20等低强度混凝土。

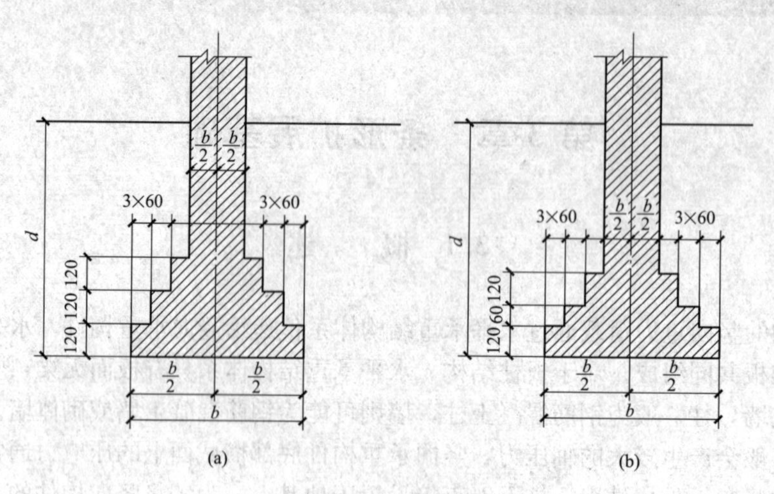

图 3-1 砖基础

（a）两皮一收；（b）二一间隔收

3. 毛石混凝土基础（见图 3-2）

有时为了节约水泥、降低造价，可以在混凝土中掺入毛石，形成毛石混凝土基础。毛石混凝土基础虽然强度有所降低，但仍比砖基础强度高，所以在特殊情况下也多有应用。

4. 片石基础（见图 3-3）

在部分地区，片石比砂石更容易获取，片石有着较高的强度、耐久性和抗冻性。用作基础的石料要选用质地坚硬、不易风化的岩石，石块的厚度不宜小于 15cm。为保证片石基础的整体性，一般不采用干砌片石做基础，浆砌片石基础的砌筑砂浆等级不应低于 M5。

片石基础一般不宜用于地下水位以下。

用砖、石及素混凝土砌筑的基础一般适用于多层的民用建筑或跨度较小的砌体结构厂房。

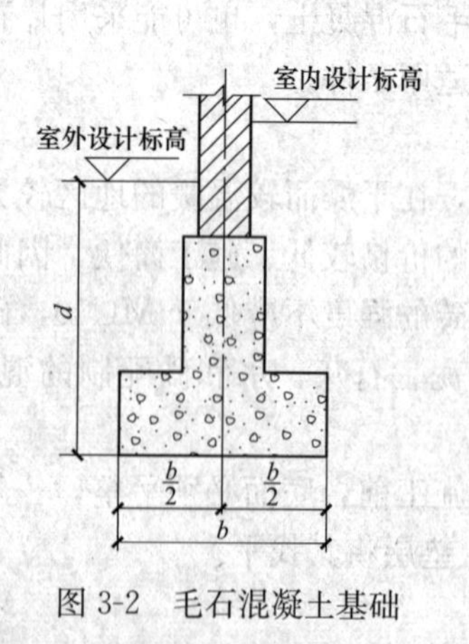

图 3-2 毛石混凝土基础

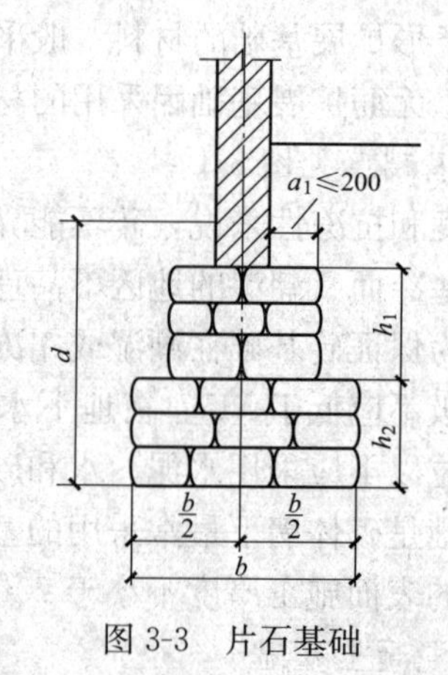

图 3-3 片石基础

5. 灰土基础

在我国华北和西北地区的农村，环境气候比较干燥，可采用灰土做基础，灰土基础适用于低层建筑。

早在 1000 多年前，我国就开始采用灰土作为基础材料，而且有不少还完整地保存到现在，这说明在一定条件下灰土的耐久性是良好的。

灰土用石灰和黄土（或黏性土）混合而成。石灰以块状生石灰为宜，经熟化1～2天，用5～10mm的筛子过筛后使用。土料一般以粉质黏土为宜，若用黏土则应采取相应措施，使其达到一定的松散程度。土在使用前也应过筛（10～20mm的筛孔）。石灰和土料的体积比一般为3∶7或2∶8，拌和均匀后加适量的水分层夯实，每层虚铺220～250mm，夯至150mm为一步。施工时基坑应保持干燥，防止灰土早期浸水。

6. 三合土基础（见图3-4）

我国南方地区农村的低矮附属用房，由于气候原因不能采用灰土基础，可采用三合土基础或四合土基础。三合土基础由石灰、砂、骨料组成，石灰、砂、骨料按1∶2∶4或1∶3∶6的比例配比；四合土基础由水泥、石灰、砂、骨料组成，水泥、石灰、砂、骨料按1∶1∶5∶10或1∶1∶6∶12的比例配比。施工时每层虚铺220mm，夯至150mm。三合土基础的整体承载能力与骨料有关，矿渣最好，碎砖次之，碎石及河卵石不易夯实，质量较差。

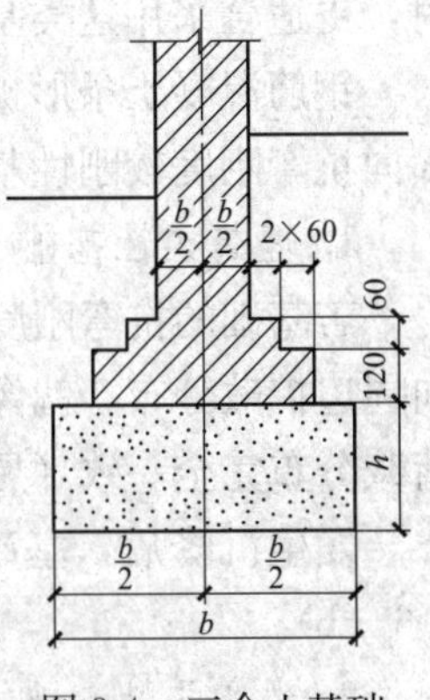

图3-4 三合土基础

无筋条形扩展基础的材料都具有较好的抗压性能，但抗拉、抗剪强度均不高，因此设计时必须保证基础内的拉应力不超过基础材料的抗拉强度。

无筋条形扩展基础拉应力最大的位置为基础底部的墙边，在基底反力一致的前提下该处弯矩与基础宽度的平方成正比，截面抵抗矩与基础高度的平方成正比，故该处拉应力随基础宽度与基础高度比值的平方而线性加大。在基底反力增大时，为保证基础底部最大拉应力不超过基础的抗拉强度，须减小基础宽度与基础高度的比值；在基础的抗拉强度较高时，则可增大基础宽度与基础高度的比值。

通过限制基础外伸宽度与基础高度的比值不大于规范的允许值，就能保证基础底部最大拉应力小于基础材料的抗拉强度。在基础宽度较大时，基础的高度通常都较大，基础的刚度也较大，在荷载作用下几乎不会发生横向挠曲变形，如图3-5所示，因此这类基础通常也称刚性扩展基础或刚性基础。基础形式有墙下无筋条形基础和砖柱下无筋独立基础，由于砖柱在工程中应用极少，因此本章仅讨论砌体墙下无筋条形扩展基础，砖柱下无筋独立基础的设计方法类似于无筋条形扩展基础。

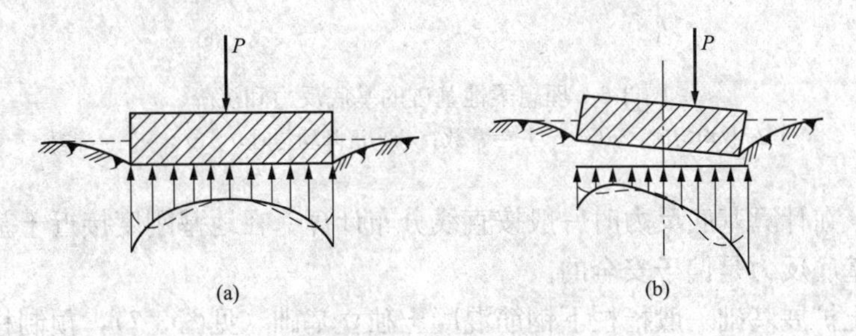

图3-5 刚性基础

(a) 中心荷载作用下；(b) 偏心荷载作用下

3.1.2　钢筋混凝土条形扩展基础

当不便于采用刚性条形基础或采用刚性条形基础不经济时，可采用钢筋混凝土条形扩展基础。配置了钢筋的条形扩展基础，由于采用了抗拉能力很强的钢筋来承受条形扩展基础的拉应力，因此不需要通过提高基础高度来减小基础的拉应力，基础的高度不受台阶宽高比的限制，基础高度可以较小，钢筋混凝土条形基础的高度需满足抗剪承载力的要求。此类基础尤其适宜于需要“宽基浅埋”的场合；当软土地基的表层具有一定厚度的所谓“硬壳层”时，更适合采用这类基础形式。

钢筋混凝土条形扩展基础的特点是在荷载的作用下会发生一定的横向挠曲变形，基础的横向抗弯刚度较刚性基础小很多，可以随着地基的变形而产生一定的弯曲变形。

1. 理想柔性基础

若基础的抗弯刚度接近于零，基础上任一点的竖向荷载传递到基础底面时，竖向荷载不向周边扩散分布，就像直接作用在地基上一样。这种基础的基底反力分布与作用于基础上的荷载分布完全一致（见图 3-6），这种基础称为理想柔性基础。

发生沉降后，基础底面若仍为平面，须将基础边缘的地基反力增大，受力情况见图 3-6（b）。

2. 现实柔性基础

钢筋混凝土条形扩展基础的刚度介于理想柔性基础和刚性基础之间，工程中将钢筋混凝土条形扩展基础称为柔性基础，其变形适应能力较刚性基础强。

刚性基础的基底反力与图 3-6（b）所示接近，由于基础刚度很大，在竖向构件总合力和合力作用点相同时，不论各分力大小和位置如何变化，均不改变基底反力的分布。

当地基刚度远小于钢筋混凝土基础刚度时，基底反力的计算不考虑基础与地基的变形协调，按刚性基础计算基底反力；当地基刚度接近于钢筋混凝土基础刚度时，基底反力的计算应考虑基础与地基的变形协调。实际基础边缘的反力与基础两侧的覆土压力有关，基础边缘不会是基底反力最大的位置。

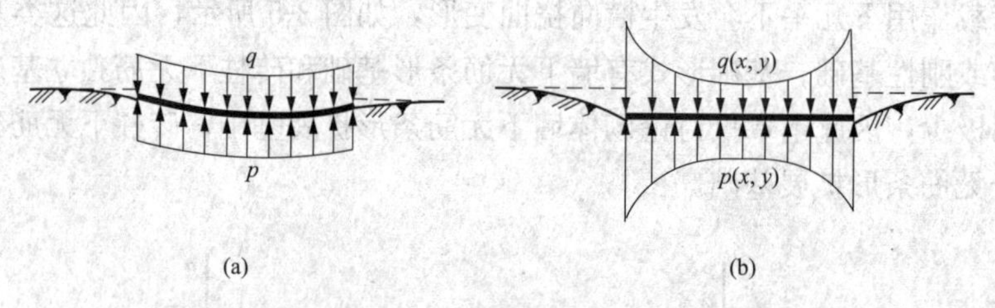

图 3-6　理想柔性基础的基底反力和沉降

（a）荷载均匀时，$p(x, y)$ ＝常数；（b）沉降均匀时，$p(x, y) \neq$ 常数

为了简化，在计算基底反力时一般按直线分布计算。在地基刚度接近于基础刚度时，按直线分布计算基底反力是偏于安全的。

钢筋混凝土扩展基础一般指柱下钢筋混凝土独立基础（见图 3-7），预制柱下的钢筋混凝土基础一般做成杯形基础（见图 3-8）和墙下钢筋混凝土条形基础（见图 3-9）。本章主要讨论墙下钢筋混凝土条形扩展基础。

在地基局部超深时，可在超深部位设计合适数量的独立基础，在正常基础标高处的墙下设计基础梁，基础梁与独立基础之间用短柱相连，如图 3-10 所示。

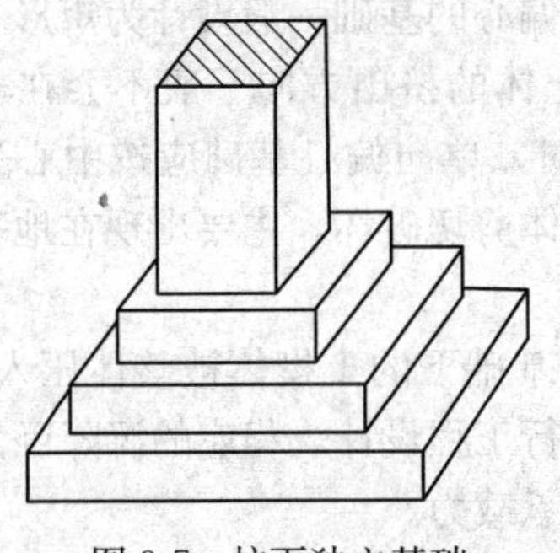

图 3-7　柱下独立基础

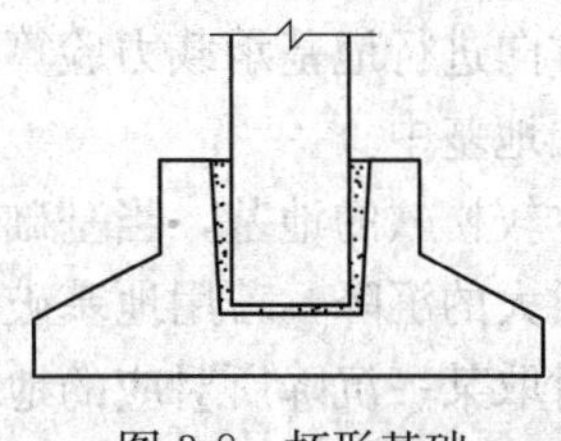

图 3-8　杯形基础

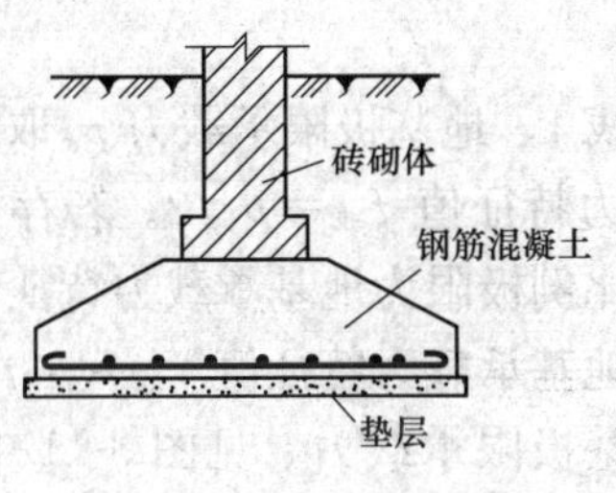

图 3-9　墙下条形基础

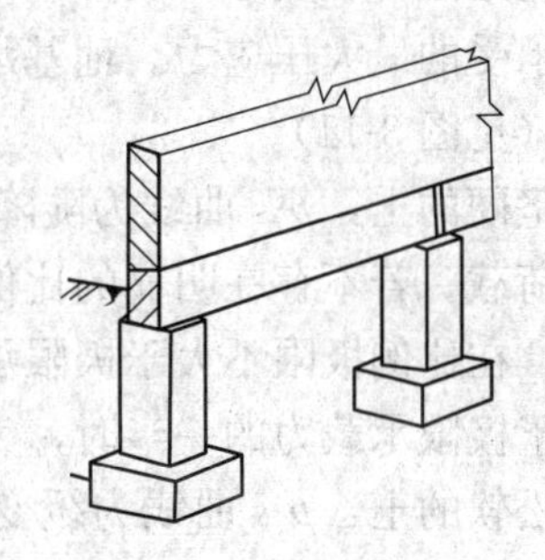

图 3-10　墙下独立基础

3.2　地基承载力的计算

3.2.1　地基承载力的概念

地基的破坏从本质上说是剪切破坏，随着外部荷载（一般为竖向荷载）的施加，土中竖向压应力增加，若某点沿某方向的剪应力达到土的抗剪强度，按弹性理论，该点处于极限平衡状态。一般最先达到抗剪强度的位置为接近基础边缘的地基中，随着外部荷载的不断增大，土体内部达到抗剪强度的区域由基础边缘往下发展，该区域称为塑性区，按土力学理论，塑性区最下端端点的轨迹为一个不闭合的圆，圆的直径大于基础宽度。将单个基础下的地基看成是均质的，在中心荷载作用下，总竖向荷载达到一定程度时，基础两侧地基中的塑性区将闭合而形成连续破坏面，连续破坏面上的基础及土体随时可沿破坏面产生整体滑动，由此导致坐落在其上的竖向构件发生急剧倾斜、失去使用功能，这种状态就称为地基土丧失承载力，或称为地基土失稳。当基础两侧地面标高不同时，地面土体挤出方向一般为地面标高低的一侧；当基础两侧地面标高相同时，地面土体挤出方向两侧均有可能。地基土所能提供的最大承受荷载的能力称为地基极限承载力，以 f_u表示。

中心受压的基础，塑性区在基础边缘两侧的地基中同时出现，并且同时往地基深处发展。对于偏心受压的基础，塑性区最先在偏心一侧基础边缘的地基中出现，随着基础总压力的增加，另一侧有可能会出现塑性区，若偏心过大，另一侧直到地基破坏也可能不会出现塑性区；在基础压力增大时，偏心一侧的塑性区有可能超过基础底部中线，若非偏心一侧的土自重及土抗剪能力不能阻挡破坏面上的基础及基础下土体的推力，则基底反力较小一侧的土体将被挤出地面，基础发生倾斜，此时地基失稳。单向偏心的基础一般设计为矩形基础，除非基础长宽比过大以致与偏心程度不协调，否则地面土体的挤出方向一般不会在非偏心方向。在基础底面尺寸远大于 3m，同时基础长宽比较大时，单向偏心基础应按中心受压基础对非偏心方向进行地基承载力验算。上述破坏形态为整体剪切破坏，主要出现在地基承载力较大的坚硬地基中。

对于比较松软的地基，当基础荷载增加时，基础及基础下的土楔体被整体压入地基中，此时产生很大的沉降，若用地基破坏时的地基承载力进行工程设计，相应的沉降巨大而不能接受。此时取某一沉降所对应的地基压力作为地基极限承载力。

在设计地基基础时，规范采用地基承载力特征值，以 f_a表示。地基承载力特征值 f_a是指地基在满足强度和变形（沉降）两方面的要求并留有一定安全储备时，基底下地基单位面积上所能承受的最大压应力。地基承载力特征值 f_a须有一定的安全储备，$f_a=p_u/K$，K 为安全系数（见图 3-11）。

对于坚硬的土，p-s 曲线为陡降型，见图 3-11 中曲线 1，地基极限承载力 p_u取发生陡降的前一级荷载。若不存在明显的比例极限，取地基承载力特征值 $f_{ak}=p_u/2$。若存在明显的比例极限，在比例极限不大于极限承载力的一半时，取比例极限为地基承载力特征值；在比例极限大于极限承载力的一半时，为保证安全储备，取地基承载力特征值 $f_{ak}=p_u/2$。

对于松软的土，p-s 曲线为缓变型，没有明显的地基极限承载力，见图 3-11 中曲线 2。取规范规定的沉降允许值 s_a所对应的土压力作为地基承载力特征值 f_{ak}。对于松软的土，地基承载力发挥的程度与地基的变形密切相关。

地基在受到压力作用下会产生一定的沉降，可以说，在很多情况下，地基承载力特征值 f_a的大小由变形允许值 s_a所控制，也可以说地基承载力特征值指的是满足上部建筑物正常使用极限状态下的承载力，地基承载力特征值是允许有一定变形的承载力。设计时应控制地基中塑性区域的发展，避免地基失稳。

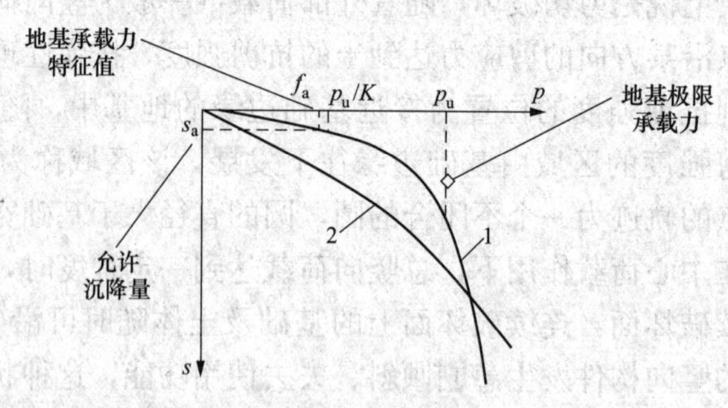

图 3-11 荷载—沉降（p-s）曲线

1—陡降型；2—缓变型

3.2.2 地基承载力的确定方法

确定地基承载力特征值的方法有三种：

（1）根据现场载荷试验的 p-s 曲线确定；

（2）根据土的抗剪强度指标以理论公式计算；

（3）其他原位测试。规范规定按建筑物安全等级以及地基岩土条件结合当地经验进行选择，以免出现不必要的过分严格和无区别地随意简化两种极端偏向。

3.2.2.1　根据现场载荷试验的 p-s 曲线确定

测定地基承载力相对可靠的方法是进行现场的原位测试——载荷试验（见图 3-12）。载荷试验就是在拟建场地模拟建筑物的基础荷载条件，通过承压平板向地基施加竖向荷载，测试承压板下应力主要影响范围内岩土的压力—变形关联曲线，即 p-s 曲线，获取地基的变形模量、地基承载力等重要的设计参数。

1. 地基受力的三个阶段

通过现场载荷试验，地基在局部荷载作用下，从开始施加荷载并逐渐增加荷载至地基发生破坏，地基的变形大致经过三个阶段，如图 3-13 和图 3-14 所示。

图 3-12　载荷试验现场照片

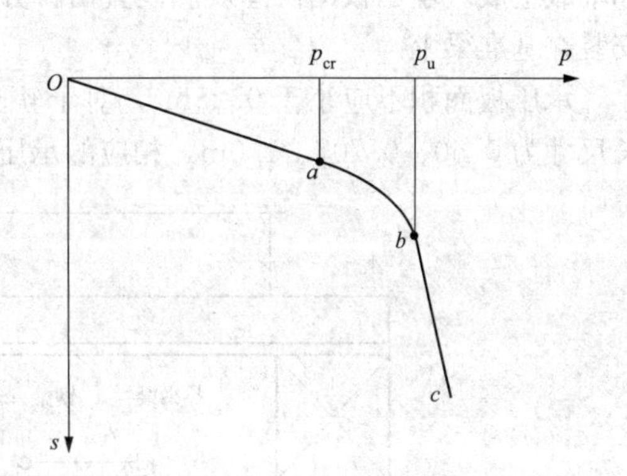

图 3-13　荷载试验 p-s 曲线

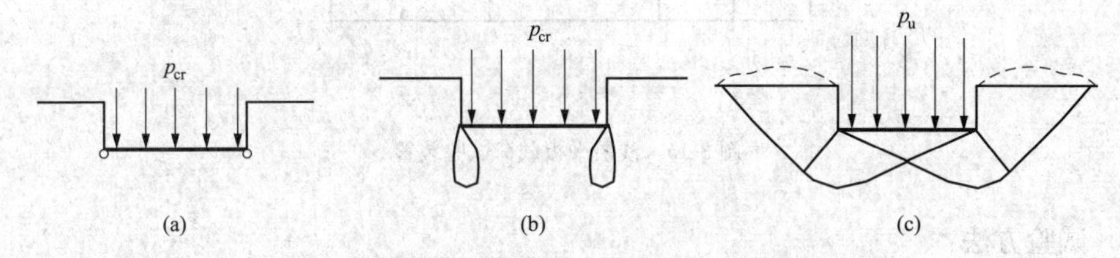

图 3-14　地基塑性区发展示意图

(a) 直线变形阶段；(b) 局部剪切阶段；(c) 地基失稳阶段

(1) 直线变形阶段（压密阶段）。当基底压力 $p \leqslant p_{cr}$（临塑荷载）时，压力与变形基本呈直线关系（Oa 段）。这一阶段土的变形主要是由土的压实、孔隙体积减小引起的。此时土中各点的剪应力均小于土的抗剪强度，土体处于弹性状态，如图 3-14 (a) 所示。我们把土中即将出现剪切破坏（塑性变形）点时的基底压力称为临塑荷载（或比例极限），用 p_{cr} 表示。

(2) 局部剪切阶段（塑性变形发展阶段）。当 $p_{cr} < p < p_u$ 时（ab 段），地基中出现一定范围的塑性区域，地基中的变形不再随荷载增大而线性增大，压力与变形之间呈变形增长更快的曲线关系，如图 3-14 (b) 所示。

(3) 地基失稳阶段（整体破坏阶段）。当 $p \geqslant p_u$ 时（bc 段），在压力达到 p_u时，载荷板下岩土中已出现连续滑动面，载荷板下岩土已处于不稳定状态，这时压力稍稍增加，地基变形急剧增大，土从荷载板周边挤出，载荷板周边地面隆起，这时地基已完全丧失稳定性，如图 3-14 (c) 所示。

从地基变形的三个阶段，可得出作用于地基上的荷载有两个重要分界点。临塑荷载为第一、二阶段的分界荷载，即地基即将产生塑性区的荷载，以 p_{cr} 表示；极限荷载为第二、三阶段的分界荷载，即地基即将出现整体剪切破坏极限状态时的荷载，以 p_u 表示。

2. 浅层平板载荷试验

（1）试验装置。根据试验深度的不同，载荷试验可以分为浅层平板载荷试验和深层平板载荷试验。深层平板载荷试验用于深部岩土层或大直径桩桩端岩土层的地基承载力测定。浅层平板载荷试验用于确定浅层地基承压板影响范围内的岩土层地基承载力。浅层平板载荷试验装置由加载稳压装置、反力装置和沉降观测装置三部分组成，如图 3-15 所示。静荷载一般由千斤顶提供，千斤顶产生的反力由反力装置承担。反力装置由反力钢梁、排钢梁、支墩和堆载组成。承压板的沉降观测装置由百分表、精密水准仪、基准梁和基准桩构成，百分表安装在基准梁上。

承压板面积不应小于 $0.25m^2$，对于软土不应小于 $0.5m^2$。底面形状为方形或圆形，边长尺寸为 0.50、0.707、1.0m，相应的承压板面积为 0.25、0.5、$1.0m^2$。

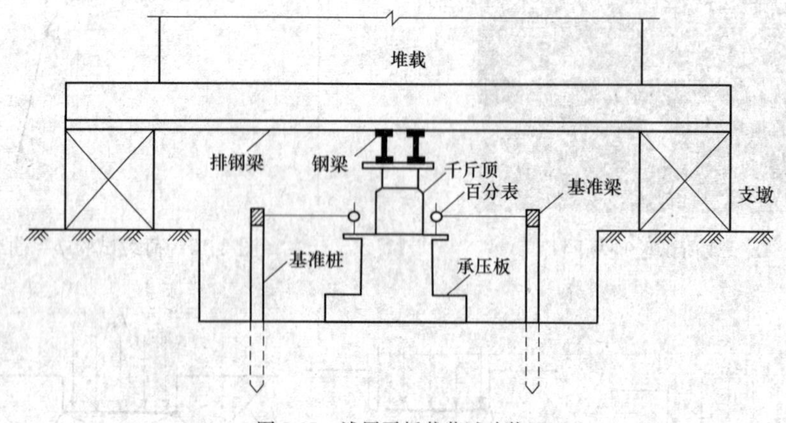

图 3-15　浅层平板载荷试验装置

（2）试验方法：

1）在建筑场地选择有代表性的部位进行载荷试验，应布置在基础底面标高处。

2）开挖试坑，深度为基础设计埋深 d，试坑宽度不小于承压板宽度或直径的 3 倍，以消除边载对地基承载力的影响。

3）在拟试压表面铺一层厚度不超过 20mm 的粗、中砂并找平，应保持试验土层的原状结构和天然湿度。

4）分级加荷。加荷分级不应少于 8 级。最大加载量不应小于荷载设计值的 2 倍。第一级荷载相当于开挖试坑卸除土的自重应力，自第二级荷载开始，每级荷载宜为最大加载量的 1/12～1/8。

5）测记承压板沉降量。每级加载后，按间隔 10、10、10、15、15min，以后每隔 30min 测读一次沉降量；当在连续 2h 内每小时沉降量小于 0.1mm 时，则认为沉降已趋稳定，可加下一级荷载。

6）终止加载。当出现下列情况之一时，即可终止加载：

a. 承压板周围的土有明显的侧向挤出（砂土）或发生裂纹（黏性土或粉土）；

b. 本级荷载的沉降量大于前级荷载沉降量的5倍，荷载—沉降关系曲线（p-s 曲线）出现陡降；

c. 在某一级荷载下，24h 内沉降速率不能达到相对稳定标准；

d. 总沉降量与承压板宽度或直径之比 s/b 大于或等于 0.06。

当满足以上前三种情况之一时，其对应的前一级荷载为极限荷载。

(3) 载荷试验结果整理。试验时应及时做好试验记录，并妥善保管原始数据，根据各级荷载及其相应的稳定沉降观测数值，绘制荷载 p 与稳定沉降 s 的关系曲线（p-s 曲线）。试验成果还包含各级荷载下的沉降 s 与时间 t 的 s-t 关系曲线，由 p-s 曲线可确定地基极限承载力或地基承载力特征值。

3. 一个点的地基承载力特征值

根据土的压缩性质不同，可以得到两类不同的 p-s 曲线，如图 3-16 所示。

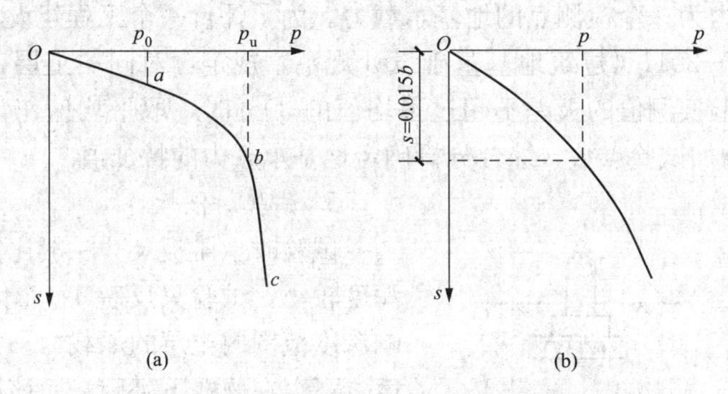

图 3-16　两类不同压缩性质的土的 p-s 曲线

(a) 低压缩性土；(b) 中、高压缩性土

(1) 低压缩性土［见图 3-16 (a)］。对于密实砂土、硬塑黏土等低压缩性土，可以明确测得地基极限承载力 p_u，也就是满足终止加载前三种情况之一者，可认为土已经发生剪切破坏，定义前一级荷载为地基极限承载力 p_u。此时 p-s 曲线呈现急进破坏的陡降型，通常有明显的直线段和陡降段，直线段和陡降段都有一个明显的转折点，直线段末点对应的荷载 p_0（与前述 p_{cr} 含义相同）定义为比例界限，陡降点对应的荷载（荷载增大不多，但沉降急剧增大）定义为地基极限荷载 p_u。确定与岩土的自身物理特性有关的地基承载力特征值时，根据 p_0 与 p_u 的比值且满足安全系数不小于2的原则确定：

当 $p_u > 2p_0$ 时

$$f_{ak} = p_0 \tag{3-1}$$

当 $p_u \leqslant 2p_0$ 时

$$f_{ak} = 0.5p_u \tag{3-2}$$

式中 f_{ak} 是指未考虑基础宽度及基础埋深影响没有修正的地基承载力特征值，而只考虑了岩土的自身物理特性。

(2) 中、高压缩性土［图 3-16 (b)］。对于有一定强度的中、高压缩性土，如松砂、填土、软塑黏土等，p-s 曲线通常无明显的转折点，无法取得比例界限值 p_0 与极限荷载值 p_u，但是曲线的斜率随荷载的增加而增加，即呈渐进破坏的缓变型。此时，达到极限荷载 p_u 时的地基沉降会很大，获取极限荷载没有工程实际价值。中、高压缩性土的地基承载力特征值完全由沉降量控制。由于沉降量与基础（或载荷板）底面尺寸、形状有关，基底面积越大，基础沉降量越大，但试验采用的承压板通常小于实际基础的底面尺寸，因此不能直接利用基础的允许沉降值在 p-s 曲线上确定地基承载力特征值。由地基沉降计算原理可知，如果基底附加压力相同，且地基均匀，则沉降量 s 的增长略小于基础（或载荷板）底面尺寸 b 的增长。

GB 50007—2011《建筑地基基础设计规范》根据实测资料规定：当承压板面积为 0.25～0.5m^{2}时，可取承压板沉降量 s 与其宽度 b 之比值 $s/b=0.01\sim0.015$ 所对应的荷载值作为地基承载力的特征值，但其值不应大于最大加载量的一半。小载荷板取偏大的系数，大载荷板取偏小的系数。

$$f_{ak}=p_{0.015} \tag{3-3}$$

4. 场地的地基承载力特征值

上述地基承载力为一个检测点的地基承载力。为了评价一个工程建设场地的地基承载力特征值，GB 50007—2011《建筑地基基础设计规范》规定：对同一土层，应至少选择 3 个载荷试验点，当试验实测值的极差不超过平均值的 30％时，取平均值作为地基承载力的特征值 f_{ak}，否则应增加试验点数，综合分析确定地基承载力的特征值。

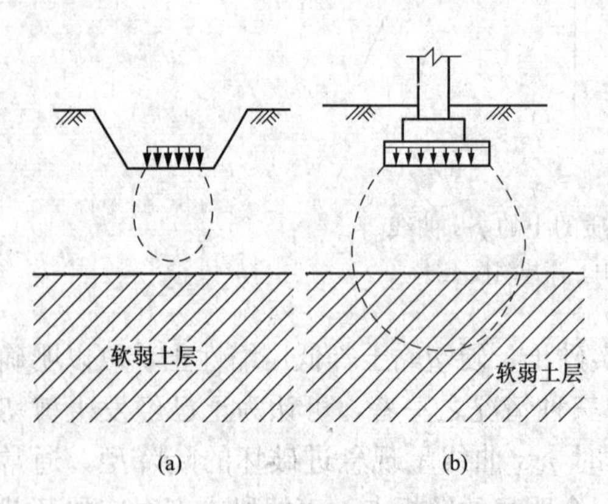

图 3-17　承压板与基础荷载影响深度的比较
(a) 载荷试验；(b) 实际基础

5. 试验局限性

试验时承压板尺寸一般比实际基础小，影响深度较小，试验只反映 1～2 倍载荷板宽度的影响深度范围内土层的承载力。如果载荷板影响深度之下存在软弱下卧层，而该层又处于基础的主要受力层内（见图 3-17），此时除非采用大尺寸载荷板做试验，否则不能准确反映地基承载力情况。

由平板载荷试验 p-s 曲线所得到的地基承载力并未考虑基础宽度及基础埋深的影响，不能直接应用于设计中，具体设计时需考虑实际基础宽度 b 和埋置深度 d 的影响，得到修正后的地基承载力才能应用于设计中。由于实际基础尺寸远大于载荷板尺寸，试验时的沉降量远小于实际基础的沉降量，因此，做了载荷试验的工程仍需进行基础沉降计算。

3.2.2.2　用载荷试验确定岩石地基承载力特征值

破碎、极破碎的岩石地基承载力特征值可根据地区经验取值；无地区经验值时，根据平板载荷试验方法确定。

完整、较完整和较破碎的岩石地基承载力特征值，可按 GB 50007—2011《建筑地基基础设计规范》提供的岩基载荷试验方法确定。

岩基载荷试验采用圆形刚性承压板，直径为 300mm。当岩石埋藏深度较大时，可采用钢筋混凝土桩，但桩周需采取措施以消除桩身与土之间的摩擦力。加压前，每隔 10min 读数一次，连续三次读数不变可开始试验。

采用单循环加载，荷载逐级递增直到破坏，第一级加载值为预估设计荷载的 1/5，以后每级为1/10；加载后立即测读一次沉降，以后每隔10min测读一次，当连续三次读数差小于等于0.01mm时，可认为沉降已达相对稳定标准，施加下一级荷载。

当出现下列现象之一时，即可终止加载：

（1）沉降量读数不断变化，24h内沉降速率有增大的趋势；

（2）压力加不上或勉强加上而不能保持稳定。若限于加载能力，荷载也应增加到不少于设计要求的2倍。

岩基载荷试验要进行卸载观测。每级卸载为加载时的2倍，如为奇数，第一级可为3倍。每级卸载后，每隔10min测读一次，测读3次后可卸下一级荷载。全部卸载后，当测读到0.5h回弹量小于0.01mm时，即认为稳定。

岩石地基承载力特征值按下述规则确定：

（1）对应于p-s曲线上起始直线段的终点为比例界限。符合终止加载条件的前一级荷载为极限荷载。将极限荷载除以3（安全系数），所得值与对应于比例界限的荷载相比较，取小值。

（2）每个场地载荷试验的数量不应小于3个，取最小值作为岩石地基承载力特征值。

（3）岩石地基承载力不进行深宽修正。

3.2.2.3　根据土的抗剪强度指标以理论公式计算

1. 地基承载力特征值f_a计算公式

通过对地基施加均布条形荷载，观察地基土的变形可以发现，随着荷载的增加，地基先产生压密变形（弹性变形），再局部发生剪切破坏（塑性变形），最后产生整体剪切破坏。从压密阶段过渡到土中出现塑性区的界限点称为临塑荷载p_{cr}，地基塑性区最大发展深度为基础宽度b的1/4时所对应的荷载为临界荷载$p_{1/4}$，达到整体剪切破坏时的荷载为极限荷载p_u。

根据土力学的相关理论可知，地基临塑荷载p_{cr}、临界荷载$p_{1/4}$以及极限荷载p_u均可用来衡量地基承载力。对于给定的基础，地基从开始出现塑性区到整体破坏，相应的基础荷载有一个相当大的变化范围。实践证明，地基中出现小范围的塑性区对安全并无妨碍，而且相应的荷载与极限荷载p_u相比具有足够的安全度，同时变形对上部建筑结构也不会有影响，因此GB 50007—2011《建筑地基基础设计规范》采用以临界荷载$p_{1/4}$计算公式为基础，与静载荷试验结果相比较，发现$p_{1/4}$的计算公式较适合于黏性土。但对于内摩擦角φ较大的砂类土，基础底面宽度的承载力系数N_b的值偏低。考虑这一因素，结合静载荷试验成果和建筑经验，对塑性荷载$p_{1/4}$公式中承载力系数N_b的值加以修正，提出了计算地基承载力特征值的经验公式，其表达式如下

$$f_a = M_b \gamma b + M_d \gamma_m d + M_c c_k \tag{3-4}$$

式中　f_a——由土的抗剪强度指标确定的地基承载力特征值，kPa，已考虑基础宽度及基础埋深影响，无须再次修正，可直接用于设计；

M_b、M_c、M_d——承载力系数，查表3-1确定；

b——基础底面宽度，大于6.0m时按6.0m考虑；对于砂土，小于3.0m时按3.0m考虑；

c_k——基础底面下一倍基础短边宽深度内土的黏聚力标准值，kPa；

γ——基础底面以下土的重度，地下水位以下取浮重度，kN/m³；

γ_m——基础底面以上基础两侧土的加权平均重度，地下水位以下取浮重度，kN/m³；

d——基础埋置深度，m。

$p_{1/4}$的计算公式是按照均布条形基础公式推导得到的，但实际地基受到的荷载不是均匀的，而是偏心荷载，这样地基反力分布不均匀，如果偏心距较大，将使地基反力分布很不均匀，产生较大的不均匀沉降。所以，GB 50007—2011《建筑地基基础设计规范》规定，采用式（3-4）时，要求荷载偏心距 $e_k \leqslant b/30$，b 为偏心方向基础的边长。通过本书第 4 章的分析，当偏心距 $e_k \leqslant b/30$ 时，偏心距的改变不影响基础底面尺寸的计算结果。也就是说，式（3-4）只适用于中心受压或等同于中心受压基础的地基承载力计算。当地基土的内摩擦角标准值 $\varphi_k \geqslant 24°$时，表 3-1 中承载力系数 M_b 采用了比理论值 N_b 大的经验值，以充分发挥砂土的承载力潜力。

表 3-1 承载力系数 M_b、M_c、M_d

土的内摩擦角标准值 φ_k（°）	M_b	M_c	M_d
0	0	3.14	1.00
2	0.03	3.32	1.12
4	0.06	3.51	1.25
6	0.10	3.71	1.39
8	0.14	3.93	1.55
10	0.18	4.17	1.73
12	0.23	4.42	1.94
14	0.29	4.69	2.17
16	0.36	5.00	2.43
18	0.43	5.31	2.72
20	0.51	5.66	3.06
22	0.61	6.04	3.44
24	0.80	6.45	3.87
26	1.10	6.90	4.37
28	1.40	7.40	4.93
30	1.90	7.95	5.59
32	2.60	8.55	6.35
34	3.40	9.22	7.21
36	4.20	9.97	8.25
38	5.00	10.80	9.44
40	5.80	11.73	10.84

注 φ_k—基底下一倍短边宽深度内土的内摩擦角标准值。

2. 土的内摩擦角标准值 φ_k、黏聚力标准值 c_k 的计算

由表 3-1 可知，地基承载力系数 M_b、M_c、M_d 与土的内摩擦角标准值 φ_k、黏聚力标准值 c_k 有关。根据 GB 50007—2011《建筑地基基础设计规范》的规定，土的内摩擦角标准值

φ_k、黏聚力标准值 c_k 按下列方法计算：

（1）计算某一指标的均值、标准差和变异系数

$$\mu=\frac{\sum_{i=1}^{n}\mu_i}{n} \tag{3-5}$$

$$\sigma=\sqrt{\frac{\sum_{i=1}^{n}\mu_i^2-n\mu^2}{n-1}} \tag{3-6}$$

$$\delta=\frac{\sigma}{\mu} \tag{3-7}$$

式中　μ、σ、δ——试验均值、标准差、变异系数。

（2）按下列公式计算内摩擦角和黏聚力的统计修正系数 ψ_φ、ψ_c

$$\psi_\varphi=1-\left(\frac{1.704}{\sqrt{n}}+\frac{4.678}{n^2}\right)\delta_\varphi \tag{3-8}$$

$$\psi_c=1-\left(\frac{1.704}{\sqrt{n}}+\frac{4.678}{n^2}\right)\delta_c \tag{3-9}$$

（3）计算内摩擦角、黏聚力的标准值 φ_k、c_k

$$\varphi_k=\psi_\varphi\varphi_m \tag{3-10}$$

$$c_k=\psi_c c_m \tag{3-11}$$

式中　φ_m、c_m——摩擦角和黏聚力试验平均值。

【例3-1】 已知某条形基础底面宽度 $b=2.0$m，基础埋深 $d=1.5$m，标准组合竖向荷载合力中心相对基础宽度的偏心距 $e_k=0.05$m，地基为粉质黏土，黏聚力标准值 $c_k=10.0$kPa，内摩擦角标准值 $\varphi_k=20°$，地下水位距地表1.0m，地下水位以上土的重度 $\gamma=18.0\text{kN/m}^3$，地下水位以下土的饱和重度 $\gamma_{sat}=19.5\text{kN/m}^3$。用理论公式确定该地基土的地基承载力特征值。

解： 已知 $e_k=0.05$m，$b/30=2/30\text{m}=0.066$m，$e_k<b/30$，可以按照式（3-4）计算地基土的地基承载力特征值。按 $\varphi_k=20°$，查表3-1得承载力系数 $M_b=0.51$、$M_d=3.06$、$M_c=5.66$。

因地下水位在基底以上，故式（3-4）中地下水位以下的 γ 应取浮重度 γ'，有

$$\gamma'=\gamma_{sat}-\gamma_w=(19.5-10)\text{kN/m}^3=9.5\text{kN/m}^3$$

$$\gamma_m=\frac{18\times1.0+9.5\times(1-1.0)}{1.5}\text{kN/m}^3=15.17\text{kN/m}^3$$

故地基土的承载力特征值

$$\begin{aligned}f_a&=M_b\gamma b+M_d\gamma_m d+M_c c_k\\&=(0.51\times9.5\times2.0+3.06\times15.17\times1.5+5.66\times10)\text{kPa}\\&=135.92\text{kPa}\end{aligned}$$

3.2.2.4 岩石地基承载力特征值

完整、较完整和较破碎等能完成岩石取样的岩石地基承载力特征值，可根据岩石室内饱和单轴抗压强度按式（3-12）计算。对于黏土质岩，在确保施工期及使用期不致遭水浸泡

时，也可采用天然湿度的试样，不进行饱和处理。

$$f_a = \psi_r f_{rk} \tag{3-12}$$

式中　f_a——岩石地基承载力特征值，kPa；

f_{rk}——岩石饱和单轴抗压强度标准值，kPa，根据 GB 50007—2011《建筑地基基础设计规范》附录 J 确定；

ψ_r——折减系数。根据岩体完整程度和结构面的间距、宽度、产状和组合，由地区经验确定。无经验时，对完整岩体可取 0.5，对较完整岩体可取 0.2～0.5，对较破碎岩体可取 0.1～0.2。上述折减系数值未考虑施工因素及建筑物使用后风化作用的继续。

$$f_{rk} = \psi f_{rm} \tag{3-13}$$

$$\psi = 1 - \left(\frac{1.704}{\sqrt{n}} + \frac{4.678}{n^2}\right)\delta \tag{3-14}$$

式中　f_{rm}——岩石饱和单轴抗压强度平均值，kPa；

ψ——统计修正系数；

n——试样个数；

δ——变异系数。

3.2.2.5　其他原位测试确定地基承载力特征值

除载荷试验外，还可根据场地地基土性状选用相应的原位测试手段进行试验，对测试成果进行统计，用经验公式计算出各试验地层的承载力，或用统计结果引用规范的承载力表查出各试验地层的承载力。这种方法的优点是较为经济，但给出的承载力结果是间接结果。常用的测试方法有动力触探、标准贯入等，若是软土，还可选用静力触探、十字板剪切试验等。

3.2.3　地基承载力的修正

进行施工图设计前，需由勘探单位提出岩土详细的勘探报告。勘探单位依据载荷试验或其他原位测试、经验值等方法确定地基承载力特征值 f_{ak}。f_{ak} 仅考虑了持力层的粒径、含水情况、孔隙比等自身因素的影响，未考虑基础宽度 b 和埋置深度 d 这两方面因素的影响。

1. 基础埋置深度的影响

埋置较深的基础和埋置较浅的基础的滑裂面如图 3-18 所示，地基发生破坏土体沿滑裂面被挤出时，埋置较深的基础所需要的基底压力显然比埋置较浅的基础大，因为要增加克服基础基底平面以上所增土层在滑裂面上的阻力，同时滑裂面尺寸更大。由此说明，基础埋置越深，地基承载力越大。

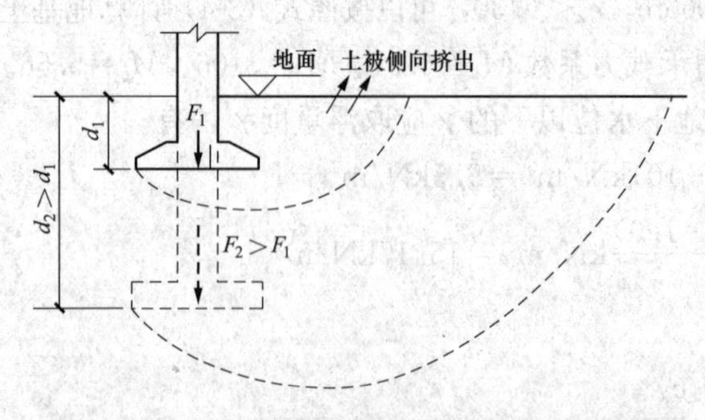

图 3-18　基础埋深 d 对地基承载力的影响示意图

2. 基础宽度的影响

当土质条件相同且基础埋置深度 d 不变时，基础底面越宽，地基承载力越大。这种影响可以从图 3-19 中定性地得到解释。这是考虑基础宽度超过 3m 后，地基土在承受荷载发生滑动破坏时，滑裂面尺寸随基础宽度的增加而增大，同时滑裂面上的有效应力也同步增大，基底下滑动土体从基底挤出所受到的阻力就要随着基础宽度的增大而增大。地基承载力随基础宽度的增大而线性增大。应当指出，以上规律不可能无限制，当基础宽度大于 6m 时，地基承载力也应随基础宽度的增大而增大，但由于大尺寸基础的总压力较大从而导致大尺寸基础的沉降偏大，为了间接控制大尺寸基础的沉降，故 GB 50007—2011《建筑地基基础设计规范》规定，基础底面宽度大于 6m 时按 6m 取值。

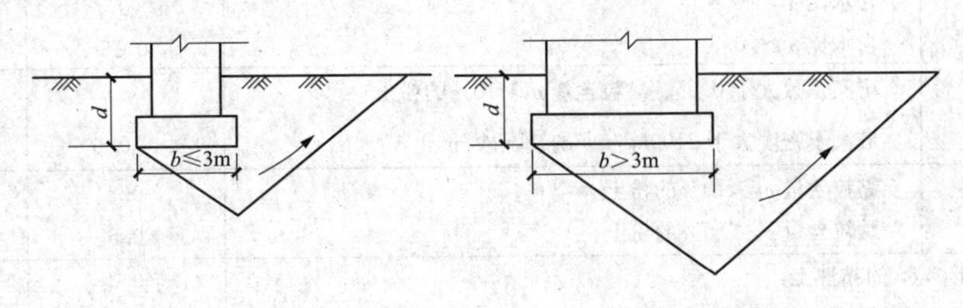

图 3-19　基础宽度 b 对地基承载力影响示意图

3. 地基承载力修正公式

根据 GB 50007—2011《建筑地基基础设计规范》的规定，当基础宽度大于 3m 或埋置深度大于 0.5m 时，用载荷试验、其他原位测试或经验值等方法确定的地基承载力特征值 f_{ak} 尚应按式（3-15）进行修正

$$f_a = f_{ak} + \eta_b \gamma (b-3) + \eta_d \gamma_m (d-0.5) \tag{3-15}$$

式中　f_a——修正后的地基承载力特征值（kPa）；

f_{ak}——地基承载力特征值（kPa），由勘察单位的岩土详细勘探报告提供；

η_b、η_d——基础宽度和埋深的地基承载力修正系数，按基底下土的类别查表 3-2 取值；表 3-2 反映了土粒径、含水量、密实度对土的抗剪强度指标的影响，随着抗剪强度指标的提高，宽度和深度修正系数应连续提高，规范为了便于工程应用，未采用连续提高的做法；

γ——基础底面以下土的重度，地下水位以下取浮重度（kN/m^3）；

b——基础底面宽度（m），当基础底面宽度小于 3m 时按 3m 取值，大于 6m 时按 6m 取值；当为中心受压基础时，为基础底板的短向尺寸；当为偏心受压基础时，为偏心方向的基础底板尺寸；

γ_m——基础底面以上土的厚度加权平均重度（kN/m^3），位于地下水位以下的土层取有效重度；

d——基础埋置深度（m），宜自室外地面标高算起。在填方整平地区，可自填土地面标高算起，但填土在上部结构施工后完成时，应从天然地面标高算起。对于地下室，如采用箱形基础或筏板基础时，基础埋置深度自室外地面标高算起；当采用独立基础或条形基础时，应从室内地面标高算起。

基础埋深的增加将使滑裂面上的有效应力增大，从而使地基承载力提高。当基础两侧埋深不一致时，地基破坏朝向埋深较浅的一侧，故基础两侧埋深不一致时地基承载力计算取较浅的一侧埋深作为计算依据。考虑到填方整平的土层厚度可能较大，为保证施工期间的安全，填土在上部结构施工后完成时，基础埋深应从天然地面标高算起。

表 3-2 **承载力修正系数**

土的类别		η_b	η_d
淤泥和淤泥质土		0	1.0
人工填土 孔隙比 e 或塑性指数 I_L 大于或等于 0.85 的黏性土		0	1.0
红黏土	含水比 $\alpha_w>0.8$	0	1.2
	含水比 $\alpha_w\leqslant 0.8$	0.15	1.4
大面积压实填土	压实系数大于 0.95、黏粒含量 $\rho_c\geqslant 10\%$ 的粉土	0	1.5
	最大干密度大于 $2100kg/m^3$ 的级配砂石	0	2.0
粉土	黏粒含量 $\rho_c\geqslant 10\%$ 的粉土	0.3	1.5
	黏粒含量 $\rho_c<10\%$ 的粉土	0.5	2.0
e 及 I_L 均小于 0.85 的黏性土		0.3	1.6
粉砂、细砂（不包括很湿与饱和时的稍密状态）		2.0	3.0
中砂、粗砂、砾砂和碎石土		3.0	4.4

注 1. 强风化和全风化的岩石可参照所风化成的相应土类取值，其他状态下的岩石不修正。
2. 地基承载力特征值按深层平板载荷试验确定时 η_d 取 0。
3. 含水比是指土的天然含水量与液限的比值。
4. 大面积压实填土是指填土范围大于两倍基础宽度的填土。

【例 3-2】 依据某工程岩土工程详细勘察报告：第一层为人工填土，天然重度 $\gamma_1=17.5kN/m^3$，厚度 $h_1=0.90m$；第二层为耕植土，天然重度 $\gamma_2=16.8kN/m^3$，厚度 $h_2=0.70m$；第三层为黏性土，天然重度 $\gamma_3=19.0kN/m^3$，孔隙比 $e=0.75$，天然含水量 $w=26.2\%$，塑限 $w_P=23.2\%$，液限 $w_L=35.2\%$，厚度 $h_3=6.00m$；基础宽度 $b=3.2m$，基础埋深 $d=1.8m$，以第三层土为持力层，其地基承载力特征值 $f_{ak}=210kPa$，地下水位在黏性土以下。计算修正后的地基承载力特征值 f_a。

解： 塑性指数 $I_L=w_L-w_P=35.2-23.2=12.0$

液性指数 $I_L=\dfrac{w-w_P}{w_L-w_P}=\dfrac{26.2-23.2}{35.2-23.2}=0.25$

I_L、e 均小于 0.85，查表 3-2 得 $\eta_b=0.3$，$\eta_d=1.6$。

基底以上土的加权平均重度

$$\gamma_m=\frac{\gamma_1 h_1+\gamma_2 h_2+\gamma_3 h_3}{h_1+h_2+h_3}=\frac{17.5\times 0.9+16.8\times 0.7+19.0\times 0.2}{0.9+0.7+0.2}kN/m^3=17.39kN/m^3$$

计算修正后的地基承载力特征值

$$\begin{aligned} f_a &= f_{ak}+\eta_b\gamma(b-3)+\eta_d\gamma_m(d-0.5) \\ &= [210+0.3\times 19\times(3.2-3)+1.6\times 17.39\times(1.8-0.5)]kPa \\ &= 247.32kPa \end{aligned}$$

3.3 砌体墙下刚性条形扩展基础

刚性基础可按下列步骤进行设计：

(1) 选择基础材料和基础形式；

(2) 选择地基持力层并决定基础的埋置深度；

（3）计算基础底面积并决定其尺寸，以保证基底压力需满足地基承载力的要求；

（4）必要时计算地基基础的稳定性和沉降；

（5）按照规范规定的刚性角或台阶的宽高比确定基础高度；

（6）决定基础的细部尺寸并绘制基础图。

3.3.1　基础宽度的确定

试验表明，基础底面接触压力的分布形态取决于下列因素：①地基与基础的相对刚度；②荷载的分布与大小；③基础埋置深度；④地基土的性质等。尽管基底压应力分布沿基底为曲线变化，但为了简化计算，常将基底压应力按直线分布计算。

1. 基底反力的计算

砖缝抗拉能力很低，同时砖墙厚度一般很小，故砖墙不能承受较大的墙面外弯矩；一般按中心荷载作用计算基底反力（见图 3-20）。

中心荷载作用下基础通常对称布置，基底反力按下式计算

$$p_k=\frac{F_k+G_k}{A} \tag{3-16}$$

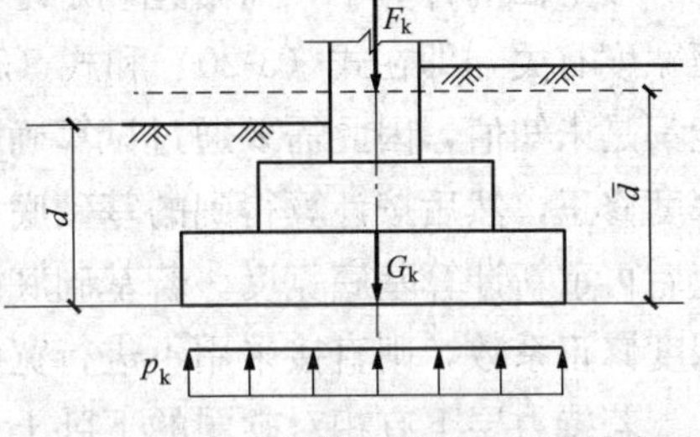

图 3-20　中心荷载下的基底反力分布

式中　p_k——基底总压力平均值（kN/m^3）；

F_k——相应于荷载效应标准组合时，上部结构传至基础顶面处的竖向压力（kN）；

G_k——基础自重和基础底面以上的土重（kN），不考虑荷载分项系数；

A——基础底面面积（m^2）。

当埋深范围内无地下水时，近似取基础底面以上基础自重和土重的综合重度为 $20kN/m^3$，有

$$G_k=\gamma_G A\bar{d}=20A\bar{d} \tag{3-17}$$

当埋深范围内有地下水时

$$G_k=\gamma_G A\bar{d}-\gamma_w Ah_w=20A\bar{d}-10Ah_w \tag{3-18}$$

式中　γ_G——基础底面以上基础自重和土重的综合重度；

γ_w——水的重度，一般近似取 $\gamma_w=10kN/m^3$；

$\bar{d}$——基础等效平均埋深（m），取基础底面距离基础两侧设计地面的等效平均值；

h_w——地下水位离基础底面的距离（m）。

2. 地基承载力验算要求

在初步选择基础类型、确定基础埋置深度、选定地基持力层，并根据 3.2 节求出修正后的地基承载力特征值 f_a 后，基底压应力需满足地基承载力的要求，中心荷载作用下需满足

$$p_k\leqslant f_a \tag{3-19}$$

3. 扩展基础底面尺寸确定

由式（3-19）及式（3-16）可得

$$\frac{F_k+G_k}{A}=\frac{F_k+\gamma_G A\bar{d}}{A}\leqslant f_a$$

整理可得矩形基础的基底面积

$$A = l \cdot b \geqslant \frac{F_k}{f_a - \gamma_G d} \tag{3-20}$$

设计条形基础时，沿基础长度方向取单位长度（$l=1.0$m）进行计算，基础顶部竖向压力也取单位长度上的竖向压力，则基础宽度

$$b \geqslant \frac{F'_k}{f_a - \gamma_G d} \tag{3-21}$$

式中 F'_k——相应于荷载效应标准组合时，上部结构传至基础顶面处的竖向压力（kN/m）。

在上面的计算中，需要先确定地基承载力特征值 f_a。而地基承载力特征值 f_a 与基础底面宽度有关，即在式（3-20）和式（3-21）中，基础底面宽度 b 和地基承载力特征值 f_a 可能都是未知值，因此需要通过试算确定。如基础埋深 d 超过 0.5m，可先对地基承载力进行深度修正，然后按计算得到的基础底面宽度 b，考虑是否需要进行宽度修正。如需要，则修正后再重新计算基底宽度。若基础底面宽度超过 3m 不是很多，考虑到宽度修正系数远小于深度修正系数，则直接采用不进行宽度修正的基础底面宽度计算结果稍偏安全。

若持力层下有相对软弱的下卧土层，还必须对软弱下卧土层进行地基承载力验算。如果在规范规定的变形验算范围内，应进行变形验算。如果处于不稳定的地基上，还应进行稳定性验算。

3.3.2 刚性基础的构造要求

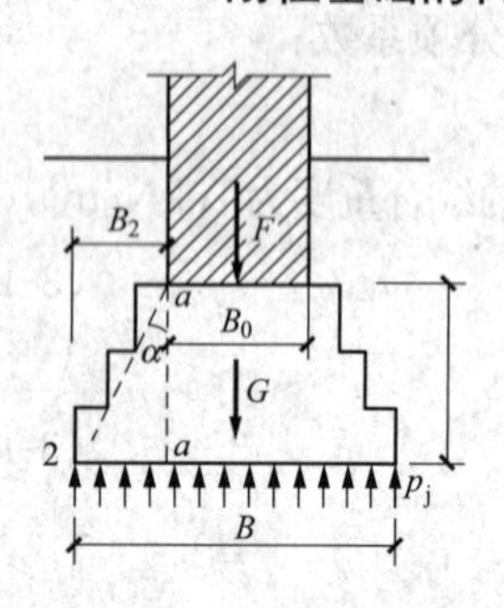

图 3-21 刚性基础的受力

如图 3-21 所示，上部结构的竖向荷载 F、基础自重及基础以上土重 G 直接作用在基础底面的地基上，基础底面的地基总反力为 p。基础自重及基础以上土重 G 形成的地基反力可以看成沿基础宽度方向处处相等，因而不在基础内形成弯矩，扣除该影响后的地基反力称为地基净反力 p_j。

图 3-21 所示基础，a-a 断面左侧相当于承受着均布荷载为 p_j 的悬臂梁，也就是相当于倒置的两边外挑的悬臂梁，最大弯矩 M_{max} 和最大剪力 V_{max} 均出现在悬臂的根部 a-a 断面，a-a 断面将产生弯曲拉应力 σ_t 和剪应力 τ；由于刚性基础材料的抗拉强度很低，保证了弯曲拉应力不超过基础材料的抗拉强度，则剪应力自然不会超过基础材料的抗剪能力，从柔性基础不需要满足刚性角要求也可以看出这一受力特点。

外伸的悬挑尺寸越大，在截面高度不变的前提下产生的弯曲拉应力 σ_t 越大，对基础越不安全。因此，必须控制基础底面尺寸与截面高度的比值，使得基础在基底反力作用下，产生的弯曲拉应力不超过基础材料本身的抗拉强度。我们把基础顶面与墙或柱的交点（1 点）同基础底面外边缘点（2 点）的连线称为压力扩散外边线（1-2），压力扩散外边线与 a-a 断面的夹角称为压力扩散角。压力扩散角越大，截面中产生的弯曲拉应力 σ_t 越大，弯曲拉应力 σ_t 有可能超过基础材料的抗拉强度 f_t。所以，进行基础设计时必须控制压力扩散角，以保证基础不会发生受拉破坏。刚性基础的压力扩散角的允许值称为刚性角［α］。基础材料和基础底板反力不同，则刚性角［α］不同。

如图3-22所示的刚性基础，基础底面宽度为b，沿基础长度方向取单位长度1.0m，基础高度为H_0，基础台阶挑出墙或柱外的长度为b_2，基础底面基底净反力为p_j，基础的抗拉强度为f_t，根据受力情况，可得a-a断面的弯曲拉应力

$$\sigma_t=\frac{M}{W}=\frac{\frac{1}{2}p_j\times l\times b_2{}^2}{\frac{1}{6}\times l\times H_0^2}=3p_j\left(\frac{b_2}{H_0}\right)^2 \tag{3-22}$$

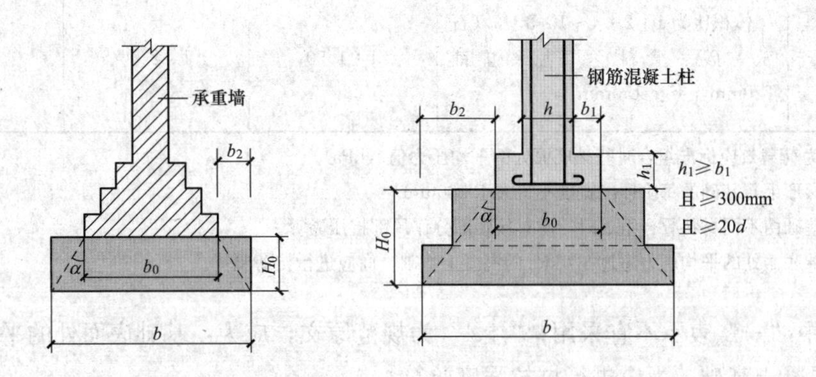

图3-22　刚性基础的受力

（无筋扩展基础构造示意，d为柱中纵向钢筋直径）

为保证基础底板不出现受拉破坏，需满足$\sigma_t\leqslant f_t$，从而可得出

$$\frac{b_2}{H_0}\leqslant\sqrt{\frac{f_t}{3p_j}} \tag{3-23}$$

令$\frac{b_2}{H_0}=\tan\alpha$，$\alpha$为压力扩散角；令$\sqrt{\frac{f_t}{3p_j}}=\tan[\alpha]$，$[\alpha]$为刚性角，显然刚性角是随基础材料不同和基础底板反力的不同而有不同的数值，随基础材料抗拉强度的提高而提高，随基底反力的提高而降低，由于基本组合下的地基净反力p_j与地基反力标准值p_k为近似的线性关系，表3-3采用地基反力标准值p_k代替地基净反力p_j。由于刚性基础抗拉强度远小于抗压强度，基础若不出现受拉破坏，则基础不会出现受压破坏。

为了保证刚性基础不出现受拉破坏，须保证$\alpha\leqslant[\alpha]$，通过限制基础台阶的宽度与高度之比就能保证$\alpha\leqslant[\alpha]$。

表3-3　　刚性基础台阶宽高比的允许值

基础材料	质量要求	台阶宽高比的允许值		
		$p_k\leqslant100$	$100<p_k\leqslant200$	$200<p_k\leqslant300$
混凝土基础	C15混凝土	1∶1.00	1∶1.00	1∶1.25
毛石混凝土基础	C15混凝土	1∶1.00	1∶1.25	1∶1.50
砖基础	砖不低于MU10，砂浆不低于M5	1∶1.50	1∶1.50	1∶1.50
毛石基础	砂浆不低于M5	1∶1.25	1∶1.50	—

续表

基础材料	质量要求	台阶宽高比的允许值		
		$p_k \leqslant 100$	$100 < p_k \leqslant 200$	$200 < p_k \leqslant 300$
灰土基础	体积比为3∶7或2∶8的灰土，其最小干密度：粉土1.55t/m^3、粉质黏土1.50t/m^3、黏土1.45t/m^3	1∶1.25	1∶1.50	—
三合土基础	体积比为1∶2∶4～1∶3∶6（石灰∶砂∶骨料），每层约虚铺220mm，夯至150mm	1∶1.50	1∶2.00	—

注　1. p_k 为荷载效应标准组合时基础底面处的平均压力值（kPa）。
2. 阶梯形毛石基础的每阶伸出宽度不宜大于200mm。
3. 当基础由不同材料叠合组成时，应对接触部分作局部抗压验算。
4. 基础底面处的平均压力超过300kPa的混凝土基础，尚应进行抗剪验算。

表3-3中“—”表示不宜采用；“注4”为规范原文，应为：基础底面处的平均压力超过300kPa的混凝土基础，尚应进行抗拉强度验算。

由式（3-22）可推出刚性基础的高度 H_0 需满足

$$H_0 \geqslant \frac{b-b_0}{2\tan[\alpha]} \tag{3-24}$$

基础高度 H_0 较大时，为了节省材料，常常做成台阶状。多级台阶的基础，须保证每级台阶均满足刚性角要求；最经济的做法是每一阶的应力扩散角刚好等于刚性角；若出现任意一个台阶的应力扩散角大于刚性角，则不满足规范要求；若出现应力扩散角小于刚性角过多，则虽满足规范要求却不经济，如图3-23所示。

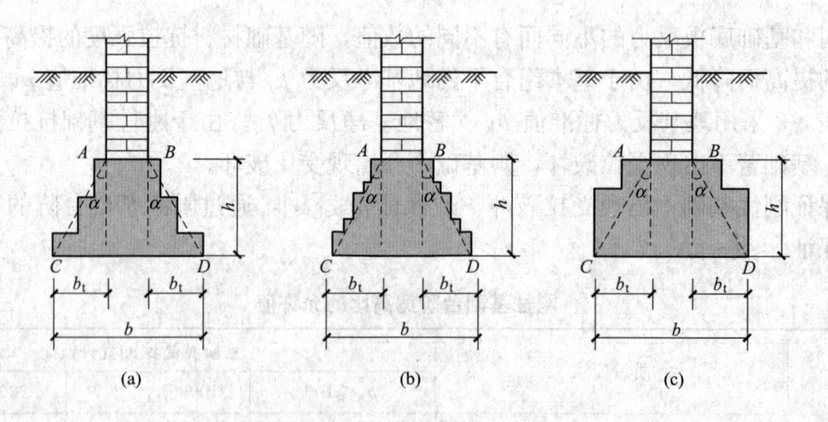

图3-23　刚性基础断面设计

（a）不安全；（b）正确设计；（c）不经济

对于砖基础，往往采用大放脚的形式，砌法为两皮一收、二一间收（见图3-1），台阶宽高比分别为1∶2或1∶1.5均满足规范要求。墙下的刚性基础只在墙的厚度方向放级，而柱下的刚性基础则在两个方向放级，两个方向都要符合宽高比允许值要求。

当作用在基础上的荷载较大时，所确定的基底尺寸也较大，为了满足式（3-24）的要求，需要增加H_0，这样势必要增加埋深d，给施工造成困难。因此，刚性基础通常适用于6层和6层以下（三合土基础不宜超过4层）的民用建筑和砌体承重的厂房。按式（3-24）计算的基础高度大于基础埋深是不经济的，此时应选择刚性角较大的材料做基础，如仍不满足，则可采用柔性基础，以减小基础高度。

3.3.3　设计算例

【例 3-3】 条形砖基础设计。

条件：某多层砌体结构住宅楼，地基为砂土，土质良好，修正后的地基承载力特征值f_a=250kPa。住宅外墙基础顶面处荷载效应的标准组合值F_k=220kN/m。室内地坪±0.000m高出室外地面0.450m，基底标高为−1.600m；墙厚为240mm，基础用砖尺寸为240mm×115mm×53mm。

要求：确定该住宅外墙基础的底面宽度和砖基础大放脚的台阶数，并绘出基础剖面图。

解：（1）基础埋深d=1.60m−0.45m=1.15m

（2）条形基础宽度

$$b \geqslant \frac{F_k}{f_a-\gamma_G d}=\frac{220}{250-20\times\frac{1.15+1.6}{2}}\text{m}=0.99\text{m}$$

（3）基础宽度取值：基础底部用C15素混凝土作垫层，垫层高度为100mm，基础用MU10砖，M10水泥砂浆砌筑。

每侧除墙厚外的外伸宽度为(990−240)mm/2=375mm，按基础用砖尺寸，外伸宽度须取为60mm的倍数，每侧除墙厚外的外伸宽度取为60mm×7=420mm；基础底部总宽度取为420mm+240mm+420mm=1080mm；为了确保砖基础在施工时不直接与地基接触，垫层每侧超过基础底面100mm，则垫层总宽度为100mm+1080mm+100mm=1280mm。

考虑到垫层宽度在施工时不能严格保证尺寸，故在受力计算时垫层宽度不算在基础计算宽度内。

（4）基础高度取值：由表3-3查得砖基础台阶宽高比允许值为1∶1.5，可以全部采用两皮一收，也可以采用二一间收，从经济的角度，采用二一间收。

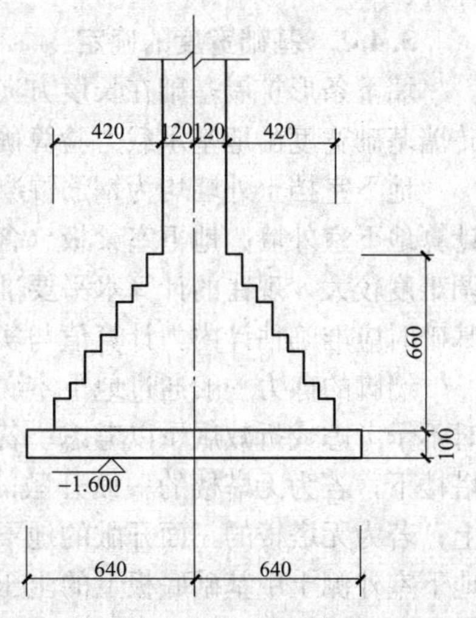

图3-24　［例3-3］基础剖面尺寸

不仅基础须整体满足基础台阶宽高比允许值，还须保证每阶满足基础台阶宽高比的允许值，故最下一阶必须为两皮一收，基础每阶高度自下而上依次为120、60、120、60、120、60、120mm，每阶水平收进60mm，如图3-24所示。

3.4 钢筋混凝土条形扩展基础

刚性基础为了满足刚性角的要求，基础的高度通常比较大，在基础底面尺寸很大时可能会大于需要的最小基础埋深，为了保证基础不外露，需要加大基础埋深，这是不经济的。当出现这种情况时，为了降低基础高度，可以在受拉区配置适量的钢筋，利用钢筋来承担拉力，使基础能承受较大的弯矩。通过抗剪验算确定基础高度，由于混凝土抗剪不需要满足刚性角的要求，基础高度显著减小，这种基础属于柔性基础。本节仅讨论条形墙下钢筋混凝土条形扩展基础，砌体承重结构的砖墙、地下室挡土外墙都是条形墙。

钢筋混凝土条形扩展基础可按下列步骤进行结构设计：

(1) 选择混凝土的强度等级和剖面形式。

(2) 选择地基持力层并决定基础的埋置深度。

(3) 按基底压力满足地基承载力要求计算基础底面尺寸；若为中心受压基础或接近中心受压基础，按 3.3.1 的方法计算基础底面尺寸；若为偏心受压基础同时基底不出现零应力区，解一元二次方程计算基础底面尺寸；若为偏心受压基础同时基底出现零应力区，可将基础中心调到合力中心按 3.3.1 的方法计算基础底面尺寸，如偏心过大，则将基础中心调到接近合力中心，解一元二次方程计算基础底面尺寸。

(4) 必要时计算地基基础的稳定性和沉降。

(5) 进行截面设计；根据基础的受剪承载力验算确定基础的高度，根据基础的受弯承载力设计确定基础底板的配筋。

(6) 按规范确定基础的细部尺寸并绘制基础图。

墙下钢筋混凝土条形基础的截面设计主要包括基础宽度、高度的确定和基础底板配筋的计算。

3.4.1 基础宽度的确定

墙下条形扩展基础在长度方向可以取单位长度（一般取 1m）来计算。砌体承重结构的砖墙基础宽度由地基承载力验算确定，其设计思路同 3.3.2。

地下室挡土外墙均为钢筋混凝土墙，在墙脚除了轴压力外，还有弯矩和剪力。由于准确计算地下室外墙、地下室梁板（含地下室底板、顶板）和地下室外墙下地基这三者的变形协调难度较大，现在的计算水平要准确计算地下室外墙的弯矩和剪力难度也较大，设计该类型基础时应准确估计内力计算值与实际值的误差大小及偏差方向，力求做到设计安全和经济。

墙脚的剪力一般通过地下室底板的梁板与对边地下室外墙墙脚的剪力平衡，在设计基础时不予考虑或折减后予以考虑；若为一侧开敞的地下室，可通过地下室梁板将墙脚剪力传到塔楼下；若为无塔楼的一面开敞的地下室，应将开敞向挡土墙水平推力可靠传到两侧挡墙上；若为无塔楼的三面开敞的地下室，可将挡墙墙脚伸入地下室外侧土中一定尺寸，用伸入地下室外侧土中基础底板上的土压力产生的弯矩平衡墙脚弯矩，同时利用该部分土压力产生的抗滑力抵抗部分土推力。

按土力学理论，地基承载力验算时，地基反力采用作用在基础底面的总荷载计算，按规范荷载选取标准组合值。

先按中心受压基础计算基础底面宽度，若标准组合下时的荷载偏心距 $e_k \leqslant b/30$，其中 b 为墙下钢筋混凝土条形基础宽度，则该计算宽度满足地基承载力要求。若 $e_k > b/30$，则须

满足

$$p_{k,\max} \leqslant 1.2 f_a \tag{3-25}$$

假定基底反力为线性分布，按材料力学公式，有

$$p_{k,\max} = \frac{F_k}{b} + \frac{M_k}{W} \tag{3-26}$$

其中

$$M_k = F_k e_k$$

$$W = \frac{1}{6} \times 1 \times b^2 = \frac{1}{6} b^2$$

式中　F_k——基础底面单位长度上标准组合的轴压力，应包含基础自重和基础底面以上土重；

M_k——基础单位长度上标准组合的弯矩，需将基础顶面的内力平移到基础底面；

b——墙下钢筋混凝土条形基础宽度，m；

W——基础的截面抵抗矩。

可得

$$p_{k,\max} = \frac{F_k}{b} + \frac{6M_k}{b^2} \tag{3-27}$$

若基础顶面的轴压力为 N_k，则 $F_k = N_k + G_k = N_k + 20db$，结合式（3-25）和式（3-27），有不等式

$$(1.2 f_a - 20d) b^2 - N_k b - 6M_k \geqslant 0 \tag{3-28}$$

上述不等式若有解，必为一正数解和一负数解，大于正数解和小于负数解的所有基础宽度均能使不等式成立；由于负数解没有意义，故大于正数解的所有基础宽度均能满足地基承载力要求。此时，标准组合下的平均地基总反力 p_k 自然满足规范要求，不需验算。

能按式（3-26）计算基底最大反力的前提是基底不出现零应力区，即 $p_{k,\min} \geqslant 0$，同前述方法，基底最小反力可按下式计算

$$p_{k,\min} = \frac{F_k}{b} - \frac{M_k}{W} \tag{3-29}$$

若 $p_{k,\min} < 0$，可将基础中心调到合力中心按3.3.1的方法计算基础底面尺寸；如偏心过大，可能出现按中心受压计算出的基础不与上部墙体相连的情况，此时可将基础中心调到接近合力中心，用上述方法计算基础底面尺寸。

3.4.2　地基净反力基础高度的确定

1. 地基净反力的计算

在确定基础高度和基底配筋时，考虑的是地基净反力 p_j。p_j 是由作用在基础顶面上的荷载产生的压应力，不计入基础自重及其上覆土重力的压应力。此时的荷载组合值选取的是基本组合值。

轴心荷载作用下，基础底面地基的净反力为

$$p_j = \frac{F}{b} \tag{3-30}$$

偏心荷载作用下，基础底面地基的净反力为

$$p_{j,\min}^{\max} = \frac{F}{b} \pm \frac{6M}{b^2} \tag{3-31}$$

式中　F、M——基础单位长度上荷载效应基本组合值，须将基础顶面的内力平移到基础

底面；

b——墙下钢筋混凝土条形基础宽度，m。

2. 基础高度的确定

墙下条形基础在基底净反力 p_j 的作用下，受力情况如同一倒置的悬臂板，在根部（截面Ⅰ-Ⅰ位置）内力最大，取此截面为基础验算截面。

轴心荷载作用下，基础验算截面Ⅰ-Ⅰ剖面处的剪力设计值［见图3-25（a）］

$$V_{\mathrm{I}} = p_j a_1 \tag{3-32}$$

式中 p_j——相应于荷载效应基本组合时平均地基的净反力设计值；

a_1——弯矩最大截面位置距底面边缘最大地基反力处的距离；当墙体材料为混凝土时，取到墙边；如为砖墙，则不论墙脚有无台阶均取到墙边。

偏心荷载作用下，基础验算截面Ⅰ处的剪力设计值［见图3-25（b）］

$$V_{\mathrm{I}} = \frac{1}{2} a_1 (p_{j,\max} + p_{j\mathrm{I}}) \tag{3-33}$$

其中
$$p_{j\mathrm{I}} = p_{j,\max} - \frac{p_{j,\max} - p_{j,\min}}{b} \times a_1$$

式中 $p_{j\mathrm{I}}$——相应于荷载效应基本组合时的基础验算截面Ⅰ-Ⅰ处的地基净反力设计值；

$p_{j,\max}$、$p_{j,\min}$——相应于荷载效应基本组合时的基础底面边缘最大和最小地基净反力设计值。

根据GB 50010—2010《混凝土结构设计规范》中关于不配置箍筋和弯起筋的一般板类受弯构件的斜截面受剪承载力验算要求，基础高度应满足如下条件

$$V_{\mathrm{I}} \leqslant V_u = 0.7 \beta_h f_t b h_0 \tag{3-34}$$

可得

$$h_0 \geqslant \frac{V_{\mathrm{I}}}{0.7 \beta_h f_t b} \tag{3-35}$$

式中 h_0——基础截面的有效高度，mm；

f_t——混凝土轴心抗拉强度设计值，MPa；

β_h——截面高度影响系数，当 $h_0 < 800$mm 时，取 $h_0 = 800$mm；当 $h_0 > 2000$mm 时，取 $h_0 = 2000$mm。

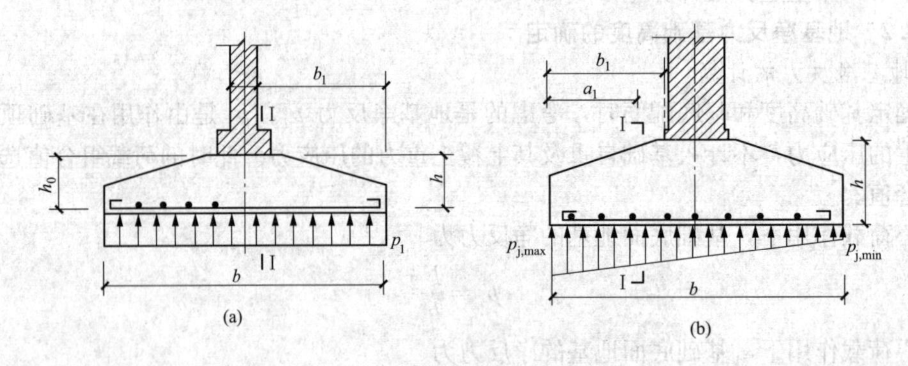

图3-25 墙下条形基础计算简图

（a）中心荷载作用下；（b）偏心荷载作用下

3.4.3 基础底板配筋的计算

轴心荷载作用下，基础验算截面Ⅰ处的弯矩设计值

$$M_{\mathrm{I}}=V_{\mathrm{I}}\ \frac{a_1}{2}=\frac{1}{2}p_{\mathrm{j}}a_1^2 \tag{3-36}$$

偏心荷载作用下，基础验算截面Ⅰ处的弯矩设计值

$$\begin{aligned}M_{\mathrm{I}}&=M(\text{矩形})+M(\text{三角形})\\&=p_{\mathrm{jI}}a_1\times\frac{a_1}{2}+\frac{1}{2}(p_{\mathrm{j,\,max}}-p_{\mathrm{jI}})a_1\times\frac{2a_1}{3}\\&=\frac{1}{3}p_{\mathrm{j,\,max}}a_1^2+\frac{1}{6}p_{\mathrm{jI}}a_1^2\end{aligned} \tag{3-37}$$

式中各参数的含义同前。

受弯承载力是配筋量的二次函数，按设计公式，配筋量为零时受弯承载力也为零；考虑到二次曲线在配筋率很小时切线和割线极为接近，可以认为在配筋率很小时受弯承载力与配筋量为线性关系，在相对受压区的高度小于或等于0.2时，近似而偏安全地取0.2，有以下近似公式

$$M_{\mathrm{I}}\leqslant M_{\mathrm{u}}=0.9h_0f_{\mathrm{y}}A_{\mathrm{s}} \tag{3-38}$$

可得

$$A_{\mathrm{s}}=\frac{M}{0.9f_{\mathrm{y}}h_0} \tag{3-39}$$

式中　A_{s}——受拉钢筋的截面面积，mm；

f_{y}——钢筋抗拉强度设计值，N/mm²。

对于地下室挡土外墙下的基础，应注意受弯承载力复核，须保证与挡土外墙墙脚弯矩相抗衡的基础抗弯承载力不小于挡土外墙弯矩；若上述基础抗弯承载力超过墙脚弯矩不多，同时基础抗弯承载力超过能形成的弯矩过大，则挡土外墙设计偏于不安全。

3.4.4 构造要求

墙下条形基础一般做成无肋的板，有时做成带肋的板，如图3-26所示。墙下条形基础的受力钢筋在横向（沿基础宽度方向）配置，纵向配置分布筋。在不均匀地基上，或沿基础纵向荷载分布不均匀时，为了抵抗不均匀沉降引起的弯矩，在纵向也应配置受力钢筋，做成如图3-27所示的带纵肋的条形基础，以增加基础的纵向抗弯能力。

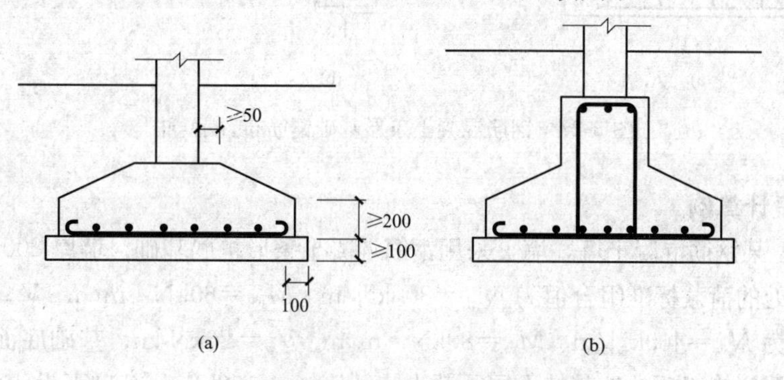

图3-26　钢筋混凝土条形基础

(a) 无肋的条形基础；(b) 带肋的条形基础

构造要求：

（1）垫层的厚度不宜小于70mm，通常采用100mm；混凝土强度等级一般为C15。

（2）锥形基础的边缘高度不宜小于200mm，阶梯形基础的每一级高度宜为300～500mm；锥形基础一般较为经济但施工不便，而阶梯形基础则刚好相反；工程中基础高度不大时常用等截面基础，基础高度较大时采用阶梯形基础。

（3）受力钢筋的最小直径不宜小于10mm，间距不宜大于200mm，也不宜小于100mm；分布钢筋的直径不宜小于8mm，间距不大于300mm，每延米分布钢筋的面积不小于受力钢筋面积的1/10。

（4）混凝土保护层厚度：有垫层时不小于40mm，无垫层时不小于70mm。

（5）当基础的边长或宽度大于2.5m时，为节省钢筋，底板受力钢筋的长度可取为边长或宽度的0.9倍，并宜交错布置［见图3-27（a）］。

（6）钢筋混凝土条形基础的底板在T形及十字形交接处，底板的横向受力钢筋仅沿一个主要受力方向通长布置，另一方向的横向受力钢筋可布置到主要受力方向底板宽度的1/4处［见图3-27（b）］，拐角处的横向受力钢筋应沿两个方向布置［见图3-27（c）］。

（7）基础的受拉钢筋最小配筋率不应小于0.15%，分布钢筋不需要满足最小配筋率要求。

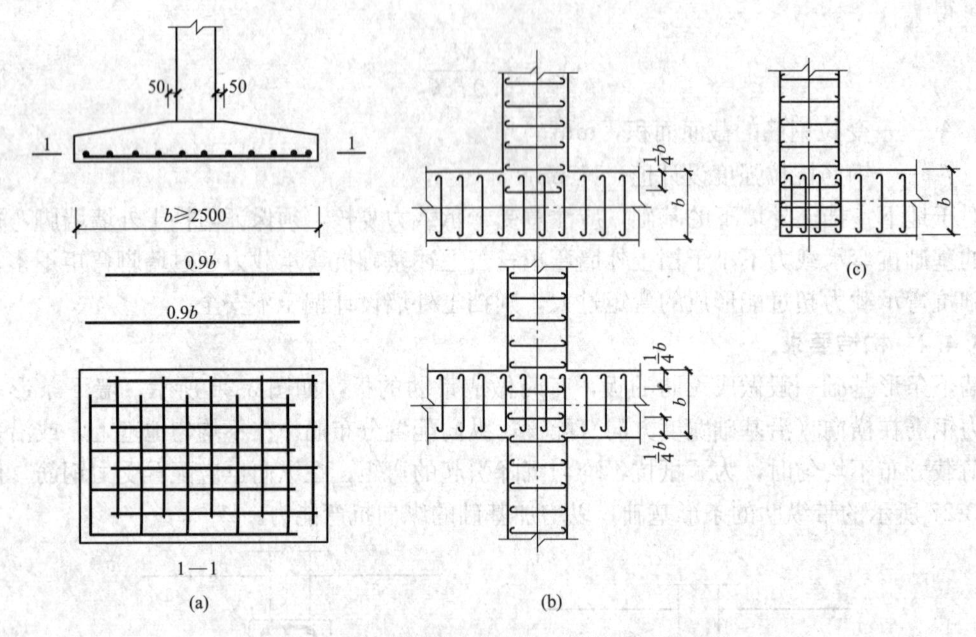

图3-27 钢筋混凝土条形基础钢筋布置示意图

3.4.5 设计算例

【例3-4】 某钢筋混凝土墙，墙下采用钢筋混凝土条形扩展基础。墙厚200mm，上部结构传至基础顶面处的荷载标准组合值为$N_{wk}=300$kN/m、$M_{wk}=60$kN·m/m、$V_{wk}=20$kN/m，荷载基本组合值为$N_w=400$kN/m、$M_w=80$kN·m/m、$V_w=26$kN/m；基础底面到地面的高差为1.50m，经深度修正后的地基持力层承载力特征值$f_a=158$kPa。基础下设100mm厚C15混凝土垫层，混凝土强度等级为C25（$f_c=11.9$N/mm^2、$f_t=1.27$N/mm^2），受力钢筋采用

HRB400 级钢筋（$f_y=360N/mm^2$）。计算：

（1）若基础高度 $H=350mm$，求基础底面宽度。

（2）按抗剪验算要求，计算需要的基础高度。

（3）求基础底板配筋。

解：（1）基础底面宽度。

将基础顶面处的墙内力移到基础底面，得

$$M_k=M_{wk}+V_{wk}H=60kN\cdot m/m+20kN/m\times 0.35m=67kN\cdot m/m$$

据式（3-28），有

$$(1.2\times 158-20\times 1.5)b^2-300b-6\times 67\geqslant 0$$

简化后，有

$$b^2-1.88b-2.52\geqslant 0$$

解得　$b\geqslant 2.78m$，$b<-0.91m$（舍去），取 $b=2.80m$。

为验证上述结果，下面对上述计算结果进行复核

$$e_k=\frac{M_k}{F_k}=\frac{67}{300+20\times 1.5\times 2.8}m=0.174m$$

$e_k=b/16.05$，偏心距大于 $b/30$，说明应按偏心受压计算基础底面宽度；偏心距小于 $b/6$，说明基础底面无零应力区。

$$p_{k,\max}=\frac{F_k}{b}+\frac{6M_k}{b^2}=\frac{300+20\times 1.5\times 2.8}{2.8}kPa+\frac{6\times 67}{2.8^2}kPa=188.42kPa$$

$1.2f_a=1.2\times 158kPa=189.6kPa$，$p_{k,\max}$ 比 $1.2f_a$ 略小，表示所求基础宽度既满足规范要求，同时是一个经济的尺寸。

（2）基础高度。将基础顶面处的墙内力移到基础底面，得

$$M=M_w+V_wH=80kN\cdot m/m+26kN/m\times 0.35m=89.1kN\cdot m/m$$

$$p_{j,\max}=\frac{F}{b}+\frac{6M}{b^2}=\frac{400}{2.8}kPa+\frac{6\times 89.1}{2.8^2}kPa=142.86kPa+68.19kPa=211.05kPa$$

$$p_{j,\min}=\frac{F}{b}-\frac{6M}{b^2}=\frac{400}{2.8}kPa-\frac{6\times 89.1}{2.8^2}kPa=142.86kPa-68.19kPa=74.67kPa$$

$$p_{j\text{I}}=p_{j,\max}-\frac{p_{j,\max}-p_{j,\min}}{2.8}\times\frac{2.8-0.2}{2}=211.05kPa-\frac{211.05-74.67}{2.8}\times 1.3kPa$$
$$=147.73kPa$$

据式（3-33），有

$$V_\text{I}=\frac{1}{2}a_1(p_{j,\max}+p_{j\text{I}})=\frac{1}{2}\times 1.3\times(211.05+147.73)kN/m=233.21kN/m$$

据式（3-35），有

$$h_0\geqslant\frac{V_\text{I}}{0.7\beta_h f_t b}=\frac{233.21\times 10^3}{0.7\times 1.0\times 1.27\times 1000}mm=262.3mm$$

按规范，保护层厚度最小为 40mm，则最小的基础高度为

$$h\geqslant 262.3mm+40mm+10mm/5=307.3mm$$

取 50mm 的倍数，取 $h=350mm$，为使施工简便并考虑到基础高度不大，取为等截面

高度。

(3) 基础底板配筋：

基础有效高度 $h_0 = 350\text{mm} - 40\text{mm} - 10\text{mm}/2 = 305\text{mm}$

按式 (3-37)，有

$$M_{\text{I}} = \frac{1}{3}p_{\text{j,max}}a_1^2 + \frac{1}{6}p_{\text{jI}}a_1^2 = \frac{1}{6}\times(2\times211.05+147.73)\times1.3^2\text{kN}\cdot\text{m/m}$$
$$=160.50\text{kN}\cdot\text{m/m}$$

按式 (3-39)，有

$$A_s = \frac{M}{0.9f_y h_0} = \frac{160.50\times10^6}{0.9\times360\times305}\text{mm}^2/\text{m} = 1624.19\text{mm}^2/\text{m}$$

最小配筋 $A_{s,\min}=0.15\%\times1000\text{mm/m}\times305\text{mm}=457.5\text{mm}^2/\text{m}$，计算配筋大于最小配筋，按计算配筋进行配筋。

考虑到受力筋的间距为 100～200mm，取 150mm 计算；每米钢筋根数为 1.00/0.15 根，单根钢筋面积为 $1624.19\text{mm}\times0.15\text{mm}=243.6\text{mm}^2$，钢筋直径为 $2\times\sqrt{\frac{243.6\text{mm}^2}{\pi}}=17.6\text{mm}$，取钢筋直径为 18mm。

每米钢筋根数为$\frac{1624.19}{\pi\times9^2}$根$=6.38$ 根，间距为 $1000\text{mm}/6.38=157\text{mm}$，实配 18@155，实配钢筋面积 $A_s=\frac{\pi\times9^2}{0.155}\text{mm}^2/\text{m}=1641.74\text{mm}^2/\text{m}$。

思 考 题

1. 无筋扩展基础按照基础材料可以分为哪几类？各自的适用范围是什么？
2. 为什么钢筋混凝土条形基础的高度可以比混凝土条形基础的高度更小？
3. 什么是地基承载力？对于坚硬土和松软土，地基承载力如何确定？
4. 地基承载力特征值的确定方法有哪些？
5. 地基受力有哪三个阶段？
6. 一个点的地基承载力特征值和场地的地基承载力特征值如何确定？
7. 为什么地基承载力需要考虑基础宽度 b 和埋置深度 d 这两方面因素的影响而进行修正？
8. 砌体墙下刚性条形扩展基础的设计步骤是什么？
9. 刚性基础为什么要满足刚性角的要求？
10. 钢筋混凝土条形扩展基础的设计步骤是什么？
11. 如何确定钢筋混凝土条形扩展基础的底面尺寸？
12. 如何确定无筋扩展基础的基础高度？如何确定墙下钢筋混凝土条形基础的基础高度？
13. 墙下钢筋混凝土条形基础底板的配筋如何计算确定？

14. 墙下钢筋混凝土条形基础的构造要求有哪些？

习　题

1. 已知某条形基础底面宽度 $b=2.50\text{m}$，基础埋深 $d=1.80\text{m}$，标准组合竖向荷载合力中心相对基础宽度的偏心距 $e_k=0.06\text{m}$，地基为粉质黏土，黏聚力标准值 $c_k=15.0\text{kPa}$，内摩擦角标准值 $\varphi_k=22°$，地下水位距地表 1.2m，地下水位以上土的重度 $\gamma=18.2\text{kN/m}^3$，地下水位以下土的饱和重度 $\gamma_{sat}=19.6\text{kN/m}^3$。用理论公式确定该地基土的地基承载力特征值。

2. 某场地进行了三处浅层平板载荷试验，试验数据经整理得到表3-4中的试验结果，请确定：

（1）各试验点的承载力特征值；

（2）该场地的地基承载力特征值 f_{ak}。

表3-4　　**试验结果数据**

试验点号	比例界限点 p_0(kPa)	极限承载力 p_u(kPa)
S1	150	280
S2	160	300
S3	140	300

3. 某建筑物的某一柱下基础为独立基础，基础可按中心受压基础设计，基础底面尺寸为 3.00m×4.00m，基础埋深 $d=1.50\text{m}$，拟建场地地下水位距地表 1.00m，地基土层分布及主要物理力学指标如表3-5所示。根据土的抗剪强度指标的理论公式，计算确定该地基土的承载力特征值。

表3-5　　**地基土层分布及主要物理力学指标**

层序	土的名称	层底深度（m）	天然容重 (kN/m³)	黏聚力标准值 c_k(kPa)	内摩擦角标准值 φ_k(°)
1	填土	1.0	18.0		
2	粉质黏土	3.0	18.7	18	20°
3	淤泥质黏土	7.5	17.0	10	11°
4	粉质黏土	16.0	18.7	5	35°

4. 某建筑物的箱型基础宽 8.50m，长 20.00m，埋深 4.00m，土层情况见表3-6，由荷载试验确定的黏土持力层承载力特征值 $f_{ak}=185\text{kPa}$，已知地下水位线位于地表下 2.00m 处。计算该黏土持力层经深宽修正后的承载力特征值。

表3-6　　**土层情况**

<table>
<tr><th>层次</th><th>土的类别</th><th>层底埋深（m）</th><th>土工试验结果</th></tr>
<tr><td>1</td><td>填土</td><td>1.80</td><td>$\gamma=17.8\text{kN/m}^3$</td></tr>
<tr><td rowspan="2">2</td><td rowspan="2">黏土</td><td>2.00</td><td rowspan="2">$w_0=32\%$，$w_L=37.5\%$，$w_P=17.3\%$，$d_s=2.72$
水位以上 $\gamma=18.9\text{kN/m}^3$
水位以下 $\gamma=19.2\text{kN/m}^3$</td></tr>
<tr><td>7.80</td></tr>
</table>

5. 某多层砌体结构住宅楼，地基为黏性土，修正后的地基承载力特征值 f_a＝200kPa。住宅外墙基础顶面处荷载效应的标准组合值 F_k＝180kN/m。室内地坪±0.000m 高出室外地面 0.300m，基底标高为－1.500m；墙厚为 200mm，基础采用烧结页岩多孔砖。确定该住宅外墙基础的底面宽度和砖基础大放脚的台阶数，并绘出基础剖面图。

6. 某钢筋混凝土墙，墙下采用钢筋混凝土条形扩展基础。墙厚 200mm，上部结构传至基础顶面处的荷载标准组合值为 N_{wk}＝280kN/m、M_{wk}＝62kN·m/m、V_{wk}＝18kN/m，荷载基本组合值为 N_w＝360kN/m、M_w＝85kN·m/m、V_w＝24kN/m；基础底面到地面的高差为 1.20m，经深度修正后的地基持力层承载力特征值 f_a＝155kPa。基础下设 100mm 厚 C15 混凝土垫层，混凝土强度等级为 C25（f_c＝11.9N/mm^2、f_t＝1.27N/mm^2），受力钢筋采用 HRB400 级钢筋（f_y＝360N/mm^2）。计算：

（1）若基础高度 H＝350mm，求基础底面宽度。

（2）按抗剪验算要求，计算需要的基础高度。

（3）求基础底板配筋。

第4章 独立扩展基础

4.1 概 述

工程中，框架结构和框-剪结构是常用的结构形式，另外板柱结构和板柱-剪力墙结构也偶有使用。这些结构的竖向构件均包含柱，有的还包含剪力墙。本章介绍柱下独立扩展基础的设计，钢框架柱在地面以下也是混凝土短柱，故其基础的设计方法与混凝土柱独立扩展基础的设计方法相同。

柱脚的主要内力为轴压力，一般情况下还包含弯矩和剪力。对于一般的建筑结构，由于真实结构为三维的，因此在两个主轴方向均存在弯矩和剪力。若柱脚只有轴压力或两个主轴方向的弯矩和剪力均小到可以不予考虑，则基础设计可以按中心受压基础设计；若柱脚的弯矩和剪力在一个主轴方向小到可以不予考虑，而另一个主轴方向较大，则基础设计不能按中心受压基础设计，必须按单向偏心受压基础设计；若柱脚的弯矩和剪力在两个主轴方向均需考虑，则基础必须按双向偏心受压基础设计。中心受压基础和单向偏心受压基础可按GB 50007—2011《建筑地基基础设计规范》设计；双向偏心受压基础的地基承载力验算现规范中无验算方法，抗冲切验算与单向偏心受压基础的验算相同（忽略另一个方向的偏心，两个主轴方向分别按单向偏心受压基础验算），基础底板弯矩在两个主轴方向均按单向偏心公式计算。

柱下独立扩展基础的设计主要解决4个基本问题，分别为基础埋深、基础底面尺寸、基础高度、基础底板配筋，按顺序依次如下：

(1) 考虑建筑物的高度、建筑物的最小埋深、地下管线、工程地质条件、水文地质条件、冻融条件等因素确定基础埋深，具体要求见第2章2.5节；

(2) 依据地基承载力验算确定基础底面尺寸；

(3) 依据抗冲切承载力验算确定基础高度；

(4) 依据受弯承载力设计确定基础底板配筋。

4.2 基础底面尺寸的确定

由于柱为钢筋混凝土构件，其轴力很大，为了将柱的轴力可靠地传给地基持力层，需要将柱与地基的接触部位进行平面尺寸上的扩大。柱脚的该扩大部分工程中称为基础，规范中称为扩展基础。

一般的土层在沉积时，由于下部的土层自重压力大，同时沉积时间更久远，下部土层（工程中称为下卧层）的密实性一般比上部土层好，承载力也比上部土层更高，这时通过持力层的地基承载力验算就能确定基础底面尺寸。若建筑物所在地点位于故河道位置，或者由于其他原因导致下卧层出现粒径小、含水量高、孔隙比大等情况时，下卧层的地基承载力可能比持力层的地基承载力小很多，经过应力扩散和承载力深度修正后，下卧层的地基承载力仍然可能不满足规范要求，此时应扩大基础底面尺寸或在满足规范要求的前提下减小基础埋深。

4.2.1 基础地基承载力的验算要求

基础底面的压力应符合下列规定：

当轴心荷载作用时

$$p_k \leqslant f_a \tag{4-1}$$

式中 p_k——相应于作用的标准组合时基础底面处的平均压力值（kPa）；

f_a——修正后的地基承载力特征值（kPa），见3.2.1。

当偏心荷载作用时，除应符合式（4-1）的要求外，尚应符合下式规定

$$p_{k,\max} \leqslant 1.2 f_a \tag{4-2}$$

式中 $p_{k,\max}$——相应于作用的标准组合时基础底面边缘的最大压力值（kPa）。

p_k、$p_{k,\max}$、$p_{k,\min}$ 均采用基底总反力。

4.2.2 基底反力的计算

4.2.2.1 中心受压柱下独立基础的基底反力

当轴心荷载作用时

$$p_k = \frac{F_k + G_k}{A} \tag{4-3}$$

其中

$$A = bl$$

式中 F_k——相应于作用的标准组合时，上部结构传至基础顶面的竖向力值（kN）。

G_k——基础自重和基础上的土重（kN）；对一般实体基础，取 $G_k = \gamma_G A\bar{d}$，γ_G 为基础及回填土的平均重度，可近似取 20kN/ m^3，地下水位以下取浮重度。中柱基础，$\bar{d}$ 取至室内标高；边柱基础，$\bar{d}$ 取至室内外标高的中间；角柱基础，$\bar{d}$ 取至室内外标高的中间离室外标高1/4高差处。

A——基础底面面积（m^2）。

b——基础底面宽度（m）。

l——基础底面长度（m）。

4.2.2.2 单向偏心受压柱下独立基础基底反力

当单向偏心荷载作用时

$$p_{k,\max} = \frac{F_k + G_k}{A} + \frac{M_k}{W} \tag{4-4}$$

$$p_{k,\min} = \frac{F_k + G_k}{A} - \frac{M_k}{W} \tag{4-5}$$

其中

$$M_k = (F_k + G_k)e_k;$$

$$W = lb^2/6$$

式中 M_k——相应于作用的标准组合时，作用于基础底面的力矩值（kN·m）；须将作用于基础顶面的内力移到基础底面，考虑到柱的受力特点，基础顶面的内力移到基础底面后弯矩总会增大；

W——基础底面的抵抗矩（m^3）；

$p_{k,\min}$——相应于作用的标准组合时，基础底面边缘的最小压力值（kPa）。

若经结构软件计算出的标准组合下的柱脚内力为 N_{ck} 、M_{ck} 和 V_{ck} ，该内力作用点为基础顶面的柱几何中心，将其移到基础底面后轴压力和剪力的大小不变，基础高度为 H，则弯矩 $M_k = M_{ck} + V_{ck}H$ ；考虑到柱的内力特点，下移后必使弯矩增大，故平移计算不考虑正负号而采用绝对值相加。

当基础底面形状为矩形且偏心距 $e_k > b/6$（见图 4-1）时，基础底面出现零应力，$p_{k,max}$ 不能按式（4-5）计算，而应按下式计算

$$p_{k,\ max} = \frac{2(F_k + G_k)}{3la} \tag{4-6}$$

$$a = b/2 - e_k$$

式中　l——垂直于力矩作用方向的基础底面边长（m）；

a——合力作用点至基础底面最大压力边缘的距离（m）；

b——力矩作用方向基础底面边长。

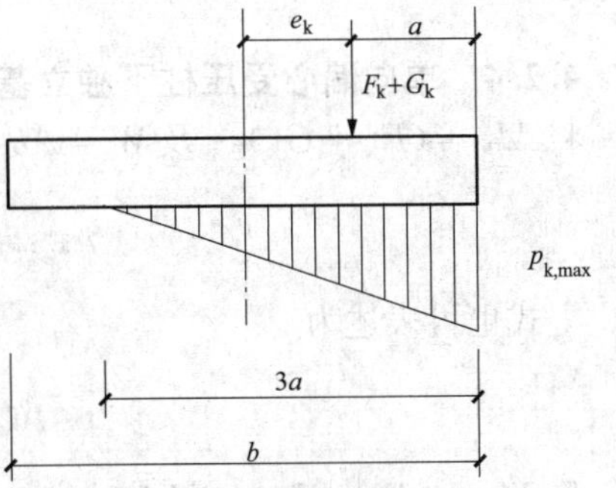

图 4-1　偏心荷载（$e_k > b/6$）下基底压力计算示意

式（4-6）按基底反力的合力中心与 $F_k + G_k$ 一致，基底反力的合力大小与 $F_k + G_k$ 相等可推算出。

4.2.2.3　双向偏心受压柱下独立基础基底反力

当双向偏心荷载作用时

$$p_{k,\ max} = \frac{F_k + G_k}{A} + \frac{M_{xk}}{W_x} + \frac{M_{yk}}{W_y} \tag{4-7}$$

$$p_{k,\ min} = \frac{F_k + G_k}{A} - \frac{M_{xk}}{W_x} - \frac{M_{yk}}{W_y} \tag{4-8}$$

$$W_x = lb^2/6$$

$$W_y = l^2b/6$$

式中　M_{xk}——相应于作用的标准组合时，x 向基础底面的力矩值（kN · m）；

M_{yk}——相应于作用的标准组合时，y 向基础底面的力矩值（kN · m）；

W_x——x 向基础底面的抵抗矩（m^3）；

W_y——y 向基础底面的抵抗矩（m^3）。

若经结构软件计算出的标准组合下的柱脚内力为 N_{ck} 、M_{cxk} 、M_{cyk} 、V_{cxk} 和 V_{cyk} ，该内力作用点为基础顶面的柱几何中心，将其移到基础底面后轴压力和剪力的大小不变，基础高度为 H ，则 x 向弯矩 $M_{xk} = M_{cxk} + V_{cyk}H$，$y$ 向弯矩 $M_{yk} = M_{cyk} + V_{cxk}H$。

运用式（4-7）和式（4-8）计算基底反力时，须有 $p_{k,\ min} \geqslant 0$；否则，运用式（4-7）计算出的 $p_{k,\ max}$ 偏小。

4.2.3　中心受压柱下独立基础底面尺寸的确定方法

由式（4-1）和式（4-3）可得

$$\frac{F_k + G_k}{A} \leqslant f_a$$

将 $G_k = \gamma_G A\bar{d}$ 代入上式，可得基础底面积

$$A \geqslant \frac{F_k}{f_a - \gamma_G d} \tag{4-9}$$

中心受压基础适合采用方形基础 $A = b \times l = b^2$，可得基础底板尺寸

$$b \geqslant \sqrt{\frac{F_k}{f_a - \gamma_G d}} \tag{4-10}$$

4.2.4 单向偏心受压柱下独立基础底面尺寸的确定方法

将 $M_k = (F_k + G_k)e_k$ 及 $W = Ab/6$ 代入式（4-4），可得

$$p_{k,\max} = \frac{F_k + G_k}{A}\left(1 + \frac{6e_k}{b}\right) \tag{4-11}$$

上式也可表述为

$$p_{k,\max} = p_k\left(1 + \frac{6e_k}{b}\right) \tag{4-12}$$

将 $M_k = (F_k + G_k)e_k$ 及 $W = Ab/6$ 代入式（4-5），可得

$$p_{k,\min} = \frac{F_k + G_k}{A}\left(1 - \frac{6e_k}{b}\right) \tag{4-13}$$

式（4-11）只有在 $p_{k,\min} \geqslant 0$，也就是 $e_k \leqslant b/6$ 时才成立。

若偏心距在较小的范围内，当 $p_k \leqslant f_a$ 时，恒有 $p_{k,\max} \leqslant 1.2f_a$ 成立。取最不利情况 $p_k = f_a$，将 $p_k = f_a$ 和式（4-11）代入式（4-2），可得 $e_k \leqslant b/30$。由此可得结论，当 $e_k \leqslant b/30$ 时，可按中心受压计算基础底面尺寸，式（4-2）自动满足要求。

当 $e_k > b/30$ 时，$1 + \frac{6e_k}{b} > 1.2$，要想式（4-2）的满足，必有 $p_k < f_a$。由此可得结论，当 $e_k > b/30$ 时，可按偏心受压计算基础底面尺寸，式（4-1）自动满足要求。

n 为基础的长宽比，对于单向偏心矩形扩展基础，其为基础底面偏心方向尺寸与非偏心方向尺寸之比。该比值受到基础偏心距与基础底面尺寸相对大小（即 e_k/b 比值）、基础平面布局和工程经济性等因素的影响；对于 e_k/b 比值很小的情况，n 值宜取 1 比较经济，此时若与本工程相邻基础重叠，为避免重叠使计算简单，取不等于 1 也是可能的，假若与邻近已建工程基础重叠，则更需无条件地取不等于 1 的值；随着 e_k/b 比值的增加，为了使基础受力合理同时使工程造价更节省，n 值应随之增大，就算是同一 e_k/b 值，n 的合理取值也不应是相同的，因为 n 的合理取值还受到钢筋和混凝土单位比价的影响。至今还没有对 n 的合理取值进行详细的论证。有教材提到 n 的取值（注意不是合理取值）范围为 1～2，n 值若过大将导致基础高度和配筋的增加，故 n 值很少有取到 2 的，一般均在 1～1.25 区间。工程中的具体取值由设计人员按工程经验确定。

对于给定的基础长宽比 n，非偏心方向尺寸 l 可表示为偏心方向尺寸 b 的一次函数，结合式（4-4）和式（4-2）可知，须求解一元三次方程才可得到偏心方向尺寸 b，进而得出非偏心方向尺寸 l；手算时，直接求解一元三次方程是很困难的，故有多次逼近的传统方法，也有手算的三步逼近法，还有电算的直接求解法。下面依次对这三种方法进行介绍。

4.2.4.1 传统方法

在一般的教材中，普遍采用多次试算渐近的方法求得基础底面尺寸。其步骤如下：

（1）按中心受压基础预估基础底面尺寸。

（2）考虑荷载偏心影响，根据偏心距的大小将基础底面尺寸放大 10%～40%。

(3) 用放大了的基础底面尺寸计算基底平均反力 p_k 和基底最大反力 $p_{k,max}$，若式（4-1）和式（4-2）能同时得到满足，并且基底反力与规范允许值很接近并小于规范允许值，则计算完成。

(4) 若基底反力远小于规范允许值，则缩小基础底面尺寸重新计算；若基底反力远大于规范允许值，则放大基础底面尺寸重新计算。

(5) 重复上述步骤，直到基底反力与规范允许值很接近并小于规范允许值为止。

由于准确的放大比例取决于偏心距与偏心方向基础底面尺寸的相对大小，上述放大比例有很大的随意性而且不能涵盖偏心距与偏心方向基础底面尺寸比值较大的情况，一般情况下，通过一、二次试算很难找到既满足规范要求又较经济的基础底面尺寸。

4.2.4.2　手算三步逼近方法

三步逼近法较好地避免了传统方法存在的问题，绝大多数情况通过三步计算即能找到既满足规范要求又较经济的基础底面尺寸，很适合于手算基础底面尺寸。

由式（4-3）和式（4-1）可得

$$F_k + G_k \leqslant f_a A \tag{4-14}$$

由式（4-11）和式（4-2）可得

$$F_k + G_k \leqslant \frac{1.2}{1+\dfrac{6e_k}{b}} f_a A \tag{4-15}$$

由式（4-6）和式（4-2）可得

$$F_k + G_k \leqslant 1.8 f_a la$$

考虑到 $la = l\left(\dfrac{b}{2} - e_k\right) = \left(0.5 - \dfrac{e_k}{b}\right) lb = \left(0.5 - \dfrac{e_k}{b}\right) A$，代入上式可得

$$F_k + G_k \leqslant \left(0.9 - 1.8\frac{e_k}{b}\right) f_a A \tag{4-16}$$

综合式（4-14）～式（4-16），可表达为

$$F_k + G_k \leqslant K_e f_a A \tag{4-17}$$

a. 当 $0 \leqslant \dfrac{e_k}{b} \leqslant \dfrac{1}{30}$ 时，$p_{k,min} \geqslant 0$，$K_e = 1.0$；

b. 当 $\dfrac{1}{30} < \dfrac{e_k}{b} \leqslant \dfrac{1}{6}$ 时，$p_{k,min} \geqslant 0$，$K_e = \dfrac{1.2}{1+\dfrac{6e_k}{b}} \leqslant 1.0$；

c. 当 $\dfrac{e_k}{b} > \dfrac{1}{6}$ 时，$p_{k,min} < 0$，$K_e = 0.9 - 1.8\dfrac{e_k}{b}$。

式中　K_e——偏心距为 e_k 时对应某特定基础尺寸的基础承载能力系数；

　　　e_k——基础底面以上所有竖向荷载标准值合力作用点在偏心方向（b）与基础几何中心的距离。

由式（4-17）可知，当 $0 \leqslant \dfrac{e_k}{b} \leqslant \dfrac{1}{30}$ 时，基础的竖向总承载能力为 $f_a A$；当 $e_k = b/6$ 时，基础的竖向总承载能力为 $0.6 f_a A$；当 $e_k = b/2$ 时，基础的竖向总承载能力为 0。从式（4-17）还可知，随着偏心距 e_k 的增大，基础的竖向总承载能力连续减小，偏心距 e_k 仅在 0～$b/30$ 的范围内维持不变。从上述结论还可知，当基础偏向一侧时基础没有竖向承载能力，

但将基础设计成偏心基础而使基础中心接近合力中心时，基础的承载能力发挥到极致。

将 $G_k=\gamma_G\overline{d}A$ 代入式（4-17），可得

$$F_k \leqslant K_e\left(f_a-\frac{1}{K_e}\gamma_G\overline{d}\right)A \tag{4-18}$$

考虑到 G_k 较 F_k 小很多，近似取 $f'_a=f_a-\gamma_G\overline{d}$，上式可近似改为

$$F_k \leqslant K_e f'_a A \tag{4-19}$$

不需进行宽度修正时有近似公式

$$f'_a=f_{ak}+\eta_d\gamma_m(d-0.5)-\gamma_G\overline{d}$$

运用三步逼近法计算基础底板尺寸的步骤如下：

（1）第一步，按 $K_e=1$ 用式（4-19）计算基础底面积 A_0，按设定的基础长宽比 n（$n=b:l$）求得基础底面尺寸。

（2）第二步，若 e_k/b 在 0～1/30 范围内，上述计算出的基础底面尺寸即为满足规范要求的结果，计算结束，否则按偏心距 e_k 与偏心方向基础底面尺寸 b 的比值选择对应公式计算 K_e，将基础底面积 A_0 放大 $1/K_e$ 倍，按第一步的方法求得基础底面尺寸；由于在此次计算 K_e 时用的 b 值偏小，导致放大倍数 $1/K_e$ 偏大，一般须计算第三步。

（3）第三步，按偏心距 e_k 与偏心方向基础底面尺寸 b 的比值选择对应公式计算 K_e，将基础底面积 A_0 放大 $1/K_e$ 倍，按第一步的方法求得基础底面尺寸；一般情况下到第三步即可结束；若计算出的偏心方向基础底面尺寸 $b>3$m，跳过基底反力复核按后述方法计算。

（4）复核基底反力是否满足规范要求。

由于第三步算 K_e 时 b 的取值较真实值偏大，导致该步放大倍数 $1/K_e$ 偏小，故理论值应比第三步计算值稍大。考虑到基础底面尺寸最后取值取为 50mm 的倍数有些许放大，同时 f'_a 的近似处理导致 f'_a 的计算值比实际值偏小引起的基底面积计算值的增大影响，一般通过三步运算均能找到理想结果。

若计算出的基础底面偏心方向的尺寸 b 大于 3m，将地基承载力进行基础宽度和深度修正后按上述方法重新计算可求得基础底面尺寸，也可按下述步骤计算：

（1）将地基承载力进行基础宽度和深度修正后，按 $K_e=1$ 用式（4-19）计算基础底面积 A_0，按设定的基础长宽比 n 求得基础底面尺寸。

（2）按偏心距 e_k 与偏心方向基础底面尺寸 b（b 为前面第三步的计算结果）的比值选择对应公式计算 K_e，将基础底面积 A_0 放大 $1/K_e$ 倍，按第一步的方法求得基础底面尺寸。

（3）复核基底反力是否满足规范要求。

地基承载力进行基础宽度和深度修正后计算出的基础底面尺寸应该稍有减小，但减小幅度不会很大；若偏心方向基础底面尺寸 b 超过 3m 不是很多，对于一般土层地基承载力宽度修正系数很小，可不进行基础宽度修正，而直接用前面的三步逼近法计算。

4.2.4.3 电算直接解法

工程软件可以直接求解基础底面尺寸，不需要多次试算。

1. $e_k \leqslant b/30$（中心受压）时的求解公式

由式（4-10）可直接求解基础底面尺寸。

2. $b/30<e_k \leqslant b/6$ 时的求解公式

由式（4-4）和式（4-2）可得

$$\frac{F_k}{bl}+\gamma_G\overline{d}+\frac{6M_k}{lb^2}\leqslant 1.2f_a$$

将 $n=b/l$ 代入上式有

$$\frac{nF_k}{b^2}+\gamma_G\overline{d}+\frac{6nM_k}{b^3}\leqslant 1.2f_a$$

两侧同时乘以 b^3 并移项整理有

$$(1.2f_a-\gamma_G\overline{d})b^3-nF_kb-6nM_k\geqslant 0 \tag{4-20}$$

解上述一元三次方程可直接求得基础偏心方向尺寸 b，一般取 $n\geqslant 1$，利用 $l=b/n$ 可求得基础短向尺寸 l。

式（4-20）的三个解为一个正数解、两个虚数解，一般的函数图形如图 4-2 所示。

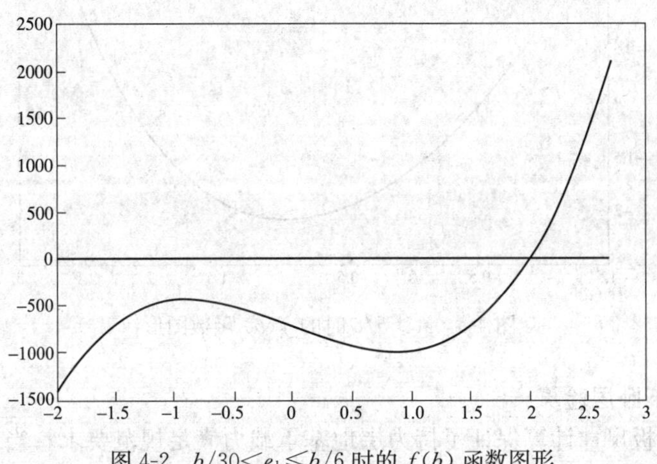

图 4-2　$b/30<e_k\leqslant b/6$ 时的 $f(b)$ 函数图形

3. $e_k>b/6$ 时的求解公式

由式（4-6）和式（4-2）可得

$$\frac{2(F_k+G_k)}{3al}\leqslant 1.2f_a$$

令 $n_1=1/n$，则 $l=n_1b$；$a=0.5b-e_k=0.5b-\dfrac{M_k}{F_k+G_k}$。将二者代入上式，有

$$F_k+G_k\leqslant 1.8n_1f_ab\left(0.5b-\frac{M_k}{F_k+G_k}\right)$$

将公式右侧展开，得

$$F_k+G_k\leqslant 0.9n_1f_ab^2-1.8n_1f_ab\frac{M_k}{F_k+G_k}$$

两边同时乘以 F_k+G_k，有

$$(F_k+G_k)^2\leqslant 0.9n_1f_ab^2(F_k+G_k)-1.8n_1f_aM_kb$$

其中 $G_k=\gamma_G\overline{d}bl=n_1\gamma_G\overline{d}b^2$，将 G_k 代入上式并展开可得

$$F_k^2+2n_1\gamma_G\overline{d}F_kb^2+(n_1\gamma_G\overline{d})^2b^4\leqslant 0.9n_1f_aF_kb^2+0.9n_1^2\gamma_G\overline{d}f_ab^4-1.8n_1f_aM_kb$$

整理上式，可得

$$[0.9n_1^2\gamma_G\overline{d}f_a-(n_1\gamma_G\overline{d})^2]b^4+(0.9n_1f_a-2n_1\gamma_G\overline{d})F_kb^2-1.8n_1f_aM_kb-F_k^2\geqslant 0 \tag{4-21}$$

解上述一元四次方程可直接求得基础偏心方向尺寸 b，利用 $l=n_1b$ 可求得基础短向尺寸 l。

式（4-21）的四个解为一个正数解、一个负数解、两个虚数解，一般的函数图形如图 4-3 所示。

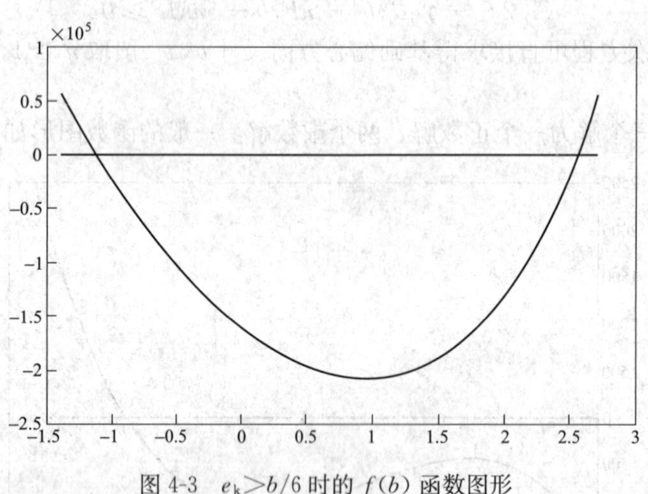

图 4-3　$e_k>b/6$ 时的 $f(b)$ 函数图形

4.2.5　软弱下卧层验算

上面的基础底板尺寸计算保证了持力层地基承载力满足规范要求，当地基受力层范围内有软弱下卧层时，还必须进行下卧层的地基承载力验算。

GB 50007—2011《建筑地基基础设计规范》规定，软弱下卧层的地基承载力应按下式验算

$$p_z+p_{cz}\leqslant f_{az} \tag{4-22}$$

式中　p_z——相应于荷载作用的标准组合时，软弱下卧层顶面处的附加压力值（kPa）；

p_{cz}——软弱下卧层顶面处土的自重压力值（kPa）；

f_{az}——软弱下卧层顶面处经深度修正后的地基承载力特征值（kPa）。

由于下卧层出现地基承载力破坏时不可能出现有完整滑裂面的整体剪切破坏，因此软弱下卧层顶面处的地基承载力特征值只进行深度修正，而不进行宽度修正。

基底压力分为总压力、净压力和附加压力，总压力 p_k 扣除未施工基础前基底标高处的土自重压力 p_c 即为基底标高处的附加压力 p_k-p_c；土的自重压力不会在土层中扩散，只有基底标高处的应力增量（即附加压力）才会在土层中扩散。精确的应力扩散应按土力学的方法计算，规范采用简化的计算方法，假定附加应力在经过一定土层厚度后应力是均匀的。

对于宽度为 b 的条形基础，基础底面处的附加压力只需考虑在一个方向扩散；基础底面处的总附加压力为 $b(p_k-p_c)$，经过厚度为 z 的土层按 θ 角扩散后的宽度为 $b+2z\tan\theta$，按照总附加压力相等的原则可得

$$p_z=\frac{b(p_k-p_c)}{b+2z\tan\theta} \tag{4-23}$$

对于基础底面尺寸为 $b\times l$ 的矩形基础，基础底面处的附加压力将在两个方向扩散；基础底面处的总附加压力为 $lb(p_k-p_c)$，经过厚度为 z 的土层按 θ 角扩散后的尺寸为（$b+$

$2z\tan\theta)\times(l+2z\tan\theta)$，按照总附加压力相等的原则可得

$$p_z=\frac{lb(p_k-p_c)}{(b+2z\tan\theta)(l+2z\tan\theta)} \tag{4-24}$$

式中　b——矩形基础或条形基础底边的宽度（m）；

l——矩形基础底边的长度（m）；

p_c——基础底面处土的自重压力值（kPa）；

z——基础底面至软弱下卧层顶面的距离（m）；

θ——地基压力扩散角（°），可按表 4-1 采用。

表 4-1　　地基压力扩散角 θ

E_{s1}/E_{s2}	z/b	
	0.25	0.50
3	6°	23°
5	10°	25°
10	20°	30°

注　1. E_{s1}为上层土压缩模量，E_{s2}为下层土压缩模量。

2. $z/b<0.25$ 时取 $\theta=0°$，必要时，宜由试验确定；$z/b>0.50$ 时 θ 值不变。

3. z/b 在 0.25～0.50 之间可插值使用。

4.2.6　算例

【例 4-1】　某柱下独立基础，埋深 $d=1.50\text{m}$（不考虑室内外高差影响），标准组合下的柱脚内力（作用于基础台阶顶部）依次为 $N_{ck}=1200\text{kN}$、$V_{ck}=120\text{kN}$、$M_{ck}=360\text{kN}\cdot\text{m}$，基础台阶总高度 $H=0.90\text{m}$；地基持力层为黏性土，地下水位在基础底面下 5.00m，$\gamma=18.5\text{kN/m}^3$，$f_{ak}=180\text{kPa}$，$\eta_b=0.3$，$\eta_d=1.6$；考虑到基础施工后的填土没有天然土密实，$\gamma_m=17.5\text{kN/m}^3$；基础底面偏心方向尺寸与非偏心方向尺寸的比值按 $b/l=1.20$。试用三步逼近法确定该基础的底面尺寸 b 和 l（最后结果取整为 50mm 的倍数）。

解： 1. 第一步

经深度修正后的地基承载力特征值

$$\begin{aligned} f'_a &= f_{ak}+\eta_d\gamma_m(d-0.5)-\gamma_G\bar{d} \\ &= [180+1.6\times17.5\times(1.5-0.5)-20\times1.5]\text{kPa} \\ &= 178\text{kPa} \end{aligned}$$

$F_k=N_{ck}=1200\text{kN}$，按中心受压估算基底面积

$$A_0=\frac{F_k}{f'_a}=\frac{1200}{178}\text{m}^2=6.74\text{m}^2$$

取 $b\times l=2.84\text{m}\times2.37\text{m}=6.73\text{m}^2$。

2. 第二步

相对于基础底面中心的弯矩

$$M_k=M_{ck}+V_{ck}H=360\text{kN}\cdot\text{m}+(120\times0.9)\text{kN}\cdot\text{m}=468\text{kN}\cdot\text{m}$$

$$e_k=\frac{468}{1200}\text{m}=0.39\text{m}$$

由于　$$\left(\frac{1}{30}<\frac{e_k}{b}=\frac{0.39}{2.84}=0.137=\frac{1}{7.28}<\frac{1}{6}\right)$$

则
$$K_e=\frac{1.2}{1+6\times0.137}=0.658$$
$$\frac{1}{K_e}=1.520$$
可得
$$A=1.520\text{m}\times6.74\text{m}=10.24\text{m}^2$$
取
$$b\times l=3.51\text{m}\times2.92\text{m}=10.25\text{m}^2$$
3. 第三步
$$K_e=\frac{1.2}{1+\frac{6\times0.39}{3.51}}=0.72$$
$$\frac{1}{K_e}=1.389$$
可得
$$A=1.389\text{m}\times6.74\text{m}=9.36\text{m}^2$$
取
$$b\times l=3.35\text{m}\times2.79\text{m}=9.35\text{m}^2$$
由于 $b=3.35\text{m}>3\text{m}$，地基承载力须进行宽度修正；按宽度修正重新计算。

4. 第一步

经深度修正后的地基承载力特征值
$$\begin{aligned}f'_a&=f_{ak}+\eta_b\gamma(b-3)+\eta_d\gamma_m(d-0.5)-\gamma_G\overline{d}\\&=[180+0.3\times18.5\times(3.35-3)+1.6\times17.5\times(1.5-0.5)-20\times1.5]\text{kPa}\\&=179.94\text{kPa}\end{aligned}$$
按竖向力估算基底面积
$$A_0=\frac{F_k}{f'_a}=\frac{1200}{179.94}\text{m}^2=6.67\text{m}^2$$
取
$$b\times l=2.83\text{m}\times2.36\text{m}=6.68\text{m}^2$$
5. 第二步

由于 $\frac{1}{30}<\frac{e_k}{b}=\frac{0.39}{2.83}=0.138=\frac{1}{7.26}<\frac{1}{6}$

则
$$K_e=\frac{1.2}{1+6\times0.138}=0.657$$
$$\frac{1}{K_e}=1.522$$
可得
$$A=1.522\text{m}\times6.67\text{m}=10.15\text{m}^2$$
取
$$b\times l=3.49\text{m}\times2.91\text{m}=10.16\text{m}^2$$
6. 第三步
$$K_e=\frac{1.2}{1+\frac{6\times0.39}{3.49}}=0.718$$
$$\frac{1}{K_e}=1.392$$
可得
$$A=1.392\text{m}\times6.67\text{m}=9.29\text{m}^2$$
取
$$b\times l=3.34\times2.78\text{m}=9.29\text{m}^2$$
准确的 K_e 应介于 0.657～0.718 之间并接近 0.718，准确的放大倍数应介于 1.522～

1.392 之间并接近 1.392，完全正确的结果应为将 b 代入 K_e 表达式后其放大倍数无数字上的变化。

工程中基础底面尺寸一般设计为 50mm 的倍数，将基础底面尺寸取为 $b\times l=3.35\text{m}\times 2.80\text{m}=9.38\text{m}^2$，以符合工程习惯。

7. 按 GB 50007—2011 复核基础底面尺寸

$$\begin{aligned} f_a &= f_{ak}+\eta_b\gamma(b-3)+\eta_d\gamma_m(d-0.5) \\ &= [180+0.3\times 18.5\times(3.35-3)+1.6\times 17.5\times(1.5-0.5)]\text{kPa} \\ &= 209.94\text{kPa} \end{aligned}$$

$$p_k=\frac{F_k+G_k}{A}=\frac{1200+20\times 1.5\times 9.38}{9.38}\text{kPa}=157.93\text{kPa}<f_a=209.94\text{kPa}$$

$$p_{k,\max}=p_k+\frac{M_k}{W}=157.93\text{kPa}+\frac{468}{\frac{1}{6}\times 2.80\times 3.35^2}\text{kPa}=157.93\text{kPa}+89.36\text{kPa}$$

$$=247.29\text{kPa}<1.2f_a=1.2\times 209.94\text{kPa}=251.93\text{kPa}$$

$$p_{k,\min}=p_k-\frac{M_k}{W}=157.93\text{kPa}-89.36\text{kPa}=68.57\text{kPa}>0$$

计算出的基础尺寸 $b\times l=3.35\text{m}\times 2.80\text{m}$ 满足规范要求。

从上述算例可以看出，p_k 在数值上远小于 f_a，而 $p_{k,\max}$ 只比 $1.2f_a$ 稍小，若不是基础取为 50mm 的倍数稍有放大，则最大反力更为接近 $1.2f_a$。

若基础偏心方向尺寸小于 3m，则可省去步骤 4.～6.。

【例 4-2】 某框架柱截面尺寸为 400mm×300mm，传至室内外平均标高位置处的竖向力标准值为 $F_k=700\text{kN}$，力矩标准值 $M_k=80\text{kN}\cdot\text{m}$，水平剪力标准值 $V_k=13\text{kN}$，基础底面距室外地坪的距离 $d=1.00\text{m}$，基底以上为填土，重度 $\gamma_1=17.5\text{kN/m}^3$，持力层为黏性土，重度 $\gamma_2=18.5\text{kN/m}^3$，孔隙比 $e=0.7$，液性指数 $I_L=0.78$，地基承载力特征值 $f_{ak}=226\text{kPa}$，持力层下为淤泥土，如图 4-4 所示，满足持力层地基承载力的基础底面尺寸为 $b\times l=2.35\text{m}\times 1.90\text{m}$。试进行软弱下卧层地基承载力验算。

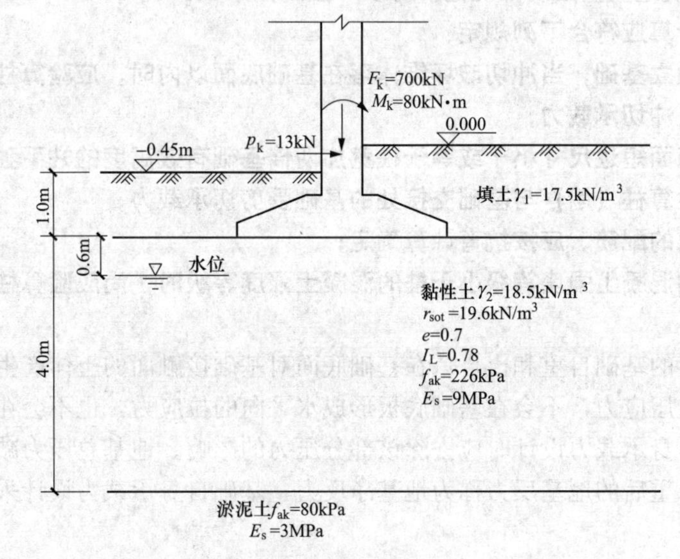

图 4-4 ［例 4-2］附图

解：基础底面处的平均总压力为

$$p_k=\frac{F_k+G_k}{A}=\frac{700+20\times1.225\times2.35\times1.9}{2.35\times1.9}\text{kPa}=181.3\text{kPa}$$

由 $E_{s1}/E_{s2}=3$，$z/b=4/1.9=2.1>0.5$，查表4-1得 $\theta=23°$；淤泥土的承载力深度修正系数 $\eta_d=1.1$，软弱下卧层顶面处的附加压力为

$$p_z=\frac{bl(p_k-p_c)}{(b+2z\tan\theta)(l+2z\tan\theta)}$$

$$=\frac{2.35\times1.90\times(181.3-17.5\times1.0)}{(2.35+2\times4\times\tan23°)(1.90+2\times4\times\tan23°)}\text{kPa}=24.0\text{kPa}$$

软弱下卧层顶面处的自重压力

$$p_{cz}=\gamma_1d+\gamma_2h_1+\gamma'h_2=[17.5\times1+18.5\times0.6+(19.6-10)\times3.4]\text{kPa}=61.2\text{kPa}$$

软弱下卧层顶面处的地基承载力修正特征值为

$$f_{az}=f_{ak}+\eta_d\gamma_m(d-0.5)$$

$$f_{az}=\left[80+1.1\times\frac{61.2}{5}\times(5-0.5)\right]\text{kPa}=140.6\text{kPa}$$

由上述计算结果可得 $p_{cz}+p_z=24.0\text{kPa}+61.2\text{kPa}=85.2\text{kPa}$，小于 $f_{az}=140.6\text{kPa}$，满足规范要求。

4.3 基础承载力设计

刚性基础通过基础刚性角保证基础底板的最大拉应力小于混凝土的抗拉强度而不需要进行抗弯计算，同时由于冲切力为零而不需要进行受冲切承载力验算。对于平面尺寸较大的基础，若设计成刚性基础，则基础高度会很大而使基础不经济，故对平面尺寸较大的基础，一般通过在基础底板配置钢筋来解决基础底板的抗拉问题。

对于柔性扩展基础，基础底面尺寸确定以后还必须确定基础高度和基础底板配筋。GB 50007—2011《建筑地基基础设计规范》有以下强制性条文：

扩展基础的计算应符合下列规定：

（1）对柱下独立基础，当冲切破坏锥体落在基础底面以内时，应验算柱与基础交接处以及基础变阶处的受冲切承载力；

（2）对基础底面短边尺寸小于或等于柱宽加两倍基础有效高度的柱下独立基础，以及墙下条形基础，应验算柱（墙）与基础交接处的基础受剪切承载力；

（3）基础底板的配筋，应按抗弯计算确定；

（4）当基础的混凝土强度等级小于柱的混凝土强度等级时，尚应验算柱下基础顶面的局部受压承载力。

基础底面以上的基础自重和土自重在基础底面对基础接触面的土体产生压力，该压力只在基础的竖向形成压应力，不会在基础底板形成水平向的拉应力，也不会在冲切斜面上形成冲切力，故基础自身承载力设计时应去除该部分压力的影响。地基总压力减去基础底面以上的基础自重和土自重后的地基反力称为地基净反力，基础自身承载力设计采用地基净反力进行计算。

按 GB 50010—2010《混凝土结构设计规范》，在计算结构承载力时应采用基本组合下的

作用效应，故在计算地基净反力时应取用基本组合下的柱脚内力计算。

考虑到施工的便利，工程中一般将基础设计成阶形基础，而不设计成锥形基础。

4.3.1　抗冲切承载力验算

基础设计高度不满足刚性角要求不能说明基础就会发生冲切破坏，只要冲切力小于冲切面上的混凝土抗冲切力，就不会发生冲切破坏。

基础高度若过小，柱对基础将发生冲切破坏（见图4-5），冲切破坏面自柱的4个边沿45°向下（见图4-6），冲切锥体为4个冲切破坏面围成的锥体；规范在验算柱下独立基础的冲切破坏时，选择一个锥面进行计算而不考虑相邻锥面的有利影响。

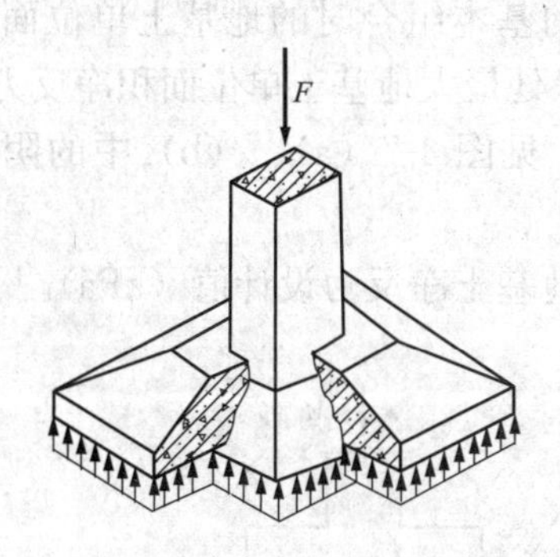

图4-5　冲切破坏

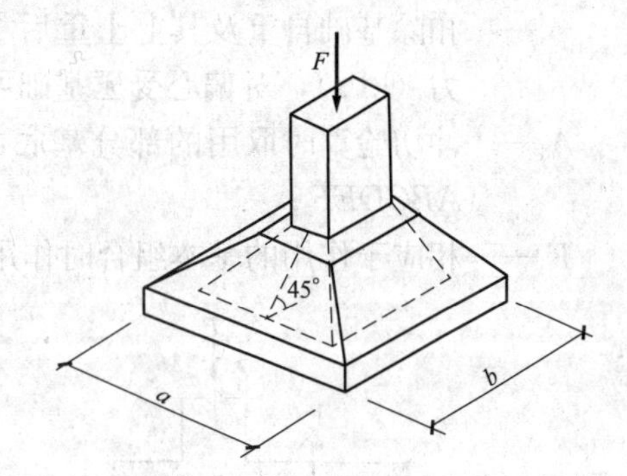

图4-6　冲切锥体

规范对锥面的定义为自柱边沿45°向下伸到土中，考虑到底板钢筋以下混凝土的开裂，不计入底板钢筋以下混凝土的抗冲切力。冲切锥面为沿45°斜放的梯形，梯形顶边为 a_t；若4个锥面的底边都在基础底面范围内，梯形的底边为 $a_b=a_t+2h_0$；梯形的高为 $h_0/\sin45°$；设梯形腰的中点连线长度为 a_m，$a_m=(a_t+a_b)/2=a_t+h_0$；梯形的面积为 $a_m h_0/\sin45°$。冲切面的抗冲切力为 $f_t a_m h_0/\sin45°$，考虑冲切面上的应力不均匀系数0.7（在冲切刚发生时，冲切斜面上的拉应力不可能同时达到混凝土的抗拉强度 f_t），同时考虑基础过高时抗冲切力的折减 β_{hp}，将冲切斜面上的斜向抗冲切力往竖向分解得总的竖向抗冲切力

$$0.7\beta_{hp} f_t a_m h_0/\sin45° \times \cos45° = 0.7\beta_{hp} f_t a_m h_0$$

沿4个冲切锥面的边线直线延伸直到与基础的外边线相交，将冲切锥面以外的基础底面分成4个部分（见图4-7），总的冲切力为冲切锥面对应侧冲切锥面以外的基础底面总地基净反力合力，为了简化可取基础边沿最大地基净反力计算。若图4-7中阴影部分的面积为 A_l，阴影部分地基净反力面积加权平均值为 p_j，则总的冲切力为 $p_j A_l$。

基础变阶处的受冲切承载力验算方法同上述方法，只需将变阶处的上部基础台阶看成柱即可。

为了保证基础不发生冲切破坏，柱下独立基础的受冲切承载力应按下列公式验算

$$F_l \leqslant 0.7\beta_{hp} f_t a_m h_0 \tag{4-25}$$

$$a_m = (a_t + a_b)/2 \tag{4-26}$$

$$F_l = p_j A_l \tag{4-27}$$

式中　β_{hp}——受冲切承载力截面高度影响系数，当 $h \leqslant 800$mm时，β_{hp} 取1.0；当 $h \geqslant 2000$mm时，β_{hp} 取0.9，其间按线性内插法取用；

f_t——混凝土轴心抗拉强度设计值（kPa）；

h_0——基础冲切破坏锥体的有效高度（m）；

a_m——冲切破坏锥体最不利一侧计算长度（m）；

a_t——冲切破坏锥体最不利一侧斜截面的上边长（m），当计算柱与基础交接处受冲切承载力时，取柱宽；当计算基础变阶处受冲切承载力时，取上阶宽；

a_b——冲切破坏锥体最不利一侧斜截面在基础底面积范围内的下边长（m），当冲切破坏锥体的底面落在基础底面以内［见图 4-7（a）、（b）］，计算柱与基础交接处的受冲切承载力时，取柱宽加两倍基础有效高度；当计算基础变阶处的受冲切承载力时，取上阶宽加两倍该处的基础有效高度；

p_j——扣除基础自重及其上土重后相应于作用的基本组合时的地基土单位面积净反力（kPa），对偏心受压基础可取基础边缘处最大地基土单位面积净反力；

A_l——冲切验算时取用的部分基底面积（m^2），见图 4-7（a）、（b）中的阴影面积 $ABCDEF$；

F_l——相应于作用的基本组合时作用在 A_l上的地基土净反力设计值（kPa）。

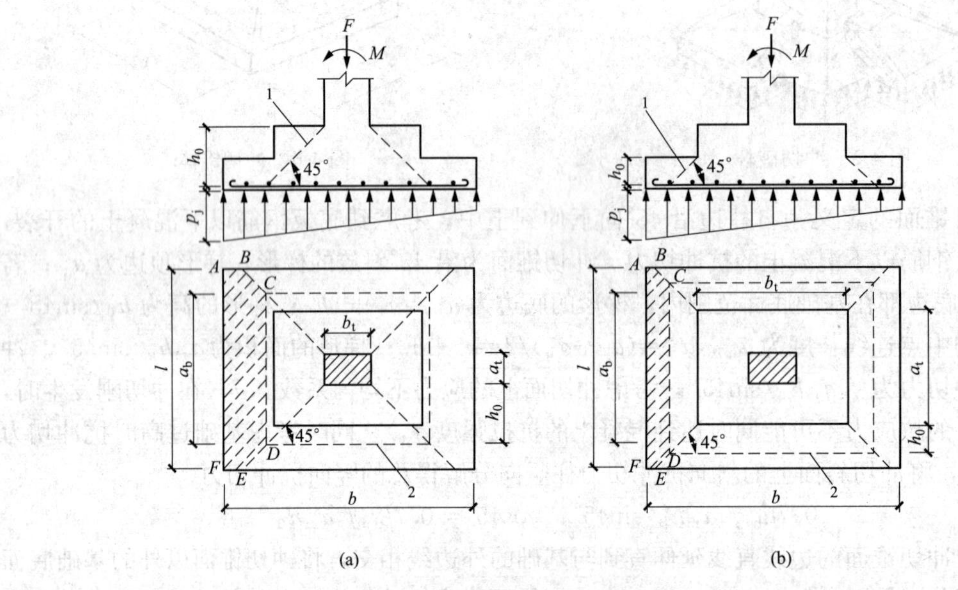

图 4-7 计算阶形基础的受冲切承载力截面位置

（a）柱与基础交接处；（b）基础变阶处

1—冲切破坏锥体最不利一侧的斜截面；2—冲切破坏锥体的底面线

对于双向偏心情况，在验算一个方向的抗冲切时不考虑另一个方向的偏心影响，直接按式（4-25）验算。

4.3.1.1 传统方法

从式（4-25）可以看出，公式左边的冲切力是 h_0 的函数，公式右边的抗冲切力也是 h_0 的函数，为了使式（4-25）满足要求，一般采用试算的办法。当基础高度增大时，h_0 加大，图 4-7 中阴影部分面积减小，冲切力减小；同时，随冲切锥面面积的加大，抗冲切力增大，故增大基础高度，可以使式（4-25）满足要求。另外，增大混凝土强度等级也能使式（4-25）满足要求，但效果不如增大基础高度明显。

理想的基础高度应该是使式（4-25）满足要求，同时使冲切力接近于抗冲切力；要想求得该理想的基础高度，须经过多次试算。

4.3.1.2　直接计算基础高度

也可以直接求解满足抗冲切承载力的基础高度。冲切力为 h_0 的二次函数，抗冲切力也为 h_0 的二次函数，故式（4-25）为 h_0 的一元二次方程，求解该方程即可得到 h_0，进而可得基础高度。

设柱的尺寸为 $b_c \times h_c$，按图 4-8 中尺寸关系，有

$$A_l=(b_1-h_0)l-(l_1-h_0)^2=-h_0^2+(2l_1-l)h_0+(b_1l-l_1^2) \tag{4-28}$$

其中　$b_1=(b-h_c)/2,\ l_1=(l-b_c)/2$

将 $a_m=b_c+h_0$ 及式（4-28）代入式（4-25）中，有

$$-p_jh_0^2+(2l_1-l)p_jh_0+(b_1l-l_1^2)p_j\leqslant 0.7f_t(b_c+h_0)h_0$$

展开上式右侧并整理，得

$$(0.7f_t+p_j)h_0^2+[0.7f_tb_c-(2l_1-l)p_j]h_0+(l_1^2-b_1l)p_j\geqslant 0 \tag{4-29}$$

式（4-29）为一基础有效高度 h_0 的一元二次方程，由于方程二次项前系数大于零，故方程图像为一下凹的开口向上的图形。方程有两个实数解，一个为正数解，另一个为负数解，负数解没有意义。

4.3.2　受剪承载力验算

当基础底面两个方向的边长相同或接近时，基础高度由抗冲切承载力验算确定，受剪承载力自动满足要求。

当基础底面短边尺寸小于或等于柱宽加两倍基础有效高度时，基础破坏呈剪切破坏特征，不需要进行抗冲切验算，而应按下列公式验算柱与基础交接处截面受剪承载力

$$V_s\leqslant 0.7\beta_{hs}f_tA_0 \tag{4-30}$$

$$\beta_{hs}=(800/h_0)^{1/4} \tag{4-31}$$

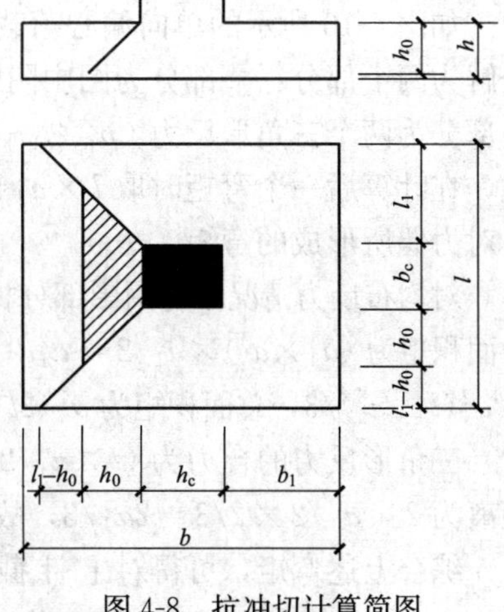

图 4-8　抗冲切计算简图

式中　V_s——柱与基础交接处的剪力设计值（kN），图 4-9 中的阴影面积乘以基底平均净反力。

β_{hs}——受剪切承载力截面高度影响系数，当 $h_0<$ 800mm 时，取 $h_0=800$mm；当 $h_0>$ 2000mm 时，取 $h_0=2000$mm；引入受剪切承载力截面高度影响系数的目的是为了限制截面高度较大时的剪力，从而使正常使用时的裂缝宽度减小。

A_0——验算截面处基础的有效截面面积（m²），当验算截面为阶形或锥形时，为截面有效高度范围内的总截面面积。

从式（4-30）可以看出，满足受剪承载力的截面高度可直接求解。

4.3.3　受弯承载力设计

4.3.3.1　规范方法

当台阶的宽高比小于或等于 2.5 时，基底反力可近似看成直线分布；当偏心距小于或等于 1/6 倍基础宽度时，基底不会出现零应力区。规范在计算基础底板弯矩时，将基础的 4 个

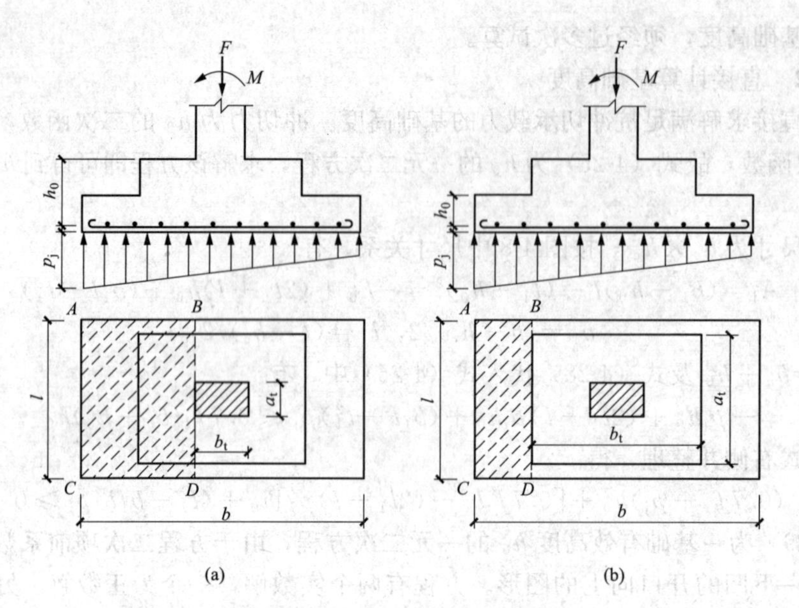

图 4-9 验算阶形基础受剪切承载力示意图

(a) 柱与基础交接处；(b) 基础变阶处

角点与柱的 4 个角点相连成 4 条连线，这 4 条连线将基础底面分成 4 片区域。

如图 4-10 所示的单向偏心荷载作用情况，偏心方向基底反力对任意截面Ⅰ-Ⅰ的弯矩可分解为两个部分：一部分为图中阴影部分均布反力 $(p_{j,\max}+p_j)/2$ 对Ⅰ-Ⅰ截面的弯矩，另一部分为两个三角形反力 $(p_{j,\max}-p_j)/2\sim 0$ 和 $0\sim-(p_{j,\max}-p_j)/2$ 形成的弯矩。为了简化，在计算后一个弯矩时取 $l\times a_1$ 的矩形区域计算 $[a_1=(b-b')/2]$，简化后后一个弯矩为一对力偶所形成的弯矩。

对均布反力情况，将阴影部分梯形分解为一个矩形和两个三角形，矩形部分对Ⅰ-Ⅰ截面的面积矩为 $(a_1\times a')\times a_1/2=a_1^2a'/2$，两个三角形对Ⅰ-Ⅰ截面的面积矩为 $[a_1\times(l-a')]\times a_1/3=a_1^2(l-a')/3$，总面积矩为 $a_1^2(2l+a')/6$，故总弯矩为 $a_1^2(2l+a')(p_{j,\max}+p_j)/12$。

三角形反力的合力为 $(l\times a_1/2)\times(p_{j,\max}-p_j)/2/2=a_1l(p_{j,\max}-p_j)/8$，两个三角形的距离为 $2\times a_1/2\times 2/3=2a_1/3$，故总弯矩为 $a_1^2l(p_{j,\max}-p_j)/12$。

综合上述弯矩，可得对Ⅰ-Ⅰ截面的总弯矩为

$$M_{\mathrm{I}}=\frac{1}{12}a_1^2[(2l+a')(p_{j,\max}+p_j)+l(p_{j,\max}-p_j)] \tag{4-32}$$

考虑到 $p_{j,\max}=p_{\max}-G/A$，$p_j=p-G/A$，代入式（4-32），有

$$M_{\mathrm{I}}=\frac{1}{12}a_1^2\left[(2l+a')\left(p_{\max}+p-\frac{2G}{A}\right)+(p_{\max}-p)l\right] \tag{4-33}$$

由于在计算第二部分弯矩时将梯形区域简化为了矩形区域，故式（4-32）、式（4-33）为近似公式。

对于双向偏心作用情况，两个方向的基础底板弯矩均可以按式（4-32）、式（4-33）计算。在计算一个方向的基础底板弯矩时，利用基底反力的对称性，对另一个方向的偏心不予考虑，直接按式（4-32）、式（4-33）计算。

非偏心方向基底反力对任意截面Ⅱ-Ⅱ的弯矩为梯形面积上的梯形净反力对任意截面Ⅱ-

Ⅱ的弯矩，考虑到反力对称，可以等效为均布反力$(p_{j,max}+p_{j,min})/2$在梯形面积上对任意截面Ⅱ-Ⅱ的弯矩。将梯形面积分解为一个矩形和两个三角形，矩形部分对Ⅱ-Ⅱ截面的面积矩为$[b'\times(l-a')/2]\times(l-a')/4=(l-a')^2b'/8$，两个三角形对Ⅱ-Ⅱ截面的面积矩为$[(b-b')\times(l-a')/2/2]\times(l-a')/3=(l-a')^2(b-b')/12$，总面积矩为$(l-a')^2(2b+b')/24$，故总弯矩为

$$M_{\text{Ⅱ}}=\frac{1}{48}(l-a')^2(2b+b')(p_{j,max}+p_{j,min}) \tag{4-34}$$

同样，可以表达为

$$M_{\text{Ⅱ}}=\frac{1}{48}(l-a')^2(2b+b')\left(p_{max}+p_{min}-\frac{2G}{A}\right) \tag{4-35}$$

式中 $M_{\text{Ⅰ}}$、$M_{\text{Ⅱ}}$——任意截面Ⅰ-Ⅰ、Ⅱ-Ⅱ处相应于作用的基本组合时的弯矩设计值（kN·m）；

a_1——任意截面Ⅰ-Ⅰ至基底边缘最大反力处的距离（m）；

l、b——基础底面的边长（m）；

p_{max}、p_{min}——相应于作用的基本组合时的基础底面边缘最大和最小地基总反力设计值（kPa）；

$p_{j,max}$、$p_{j,min}$——相应于作用的基本组合时的基础底面边缘最大和最小地基净反力设计值（kPa）；

p——相应于作用的基本组合时在任意截面Ⅰ-Ⅰ处基础底面地基总反力设计值（kPa）；

p_j——相应于作用的基本组合时在任意截面Ⅰ-Ⅰ处基础底面地基净反力设计值（kPa）；

G——考虑作用分项系数的基础自重及其上的土自重（kN）；当组合值由永久作用控制时，作用分项系数取1.35，当组合值由可变作用控制时，作用分项系数取1.2。

由于式（4-34）、式（4-35）在推导时利用了基底反力的对称性，故在偏心距大于1/6倍基础宽度时基底反力不对称而使这两个公式不适用。

对于轴心荷载作用情况，两个方向都可以用式（4-34）、式（4-35）计算，并可以简化为

$$M_{\text{Ⅱ}}=\frac{1}{24}(l-a')^2(2b+b')p_j \tag{4-36a}$$

或

$$M_{\text{Ⅱ}}=\frac{1}{24}(l-a')^2(2b+b')\left(p_j-\frac{G}{A}\right) \tag{4-36b}$$

4.3.3.2 简化方法

1. 单向偏心情况

规范方法须先计算出基底净反力，同时基础底板弯矩计算公式复杂。下面介绍一种直接用柱脚内力和基础底板尺寸计算基础底板弯矩的简化方法。

考虑到柱脚到地面的柱自重荷载较自然土体的增量小，由此导致的基底净反力增量也很小，忽略该基底反力增量的影响，地基净反力可看成是由柱脚内力形成的。设有单向偏心柱

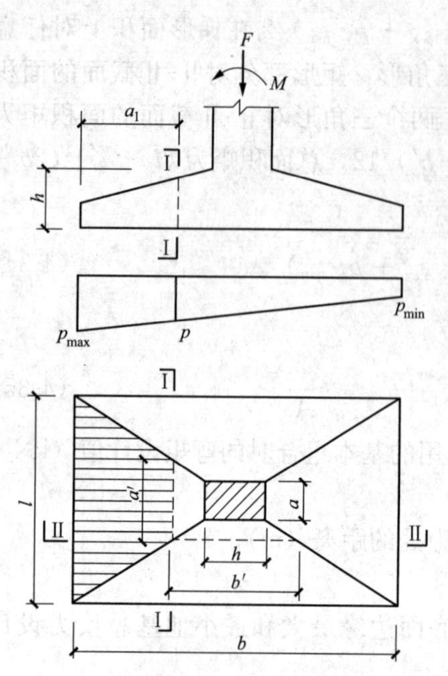

图 4-10 矩形基础底板弯矩计算示意

脚内力 N_c、M_c、V_c，基础高度为 H，将柱脚内力平移到基础底板后为 N_c、$M=M_c+V_cH$、V_c。

将基础底板的 4 个角点用对角线相连，并将基础底板分成面积相等的 4 块，在 $b:l=h:a$ 时，这种分法与图 4-10 完全重叠，若比值接近则大部分重叠。每块地基净反力的合力均为 $N_c/4$，在非偏心方向地基净反力合力中心到柱中心的距离为 $l/3$，到柱边的距离为 $l/3-a/2$，则非偏心方向柱边处的基础底板弯矩近似为

$$M_{\text{Ⅱ}}=\frac{N_c}{4}\left(\frac{l}{3}-\frac{a}{2}\right) \tag{4-37}$$

同理，可得轴压力下的偏心方向柱边处的基础底板弯矩为 $\frac{N_c}{4}\left(\frac{b}{3}-\frac{h}{2}\right)$。

若将基础沿 b 边分成面积相等的 2 块，则每块的地基净反力形成的抵抗弯矩均为 $M/2$，与平移到基础底板的弯矩方向相反；单侧矩形可以分解为 1 个三角形（位于中间，即为上述面积相等的 4 个三角形中的一个）和 2 个小三角形（中间三角形的两侧，总面积与中间三角形相等），由于地基净反力较大值在中间三角形的面积较两侧三角形的面积更大，故形成的抵抗弯矩也更大，经过理论推导，其抵抗弯矩比为 3∶1，故由上部弯矩在基础底板形成的不均匀地基净反力在中间三角形形成的弯矩为 $3M/8$。在偏心方向地基净反力合力中心到柱中心的距离为 $b/3$，到柱边的距离为 $b/3-h/2$。

综合上述两个方面，可得偏心方向柱边处的基础底板弯矩近似为

$$M_{\text{Ⅰ}}=\frac{N_c}{4}\left(\frac{b}{3}-\frac{h}{2}\right)+\frac{3}{8}M\left(1-\frac{3h}{2b}\right) \tag{4-38}$$

公式的限定条件与规范方法相同。

2. 中心受压情况

中心受压时，$M_{\text{Ⅱ}}$ 的计算同式（4-37），$M_{\text{Ⅰ}}$ 近似为

$$M_{\text{Ⅰ}}=\frac{N_c}{4}\left(\frac{b}{3}-\frac{h}{2}\right) \tag{4-39}$$

3. 双向偏心受压情况

设有双向偏心柱脚内力 N_c、M_{cx}、M_{cy}、V_{cx}（柱的 a 边方向）、V_{cy}（柱的 h 边方向），基础高度为 H，将柱脚内力平移到基础底板后为 N_c、$M_x=M_{cx}+V_{cy}H$、$M_y=M_{cy}+V_{cx}H$、V_{cx}、V_{cy}。

与规范方法同样的理由，在计算一个方向的基础底板弯矩时，可不考虑另一个方向的弯矩影响。$M_{\text{Ⅰ}}$ 近似为

$$M_{\text{Ⅰ}}=\frac{N_c}{4}\left(\frac{b}{3}-\frac{h}{2}\right)+\frac{3}{8}M_x\left(1-\frac{3h}{2b}\right) \tag{4-40}$$

$M_{\text{Ⅱ}}$ 近似为

$$M_{\mathrm{II}}=\frac{N_c}{4}\left(\frac{l}{3}-\frac{a}{2}\right)+\frac{3}{8}M_y\left(1-\frac{3a}{2l}\right) \tag{4-41}$$

式（4-40）、式（4-41）的适用条件为基础底板不出现零应力区。

4.3.3.3 配筋计算

从理论上讲，抗弯承载力为配筋量的二次函数，但在配筋率很小或配筋增量很小时，配筋量与抗弯承载力呈近似的线性关系。

按受弯构件内力平衡条件有 $f_yA_s=\alpha_1f_cbh_0\xi$，$\xi=\frac{f_y}{\alpha_1f_c}\times\frac{A_s}{bh_0}=\rho\frac{f_y}{\alpha_1f_c}$，对于常用的HRB400钢筋（$f_y=360\mathrm{N/mm^2}$），最低混凝土强度等级为C25（$\alpha_1f_c=11.9\mathrm{N/mm^2}$），则对应于最小配筋率的最小相对受压区高度 $\xi_{\min}\approx\rho_{\min}\frac{f_y}{\alpha_1f_c}=0.15\%\times\frac{360}{11.9}=0.0454$。

考虑到基础的配筋率很小，一般配筋所对应的相对受压区高度 $\xi\leqslant0.2$，则内力臂为 $(0.9\sim0.977)h_0$，内力臂偏安全的近似取 $0.9h_0$，抗弯承载力近似为 $0.9h_0f_yA_s$。基础底板钢筋可按下式近似计算

$$A_s=\frac{M}{0.9f_yh_0} \tag{4-42}$$

式（4-42）计算出的配筋量为一个方向的总配筋量，当配筋量所对应的配筋率小于最小配筋率0.15%时，按最小配筋率0.15%进行配筋。具体配筋时，钢筋的直径和间距必须满足构造要求。

在计算基础的配筋率时，混凝土的截面面积取有效高度范围内的混凝土总面积。

偏心方向的配筋率一般较大，应放于下层。若为中心受压或双向偏心受压，则将配筋率较大方向的钢筋设置于下层。

对于阶梯形基础，除进行柱边截面的受弯承载力计算外，尚应在变阶处进行验算。

4.3.4 构造要求

4.3.4.1 一般构造要求

扩展基础的构造应符合下列规定：

（1）锥形基础的边缘高度不宜小于200mm，且两个方向的坡度均不宜大于1∶3；阶梯形基础的每阶高度宜为300～500mm；锥形基础经济性较好而混凝土浇捣不便，阶梯形基础则刚好相反，工程中常将基础高度较大的基础设计为阶梯形基础。

（2）垫层的厚度不宜小于70mm（一般取100mm），垫层混凝土强度等级不宜低于C15。

（3）扩展基础受力钢筋最小配筋率不应小于0.15%，底板受力钢筋的最小直径不宜小于10mm，间距不宜大于200mm，也不宜小于100mm。每延米分布钢筋的面积应不小于受力钢筋面积的15%。当有垫层时，钢筋保护层的厚度不应小于40mm；无垫层时，不应小于70mm。

（4）混凝土强度等级不应低于C20；由于混凝土的工作环境类别至少为Ⅱa类，因此一般混凝土强度等级取为C25及C25以上。

（5）当柱下钢筋混凝土独立基础的边长大于或等于2.5m时，底板受力钢筋的长度可取边长或宽度的0.9倍，并宜交错布置（见图4-11）。

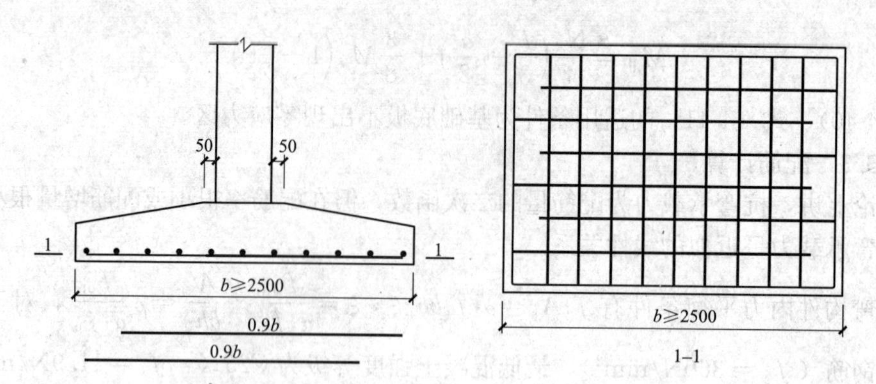

图 4-11 柱下独立基础底板受力钢筋布置示意

4.3.4.2 柱的纵向受力钢筋锚固要求

钢筋混凝土柱纵向受力钢筋在基础内的锚固长度应符合下列规定：

（1）钢筋混凝土柱纵向受力钢筋在基础内的锚固长度（l_a）应根据 GB 50010—2010《混凝土结构设计规范》的有关规定确定。

（2）抗震设防烈度为 6 度、7 度、8 度和 9 度地区的建筑工程，纵向受力钢筋的抗震锚固长度（l_{aE}）应按下式计算：

1）一、二级抗震等级纵向受力钢筋的抗震锚固长度（l_{aE}）应按下式计算

$$l_{aE}=1.15l_a$$

2）三级抗震等级纵向受力钢筋的抗震锚固长度（l_{aE}）应按下式计算

$$l_{aE}=1.05l_a$$

3）四级抗震等级纵向受力钢筋的抗震锚固长度（l_{aE}）应按下式计算

$$l_{aE}=l_a$$

式中 l_a——纵向受拉钢筋的锚固长度（m）。

（3）当基础高度小于 $l_a(l_{aE})$ 时，纵向受力钢筋的锚固总长度除符合上述要求外，其最小直锚段的长度不应小于 $20d$，弯折段的长度不应小于 150mm。

4.3.4.3 其他构造要求

现浇柱的基础，其插筋的数量、直径以及钢筋种类应与柱内纵向受力钢筋相同。插筋的下端宜做成直钩放在基础底板钢筋网上。当符合下列条件之一时，可仅将四角的插筋伸至底板钢筋网上，其余插筋锚固在基础顶面下 l_a 或 l_{aE} 处（见图 4-12）。

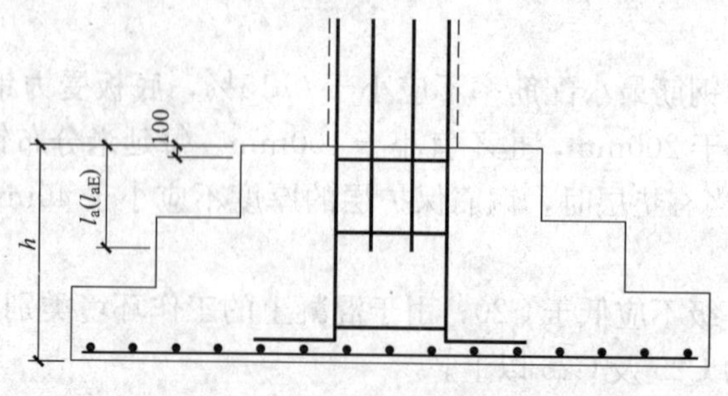

图 4-12 现浇柱的基础中插筋构造示意

（1）柱为轴心受压或小偏心受压，基础高度大于或等于 1200mm。

（2）柱为大偏心受压，基础高度大于或等于1400mm。

4.3.5 算例

【例4-3】 柱截面尺寸为400mm×500mm，基础底面尺寸为$b \times l = 3000\text{mm} \times 2400\text{mm}$，基础埋深（自室外地面算起）为1.45m，室内外高差0.15m，对室内柱进行计算；基础高度为$H = 350\text{mm} + 350\text{mm} = 700\text{mm}$，采用两个台阶；基本组合下的柱脚内力（作用于基础台阶顶部）依次为$N_c = 1200\text{kN}$，$V_c = 150\text{kN}$，$M_c = 240\text{kN}\cdot\text{m}$；采用C30混凝土，$f_t = 1.43\text{N/mm}^2$。问：柱与基础交接处的抗冲切承载力是否满足规范要求？

解： $M = M_c + V_c H = 240\text{kN}\cdot\text{m} + 150\text{kN} \times 0.7\text{m} = 345\text{kN}\cdot\text{m}$

$$p_j = \frac{N_c}{A} = \frac{1200}{3.0 \times 2.4}\text{kPa} = 166.67\text{kPa}$$

$$p_{j,\max} = p_j + \frac{M}{W} = 166.67\text{kPa} + \frac{345}{\frac{1}{6} \times 2.4 \times 3.0^2}\text{kPa} = 166.67\text{kPa} + 95.83\text{kPa}$$

$$= 262.5\text{kPa}$$

$$h_0 = 700\text{mm} - 40\text{mm} - \frac{20}{2}\text{mm} = 650\text{mm} = 0.65\text{m} \text{ 或 } h_0 = 700\text{mm} - 40\text{mm} - \frac{10}{2}\text{mm}$$

$$= 655\text{mm} = 0.655\text{m}$$

按作图结果，冲切力由一尺寸为2.40m×0.25m的矩形和一梯形（上底0.4m+2×0.65m=1.70m、下底2.40m、高0.65m）组成，$A_l = 2.40\text{m} \times 0.25\text{m} + \frac{1.7 + 2.4}{2}\text{m} \times 0.65\text{m} = 1.9325\text{m}^2 \approx 1.933\text{m}^2$

$$F_l = p_{j,\max} A_l = 262.5\text{kPa} \times 1.933\text{m}^2 = 507.3\text{kN}$$

$$a_t = 0.40\text{m}$$

$$a_b = a_t + 2h_0 = 0.40\text{m} + 2 \times 0.65\text{m} = 1.70\text{m}$$

$$a_m = \frac{a_t + a_b}{2} = \frac{0.40 + 1.70}{2}\text{m} = 1.05\text{m}$$

$$0.7\beta_{hp} f_t a_m h_0 = 0.7 \times 1.0 \times 1.43\text{N/mm}^2 \times 1050\text{mm} \times 650\text{mm} = 683.2 \times 10^3\text{N} = 683.2\text{kN}$$

$$F_l < 0.7\beta_{hp} f_t a_m h_0$$

故柱边抗冲切承载力满足规范要求。

【例4-4】 柱截面尺寸为400mm×500mm，基础底面尺寸为$b \times l = 3000\text{mm} \times 2400\text{mm}$，基础埋深（自室外地面算起）为1.45m，室内外高差0.15m，对室内柱进行计算；基础高度为$H = 350\text{mm} + 350\text{mm} = 700\text{mm}$，采用两个台阶；基本组合下的柱脚内力（作用于基础台阶顶部，弯矩和剪力均使b边方向地基反力发生变化）依次为$N_c = 1200\text{kN}$，$V_c = 150\text{kN}$，$M_c = 240\text{kN}\cdot\text{m}$；采用C30混凝土及HRB400钢筋，$f_t = 1.43\text{N/mm}^2$，$f_y = 360\text{N/mm}^2$。求底板配筋（须计算出钢筋直径及间距）。

解：（1）规范方法

$$M = M_c + V_c H = 240\text{kN}\cdot\text{m} + 150\text{kN} \times 0.7\text{m} = 345\text{kN}\cdot\text{m}$$

$$p_j = \frac{N}{A} = \frac{1200}{3.0 \times 2.4}\text{kPa} = 166.67\text{kPa}$$

$$p_{j,\max}=p_j+\frac{M}{W}=166.67\text{kPa}+\frac{345}{\frac{1}{6}\text{kPa}\times 2.4\times 3.0^2}\text{kPa}$$

$$=166.67\text{kPa}+95.83\text{kPa}=262.5\text{kPa}$$

$$p_{j,\min}=p_j-\frac{M}{W}=166.67\text{kPa}-95.83\text{kPa}=70.8\text{kPa}$$

$$p_{j\mathrm{I}}=p_{j,\min}+\frac{p_{j,\max}-p_{j,\min}}{3.0}\times(3.0-0.75-0.5)=70.8\text{kPa}+\frac{262.5-70.8}{3.0}\text{kPa}\times 1.75$$

$$=182.6\text{kPa}$$

$$M_{\mathrm{I}}=\frac{1}{12}a_1^2[(2l+a')(p_{j,\max}+p_{j\mathrm{I}})+(p_{j,\max}-p_{j\mathrm{I}})l]$$

$$=\left\{\frac{1}{12}\times 1.25^2\times[(2\times 2.4+0.4)\times(262.5+182.6)+(262.5-182.6)\times 2.4]\right\}\text{kN}\cdot\text{m}$$

$$=326.3\text{kN}\cdot\text{m}$$

$$M_{\mathrm{II}}=\frac{1}{48}(l-a')^2(2b+b')(p_{j,\max}+p_{j,\min})$$

$$=\left[\frac{1}{48}\times(2.4-0.4)^2\times(2\times 3+0.5)\times(262.5+70.8)\right]\text{kN}\cdot\text{m}=180.6\text{kN}\cdot\text{m}$$

$$A_{s,\mathrm{I}}=\frac{M_{\mathrm{I}}}{0.9f_yh_0}=\frac{326.3\times 10^6}{0.9\times 360\times\left(700-40-\frac{10}{2}\right)}\text{mm}^2=1537.6\text{mm}^2$$

$$A_{s,\mathrm{II}}=\frac{M_{\mathrm{II}}}{0.9f_yh_0}=\frac{180.6\times 10^6}{0.9\times 360\times\left(700-40-\frac{20}{2}\right)}\text{mm}^2=857.4\text{mm}^2$$

钢筋间距为100～200mm，按150mm估算，每米配筋量为$1537.6\text{mm}^2/2.4=640.6$($\text{mm}^2$)，钢筋直径为$2\sqrt{\frac{640.6\times 0.15}{\pi}}\text{mm}=11.1\text{mm}$，基础受力筋直径不小于10mm，选择10mm或12mm直径钢筋均可；按12mm直径钢筋计算，每米根数为$\frac{640.6}{\pi\times 6^2}=5.7$，间距为$1000\text{mm}/5.7=175\text{mm}$，小于200mm，实配12@175（双向）。

实配$A_{s,\mathrm{I}}=\left(\pi\times 6^2\times\frac{2.4}{0.175}\right)\text{mm}^2=1551.0\text{mm}^2$，大于$1537.6\text{mm}^2$。

同样的方法可求得另一方向的配筋。须进行最小配筋率复核。

(2) 简化方法

$$M_{\mathrm{I}}=\frac{N_c}{4}\left(\frac{b}{3}-\frac{h}{2}\right)+\frac{3}{8}M\left(1-\frac{3h}{2b}\right)$$

$$=\left[\frac{1200}{4}\times\left(\frac{3.0}{3}-\frac{0.5}{2}\right)+\frac{3}{8}\times 345\times\left(1-\frac{3\times 0.5}{2\times 3.0}\right)\right]\text{kN}\cdot\text{m}$$

$$=322.0\text{kN}\cdot\text{m}$$

$$M_{\text{II}}=\frac{N_{c}}{4}\left(\frac{l}{3}-\frac{a}{2}\right)=\frac{1200}{4}\text{kN}\times\left(\frac{2.4}{3}-\frac{0.4}{2}\right)\text{m}=180\text{kN}\cdot\text{m}$$

通过将简化方法的计算结果与规范方法的计算结果进行比较可以看出，二者极其接近。

思考题

1. 独立扩展基础主要解决哪四个方面的问题？分别通过什么途径解决这四个问题？

2. 为什么 $e_{k}\leqslant b/30$ 时，可将偏心受压基础按中心受压基础计算基础底面尺寸？为什么 $e_{k}>b/30$ 时，不需要验算基底平均反力是否满足规范要求？

3. 用传统方法求独立扩展基础底面尺寸有什么缺陷？

4. 绘制 K_{e}-e_{k}/b 关系曲线。

5. 为什么仅在一个方向增加基础底面尺寸不能提高基础的承载能力？

6. 用三步逼近法求基础底面尺寸的基本思路是什么？简述用三步逼近法求基础底面尺寸的主要步骤。

7. 简述直接求解基础底面尺寸的基本思路。

8. 软弱下卧层顶面处的地基承载力特征值为什么不进行宽度修正？

9. 基础尺寸计算、沉降验算、基础高度及基础底板配筋的确定各选用什么荷载组合？其取值还有其他哪些不同？

10. 钢筋混凝土独立扩展基础为什么不需要满足刚性角要求？

11. 若钢筋混凝土独立扩展基础高度满足刚性角要求，基础底板配筋须满足基础最小配筋率要求吗？为什么？

12. 偏心受压独立扩展基础在冲切验算时有两个方面的处理使验算偏安全，是哪两个方面？

13. 独立扩展基础冲切验算不满足规范要求时可采取哪些措施？

14. 如何准确获取满足规范冲切验算要求的基础高度？

15. 从作用效应和承载力两个方面比较一下独立扩展基础冲切验算和受剪验算的不同。

16. 规范中独立扩展基础底板弯矩计算公式可以使用的前提条件是哪两个？为什么要限定这两个前提条件？

17. 规范计算偏心方向基础底板弯矩公式进行了什么近似处理？该处理将导致计算值偏大还是偏小？为什么？

18. 用近似公式计算独立扩展基础底板弯矩有哪些优点和缺点？

19. 什么情况下可以用近似公式计算受弯构件的配筋量？为什么？

20. 锥形基础和阶梯形基础各有什么优缺点？

习　题

1. 某柱下独立基础，埋深 $d=1.80\text{m}$（不考虑室内外高差影响），标准组合下的柱脚内力（作用于基础台阶顶部）依次为 $N_{ck}=1150\text{kN}$、$V_{ck}=100\text{kN}$、$M_{ck}=300\text{kN}\cdot\text{m}$，基础台阶总高度为 $H=0.80\text{m}$；地基持力层为黏性土，地下水位在基础底面下 5.00m，$\gamma=18.4\text{kN/m}^{3}$，

$f_{ak}=175kPa$，$\eta_b=0.3$，$\eta_d=1.6$；考虑到基础施工后的填土没有天然土密实，$\gamma_m=17.0kN/m^3$；基础底面偏心方向尺寸与非偏心方向尺寸的比值 $b/l=1.20$。试用三步逼近法确定该基础的底面尺寸 b 和 l（最后结果取整为 50mm 的倍数）。

2. 某框架柱截面尺寸为 400mm×350mm，传至室内外平均标高位置处的竖向力标准值 $F_k=750kN$，力矩标准值 $M_k=90kN\cdot m$，水平剪力标准值 $V_k=15kN$，基础底面距室外地坪 $d=1.20m$，基底以上为填土，重度 $\gamma_1=17.0kN/m^3$，持力层为黏性土，重度 $\gamma_2=18.5kN/m^3$，孔隙比 $e=0.7$，液性指数 $I_L=0.78$，地基承载力特征值 $f_{ak}=215kPa$，持力层下为淤泥土，如图 4-4 所示，满足持力层地基承载力的基础底面尺寸为 $b\times l=2.35m\times1.90m$。试进行软弱下卧层地基承载力验算。

3. 柱截面尺寸为 300mm×400mm，基础底面尺寸为 $b\times l=3000mm\times2400mm$，基础埋深（自室外地面算起）为 1.50m，室内外高差 0.30m，对外侧柱（非角柱）进行计算；基础高度为 $H=300mm+300mm=600mm$，采用两个台阶；基本组合下的柱脚内力（作用于基础台阶顶部）依次为 $N_c=1050kN$，$V_c=120kN$，$M_c=200kN\cdot m$；采用 C25 混凝土，$f_t=1.27N/mm^2$。问：柱与基础交接处的抗冲切承载力是否满足规范要求？

4. 柱截面尺寸为 350mm×400mm，基础底面尺寸为 $b\times l=3000mm\times2400mm$，基础埋深（自室外地面算起）为 1.50m，室内外高差 0.30m，对外侧柱（非角柱）进行计算；基础高度为 $H=300mm+300mm=600mm$，采用两个台阶；基本组合下的柱脚内力（作用于基础台阶顶部，弯矩和剪力均使 b 边方向地基反力发生变化）依次为 $N_c=1100kN$、$V_c=125kN$、$M_c=215kN\cdot m$；采用 C30 混凝土及 HRB400 钢筋，$f_t=1.43N/mm^2$，$f_y=360N/mm^2$。求底板配筋（须计算出钢筋直径及间距）。

第5章 连 续 基 础

5.1 概 述

随着经济的发展和城镇建设的推进，层数多、规模大、结构复杂的工业与民用建筑越来越多。前面学习的扩展基础仅适用于荷载较小或地基条件很好、所需基础底面积较小的情况。当满足地基承载力要求所需的基础底面积较大时，可能会用到柱下条形基础、交叉条形基础、筏形基础、箱形基础等基础形式。

柱下条形基础、交叉条形基础、筏形基础、箱形基础统称为连续基础。连续基础的特点有：

(1) 具有较大的基础底面积，能承受较大的建筑物荷载。

(2) 可以大大加强建筑物的整体刚度，有利于减小不均匀沉降，提高建筑物的抗震性能。

(3) 对于设置了地下室的筏形基础及箱形基础，挖去的土重可以补偿建筑物的部分（或全部）重量，具有良好的补偿性，可以使基底压力更容易满足地基承载力要求。

5.2 上部结构、地基、基础共同作用

在扩展基础设计中，因基础尺寸较小、结构简单，在计算分析时，往往将上部结构、基础与地基三部分独立进行力学分析。这种做法满足了静力平衡条件的要求，而忽略了三者间的变形协调，扩展基础采用常规设计方法引起的误差一般在可接受的范围内。但对于连续基础，因其平面尺寸较大，上部结构通过墙、柱与基础相连接，基础底面与地基接触，三者组成一个完整的体系，在接触处既传递荷载，又相互制约和彼此影响，采用常规设计方法会引起较大的误差。合理的力学分析方法，应该是以上部结构、基础和地基之间满足静力平衡和变形协调两个条件为前提。只有这样，才能反映三者在外荷载作用下相互制约、彼此影响的内在联系，从而达到安全、经济、合理的目的。

5.2.1 上部结构刚度的影响

不考虑地基的影响，假定基础底面反力均匀分布，如图 5-1 所示。

若上部结构为绝对刚性（如刚度很大的现浇剪力墙结构），当地基产生压缩变形时，由于上部结构基本不能产生整体弯曲变形，所有竖向构件只能同时均匀下沉。此时，对条形基础来说，相当于在竖向构件位处提供了竖向不动铰支座，基础犹如倒置的连续梁，在基底反力作用下，仅在支座间产生局部弯曲变形。

若上部结构为完全柔性（如跨度较大、层数较少的框架结构），上部结构对基础的变形没有或仅有很小的约束作用。此时，基础不仅会产生跨间局部弯曲，还会随结构整体变形产生整体弯曲，两者叠加将产生较大的变形和内力。一般在建筑物的中部，由于地基应力叠加会产生比建筑物两侧更大的沉降，最终的基础弯矩为局部弯曲和整体弯曲叠加的结果。

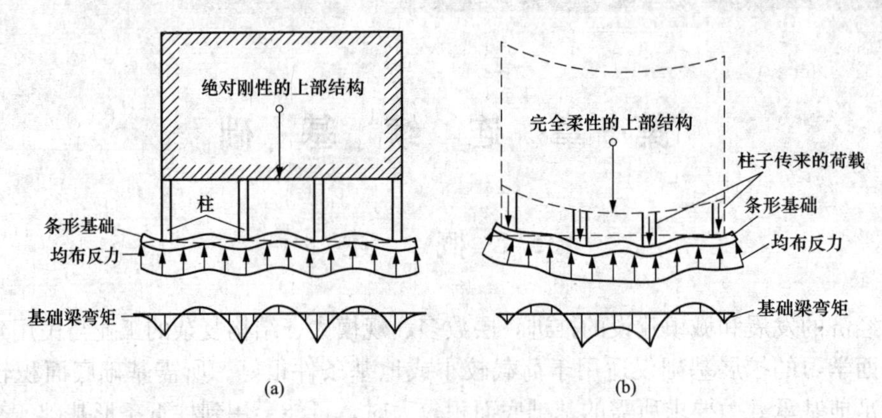

图 5-1 上部结构刚度对基础弯曲变形的影响示意

(a) 上部结构为绝对刚性；(b) 上部结构为完全柔性

一般情况下，上部结构的刚度介于上述两种极端情况之间，当地基、基础和荷载条件不变时，随着上部结构刚度的增加，基础整体弯曲变形和内力均将减小。

5.2.2 基础刚度的影响

在常规设计中，通常假设基底反力呈线性分布。事实上，基底反力的分布非常复杂，除了与地基本身的性质有关外，还受到基础及上部结构的制约。下面对两种理想基础形式的地基反力进行分析。

1. 理想柔性基础

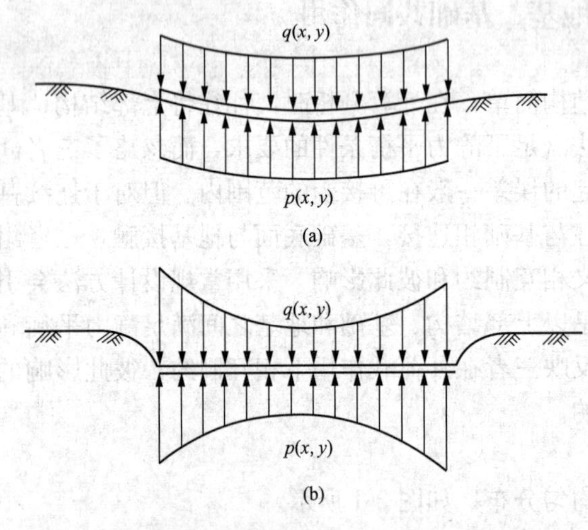

图 5-2 理想柔性基础基底反力分布

假设基础是完全柔性的，其抗弯刚度极小。这样的基础类似于放在地上的柔性薄膜，在荷载的传递过程中可以忽略基础的作用，荷载就像直接作用在地基上一样。因此，理想柔性基础的基底反力分布与作用于基础上的荷载分布在基础的各个部位完全一致，如图 5-2 所示。

按弹性半空间理论所得的计算结果及工程实践经验表明，均布荷载下理想柔性基础的沉降呈碟形，中部大、边缘小。如要使基础沉降一致，则荷载与地基反力必须按中间小两侧大的抛物线分布，如图 5-2（b）所示。

2. 绝对刚性基础

绝对刚性基础在受到力的作用前后，基础底面均为平面，基础受力后只会产生整体下沉和整体倾斜。基底反力分布与基础上荷载分布无关，只与基础上荷载合力大小和合力作用点位置有关。

若基础为绝对刚性，在基础上有合力作用点为基础中心的荷载作用时，基底下各点同步、均匀下沉，基底反力同图 5-2（b），基底反力将向两侧集中，即边缘大、中部小。当把地基土视为完全弹性体时，基底的反力分布将呈抛物线分布形式，在基底边缘处其值最大，如图 5-3（a）所示。实际上，基础边缘水平向的侧压力由基础埋深决定，基础边缘能产生的竖向地基反力又由水平向的侧压力决定，故基础边缘的地基反力不可能是最大的；而中部区域点由于受到相邻部位竖向压力的影响，水平向的侧压力比基础边缘更大，能形成的地基反力也更大；部分反力将向中间转移，随着反力的重新分布，反力分布图呈马鞍形，如图 5-3（b）所示。

基础正中间部位是基底能产生水平向侧压力最大的位置，也是能形成最大地基竖向反力的位置。随着荷载大幅增加，基础边缘处土体的破坏范围将不断扩大，反力进一步从边缘向中间转移，反力分布图成为钟形，如图 5-3（c）所示。如果地基土是无黏性土，如砂性土，因为没有黏聚力，同时基础埋深很浅，边缘处自重压力很小，水平向侧压力也就很小，则该处土体几乎不具有抗剪强度，也就几乎不能产生竖向地基反力，因此反力分布接近倒抛物线，如图 5-3（d）所示。

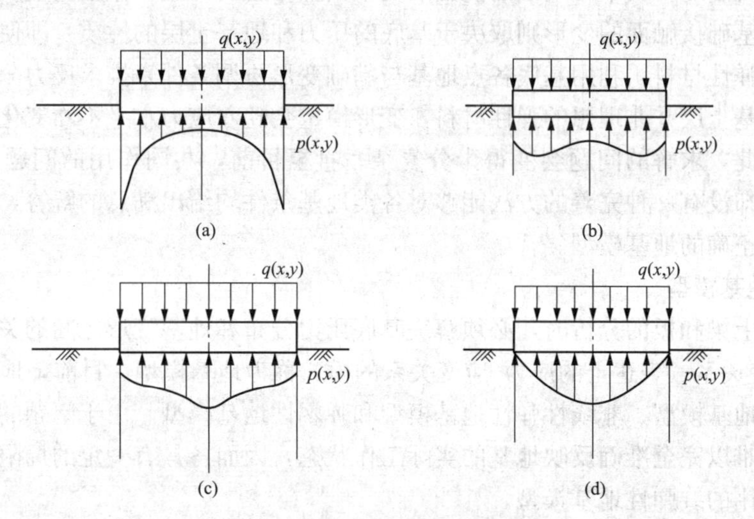

图 5-3　刚性基础基底反力的分布

3. 真实基础

一般基础既不是理想柔性也不是绝对刚性，它具有有限的刚度，在上部荷载和地基反力的共同作用下会产生一定程度的挠曲变形，地基土在基底压力作用下也会产生相应的变形。根据基础与地基变形协调的原则，理论上可以根据两者的刚度求出反力分布曲线。显然，实际的分布曲线形状取决于基础与地基的相对刚度。

基础刚度相对于地基刚度越大，基底反力分布就越接近绝对刚性基础的基底反力分布；随着基础刚度的下降或地基刚度的增大，考虑基础与地基变形协调后基础沉降较大的部位地基反力将会增大。例如柱下条形基础，当其落在土上时基底反力较为接近线性分布；当它落在岩石上时上部结构柱位置的地基反力将会增大，基底反力也会变得更加不均匀。

一般来说，基础的相对刚度越强，沉降就越均匀，基础的内力将相应增加。若基础刚度与地基刚度较为接近，考虑基础与地基变形协调后基础的内力将会减小。

5.2.3　上部结构、基础和地基的共同作用

若要准确地考虑上部结构、基础和地基三者的共同作用，需要建立一个完整的结构模型进行整体计算，该结构模型包含上部结构、基础和地基，不仅须遵守力的平衡条件，还须遵

守变形协调条件，并采用与实际情况较为接近的力-变形关系。现阶段要做到难度极大，常采用一些实用而简便的方法近似考虑变形协调问题。

把上部结构等价成一定刚度的深梁，将深梁叠加在基础上，然后用叠加后的总刚度与地基进行共同作用的分析，求出基底反力分布曲线，这条曲线就是近似考虑上部结构-基础-地基共同作用后的反力分布曲线。将上部结构和基础作为一个整体，将反力曲线作为边界荷载与其他外荷载一起加在该体系上，就可以用结构力学的方法求解上部结构和基础的挠曲变形和内力。也可把反力曲线作用于地基上求解地基的变形。因此，考虑上部结构、基础与地基共同作用，分析结构挠曲变形和内力是可行的，其关键问题是求解考虑共同作用后的基底反力分布。

求解基底的实际反力分布是一个很复杂的问题，因为真正的反力分布受地基与基础变形协调这一要求所制约。其中，基础的挠曲取决于其上作用的荷载（包括基底反力）和自身的刚度。地基与基础接触面的变形则取决于基底的压力和地基土层的性质，即便将地基土层看成某种理想的弹性材料，利用基底各点地基与基础变形协调条件来推求反力分布已经非常复杂，更何况地基土层并非理想的弹性材料，变形模量会随着应力水平不断变化，甚至会产生塑性变形，因此，求解的问题会变得十分复杂。直至目前，共同作用的问题原则上可以求解，但实际上却没有一种完善的方法能够对各类地基条件均给出满意的解答，其中最主要的困难在于选择正确的地基模型。

5.2.4　地基模型

进行地基上梁和板的分析时，必须解决基底压力分布和地基变形之间的关系，而这涉及土的应力-应变关系。表达土的应力-应变关系的模式称为地基模型。目前，地基计算模型很多，有线弹性地基模型、非线性弹性地基模型和弹塑性地基模型。由于问题的复杂性，不论哪一种模型都难以完全准确反映地基的实际工作状态，因而各具有一定的局限性。本节仅介绍较简单、常用的线弹性地基模型。

5.2.4.1　文克勒地基模型

1867年，捷克工程师文克勒（Winkler）提出假设：地基土表面任一点所受的压力强度 p 与该点的地基沉降量 s 成正比，而与其他点上的压力无关，即

$$p=ks \tag{5-1}$$

式中　k——地基抗力系数，也称基床系数，kN/m^3。

根据文克勒地基模型，地基表面某点的沉降与其他点的压力无关，故可把地基视为在刚性基座上由许多侧面无摩擦的竖直土柱组成，每条土柱可以用一根独立的弹簧代替，每根弹簧所受的压力与该弹簧的变形成正比，而与相邻弹簧的压力和变形无关。所以，地基仅在荷载作用区域下发生与压力成正比的变形，在荷载作用区域外地基无变形。这种模型的地基反力分布图形与基础底面的竖向位移形状一致。如果基础的刚度很大，受力后基础底面仍保持平面，则地基反力呈直线分布。

事实上，地基是一个很宽广的连续介质，表面上任意一点的变形不仅与该点直接作用的荷载有关，而且与整个地面荷载有关。因此，严格符合文克勒地基模型的实际地基是不存在的。但是对于抗剪强度很低的软土地基，或地基压缩层很薄、厚度不超过基础底面尺寸一半的地基，可以考虑采用文克勒地基模型。

5.2.4.2 弹性半空间地基模型

该模型将地基看成均匀、连续、各向同性的弹性半空间地基，根据弹性理论，当弹性空间表面作用一集中力 P 时，由布辛奈斯克（Boussinesq）解可得弹性半空间体表面任一点的竖向位移 s，即

$$s=\frac{P(1-\mu^2)}{\pi Er} \tag{5-2}$$

式中 μ——地基土的泊松比；

E——地基土的弹性模量；

r——集中力到计算点的距离。

均布荷载 q 作用下矩形面积中心点的沉降可按下式进行积分求解

$$s=\frac{2(1-\mu^2)}{\pi E}\left(l\ln\frac{b+\sqrt{l^2+b^2}}{l}+b\ln\frac{l+\sqrt{l^2+b^2}}{b}\right)q \tag{5-3}$$

式中 l、b——矩形荷载平面的长度和宽度。

假设地基表面作用着任意分布的荷载，可把地基平面划分为 n 个矩形网格（见图 5-4），作用于各网格面积（f_1，f_2，…，f_n）上的基底压力（p_1，p_2，…，p_n）可近似认为是均布的。如果以沉降系数 δ_{ij} 表示网格 i 的中点由作用于网格 j 上的单位集中力引起的竖向位移。根据叠加原理，网格 i 中点的沉降应为所有 n 个网格上的基底压力分别引起的竖向位移总和，即

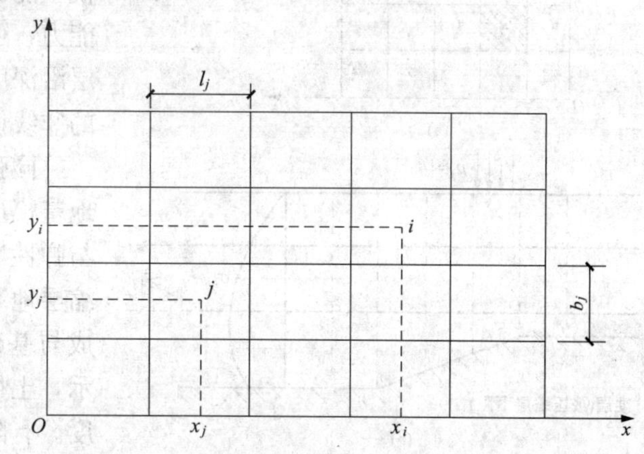

图 5-4 弹性半空间地基模型

$$\delta_i=\delta_{i1}p_1f_1+\delta_{i2}p_2f_2+\delta_{i3}p_3f_3+\cdots+\delta_{in}p_nf_n=\sum_{j=1}^{n}\delta_{ij}R_j\ (j=1,2,3,\cdots,n) \tag{5-4}$$

对于整个基础，上式可以用矩阵形式表示为

$$\begin{Bmatrix} s_1 \\ s_2 \\ \vdots \\ s_n \end{Bmatrix}=\begin{bmatrix} \delta_{11} & \delta_{21} & \vdots & \delta_{1n} \\ \delta_{12} & \delta_{22} & \vdots & \delta_{2n} \\ \vdots & \vdots & & \vdots \\ \delta_{n1} & \delta_{n1} & \vdots & \delta_{nn} \end{bmatrix}\begin{Bmatrix} R_1 \\ R_2 \\ \vdots \\ R_n \end{Bmatrix}$$

简写为

$$\{s\}=[\delta]\{R\} \tag{5-5}$$

式中 $[\delta]$——柔度矩阵。

为了简化计算，假设网格上作用的 $R_j=1$ 时，若 $i=j$，可按式（5-3）求解在均布荷载 $1/f_j$ 作用下的 δ_{ij}，否则按式（5-6）近似求解集中力作用的 δ_{ij}，即

$$\delta_{ij}=\frac{1-\mu^2}{\pi E}\begin{cases}2\left(\dfrac{1}{b_j}\ln\dfrac{b_j+\sqrt{b_j^2+l_j^2}}{l_j}+\dfrac{1}{l_j}\ln\dfrac{l_j+\sqrt{b_j^2+l_j^2}}{b_j}\right) & (i\neq j)\\ \dfrac{1}{\sqrt{(x_i-x_j)^2+(y_i-y_j)^2}} & (i\neq j)\end{cases} \tag{5-6}$$

弹性半空间地基模型考虑了地基具有扩散应力和变形的能力，可以反映邻近荷载的影响，但它通常过高地估计了地基的扩散能力，使得所计算的沉降量和地表的沉降范围比实际情况偏大；同时，该模型未能考虑地基的非匀质性、成层性及土体应力-应变关系的非线性等诸多重要因素。

5.2.4.3 有限压缩层地基模型

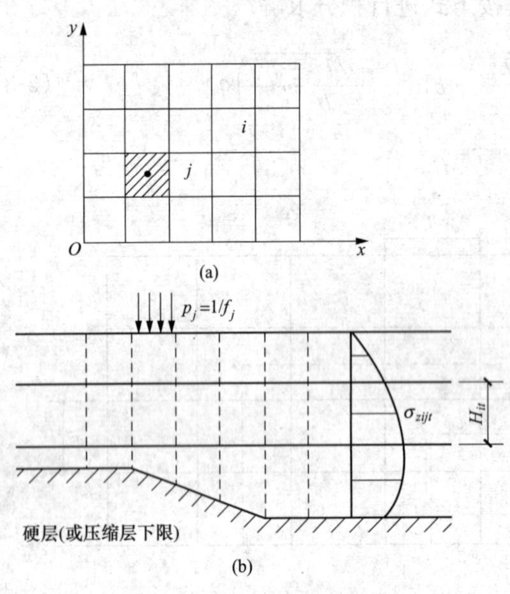

图 5-5 有限压缩层地基模型

(a) 基底网格划分；(b) 地基计算分层

有限压缩层地基模型把地基当成侧限条件下有限深度的压缩土层，按照分层总和法，建立地基压缩层变形与地基作用荷载的关系。该模型能够较好地反映地基土扩散应力和变形的能力，可以反映邻近荷载的影响，也能考虑土层沿深度和水平方向的变化，但仍无法考虑土的非线性和基底反力的塑性重分布。

同弹性半空间地基模型一样，有限压缩层地基模型也将基础平面划分成 n 个网格，但与弹性半空间地基模型稍有差别的是，有限压缩层地基模型将基础下的地基土也相应地划分成与基础网格相同的 n 个土柱，如图 5-5 所示，土柱的下端到达硬层顶面或沉降计算深度。有限压缩层地基模型的表达式同弹性半空间地基模型，但式中的柔度矩阵 $[\delta]$ 需按分层总和法计算。

利用角点法，假设在面积为 f_j 的第 j 个网格中心点作用单位集中力 $R_j=1$，则网格上的竖向均布压力为 $1/f_j$，则可求得在第 i 网格下第 t 土层中点 z_{it} 处产生的竖向应力 σ_{zijt}。于是，沉降系数 δ_{ij} 的计算公式为

$$\delta_{ij}=\sum_{t=1}^{m}\frac{\sigma_{zijt}H_{it}}{E_{sit}} \tag{5-7}$$

式中 m ——第 i 个土柱的分层数；

H_{it} ——第 i 个土柱第 t 土层的分层厚度；

E_{sit} ——第 i 个土柱第 t 土层的压缩模量。

5.3 柱下条形基础

柱下钢筋混凝土条形基础的梁也称地基梁或弹性地基梁，该梁连接上部结构的柱列布置成单向条状，通常在下列情况下采用：

(1) 多层框架结构或高层框架结构，采用独立基础不能满足地基承载力要求，或者采用

独立基础的基底面尺寸过大而使基础的经济性不好时；

(2) 当采用独立基础所需的基底尺寸过大，同时由于邻近建筑物基础或设备基础的限制而无法扩展时；

(3) 地基土质变化较大或局部有不均匀的软弱地基，地基不均匀沉降明显时；

(4) 各柱荷载差异过大，会引起基础之间较大的相对沉降差异时；

(5) 建筑对沉降差要求严格，需要增加基础的刚度，以减少地基不均匀变形，防止过大的不均匀沉降量时。

5.3.1 柱下条形基础的构造要求

柱下条形基础的构造如图5-6所示，其横截面一般呈倒T形，下部挑出部分称为翼板，中间的梁也叫做肋梁。当翼板的厚度为200～250mm时，一般沿横向做成等厚度的，如梁翼板厚度较大时，可做成台阶状或斜坡状。肋梁的高度通常沿基础长度方向上是不变的。当基础上作用的荷载较大，并且柱距较大时，肋梁在接近支座处的弯矩和剪力均较大，往往在肋梁支座处需要加腋，如图5-7所示。

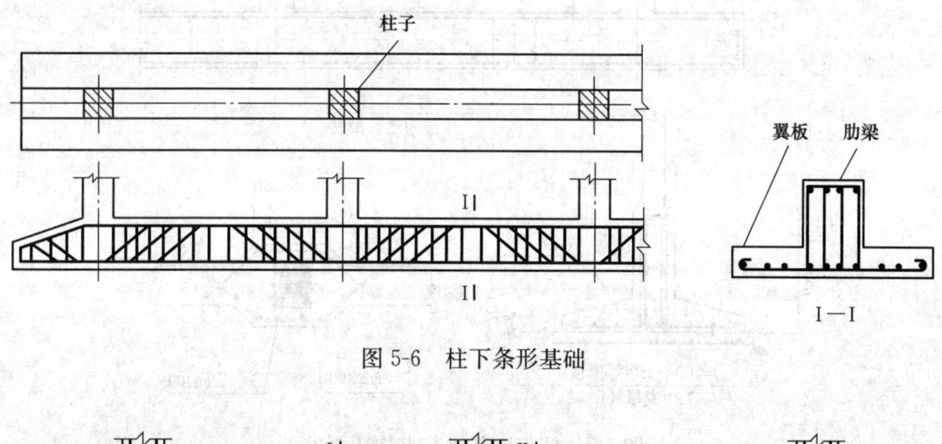

图5-6 柱下条形基础

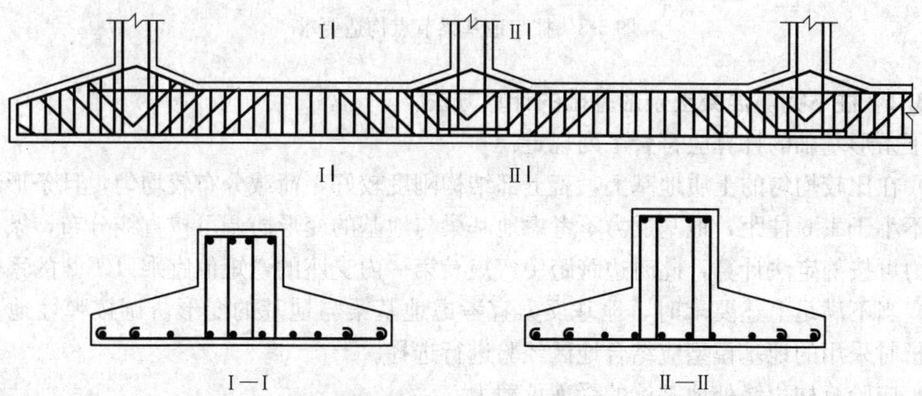

图5-7 加肋的柱下条形基础

梁高应根据受力需求确定，梁高一般在柱距的1/8～1/4范围内。翼板厚度不应小于200mm。当翼板厚度大于250mm时，宜采用变厚度翼板，若设计为斜坡状其坡度小于或等于1∶3。

通常柱下条形基础在柱列末端伸出柱边一定距离，可使基础地基反力分布更均匀一些，也可使地基梁的弯矩峰值下降，还可使边柱节点传力得到改善，伸出长度宜为第一跨距离的0.25倍。

现浇柱与条形基础梁的交接处，基础梁的平面尺寸不应小于图5-8的要求。

条形基础梁顶部和底部的纵向受力钢筋除应满足计算要求外，顶部钢筋应按计算配筋全部伸入支座，底部通长钢筋不应少于底部受力钢筋截面总面积的1/3。当肋梁的腹板高度不小于450mm时，应在梁的两侧沿高度配置直径大于10mm的纵向构造钢筋，每侧纵向构造钢筋的截面面积不应小于梁腹板截面面积的0.1%，其间距不宜大于200mm。肋梁中的箍筋应按计算确定，箍筋应做成封闭式。

柱下条形基础的混凝土强度等级不应低于C25。

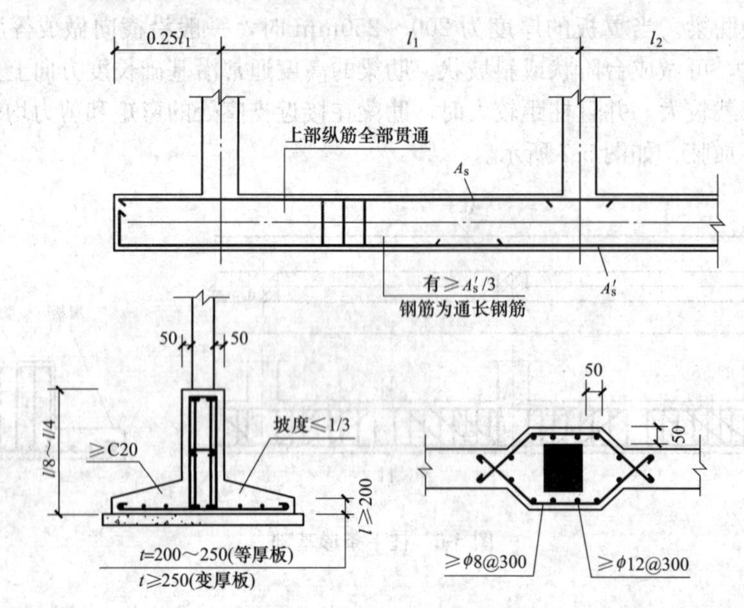

图5-8　柱与地基梁节点构造要求

5.3.2　柱下钢筋混凝土条形基础的计算方法

柱下条形基础的计算应符合下列规定：

(1) 在比较均匀的土质地基上，若上部结构刚度较好，荷载分布较均匀，且条形地基梁的高度不小于1/6柱距，地基反力不考虑地基梁与地基的变形协调可按直线分布，条形地基梁的内力可按静定法计算，此时边跨跨中弯矩及第一内支座的弯矩值宜乘以1.2的系数。

(2) 当不满足上述要求时，地基反力宜考虑地基梁与地基的变形协调按弹性地基梁计算，分析时采用的地基模型应结合地区经验进行选择。

(3) 应验算柱边缘处地基梁的受剪承载力。

(4) 当存在扭矩时，尚应做抗扭设计。

(5) 当条形基础的混凝土强度等级小于柱的混凝土强度等级时，应验算柱下条形地基梁顶面的局部受压承载力。

5.3.3　柱下钢筋混凝土条形基础设计计算

5.3.3.1　基础底面尺寸的确定

将条形基础视为一狭长的矩形基础，确定伸出两侧边柱的长度后可算出长边b，而后根据地基承载力的规范要求可计算所需的宽度 l。

尽可能保证上部荷载的合力中心在基础中心的左右 $b/30$ 范围以内，此时按中心受压基础计算宽度 l。如果超出以上范围，一般都能保证偏心距 $e_k \leqslant b/6$，按下式计算 K_e

$$K_e = \frac{1.2}{1 + \frac{6e_k}{b}} \tag{5-8}$$

若 $K_e < 1$，将按中心受压基础计算宽度 l 放大 $1/K_e$ 倍，即可得满足地基承载力要求的基础底面尺寸。

5.3.3.2 翼板的设计

柱下条形基础翼板的设计方法与钢筋混凝土墙下条形基础相同，将翼板视为悬臂构件进行受剪承载力和受弯承载力设计。

5.3.3.3 基础梁的纵向内力计算

1. 简化计算法

若基础刚度远大于地基刚度，基底反力成直线分布，基础梁的内力可依据上部结构刚度情况选择静定分析法或倒梁法中的一种进行计算。

上部结构刚度较差时，选择静定分析法计算；上部结构刚度很好时，选择倒梁法计算。

(1) 静定分析法。该方法假定基底反力呈直线分布（见图 5-9），根据柱传至梁上的荷载，按偏心受压公式（5-9）计算地基梁边缘最大、最小地基净反力，即

$$p_{\substack{j,\max \\ j,\min}} = \frac{\sum F_i}{lb} \pm \frac{6\sum M_i}{lb^2} \tag{5-9}$$

式中 $\sum F_i$ ——上部结构作用在基础梁上的竖向荷载基本组合值之和，不计基础自重及基础上回填土重量；

$\sum M_i$ ——上部荷载对基底形心弯矩基本组合值之和；

b ——地基梁的长向尺寸（沿柱列方向）；

l ——地基梁的短向尺寸（垂直柱列方向）；

$p_{j,\max}$ ——与基本组合相应的地基梁边缘处最大地基净反力；

$p_{j,\min}$ ——与基本组合相应的地基梁边缘处最小地基净反力。

当 $p_{j,\max}$ 和 $p_{j,\min}$ 相差不大时，可近似地取其平均值作为梁下均布的地基反力，这样计算时将更为简便；然后，按照静力平衡条件求出任意截面上的剪力 V 和弯矩 M，最后进行肋梁的受弯和受剪设计。

静定分析法不考虑上部结构刚度，仅仅计算在上部结构荷载和直线分布的地基反力作用下的受力，与其他方法比较，计算所得的基础不利截面上的弯矩绝对值一般偏大。静定法只计算地基梁的整体弯曲变形。

静定分析法适用于上部为柔性结构且基础自身刚度较大的条形基础，一般跨度较大的层数较少的框架结构比较适合于采用此方法计算。

(2) 倒梁法。框架结构若柱距较小且层数较多，上部结构刚度很大时，采用静定法不能准确反映地基梁的受力情况，此时应采用倒梁法进行地基梁计算。倒梁法认为，地基梁在受力前后柱脚各点相对位置不发生变化，可以将地基反力视作为作用在地基梁上的荷载，将柱

子视作为地基梁的支座，这样就可将地基梁作为一倒置的连续梁进行计算，故称为倒梁法，如图 5-10 所示。

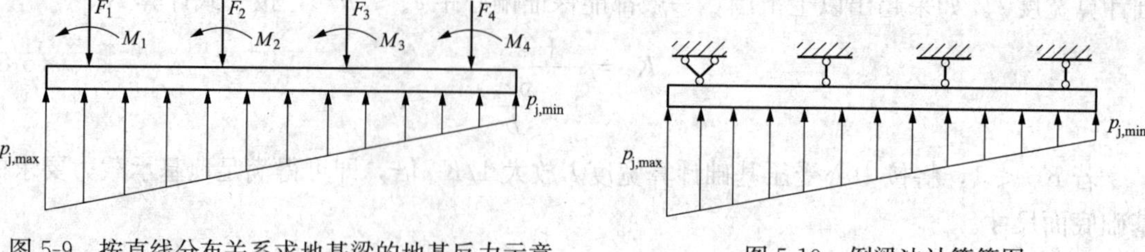

图 5-9 按直线分布关系求地基梁的地基反力示意　　图 5-10 倒梁法计算简图

同静定分析法一样，倒梁法也需先按照偏心受压［式（5-9）］计算地基梁边缘的最大、最小地基净反力，然后将柱底视为不动铰支座，以地基净反力为荷载，按多跨连续梁求得梁的内力，采用结构力学的方法求解。倒梁法只计算地基梁的局部弯曲变形。

值得注意的是，在使用倒梁法的计算过程中，由于未考虑地基梁与地基变形协调条件，且采用了地基反力直线分布假定，因此求得的支座反力往往不等于柱子传来的压力，即反力局部不平衡。为此，需要进行反力调整（见图 5-11），即将柱荷载 F_i 和相应支座反力 R_i 的差值均匀地分配在该支座两侧各 1/3 跨度范围内，再解此连续梁的内力，并将计算结果进行叠加。重复上述步骤，直至满意为止。一般经过几次调整就能满足设计精度的要求（不平衡力不超过荷载的 20%）。

倒梁法把柱子看作地基梁的不动支座，即认为上部结构是绝对刚性的，因此计算结果存在一定的误差。经验表明，倒梁法较适合于地基比较均匀、上部结构刚度较好、荷载分布较均匀，且条形基础梁的高度大于 1/6 柱距的情况。由于实际建筑物多半发生盆形沉降，导致柱荷载和地基反力重新分布，且研究表明端柱和端部地基反力均会增大，为此，宜在端跨适当增加受力钢筋，增加的钢筋宜上下均匀配置。

2. 弹性地基梁法

当地基梁与地基的相对刚度较为接近，或上部结构刚度既不是很大也不是很小时，应采用弹性地基梁法，并选用合适的程序、恰当的模型进行计算。弹性地基梁法能同时计算地基梁的整体弯曲与局部弯曲；在满足静定法或倒梁法计算条件时，也可以选择弹性地基梁法计算，计算结果应与简化方法较为接近。

无论采用何种模型假设，都应满足三个基本条件：①静力平衡条件；②变形协调条件，即在受荷过程中基础底面与地基不出现脱离现象；③采用符合实际情况或基本符合实际情况的地基模型，应考虑上部结构刚度的影响。本书以最简单的文克勒地基模型为例，介绍弹性地基梁法的计算，当采用文克勒地基模型时，应选择适当的基床系数值。

（1）文克勒地基上梁计算的基本原理。放置在文克勒地基上的梁，梁上作用分布荷载 $q(\mathrm{kN/m})$，梁底的反力为 $p(\mathrm{kN/m^2})$，梁宽为 $b(\mathrm{m})$，则梁底反力沿长度方向的分布为 $bp(\mathrm{kN/m})$，如图 5-12 所示，梁和地基的竖向位移为 w。

在材料力学中，梁的挠度与弯矩的关系为

$$EI\frac{\mathrm{d}^2w}{\mathrm{d}x^2}=-M \tag{5-10}$$

同时，由梁的微单元［见图 5-12（b）］的静力平衡条件可得

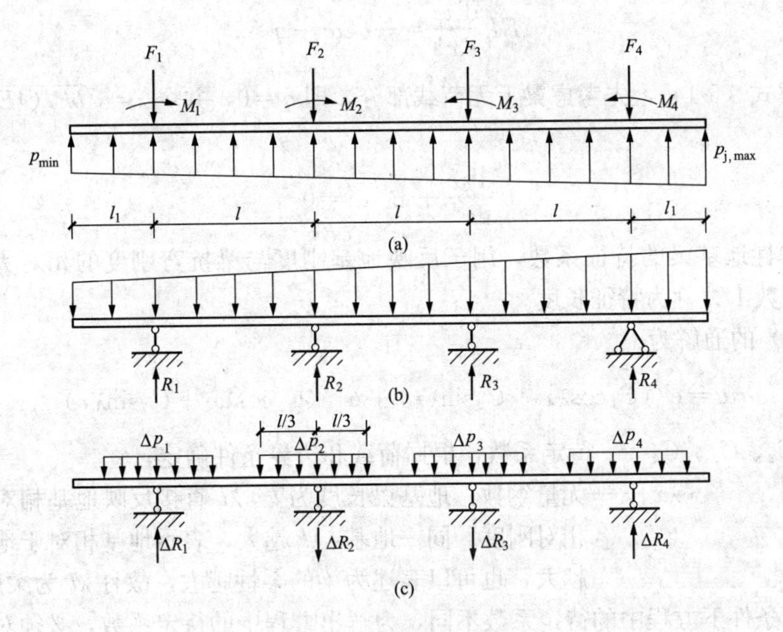

图 5-11 倒梁法计算简图

(a) 直线分布的基底反力；(b) 倒置的梁；(c) 调整的荷载

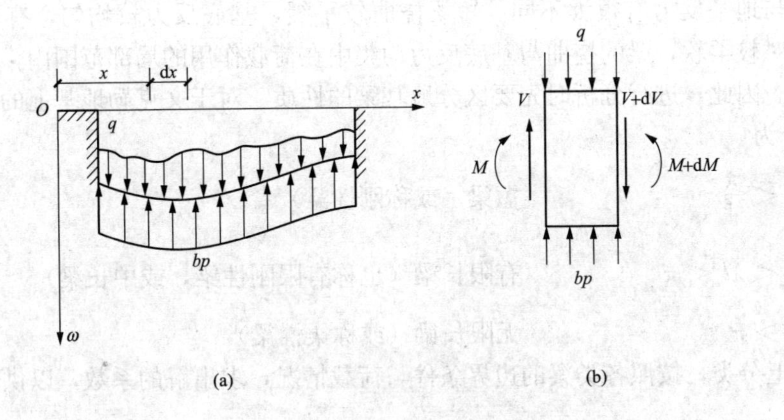

图 5-12 弹性地基梁受荷简图

(a) 梁的挠曲曲线；(b) 梁的微单元

$$\frac{\mathrm{d}M}{\mathrm{d}x}=V \tag{5-11}$$

$$\frac{\mathrm{d}V}{\mathrm{d}x}=bp-q \tag{5-12}$$

将式（5-10）连续对坐标 x 取两次导数，便可得

$$EI\frac{\mathrm{d}^4 w}{\mathrm{d}x^4}=-\frac{\mathrm{d}^2 M}{\mathrm{d}x^2}=-\frac{\mathrm{d}V}{\mathrm{d}x}=-bp+q \tag{5-13}$$

根据文克勒地基模型 $p=ks$ ，并按变形协调条件，即梁全长的地基沉降应与梁的挠度相等，$s=w$ ，从而得到文克勒地基上梁的挠曲微分方程为

$$EI\frac{\mathrm{d}^4w}{\mathrm{d}x^4}=-bkw+q \tag{5-14}$$

为了求解式（5-14），先考虑梁上无荷载部分，即 $q=0$，并令 $\lambda=\sqrt[4]{bk/(4EI)}$，则上式可以写成

$$\frac{\mathrm{d}^4w}{\mathrm{d}x^4}+4\lambda^4w=0 \tag{5-15}$$

式中 λ 称为弹性地基梁的特征系数，用于反映地基刚度与梁抗弯刚度的相对大小，单位为 m^{-1}，它的倒数 $1/\lambda$ 称为特征长度。

式（5-15）的通解为

$$w=\mathrm{e}^{\lambda x}(C_1\cos\lambda x+C_2\sin\lambda x)+\mathrm{e}^{-\lambda x}(C_3\cos\lambda x+C_4\sin\lambda x) \tag{5-16}$$

式中 C_1、C_2、C_3、C_4——待定系数，根据荷载和边界条件确定；

λx——无量纲数，地基梁长度为 l，λl 直接反映地基相对于地基梁的相对刚度。同一地基，λl 越大，表示地基相对于地基梁的刚度越大，也可以表述为梁的柔性越大，故称 λl 为柔度指数。

在不同的条件下方程中的待定系数不同，为解出方程中的待定系数，必须对边界条件进行分析，以便找出不同情况下的解。

图 5-13 所示为放在同一地基上的短梁与长梁。可以看出，在相同荷载 F 的作用下，两种梁的挠曲与地基反力有很大不同。短梁挠曲较平缓，基底反力较均匀，有较大的相对刚度；长梁相对较柔软，梁的挠曲与基底反力均集中在荷载作用的局部范围内，向远处逐渐衰减而趋于零。因此，进行分析时先要区分地基梁的性质。对于文克勒地基上的梁，按柔度指数 λl 值区分为

$\lambda l<\frac{\pi}{4}$　　短梁（或称刚性梁）

$\frac{\pi}{4}<\lambda l<\pi$　　有限长梁（也称有限刚性梁，或中长梁）

$\lambda l>\pi$　　无限长梁（或称柔性梁）

根据以上分类，按照各类梁的边界条件与荷载情况，求出解的系数，以供选用。

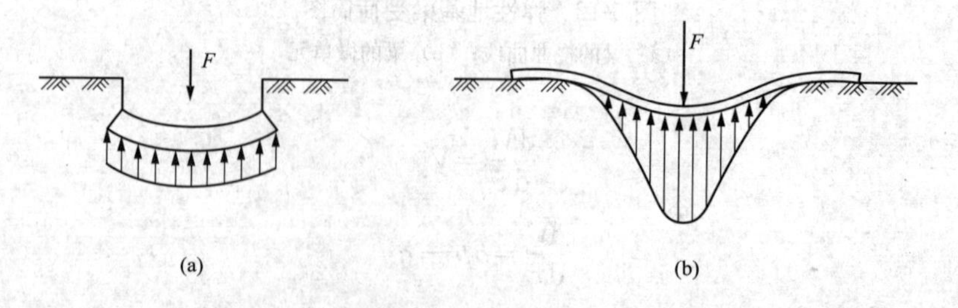

图 5-13　地基梁受弯时的地基反力

（a）短梁的地基反力；（b）长梁的地基反力

（2）文克勒地基上无限长梁的解：

1）集中荷载下的无限长梁。如图 5-14 所示，一无限长梁受集中荷载 F_0 作用，F_0 的作

用点为坐标原点 O，假定梁两侧对称。当 $x\to\infty$ 时，$w=0$，得 $C_1=C_2=0$，则

$$w=e^{-\lambda x}(C_3\cos\lambda x+C_4\sin\lambda x) \tag{5-17}$$

当 $x=0$ 时，因荷载和地基反力关于原点对称，故该点挠曲线的斜率为 0，即 $dw/dx=0$。根据这一边界，即可求得 $C_3=C_4=C$。

$$w=Ce^{-\lambda x}(\cos\lambda x+\sin\lambda x) \tag{5-18}$$

当 $x=0$ 时，在 O 点处紧靠 F_0 的右边，则作用于梁右半部截面上的剪力应等于地基总反力的一半，并指向下方，即

$$V=\frac{dM}{dx}=\frac{d}{dx}\left(-EI\frac{d^2w}{dx^2}\right)=-EI\frac{d^3w}{dx^3}=-\frac{F_0}{2} \tag{5-19}$$

对式（5-18）求三阶导数，代入式（5-19），得梁的挠曲方程为

$$w=\frac{F_0\lambda}{2kb}e^{-\lambda x}(\cos\lambda x+\sin\lambda x) \tag{5-20}$$

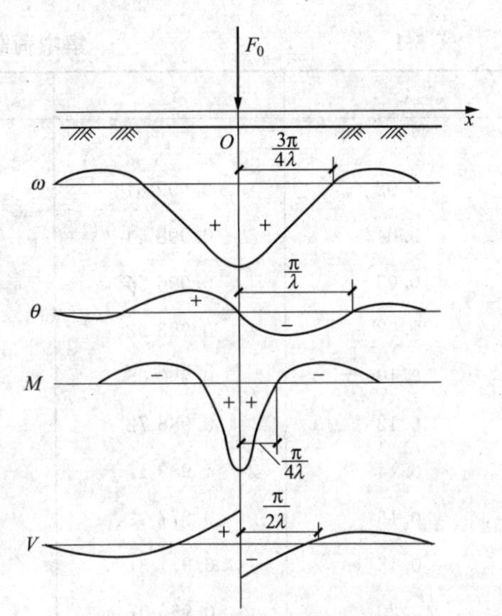

图 5-14　文克勒地基上无限长梁在集中力作用下的挠度和内力

再将式（5-20）分别对 x 取一阶、二阶和三阶导数，即可求得梁的右半侧 $x\geqslant 0$ 梁截面的转角 $\theta=\frac{dM}{dx}$，弯矩 $M=-EI\frac{d^2w}{dx^2}$，剪力 $V=-EI\frac{d^3w}{dx^3}$，可得

$$V=-\frac{F_0}{2}e^{-\lambda x}(\cos\lambda x+\sin\lambda x)=-\frac{F_0}{2}D_x \tag{5-21}$$

$$w=\frac{F_0\lambda}{2kb}e^{-\lambda x}(\cos\lambda x+\sin\lambda x)=\frac{F_0\lambda}{2kb}A_x \tag{5-22}$$

$$\theta=-\frac{F_0\lambda^2}{2kb}e^{-\lambda x}\sin\lambda x=-\frac{F_0\lambda^2}{2kb}B_x \tag{5-23}$$

$$M=\frac{F_0}{4\lambda}e^{-\lambda x}(\cos\lambda x-\sin\lambda x)=\frac{F_0}{4\lambda}C_x \tag{5-24}$$

$$p=\frac{F_0\lambda}{2b}e^{-\lambda x}(\cos\lambda x+\sin\lambda x)=\frac{F_0\lambda}{2b}A_x \tag{5-25}$$

其中

$$A_x=e^{-\lambda x}(\cos\lambda x+\sin\lambda x) \tag{5-26}$$

$$B_x=e^{-\lambda x}\sin\lambda x \tag{5-27}$$

$$C_x=e^{-\lambda x}(\cos\lambda x-\sin\lambda x) \tag{5-28}$$

$$D_x=e^{-\lambda x}\cos\lambda x \tag{5-29}$$

A_x、B_x、C_x、D_x 均为λx 的函数，其值可由 λx 计算，或从表 5-1 查取。

表 5-1 集中荷载作用下的无限长梁系数

λx	A_x	B_x	C_x	D_x
0	1	0	1	1
0.02	0.999 61	0.019 60	0.960 40	0.980 00
0.04	0.998 44	0.038 42	0.921 60	0.960 02
0.06	0.996 54	0.056 47	0.883 60	0.940 07
0.08	0.993 93	0.073 77	0.836 39	0.920 16
0.10	0.990 65	0.090 33	0.809 98	0.900 32
0.12	0.986 72	0.106 18	0.774 37	0.880 54
0.14	0.982 17	0.121 31	0.739 54	0.860 85
0.16	0.977 02	0.135 76	0.705 50	0.841 26
0.18	0.971 31	0.149 54	0.672 24	0.821 78
0.20	0.965 07	0.162 66	0.639 75	0.802 41
0.22	0.958 31	0.175 13	0.608 04	0.783 18
0.24	0.951 06	0.186 98	0.577 10	0.764 08
0.26	0.943 36	0.198 22	0.546 91	0.745 14
0.28	0.935 22	0.208 87	0.517 48	0.726 35
0.30	0.926 66	0.218 93	0.488 80	0.707 73
0.35	0.903 60	0.241 64	0.420 33	0.661 96
0.40	0.878 44	0.261 03	0.356 37	0.617 40
0.45	0.851 50	0.277 35	0.296 80	0.574 15
0.50	0.823 07	0.290 79	0.241 49	0.532 28
0.55	0.793 43	0.301 56	0.190 30	0.491 86
0.60	0.762 84	0.309 88	0.143 07	0.452 95
0.65	0.731 53	0.315 94	0.099 66	0.415 59
0.70	0.699 72	0.319 91	0.059 90	0.379 81
0.75	0.667 61	0.321 98	0.023 64	0.345 63
π/4	0.664 79	0.322 40	0	0.322 40
0.80	0.635 38	0.322 33	−0.009 28	0.313 05
0.85	0.603 20	0.321 11	−0.039 02	0.282 09
0.90	0.571 20	0.318 48	−0.065 74	0.252 73
0.95	0.539 54	0.314 58	−0.089 62	0.224 96
1.00	0.508 33	0.309 56	−0.110 79	0.198 77
1.05	0.477 66	0.303 54	−0.129 43	0.174 12
1.10	0.447 65	0.296 66	−0.145 67	0.150 99

续表

λx	A_x	B_x	C_x	D_x
1.15	0.418 36	0.289 01	−0.159 67	0.129 34
1.20	0.389 86	0.280 72	−0.171 58	0.109 14
1.25	0.362 23	0.271 89	−0.181 55	0.090 34
1.30	0.335 50	0.262 60	−0.189 70	0.072 90
1.35	0.309 72	0.252 95	−0.196 17	0.056 78
5	0.284 92	0.244 301	−0.201 10	0.041 91
1.45	0.261 13	0.232 86	−0.204 59	0.028 27
1.50	0.238 35	0.222 57	−0.206 79	0.015 78
1.55	0.216 62	0.212 20	−0.207 79	0.004 41
$\pi/2$	0.207 88	0.207 88	−0.207 88	0
1.60	0.195 92	0.201 81	−0.271 71	−0.005 90
1.65	0.176 25	0.191 44	−0.206 64	−0.015 20
1.70	0.157 62	0.181 16	−0.204 70	−0.023 54
1.75	0.140 02	0.170 999	−0.201 97	−0.030 97
1.80	0.123 42	0.160 98	−0.198 53	−0.037 56
1.85	0.107 82	0.151 15	−0.194 48	−0.043 33
1.90	0.093 18	0.141 23	−0.189 89	−0.048 35
1.95	0.079 50	0.132 17	−0.184 84	−0.052 67
2.00	0.066 74	0.123 06	−0.179 38	−0.056 32
2.05	0.054 88	0.114 23	−0.173 59	−0.059 36
2.10	0.043 86	0.105 71	−0.167 53	−0.061 82
2.15	0.033 73	0.097 49	−0.161 24	−0.063 76
2.20	0.024 38	0.089 58	−0.154 79	−0.065 21
2.25	0.015 80	0.082 00	−0.148 21	−0.066 21
2.30	0.007 96	0.074 76	−0.141 56	−0.066 80
2.35	−0.000 84	0.067 85	−0.134 87	−0.067 02
$3\pi/4$	0	0.067 02	−0.134 04	−0.066 89
2.40	−0.005 62	0.061 28	−0.128 17	−0.066 47
2.45	−0.011 43	0.055 03	−0.121 50	−0.065 76
2.50	−0.016 63	0.049 13	−0.114 89	−0.064 81
2.55	−0.021 27	0.043 54	−0.108 36	−0.063 64
2.60	−0.025 36	0.038 29	−0.101 93	−0/062 28
2.65	−0.028 94	0.033 35	−0.095 63	−0.060 76
2.70	−0.032 04	0.028 72	−0.089 48	−0.059 09

续表

λx	A_x	B_x	C_x	D_x
2.75	−0.034 69	0.024 40	−0.083 48	−0.059 09
2.80	−0.036 93	0.020 37	−0.077 67	−0.057 30
2.85	−0.038 77	0.016 63	−0.072 03	−0.055 40
2.90	−0.040 26	0.013 16	−0.066 59	−0.053 43
2.95	−0.041 42	0.009 97	−0.061 34	−0.051 38
3.00	−0.042 26	0.007 03	−0.056 31	−0.049 26
3.10	−0.043 14	0.001 87	−0.046 88	−0.045 01
π	−0.043 21	0	−0.043 21	−0.043 21
3.20	−0.043 07	−0.002 38	−0.038 31	−0.040 69
3.40	−0.040 79	−0.008 53	−0.023 74	−0.032 27
3.60	−0.036 59	−0.012 09	−0.012 41	−0.024 50
3.80	−0.031 38	−0.136 9	−0.004 00	−0.017 69
4.00	−0.025 83	−0.013 86	−0.001 89	−0.011 97
4.20	−0.020 42	−0.013 07	0.005 72	−0.007 35
4.40	−0.015 46	−0.011 68	0.007 91	−0.003 77
4.60	−0.011 12	−0.009 99	0.008 86	−0.001 13
3π/2	−0.008 98	−0.008 98	0.008 98	0
4.80	−0.007 48	−0.008 20	0.008 92	0.000 72
5.00	−0.004 55	−0.006 46	0.008 37	0.001 91
5.50	−0.000 01	−0.002 88	0.005 78	0.002 90
6.00	0.001 69	−0.000 69	0.003 07	0.002 38
2π	0.001 87	0	0.001 87	0.001 87
6.50	0.001 79	0.000 32	0.001 14	0.001 47
7.00	0.001 29	0.000 60	0.000 09	0.000 69
9π/4	0.001 20	0.000 60	0	0.000 60
7.50	0.000 71	0.000 52	−0.000 33	0.000 19
5π/2	0.000 39	0.000 39	−0.000 39	0
8.00	0.000 28	0.000 33	−0.000 38	−0.000 05

对于集中力作用点的左半部分，根据对称条件，可计算出相应的解。图 5-14 所示为集中力作用下无限长梁的挠度、转角、弯矩与剪力分布情况。

由式（5-22）可知，当 $x=0$ 时，$w=\dfrac{F_0\lambda}{2kb}$，当 $x=2\pi/\lambda$ 时，$w=\dfrac{0.001\,87F_0\lambda}{2kb}$，即梁的挠度随 x 的增加迅速衰减，在 $x=2\pi/\lambda$ 处的挠度仅为 $x=0$ 处挠度的 0.187%；在 $x=\pi/\lambda$ 处的挠度仅为 $x=0$ 处挠度的 4.32%，因此，当集中荷载的作用点离梁端的距离 $x>\pi/\lambda$ 时，

可近似按无限长梁计算。

2）集中力偶作用下的无限长梁。如图 5-15 所示，在无限长梁上作用一个顺时针方向的集中力偶，取力偶的作用点为坐标原点 O，在集中力偶作用下，无限长梁的边界条件为：

当 $x\to\infty$ 时，$w=0$；

当 $x=0$ 时，$w=0$；

当 $x=0$ 时，在坐标原点 O 紧靠 M_0 作用点的右侧，作用于梁右半截面上的弯矩为 $M=M_0/2$。

根据上述边界条件，可求得在集中力偶作用下无限长梁的内力和挠度方程为

$$w=\frac{M_0\lambda^2}{kb}B_x \tag{5-30}$$

$$\theta=\frac{M_0\lambda^2}{kb}C_x \tag{5-31}$$

$$M=\frac{M_0}{2}D_x \tag{5-32}$$

$$V=-\frac{M_0\lambda}{k}A_x \tag{5-33}$$

$$p=\frac{M_0\lambda^2}{b}B_x \tag{5-34}$$

对于受其他类型荷载的无限长梁，也可按上述方法求解，在多种荷载作用下，可分别求解，然后用叠加原理求和。

（3）文克勒地基上半无限长梁的求解：半无限长梁是指梁的一端在荷载作用下产生挠曲和位移，随着离开荷载作用点的距离加大，挠曲和位移逐渐减小，直至在无限远端挠曲和位移为零。半无限长梁的柔度指数 $\lambda l>\pi/2$。

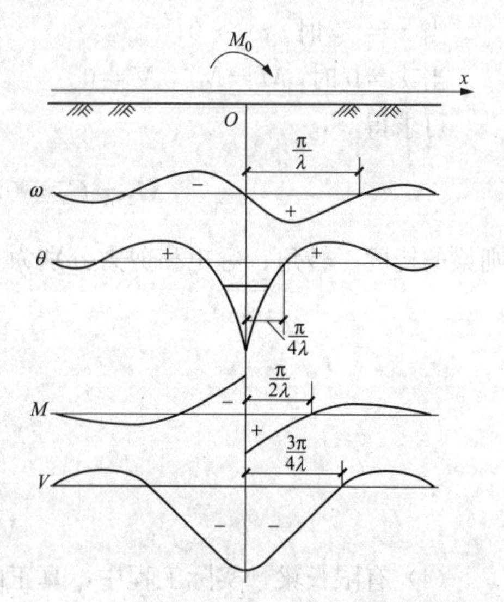

图 5-15 集中力偶作用下无限长梁的挠度和内力

1）集中力作用下的半无限长梁。在集中力 F_0［见图 5-16（a）］的作用下，半无限长梁的边界条件为：

当 $x=\infty$ 时，$w\to0$；当 $x=0$ 时，$M=M_0$，$V=-F_0$。

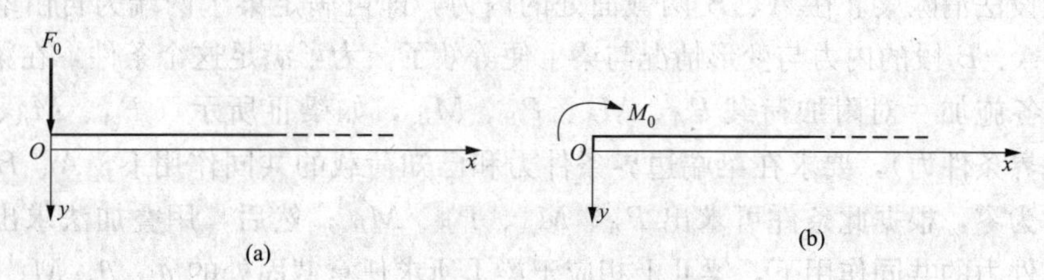

图 5-16 半无限长梁

（a）受集中力作用；（b）受集中力偶作用

根据边界条件可求得

$$C_1=C_2=C_4=0,\ C_3=2\frac{F_0}{kb}$$

则梁的挠度、弯矩、转角和剪力分别为

$$w=\frac{2F_0\lambda}{kb}D_x \tag{5-35}$$

$$M=\frac{F_0}{\lambda}B_x \tag{5-36}$$

$$\theta=-\frac{2F_0\lambda^2}{kb}A_x \tag{5-37}$$

$$V=-F_0C_x \tag{5-38}$$

2）集中力偶作用下的半无限长梁：在集中力偶［见图 5-16（b）］的作用下，半无限长梁的边界条件为：

当 $x=\infty$ 时，$w\rightarrow 0$；

当 $x=0$ 时，$M=M_0$，$V=0$。

可求得

$$C_1=C_2=0,\ C_3=-C_4=-2\frac{M_0\lambda^2}{kb}$$

则梁的挠度、转角、弯矩和剪力分别为

$$w=\frac{2M_0\lambda^2}{kb}C_x \tag{5-39}$$

$$M=M_0A_x \tag{5-40}$$

$$\theta=\frac{4M_0\lambda^2}{kb}D_x \tag{5-41}$$

$$V=-2M_0\lambda B_x \tag{5-42}$$

（4）有限长梁。实际工程中，真正的无限长梁是不存在的，对于有限长梁，有很多方法求解。下面以无限长梁推导的计算公式为基础，利用叠加原理来求得满足有限长梁两端边界条件的解答。其原理如下：

如图 5-17 所示，梁Ⅰ表示一长度为 l 的有限弹性地基梁上作用有任意的已知荷载，其端点 A、B 为自由端，因此其内力为零。设想将梁Ⅰ的 A、B 两端延长形成无限长梁Ⅱ，显然，如能设法消除梁Ⅱ在 A、B 两截面处的内力，即可满足梁Ⅰ两端为自由端的边界条件，则梁ⅡA、B 段的内力与变形情况与梁Ⅰ便等效了。为了满足这个条件，在梁Ⅱ上紧靠 A、B 两端各施加一对附加荷载 P_A、M_A、P_B、M_B，如梁Ⅲ所示（P_A、M_A、P_B、M_B 称为梁端边界条件力），要求在梁端边界条件力和已知荷载的共同作用下，A、B 梁截面的弯矩和剪力为零，根据此条件可求出 P_A、M_A、P_B、M_B；然后，用叠加法求出在已知荷载和边界条件力的共同作用下，梁Ⅱ上相应于梁Ⅰ所求任意截面处的 w、θ、M、V 值。

假设在外荷载作用下，梁Ⅱ在 A、B 两端截面产生的内力分别为 M_a、V_a、M_b、V_b，则为了满足 A、B 两端截面内力为零的条件，在两端边界条件力 P_A、M_A、P_B、M_B 的作用下，梁Ⅱ在 A、B 两端截面产生的内力应该分别为 $-M_a$、$-V_a$、$-M_b$、$-V_b$，按此要求可列出如下方程组

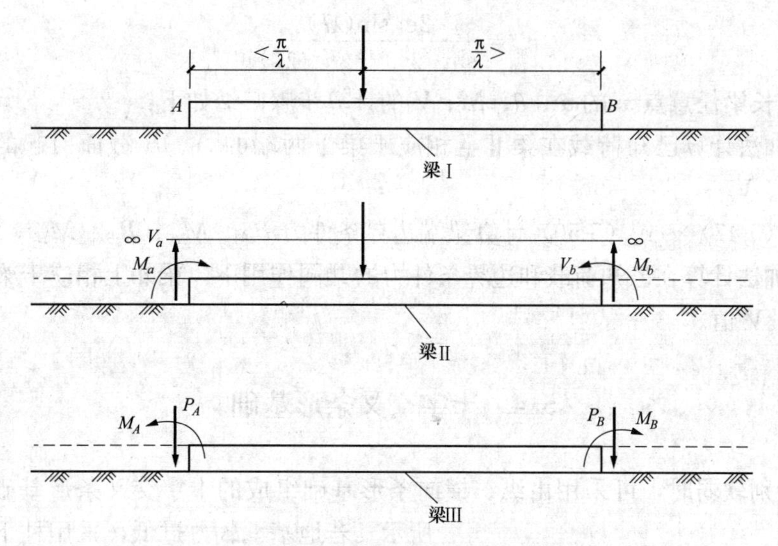

图 5-17　有限长梁内力及位移计算

$$\frac{P_A}{4\lambda}+\frac{P_B}{4\lambda}C_l+\frac{M_A}{2}-\frac{M_B}{2}D_l=-M_a \tag{5-43}$$

$$-\frac{P_A}{2}+\frac{P_B}{2}D_l-\frac{\lambda M_A}{2}-\frac{\lambda M_B}{2}A_l=-V_a \tag{5-44}$$

$$\frac{P_A}{4\lambda}+\frac{P_B}{4\lambda}+\frac{M_A}{2}D_l-\frac{M_B}{2}=-M_b \tag{5-45}$$

$$-\frac{P_A}{4\lambda}D_l+\frac{P_B}{2}-\frac{\lambda M_A}{2}A_l-\frac{\lambda M_B}{2}=-V_b \tag{5-46}$$

解上述方程组可得

$$P_A=(E_l+F_lD_l)V_a+\lambda(E_l-F_lA_l)M_a-(F_l+E_lD_l)V_b+\lambda(F_l-E_lA_l)M_b \tag{5-47}$$

$$M_A=-(E_l+F_lC_l)\frac{V_a}{2\lambda}-(E_l-F_lD_l)M_a+(F_l+E_lC_l)\frac{V_b}{2\lambda}-(F_l-E_lD_l)M_b \tag{5-48}$$

$$P_B=(F_l+E_lD_l)V_a+\lambda(F_l-E_lA_l)M_a-(E_l+F_lD_l)V_b+\lambda(E_l-F_lA_l)M_b \tag{5-49}$$

$$M_B=(F_l+E_lC_l)\frac{V_a}{2\lambda}+(F_l-E_lD_l)M_a-(E_l+F_lC_l)\frac{V_b}{2\lambda}+(E_l-F_lD_l)M_b \tag{5-50}$$

其中

$$A_l=\mathrm{e}^{-\lambda l}(\cos\lambda l+\sin\lambda l)$$

$$B_l=\mathrm{e}^{-\lambda l}\sin\lambda l$$

$$C_l=\mathrm{e}^{-\lambda l}(\cos\lambda l-\sin\lambda l)$$

$$D_l=\mathrm{e}^{-\lambda l}\cos\lambda l$$

$$E_l=\frac{2\mathrm{e}^{\lambda l}sh(\lambda l)}{sh^2(\lambda l)-\sin^2(\lambda l)}$$

$$F_l = \frac{2e^{\lambda l}\sin(\lambda l)}{\sin^2(\lambda l) - sh^2(\lambda l)}$$

现将有限长梁任意点 x 的 w、θ、M、V 的计算步骤归纳如下：

1）按叠加法计算已知荷载在梁Ⅱ上相应于梁Ⅰ两端的 A、B 截面引起的弯矩和剪力 M_a、V_a、M_b、V_b；

2）按式（5-47）～式（5-50）计算梁端边界条件力 P_A、M_A、P_B、M_B；

3）按叠加法计算在已知荷载和边界条件力的共同作用下，梁Ⅱ上相应于梁Ⅰ的 x 点处的 w、θ、M、V 值。

5.4 十字交叉条形基础

当地基特别软弱时，可采用由纵、横向条形基础组成的十字交叉条形基础，如图 5-18 所示。若地基承载力过低，采用柱下条形基础翼板尺寸过大时，也可以采用该种基础形式。

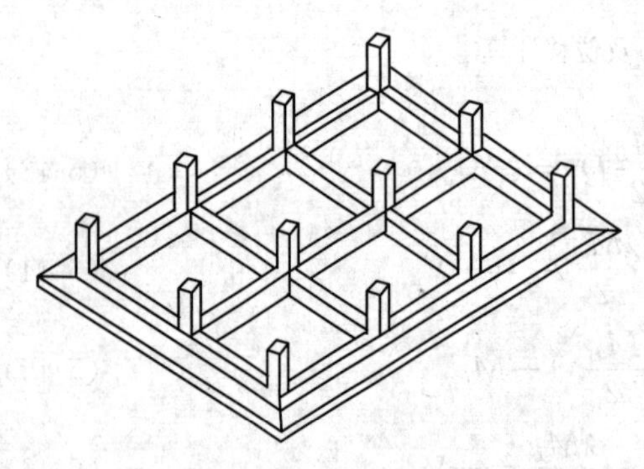

图 5-18 十字交叉条形基础

十字交叉条形基础是一种较为复杂的受力体系，合理的分析方法应考虑上部框架、十字交叉条形基础和地基三者的共同作用，建立一个包含上述三者的结构模型进行整体分析。工程中常采用简化方法，简化方法的关键在于如何将交叉点处柱荷载分配给两个方向的地基梁，一旦确定了所有柱荷载的分配结果，交叉条形基础就可分别按纵、横两个方向的条形基础进行计算。

5.4.1 十字交叉条形基础的适用条件

（1）上部结构荷载较大，地基土承载力较低，采用条形基础满足规范地基承载力要求所需的翼板宽度较大时；

（2）土的压缩性或柱的荷载分布沿两个柱列方向都很不均匀时；

（3）建筑物对不均匀沉降要求较严，需增加基础刚度，以防止过大的不均匀沉降时；

（4）多层建筑在地震区需采取措施加强基础整体性时。

5.4.2 十字交叉条形基础荷载分配的简化方法

柱脚内力在两个方向的分配应遵守力的平衡、变形协调、采用与实际接近或相符的力学模型，手算时可采用简化方法。

手算时因需要利用柱下条形基础内力计算方法，故此类基础计算主要是解决节点处荷载在纵、横两个方向上的分配问题。

十字交叉条形基础的交叉节点上作用有上部柱传来的荷载，这个荷载就是柱脚内力，柱脚内力包含轴力 N、弯矩 M 和剪力 V。轴力为两个方向共有，需要进行分配；各自方向的弯矩和剪力传给相应方向，不需要进行分配。

简化计算时，将上部柱传来的轴力在两个方向条形基础上进行分配，分配轴力时应满足以下条件。

1. 静力平衡条件

分配在纵、横条形基础上的两个压力之和应等于作用在节点上的总压力（见图 5-19）

$$F_i = F_{ix} + F_{iy} \tag{5-51}$$

式中　F_i —— i 节点上的竖向柱压力，等于柱脚轴力（kN）；

F_{ix} —— i 节点上分配给 x 方向地基梁的竖向荷载（kN）；

F_{iy} —— i 节点上分配给 y 方向地基梁的竖向荷载（kN）。

2. 变形协调条件

经分配后的荷载分别作用于纵向及横向基础梁上时，两个方向的竖向位移在节点处应相同，即

$$w_{ix} = w_{iy} \tag{5-52}$$

式中　w_{ix} —— i 节点处在 x 方向的竖向位移（m）；

w_{iy} —— i 节点处在 y 方向的竖向位移（m）。

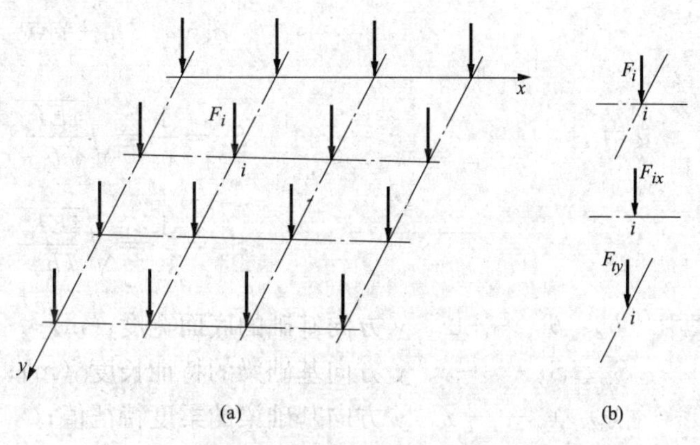

图 5-19　节点荷载分配示意

通过上述两个公式可以计算出任意节点在每个方向地基梁上分配的荷载值，但在计算时，如需要求节点的位移，则必须求出弹性地基梁上的内力和挠度，而弹性地基梁上的荷载又是未知的，也就是说，必须把整个建筑物的柱荷载与两组弹性地基梁的内力与挠度联合求解。手算时，为减小计算的复杂程度，一般采用文克勒地基模型，略去本节点对其他节点挠度的影响。

经过荷载分配的纵向与横向条基各形成一组条形基础，即可按条形基础的计算方法来各自单独计算地基反力和基础内力。应该指出，在十字交叉条形基础的重叠部分存在重复计算的问题，将十字交叉地基梁系拆开为单根地基梁进行计算分析后，将其反力在节点处进行一些必要的修正，以使其更符合实际。

为了简化计算，假定交叉节点处纵横梁之间为铰接。当一个方向的基础梁产生转角时，另一个方向的基础梁内不产生扭矩；节点上两个方向的弯矩分别由同向的基础梁承担，一个方向的弯矩不致引起另一个方向基础梁的扭转。为了防止这种简化计算使工程出现问题，在构造上，在节点的附近，基础梁都必须配置封闭型的抗扭箍筋，并适当增加基础梁的纵向配筋量。

3. 节点荷载的分配计算

十字交叉条形基础的节点有三种：角柱节点、边柱节点、内柱节点。下面采用文克勒地基模型，并忽略相邻荷载的影响，给出节点荷载的分配计算公式。

（1）角柱节点。图 5-20 所示为常见的角柱节点，x、y 两个方向的基础梁均可以视为外伸长度分别为 x、y 的外伸半无限长梁，其节点 i 的竖向位移可按下式求解（具体推导过程省略），即

$$w_{ix} = \frac{F_{ix}}{2kb_x S_x} Z_x \tag{5-53}$$

$$w_{iy} = \frac{F_{iy}}{2kb_y S_y} Z_y \tag{5-54}$$

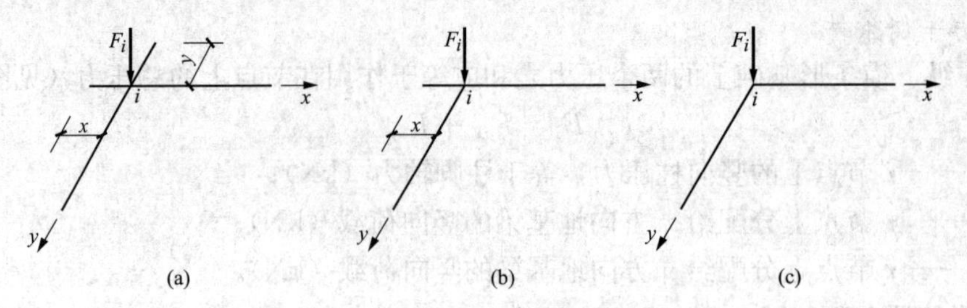

图 5-20 角柱节点

其中
$$S_x=\frac{1}{\lambda_x}=\sqrt[4]{\frac{4EI_x}{kb_x}}$$

$$S_y=\frac{1}{\lambda_y}=\sqrt[4]{\frac{4EI_y}{kb_y}}$$

式中 b_x、b_y——x、y 方向基础的底面宽度（m）；

S_x、S_y——x、y 方向基础梁的特征长度（m）；

λ_x、λ_y——x、y 方向基础梁的柔度特征值；

E——基础材料的弹性模量；

I_x、I_y——x、y 方向基础梁的截面惯性矩；

k——地基的基床系数。

$Z_x(Z_y)$ 是 $\lambda_x x(\lambda_y y)$ 的函数，可按下式求解，或直接从表 5-2 查取。

$$Z_x=1+e^{-2\lambda_x x}(1+2\cos^2\lambda_x x-2\cos\lambda_x x\sin\lambda_x x)$$

表 5-2 **Z_x 系数表**

λ_x	Z_x	λ_x	Z_x	λ_x	Z_x	λ_x	Z_x
0	4.000	0.18	2.803	0.46	1.721	1.20	1.053
0.01	3.921	0.20	2.697	0.48	1.672	1.40	1.044
0.02	3.843	0.22	2.596	0.50	1.625	1.60	1.043
0.03	3.767	0.24	2.501	0.55	1.520	1.80	1.042
0.04	3.693	0.26	2.410	0.60	1.431	2.00	1.039
0.05	3.620	0.28	2.323	0.65	1.355	2.50	1.022
0.06	3.548	0.30	2.241	0.70	1.292	3.00	1.008
0.07	3.478	0.32	2.163	0.75	1.239	3.50	1.002
0.08	3.410	0.34	2.089	0.80	1.196	≥4.00	1.000
0.09	3.343	0.36	2.018	0.85	1.161		
0.10	3.277	0.38	1.952	0.90	1.132		
0.12	3.150	0.40	1.889	0.95	1.109		
0.14	3.029	0.42	1.830	1.00	1.091		
0.16	2.913	0.44	1.774	1.10	1.067		

根据变形协调条件 $w_{ix}=w_{iy}$，有

$$\frac{Z_xF_{ix}}{b_xS_x}=\frac{Z_yF_{iy}}{b_yS_y} \tag{5-55}$$

将静力平衡条件代入上式，则有

$$F_{ix}=\frac{Z_yb_xS_x}{Z_yb_xS_x+Z_xb_yS_y}F_i \tag{5-56}$$

$$F_{iy}=\frac{Z_xb_yS_y}{Z_yb_xS_x+Z_xb_yS_y}F_i \tag{5-57}$$

对图 5-20（b）一侧有外伸的角柱节点，有 $y=0$、$Z_y=4$，则分配公式为

$$F_{ix}=\frac{4b_xS_x}{4b_xS_x+Z_xb_yS_y}F_i \tag{5-58}$$

$$F_{iy}=\frac{Z_xb_yS_y}{4b_xS_x+Z_xb_yS_y}F_i \tag{5-59}$$

对无外伸的角柱节点［见图 5-20（c）］，有 $Z_x=Z_y=4$，则分配公式为

$$F_{ix}=\frac{b_xS_x}{b_xS_x+b_yS_y}F_i \tag{5-60}$$

$$F_{iy}=\frac{b_yS_y}{b_xS_x+b_yS_y}F_i \tag{5-61}$$

（2）边柱节点。对图 5-21（a）所示的边柱节点，x 方向为有外伸的半无限长梁，y 方向为无限长梁，因而有 $Z_y=1$，故

$$F_{ix}=\frac{b_xS_x}{b_xS_x+Z_xb_yS_y}F_i \tag{5-62}$$

$$F_{iy}=\frac{Z_xb_yS_y}{b_xS_x+Z_xb_yS_y}F_i \tag{5-63}$$

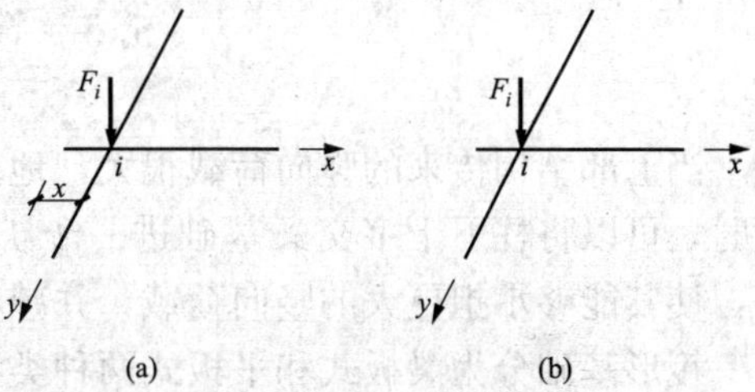

F_i i x x y (a)

F_i i x y (b)

图 5-21 边柱节点

对图 5-21（b）所示的边柱节点，有 $Z_x=4$、$Z_y=1$，故

$$F_{ix}=\frac{b_xS_x}{b_xS_x+4b_yS_y}F_i \tag{5-64}$$

$$F_{iy}=\frac{4b_yS_y}{b_xS_x+4b_yS_y}F_i \tag{5-65}$$

（3）内柱节点。对内柱节点，有 $Z_x=1$、$Z_y=1$，故

$$F_{ix}=\frac{b_xS_x}{b_xS_x+b_yS_y}F_i \tag{5-66}$$

$$F_{iy}=\frac{b_yS_y}{b_xS_x+b_yS_y}F_i \tag{5-67}$$

5.4.3 十字交叉条形基础分配荷载的调整

当交叉条形基础按纵、横两个方向条形基础分别进行计算时，节点下的底板面积（重叠部分）利用了两次。若各节点下重叠面积之和占基础总面积的比例较大，则设计可能不安全，可通过加大节点荷载的方法加以弥补，调整后的节点竖向荷载为

$$F'_{ix}=F_{ix}+\Delta F_{ix}=F_{ix}+\frac{F_{ix}}{F_i}\Delta A_i p_j \tag{5-68}$$

$$F'_{iy}=F_{iy}+\Delta F_{iy}=F_{iy}+\frac{F_{iy}}{F_i}\Delta A_i p_j \tag{5-69}$$

式中 p_j——按交叉条形基础计算的基底净反力；

ΔF_{ix}、ΔF_{iy}——节点 i 在 x、y 方向的荷载增量；

ΔA——节点 i 下的重叠面积，按下述节点类型进行计算：

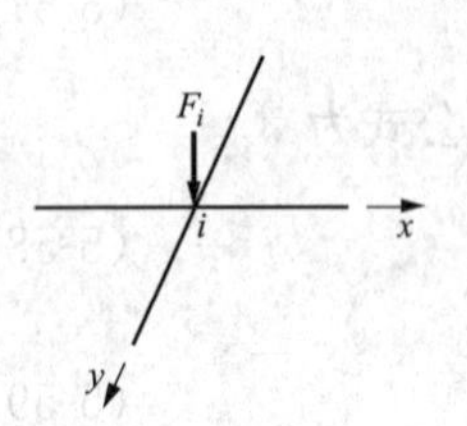

图 5-22 内柱节点

第一类型［见图 5-20（a）、图 5-21（a）、图 5-22］

$$\Delta A=b_x b_y$$

第二类型［见图 5-20（b）、图 5-21（b）］

$$\Delta A=\frac{1}{2}b_x b_y$$

第三类型［见图 5-20（c）］

$$\Delta A=\frac{1}{4}b_x b_y$$

对于第二类型的节点，认为横向梁只伸到纵向梁宽度的一半处，因此其重叠面积只取交叉面积的一半。

5.5 筏 形 基 础

当上部结构传来的竖向荷载很大，地基土质软弱而且不均匀，采用前述基础形式都不合理时，可以将柱下十字交叉基础进一步扩展连成整体，以增加承载面积、加强基础整体刚度，使其能够承担更大的竖向荷载，并减小不均匀沉降。

筏形基础分为梁板式和平板式两种类型，其选型应根据地基土质、上部结构情况、荷载大小、使用要求以及施工条件等因素确定。上部结构刚度较好时常采用平板式筏形基础，有地下室时也常采用平板式筏形基础，但上部结构刚度较差，尤其是柱距较大的多层框架结构适于采用梁板式筏形基础。

5.5.1 筏形基础的构造要求

筏形基础的混凝土强度等级不应低于 C30，当有地下室时应采用防水混凝土。采用筏形基础的地下室，筏形基础范围内地下室钢筋混凝土外墙厚度不应小于 250mm，内墙厚度不应小于 200mm。墙的截面设计除了应满足承载力要求以外，还要考虑变形、防渗及抗裂的要求。

钢筋不宜采用光面圆钢筋，水平钢筋的直径不应小于 12mm，竖向钢筋的直径不应小于 10mm，间距不应大于 200mm。

5.5.2 筏形基础底面尺寸的确定

筏形基础底面尺寸的确定应遵循天然地基上浅基础的设计原则。对单幢建筑物，在地基土比较均匀的条件下，确定基础底面尺寸时，为了减小偏心弯矩的作用，应尽可能地使荷载合力重心与筏板基础底面形心相重合，在恒载与准永久荷载组合下，偏心距应满足以下条件

$$e \leqslant 0.1W/A \tag{5-70}$$

式中 W——与偏心距方向一致的基础底面边缘抵抗矩；

A——基础底面积。

满足式（5-70）后，可以保证荷载中心在可以将偏心受压按照中心受压计算的菱形范围内，地基承载力能够得到最大程度的发挥，建筑物的抗水平力能力也最强。

基础底面尺寸除应满足地基承载力要求外，对于有软弱下卧层的情况，还应满足软弱下卧层承载力要求。另外，有变形验算要求及稳定性验算要求时，还应进行相应的验算。

5.5.3 平板式筏形基础厚度的确定

平板式筏形基础的板厚应符合受冲切承载力的要求，尤其在竖向构件间距较大时，还应使满足受弯承载力要求的配筋较为合理，受冲切承载力验算时应计入作用在冲切临界截面上的不平衡弯矩所产生的附加剪力。对基础的边柱和角柱进行冲切验算时，其冲切力应分别乘以1.1和1.2的增大系数。筏板的最小厚度不应小于500mm。

如图5-23所示，距柱边 $h_0/2$ 处冲切临界截面的最大剪应力 τ_{max} 应满足下列公式

$$\tau_{max}=\frac{F_l}{u_m h_0}+\alpha_s\frac{M_{unb}c_{AB}}{I_s} \tag{5-71}$$

$$\tau_{max}\leqslant 0.7\times(0.4+1.2/\beta_s)\beta_{hp}f_t \tag{5-72}$$

$$\alpha_s=1-\frac{1}{1+\frac{2}{3}\sqrt{\left(\frac{c_1}{c_2}\right)}} \tag{5-73}$$

式中 F_l——相应于基本组合时的冲切力（kN），对内柱取轴力基本组合值减去筏板冲切破坏锥体内的基底净反力基本组合值；对边柱和角柱，取轴力基本组合值减去筏板冲切临界截面范围内的基底净反力基本组合值；

u_m——距柱边缘不小于 $h_0/2$ 处冲切临界截面的最小周长（m），见图5-24；

h_0——筏板的有效高度（m）；

M_{unb}——作用在冲切临界截面重心上的不平衡弯矩设计值（kN·m）；

c_{AB}——沿弯矩作用方向，冲切临界截面重心至冲切临界截面最大剪应力点的距离（m）；

I_s——冲切临界截面对其重心的极惯性矩（m^4）；

β_s——柱截面长边与短边的比值，$\beta_s<2$ 时 β_s 取2，$\beta_s>4$ 时 β_s 取4；

β_{hp}——受冲切承载力截面高度影响系数，当 $h\leqslant 800$mm时，取 $\beta_{hp}=1.0$；当 $h\geqslant 2000$mm时，取 $\beta_{hp}=0.9$，其间按线性内插法取值；

f_t——混凝土轴心抗拉强度设计值（kPa）；

α_s——不平衡弯矩通过冲切临界截面上的偏心剪力来传递的分配系数；

c_1——与弯矩作用方向一致的冲切临界截面的边长（m）；

c_2——垂直于 c_1 的冲切临界截面的边长（m）。

当柱荷载较大，等厚度筏板的受冲切承载力不能满足要求时，可在筏板上面增设柱墩、在筏板下局部增加板厚或采用抗冲切钢筋等措施满足受冲切承载能力要求。

筒体结构采用平板式筏形基础时，平板式筏形基础内筒下的板厚应满足受冲切承载力的要求。

平板式筏形基础的内筒受冲切承载力应按下式进行计算

$$F_l/u_m h_0\leqslant 0.7\beta_{hp}f_t/\eta \tag{5-74}$$

式中 F_l——相应于作用的基本组合时，内筒所承受的轴力设计值减去内筒下筏板冲切破坏锥体内的基底净反力设计值（kN）；

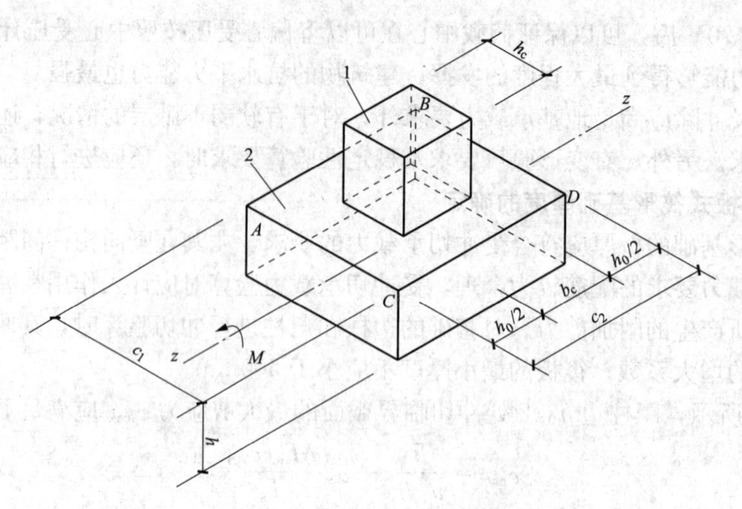

图 5-23 内柱冲切临界截面示意

1—筏板；2—柱

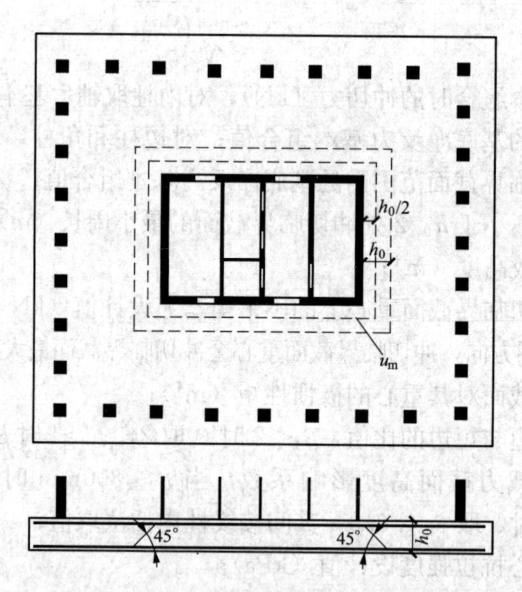

图 5-24 筏板内筒受冲切的临界截面位置

u_m——距内筒外表面 $h_0/2$ 处冲切临界截面的周长（m）；

h_0——距内筒外表面 $h_0/2$ 处筏板的截面有效高度（m）；

η——内筒冲切临界截面周长影响系数，取 1.25。

考虑到冲切边长较大，冲切面上的各部位应力不均匀，采用内筒冲切临界截面周长影响系数 η 近似考虑该影响。

当需要考虑内筒根部弯矩的影响时，距内筒外表面 $h_0/2$ 处冲切临界截面的最大剪应力可按式（5-71）计算，此时 $\tau_{max} \leqslant 0.7\beta_{hp} f_t / \eta$。

平板式筏形基础除满足受冲切承载力外，尚应验算距内筒和柱边缘 h_0 处截面的受剪承载力。当筏板变厚度时，尚应验算变厚度处筏板的受剪承载力。

平板式筏形基础受剪承载力应按式（5-75）验算，当筏板的厚度大于2000mm时，宜在板厚中间部位设置直径不小于12mm、间距不大于300mm的双向钢筋网

$$V_s \leqslant 0.7\beta_{hs} f_t b_w h_0 \tag{5-75}$$

式中 V_s——相应于作用的基本组合时，基底净反力平均值产生的距内筒或柱边缘h_0处筏板单位宽度的剪力设计值（kN）；

b_w——筏板计算截面单位宽度（m）；

h_0——距内筒或柱边缘h_0处筏板的截面有效高度（m）。

5.5.4 梁板式筏形基础厚度的确定

梁板式筏形基础底板厚度应满足受冲切承载力、受剪切承载力的要求。

梁板式筏形基础底板受冲切承载力应按下式进行计算

$$F_l \leqslant 0.7\beta_{hp} f_t u_m h_0 \tag{5-76}$$

式中 F_l——作用的基本组合时，图5-25中阴影部分面积上的基底平均净反力设计值（kN）；

u_m——距基础梁边$h_0/2$处冲切临界截面的周长（m），见图5-25。

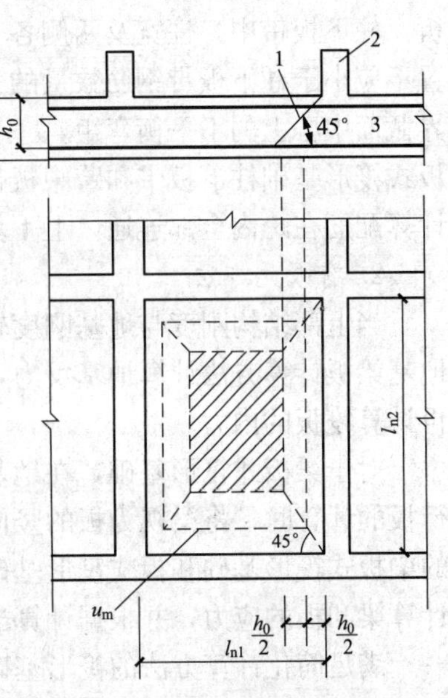

图5-25 底板冲切计算示意

1—冲切破坏锥体的斜截面；2—梁；3—底板

当底板区格为矩形双向板时，底板受冲切所需的厚度h_0应按式（5-77）进行计算，其底板厚度与最大双向板格的短边净跨之比不应小于1/14，且板厚不应小于400mm

$$h_0 = \frac{(l_{n1}+l_{n2}) - \sqrt{(l_{n1}+l_{n2})^2 - \dfrac{4p_n l_{n1} l_{n2}}{p_n + 0.7\beta_{hp} f_t}}}{4} \tag{5-77}$$

式中 l_{n1}、l_{n2}——计算板格的短边和长边的净长度（m）；

p_n——扣除底板及其上填土自重后，相应于作用的基本组合时的基底平均净反力设计值（kPa）。

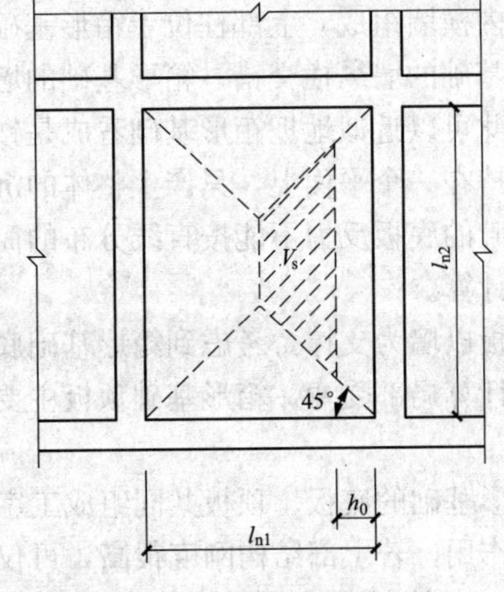

图5-26 底板剪切计算示意

梁板式筏形基础双向底板斜截面受剪承载力应按下式进行计算

$$V_s \leqslant 0.7\beta_{hs} f_t (l_{n2} - 2h_0) h_0 \tag{5-78}$$

式中 V_s——距梁边缘h_0处，作用在图5-26中阴影部分面积上的基底平均净反力产生的剪力设计值（kN）。

当底板板格为单向板时，其斜截面受剪承载力应按墙下条形基础底板验算，其底板厚度不应小于400mm。

5.5.5 筏形基础承载力设计基本规定

1. 筏形基础的简化计算方法

当上部结构刚度远大于地基刚度时，可采用简化计算方法进行计算。具体地说，就是当地基土比较均匀、

地基压缩层范围内无软弱土层或可液化土层、上部结构刚度较好，柱网和荷载较均匀、相邻柱荷载及柱间距的变化不超过 20%，且梁板式筏形基础梁的高跨比或平板式筏形基础的厚跨比不小于 1/6 时，筏形基础可仅考虑局部弯曲作用。筏形基础的内力可按基底反力直线分布进行计算，计算时基底反力应扣除底板自重及其上填土的自重。

按基底反力直线分布计算的梁板式筏形基础，若基础梁的高度远大于筏板厚度，可不考虑板参与梁的协同受力，基础梁的内力可按连续梁分析，边跨跨中弯矩以及第一内支座的弯矩值应乘以 1.2 的系数。梁板式筏形基础的底板和基础梁的配筋除满足计算要求外，纵、横方向的底部钢筋尚应不少于 1/3 贯通全跨，顶部钢筋按计算配筋在跨内全部连通，底板上下贯通钢筋的配筋率不应小于 0.15%。

按基底反力直线分布计算的平板式筏形基础，可按柱下板带和跨中板带分别进行内力分析。柱下板带中，柱宽及两侧各 0.5 倍板厚且不大于 1/4 板跨的有效宽度范围内，其钢筋配置不应小于柱下板带钢筋数量的一半，且应能承受部分不平衡弯矩 $\alpha_m M_{unb}$，M_{unb} 为冲切临界截面中心上的不平衡弯矩，α_m 为不平衡弯矩通过弯曲来传递的分配系数，$\alpha_m = 1 - \alpha_s$。平板式筏形基础柱下板带和跨中板带的底部支座钢筋应有不少于 1/3 贯通全跨，顶部钢筋应按计算配筋在跨内全部连通，上下贯通钢筋的配筋率不应小于 0.15%。

2. 有限元方法

当上部结构刚度与地基刚度较为接近时，不满足按基底反力直线分布的要求，先用弹性地基梁板计算方法计算地基反力，计算时应同时考虑上部结构刚度和筏板刚度的影响，然后再计算筏板的内力。

对于梁板式筏形基础，在地基梁高度远大于筏板厚度时，可采用梁元法进行计算。在进行板的计算时，将梁视为板的竖向不动铰支座，然后再进行梁的内力计算。不满足上述条件的梁板式筏形基础和板式筏形基础应采用板元法进行内力计算，将梁和板离散为有限单元，计算梁和板的应力，并根据计算出的内力进行配筋设计。

满足简化计算方法的筏形基础也可以按照有限元方法进行内力计算和配筋设计。

5.6 箱 形 基 础

箱形基础由底板、顶板、外纵墙、外横墙、内纵墙和内横墙组成，上部柱位于箱形基础的墙交点上，上部剪力墙落于箱形基础的墙上，由于箱形基础的墙纵横交错、箱形基础的墙间距一般也不大，而且箱形基础的墙体开洞要求严格，因此可以近似地把箱形基础看成是镂空的实体基础。尽管箱形基础的底板在受力前后均基本维持在一个平面上，只产生整体的沉降和整体转动，考虑到箱形基础的平面尺寸较大，箱形基础的底板反力不能按直线分布的简化方法计算，而应该按比较符合实际情况的较精确的方法计算。

箱形基础底板主要受到地基反力的作用，箱形基础底板以墙为支撑，考虑到箱形基础底板的刚度远小于箱形基础墙的刚度，箱形基础底板只需要计算局部受弯。箱形基础顶板主要受到室内荷载的作用，也只需要计算局部受弯。

箱形基础墙的受力情况与梁的受力情况一致，其与箱形基础的底板、顶板共同组成工字型截面，主要受到底板传来的地基反力和上部结构的荷载作用，若上部结构刚度很高，可仅考虑局部弯曲；否则，须同时考虑整体弯曲和局部弯曲，计算时应考虑上部结构刚度的影响。

5.6.1 构造要求

箱形基础的高度应满足结构承载力和刚度的要求，不宜小于箱形基础长度（不包括底板悬挑部分）的1/20，且不宜小于3m。在抗震设防区，除岩石地基外，天然地基上的箱形和筏形基础的埋置深度不宜小于建筑物高度的1/15。高层建筑同一结构单元内，箱形基础的埋置深度宜一致，且不得局部采用箱形基础。

箱形基础的内、外墙应沿上部结构柱网和剪力墙纵横均匀布置，当上部结构为框架或框剪结构时，墙体水平截面总面积不宜小于箱基水平投影面积的1/12；当基础平面长宽比大于4时，纵墙水平截面面积不宜小于箱形基础水平投影面积的1/18，在计算墙体水平截面面积时，可不扣除洞口部分。

箱形基础的墙身厚度应根据实际受力情况、整体刚度及防水要求确定。外墙厚度不应小于250mm，内墙厚度不宜小于200mm。墙体内应双面设置钢筋。竖向和水平钢筋的直径均不应小于10mm，间距不应大于200mm。除上部为剪力墙外，内、外墙的墙顶处宜配置两根直径不小于20mm的通长构造钢筋。

箱形基础上的门洞宜设在柱间居中部位，洞边至上层柱中心的水平距离不宜小于1.2m，洞口上连梁的高度不宜小于层高的1/5，洞口面积不宜大于柱距与箱形基础全高乘积的1/6。墙体洞口周围应设置加强筋，洞口四周附加钢筋面积不应小于洞口内被切断钢筋面积的一半，且不应少于两根直径为14mm的钢筋，此钢筋应从洞口边缘处延长40倍钢筋直径。

底层柱与箱形基础交接处，柱边和墙边或柱角和八字角之间的净距不宜小于50mm，并应验算底层柱下墙体的局部受压承载力；当不能满足要求时，应增加墙体的承压面或采取其他有效措施。

当箱形基础的外墙设有窗井时，窗井的分隔墙应与内墙连成整体。窗井分隔墙可视作由箱形基础内墙伸出的挑梁。窗井底板应按支承在箱形基础外墙、窗井外墙和分隔墙上的单向板或双向板计算。

与高层建筑相连的门厅等低矮结构单元的基础，可采用从箱形基础挑出的基础梁方案。挑出长度不宜大于0.15倍箱形基础宽度，并应验算挑梁产生的偏心荷载对箱基的不利影响，挑出部分下面应填充一定厚度的松散材料，或采取其他能保证其自由下沉的措施。

当箱形基础兼做人防地下室时，箱形基础的设计和构造尚应符合GB 50038《人民防空地下室设计规范》的规定。

5.6.2 箱形基础的顶、底板厚度

箱形基础的顶板厚度应根据跨度及荷载值，经正截面抗弯、斜截面抗剪和抗冲切验算确定，一般不小于200mm。

箱形基础的底板厚度应根据实际受力情况、整体刚度及防水要求确定，底板厚度不应小于400mm，且板厚与最大双向板格的短边净跨之比不应小于1/14。底板应满足受冲切承载力的要求（见图5-27），还应使正截面受弯承载力的配筋合理。当底板区格为矩形双向板时，底板的截面有效高度h_0应符合下式规定

$$h_0 \geqslant \frac{(l_{n1}+l_{n2})-\sqrt{(l_{n1}+l_{n2})^2-\dfrac{4p_n l_{n1} l_{n2}}{p_n+0.7\beta_{hp} f_t}}}{4} \tag{5-79}$$

式中　p_n ——扣除底板及其上填土自重后，相应于荷载效应基本组合的基底平均净反力设计值（kPa）；

l_{n1}、l_{n2} ——计算板格的短边和长边的净长度（m）；

β_{hp} ——受冲切承载力截面高度影响系数。

箱形基础的底板除应满足受冲切承载力要求外，还应满足斜截面受剪承载力的要求。当底板板格为矩形双向板时，其斜截面受剪承载力可按下式计算

$$V_s \leqslant 0.7\beta_{hs} f_t (l_{n2} - 2h_0) h_0 \tag{5-80}$$

式中　V_s ——距强边缘 h_0 处，作用在图 5-28 中阴影部分面积上的扣除底板及其上填土自重后，相应于荷载效应基本组合的基地平均净反力产生的剪力设计值（kN）；

β_{hs} ——受剪承载力截面高度影响系数。

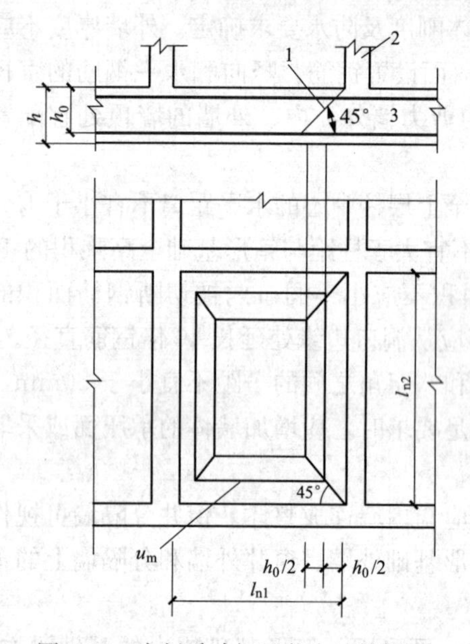

图 5-27　底板受冲切承载力计算简图

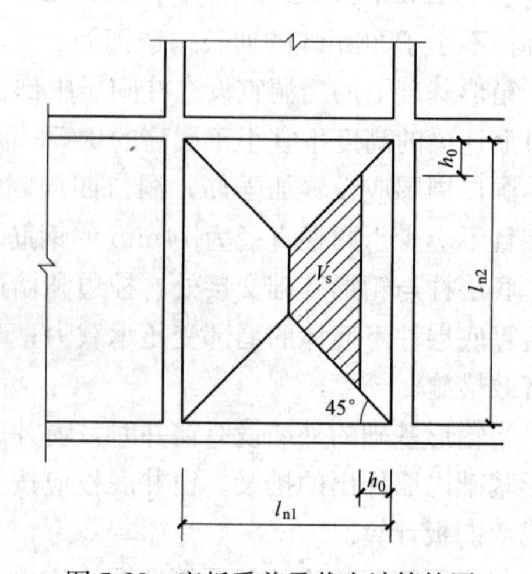

图 5-28　底板受剪承载力计算简图

当底板板格为单向板时，其斜截面受剪承载力应按平板式筏形基础计算，其中 V_s 为支座边缘处由基底平均净反力产生的剪力设计值。

5.6.3　箱形基础墙的内力计算

当地基压缩层深度范围内的土层在竖向和水平方向较均匀，且上部结构为平、立面布置较规则的剪力墙、框架、框架-剪力墙体系时，箱形基础的顶、底板可仅按局部弯曲计算。计算时，顶板取实际荷载，底板的反力可简化成均匀分布的净反力（扣除板的自重）。仅考虑局部弯曲时，顶、底板钢筋配置量除满足局部弯曲的计算要求外，底板顶面钢筋、顶板底面钢筋应按实际配筋全部连通，底板底面钢筋、顶板顶面钢筋尚应有 1/4 贯通全跨，底板上、下贯通钢筋的配筋率均不应小于 0.15%。

当不满足上述条件时，应同时计算局部弯曲和整体弯曲作用。计算整体弯曲时，应采用上部结构、箱形基础和地基共同作用的分析方法；对等柱距或柱距相差不大于 20%的框架结构，整体弯矩可按下式简化计算。

框架结构（见图 5-29）等效刚度 $E_B I_B$ 可按下式计算

$$E_{\mathrm{B}}I_{\mathrm{B}}=\sum_{i=1}^{n}\left[E_{\mathrm{b}}I_{\mathrm{b}i}\left(1+\frac{K_{\mathrm{u}i}+K_{\mathrm{l}i}}{2K_{\mathrm{b}i}+K_{\mathrm{u}i}+K_{\mathrm{l}i}}m^{2}\right)\right] \tag{5-81}$$

式中 E_{b}——梁、柱的混凝土弹性模量（kPa）；

$K_{\mathrm{u}i}$、$K_{\mathrm{l}i}$、$K_{\mathrm{b}i}$——第 i 层上柱、下柱和梁的线刚度（m^3），其值分别为 $I_{\mathrm{u}i}/h_{\mathrm{u}i}$、$I_{\mathrm{l}i}/h_{\mathrm{l}i}$、$I_{\mathrm{b}i}/l$，其中 $I_{\mathrm{u}i}$、$I_{\mathrm{l}i}$、$I_{\mathrm{b}i}$ 为第 i 层上柱、下柱和梁的截面惯性矩（m^4），$h_{\mathrm{u}i}$、$h_{\mathrm{l}i}$ 为第 i 层上柱及下柱的高度（m），l 为上部结构弯曲方向的柱距（m）；

n——建筑物层数，当层数不大于 5 层时，n 取实际层数；当层数大于 5 层时，n 取 5。

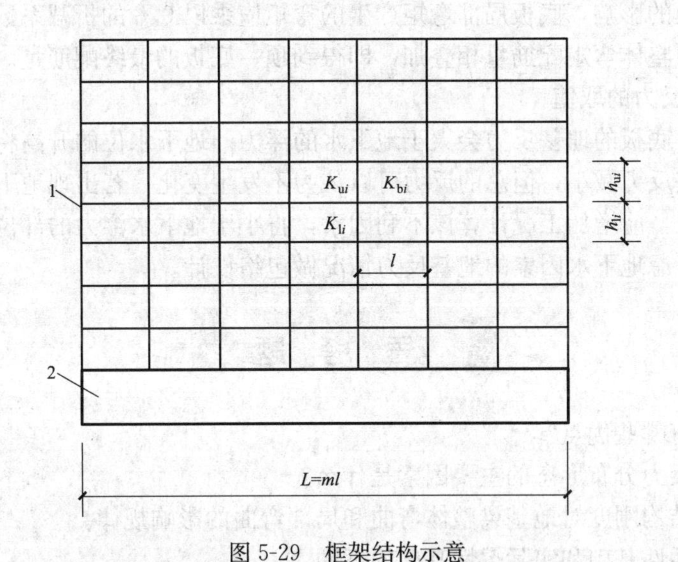

图 5-29 框架结构示意

1—第 i 层；2—基础

L—上部结构弯曲方向的总长度（m）；m—在弯曲方向的节间数

当计算出上部结构的等效刚度后，箱形基础的整体弯矩可将上部框架简化为等代梁，并通过结构的底层柱与箱形基础连接，按图 5-30 所示模型进行计算。当上部结构存在剪力墙时，可按实际情况布置在图 5-30 所示模型上，一并进行分析。

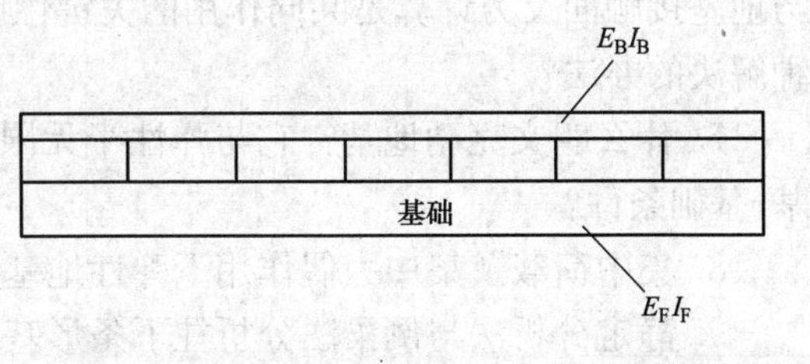

图 5-30 框架结构与箱形基础的联合模型

$$M_{\mathrm{F}}=\frac{E_{\mathrm{F}}I_{\mathrm{F}}}{E_{\mathrm{F}}I_{\mathrm{F}}+E_{\mathrm{B}}I_{\mathrm{B}}}M \tag{5-82}$$

式中 M——不考虑上部结构共同作用时箱形基础的整体弯矩（kN·m）；

M_{F}——考虑上部结构共同作用时箱形基础的整体弯矩（kN·m）；

E_{F}——箱形基础混凝土的弹性模量（kPa）；

I_{F}——箱形基础按工字形截面计算的惯性矩（m^4）。工字形截面的上、下翼缘宽度分别为箱形基础顶、底板的全宽，腹板厚度为在弯曲方向墙体厚度的总和。

在整体弯曲作用下，箱形基础墙的上、下翼缘会分别产生拉、压力，从而形成力矩与外荷载产生的效应相抗衡，其拉力或压力等于箱形基础所承担的整体弯矩除以箱形基础的高度；然后根据顶部、底部承担的力配置钢筋，均匀地布置在箱形基础墙的顶部、底部及其墙的附近顶、底板内。

箱形基础墙的最终弯矩为箱形基础墙局部弯曲与整体弯曲的叠加。箱形基础外墙还须计算土压力产生的弯矩和剪力，并进行外墙的平面外受弯、受剪设计。

5.6.4 箱形基础板的内力计算

计算板的弯矩时，可将顶、底板看成支撑在箱形基础墙上承受竖向力的双向或单向多跨连续板，顶板在实际的使用荷载及自重作用下，底板在地基反力扣除底板自重后的均布荷载作用下，按弹性理论的双向或单向多跨连续板进行计算。

由于整体弯矩的影响，底板局部弯矩产生的弯矩应乘以 0.8 的折减系数，根据折减后的弯矩进行配筋，与整体弯矩配筋量相叠加，即得到顶、底板的最终配筋量。

5.6.5 地基反力的取值

一般情况下，底板的地基反力会大于地下水的浮力。地下水位的升高将使地基通过土颗粒传递的底板地基反力减小，但总的反力可以认为不发生变化，若出现地下水浮力在局部大于地基反力的情况，应增加工况计算该不利因素，将小于地下水浮力的部位取地下水浮力进行计算，并与不考虑地下水因素的地基反力情况做包络设计。

思 考 题

1. 连续基础有哪些优点？

2. 影响地基反力分布形态的主要因素是什么？

3. 简述上部结构刚度对地基梁整体弯曲和局部弯曲的影响规律。

4. 比较理想柔性基础和实际柔性基础的不同。

5. 比较绝对刚性基础和实际刚性基础的不同。

6. 上部结构、基础、地基共同作用相互影响的实质性内容是什么？为什么说解决基础与地基接触面反力计算是共同作用的关键性课题？解决的难点在何处？目前在设计中有哪几种解决的办法？

7. 什么叫文克勒地基？它与弹性半无限空间地基有何区别？它们各自使用于哪几种地基-基础条件？

8. 集中荷载及集中力偶作用下弹性地基梁的挠曲变形有何特征？受哪些因素影响？

9. 静定分析法与倒梁法分析柱下条形基础纵向内力有何差异？各适用于什么条件？

10. 简述用弹性地基梁法求柱下条形基础内力的基本思路。

11. 柱下十字交叉梁基础节点荷载分配须满足哪些要求？柱下十字交叉梁基础节点荷载怎样分配？节点荷载分配后为什么须进行调整？

12. 比较筏形基础和箱形基础受力上的不同。

13. 箱形基础的竖向构件为什么必须设置在墙的交点处？

14. 箱形基础是如何近似考虑上部结构和基础的变形协调的？

15. 箱形基础的内墙须按什么构件设计？箱形基础的外墙位于地下室外侧时还须考虑哪个方面的受力？

习 题

1. 一柱下条形基础，所受外荷载大小及位置如图 5-31 所示，地基为均质黏性土，地基承载力特征为 150kPa，土的重度 $\gamma=18kN/m^3$。基础埋深为 2m。试确定基础底面尺寸、翼缘的高度及配筋，并用倒梁法计算基础的纵向内力（材料和图中的 l_1、l_2 及截面尺寸自定）。

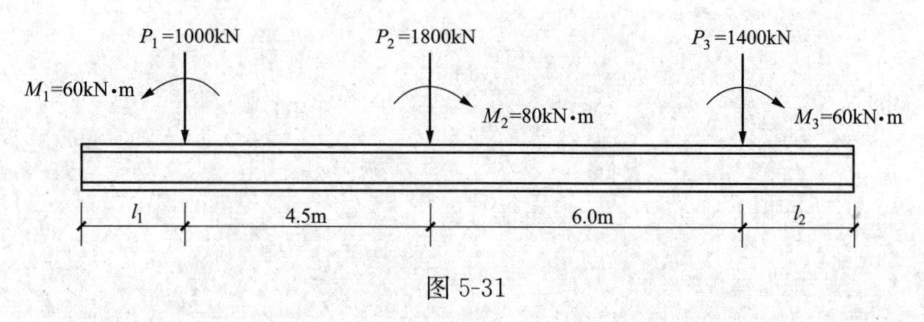

图 5-31

2. 十字交叉梁基础，某中柱节点承受荷载 $p=3000kN$，一个方向的基础宽度 $b_x=1.8m$，抗弯刚度 $EI_x=850MPa\cdot m^4$，另一个方向的基础宽度 $b_x=1.2m$，抗弯刚度 $EI_x=600MPa\cdot m^4$，基床系数 $k=5MN/m^3$。试计算两个方向分别承受的荷载 P_x、P_y。

3. 图 5-32 为一高层框-剪结构底层内柱，其横截面尺寸为 600mm×1650mm，柱的混

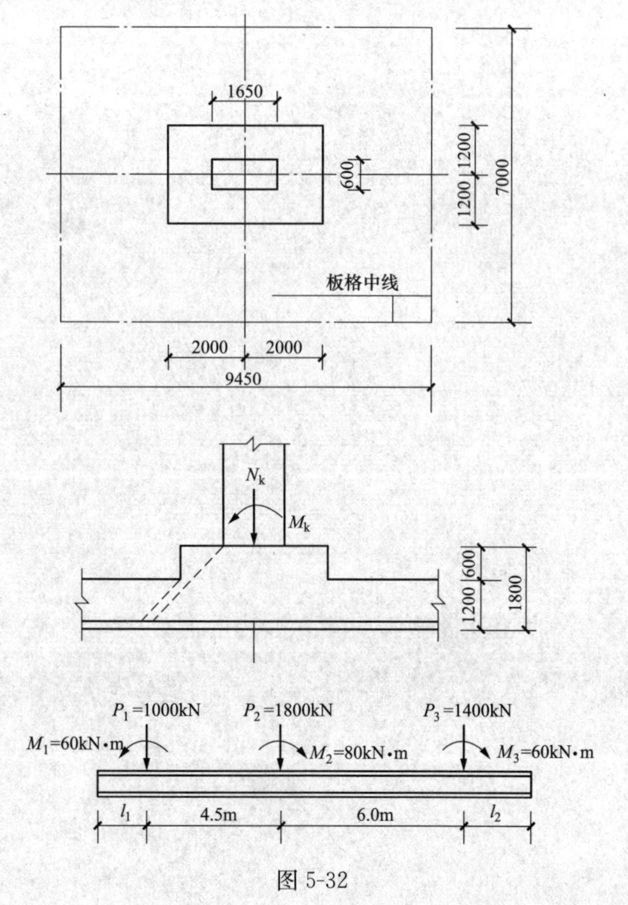

图 5-32

凝土强度等级为C60，按荷载效应标准组合的柱轴力为1600kN，弯矩为200kN·m，柱网尺寸为7m×9.45m；采用平板式筏形基础，筏板厚度为1.2m，柱下局部板厚为1.8m，筏板变厚度处台阶的边长分别为2.4m和4m。荷载标准组合地基净反力为242kPa，筏板混凝土强度等级为C30，保护层厚度取50mm。要求：验算筏板的受冲切承载力。

第6章 桩 基 础

6.1 概 述

当地基浅层土质不良，采用浅基础无法满足承载力、沉降要求时，往往需要采用深基础。深基础有桩基础、沉井基础、地下连续墙等几种类型，其中应用最广泛的是桩基础，且历史最悠久。如1982年在智利发掘的文化遗址所见到的桩，距今12000～14000年。我国秦代的渭桥、五代的杭州湾大海提以及宋代的上海龙华塔等，都是我国古代桩基的典范。近年来，随着工业技术和工程建设的发展，桩的类型、成桩工艺、桩的设计理论及检测技术均有迅速的发展，桩基已广泛应用于高层建筑、桥梁、港口和水利工程中。

桩是指垂直或者倾斜地布置于地基中，其断面相对其长度较小的杆状构件。桩基础是由单根桩或多根桩和承台两部分组成。桩基础的作用是将承台以上结构传来的荷载通过承台传给桩，再通过桩传至较深的地基持力层中，承台将各桩联成整体共同承担荷载。框架结构若采用大直径桩，常为一柱一桩，在桩顶设桩帽过渡。

6.1.1 桩基础的特点及应用

桩基础一般比天然地基的浅基础工期更长，墙柱轴力若很大，采用桩基可能比浅基础更为节省。与浅基础相比，桩基承载能力高，沉降小且均匀，还可以承担拉拔荷载；有较好的抗震性能；小直径的桩抗水平力能力较差。桩的形式多种多样，适用于绝大多数地层情况。

目前，桩基础主要用于以下方面：

(1) 竖向荷载较大或地基上部土层软弱，满足要求的地基持力层较深，采用浅基础或人工地基在技术或经济上不合理时。

(2) 不允许地基有过大沉降或不均匀沉降的高层建筑或其他重要的建筑物。

(3) 重型工业厂房或荷载很大的建筑物，如仓库、料仓等。

(4) 作用有较大水平力和力矩的高耸建筑物（烟囱、水塔等）的基础。

(5) 河床冲刷较大、河道不稳定或冲刷深度不易计算，如采用浅基础施工困难或不能保证基础安全时。

(6) 需要减弱振动对建筑物影响的动力机器设备基础。

(7) 在液化地基中，采用桩基础可增加结构的抗震能力，防止砂土液化。

6.1.2 桩基础设计原则

据建筑规模、功能特征、对差异变形的适应性、场地地基和建筑物体型的复杂性以及由于桩基问题可能造成建筑破坏或影响正常使用的程度，应将桩基设计分为表6-1所列的三个设计等级。

桩基应根据具体条件分别进行下列承载能力计算和稳定性验算：

(1) 应根据桩基的使用功能和受力特征分别进行桩基的竖向承载力计算和水平承载力计算。

表 6-1 **建筑桩基设计等级**

设计等级	建 筑 类 型
甲级	(1) 重要的建筑 (2) 30 层以上或高度超过 100m 的高层建筑 (3) 体型复杂且层数相差超过 10 层的高低层（含纯地下室）连体建筑 (4) 20 层以上框架-核心筒结构及其他对差异沉降有特殊要求的建筑 (5) 场地和地基条件复杂的 7 层以上的一般建筑及坡地、岸边建筑 (6) 对相邻既有工程影响较大的建筑
乙级	除甲级、丙级以外的建筑
丙级	场地和地基条件简单、荷载分布均匀的 7 层及 7 层以下的一般建筑

(2) 应对桩身和承台结构承载力进行计算；对于桩侧土不排水抗剪强度小于 10kPa、且长径比大于 50 的桩，应进行桩身压屈验算；对于混凝土预制桩，应按吊装、运输和锤击作用进行桩身承载力验算；对于钢管桩，应进行局部压屈验算。

(3) 当桩端平面以下存在软弱下卧层时，应进行软弱下卧层承载力验算。

(4) 对位于坡地、岸边的桩基应进行整体稳定性验算。

(5) 对于抗浮、抗拔桩基，应进行基桩和群桩的抗拔承载力计算。

(6) 对于抗震设防区的桩基，应进行抗震承载力验算。

下列建筑桩基应进行沉降计算：

(1) 设计等级为甲级的非嵌岩桩和非深厚坚硬持力层的建筑桩基。

(2) 设计等级为乙级的体型复杂、荷载分布显著不均匀或桩端平面以下存在软弱土层的建筑桩基。

(3) 软土地基多层建筑减沉复合疏桩基础。

对受水平荷载较大，或对水平位移有严格限制的建筑桩基，应计算其水平位移。应根据桩基所处的环境类别和相应的裂缝控制等级，验算桩和承台正截面的抗裂和裂缝宽度。

桩基设计时，所采用的作用效应组合与相应的抗力应符合下列规定：

(1) 确定桩数和布桩时，应采用传至承台底面的荷载效应标准组合；相应的抗力应采用基桩或复合基桩承载力特征值。

(2) 计算荷载作用下的桩基沉降和水平位移时，应采用荷载效应准永久组合；计算水平地震作用、风载作用下的桩基水平位移时，应采用水平地震作用、风载效应标准组合。

(3) 验算坡地、岸边建筑桩基的整体稳定性时，应采用荷载效应标准组合；抗震设防区，应采用地震作用效应和荷载效应的标准组合。

(4) 在计算桩基结构承载力、确定尺寸和配筋时，应采用传至承台顶面的荷载效应基本组合。当进行承台和桩身裂缝控制验算时，应分别采用荷载效应标准组合和荷载效应准永久组合。

(5) 桩基结构设计安全等级、结构设计使用年限和结构重要性系数 γ_0 应按现行有关建筑结构规范的规定采用，除临时性建筑外，重要性系数 γ_0 不应小于 1.0。

(6) 当桩基结构进行抗震验算时，其承载力调整系数 γ_{RE} 应按 GB 50011—2010《建筑抗震设计规范》的规定采用。

6.2 桩的类型

随着科学技术的发展，工程实践中已形成了各种类型的桩基础，各种桩型在构造和桩土相互作用机理上都不相同，各具特点。因此，了解桩的类型、特点及适用条件对桩基础设计非常重要。

6.2.1 按承台与地面的相对位置分类

桩基一般由桩和承台组成，根据承台与地面的相对位置，将桩基划分为高承台桩和低承台桩两种。

1. 高承台桩

承台底面位于地面（或冲刷线）以上的桩称为高承台桩。

高承台桩由于承台位置较高，可避免或减少水下施工，施工方便。由于承台及桩身露出地面的自由长度无土来约束，在水平力的作用下，桩身的受力情况较差，内力位移较大，稳定性较差。

近年来，由于大直径钻孔灌注桩的采用，桩的刚度、承载力都很大，因而高承台桩在桥梁基础工程中得到广泛应用。另外，海岸工程、海洋平台工程中都采用高承台桩。

2. 低承台桩

承台底面位于地面（冲刷线）以下的桩称为低承台桩。

低承台桩的受力、稳定性等方面均较好，因此在建筑工程中广泛应用。

6.2.2 按桩数及排列方式分类

桩基设计时，当承台范围内布置一根桩时，称为单桩基础；当布置的桩数超过 2 根时，称为多桩基础；根据桩的布置形式，多桩基础又分为单排桩和多排桩两类。

1. 单排桩

桩基础除承担竖向荷载外，还承担风荷载、汽车制动力、地震作用等产生的水平荷载。单排桩是指与主要水平外力的同一方向上只布置一排桩，桩数多于 1 根的桩基础。如条形基础下的桩基，沿纵向布置桩数较多，但如果基础宽度方向上只布置一排桩，则称为单排桩。

2. 多排桩

多排桩是指与主要水平外力相垂直的方向上由多排桩组成，而每一排又由许多根桩组成的桩基础。如筏板基础下的桩基，在基础宽度方向上布置多排，在基础长度方向上每一排又布置多根桩，这种桩基就是多排桩。

6.2.3 按桩的承载性能分类

桩在竖向荷载作用下，桩顶荷载由桩侧摩阻力和桩端阻力共同承担，而桩侧摩阻力、桩端阻力的大小及分担荷载的比例是不相同的。JGJ 94—2008《建筑桩基技术规范》根据桩的受力条件、桩侧摩阻力和桩端阻力的发挥程度及分担比例，将桩基分为端承型桩和摩擦型桩两大类和四个亚类，见图 6-1。

1. 摩擦型桩

在竖向荷载作用下，桩顶荷载全部或主要由桩侧阻力承担，这种桩称为摩擦型桩。根据桩侧阻力分担荷载大小，又分为摩擦桩和端承摩擦桩两个亚类。

（1）摩擦桩：当上层很厚，无较硬的土层作为桩端持力层；或桩端持力层虽然较硬，但桩的长径比很大，传递到桩端的轴力很小，桩顶荷载的绝大部分由桩侧摩阻力分担，桩端阻力可忽略不计时，这种桩称为摩擦桩，如图 6-1（a）所示。

（2）端承摩擦桩：当桩的长径比不大，桩端有较坚硬的黏性土、粉土和砂土时，桩顶荷载主要由桩侧摩阻力分担，除桩侧阻力外，还有一定的桩端阻力，这种桩称为端承摩擦桩，如图 6-1（b）所示。

2. 端承型桩

在竖向荷载作用下，桩顶荷载全部或主要由桩端岩土承担，桩侧摩阻力相对于桩端阻力而言较小，或可忽略不计的桩，这种桩称为端承型桩。根据桩端阻力发挥的程度及分担的比例，又可分为摩擦端承桩和端承桩两个亚类。

（1）端承桩：桩的长径比较小（一般小于 10），桩穿过软弱土层，桩底支承在岩层或较硬土层上，桩顶荷载的绝大部分由桩端土来支承，桩侧阻力可忽略不计，如图 6-1（c）所示。

（2）摩擦端承桩：桩端进入中密以上的砂土、碎石类土中，或桩端进入中、微风化岩层，同时桩的长径比较大，桩顶荷载由桩侧摩阻力和桩端阻力共同承担，桩承载力主要由桩端阻力形成，如图 6-1（d）所示。

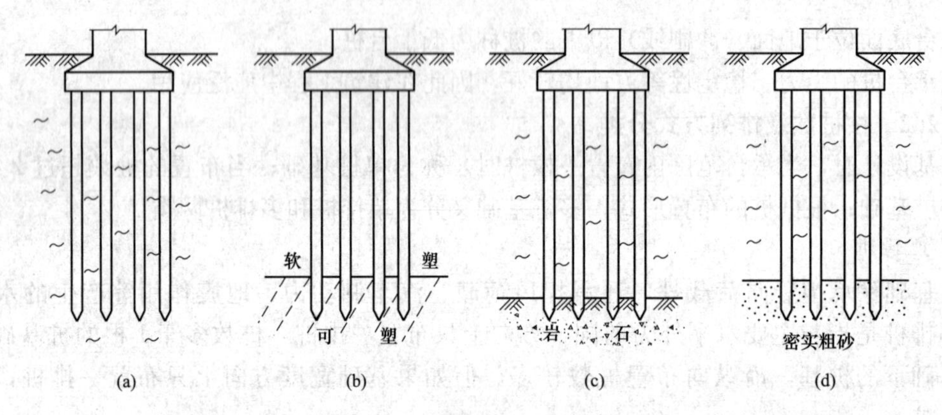

图 6-1 桩按承载性能分类

（a）摩擦桩；（b）端承摩擦桩；（c）端承桩；（d）摩擦端承桩

6.2.4 按施工方法分类

桩按施工方法不同，可分为预制桩和灌注桩两大类。

1. 预制桩

预制桩是指先预制成桩，以不同的沉桩方式（设备）沉入地基内达到所需要的深度。预制桩的特点有：可大量工厂化生产、施工速度快，适用于一般土质地层，但对于较硬地层，施工困难。预制桩沉桩有明显的挤土作用，应考虑对邻近建筑的影响，在运输、吊装、沉桩过程中应注意避免损坏桩身。

按不同的沉桩方式，预制桩可分为打入桩（锤击沉桩）、振动下沉桩和静压桩三类。

预制桩又分为圆桩和方桩。圆桩没有方向性，在工程中使用较多；圆桩又分为实心桩和空心桩，空心圆桩在桩的环向施加预应力，称为预应力管桩。预应力管桩在工程中较为常用。

2. 灌注桩

灌注桩是现场地基成孔，现场浇注混凝土的桩。与预制桩相比，灌注桩的特点有：①不必考虑运输、吊桩和沉桩过程中对桩产生的内力；②桩长可按土层的实际情况适当调整，不存在吊运、沉桩、接桩等工序，施工简单；③无振动和噪声。

灌注桩的种类很多，按成孔方式分为以下几种：

(1) 钻孔灌注桩。钻孔灌注桩是在预定桩位用成孔机械钻进排土成孔，然后在桩孔中放入钢筋笼，灌注混凝土而形成桩体。钻孔灌注桩施工设备简单、操作方便，适用于各种黏性土、砂土地基，也适用于碎石、卵石土和风化程度较高的岩层地基。

钻孔灌注桩常为泥浆护壁钻孔灌注桩和长螺旋钻孔灌注桩。泥浆护壁钻孔灌注桩污染环境，不适合在城市内部采用；长螺旋钻孔灌注桩为空心螺旋钻，根据钻进难度判断是否达到需要的持力层，达到持力层后从空心螺旋钻中灌入混凝土，边灌混凝土边提杆，优点是穿过软土较易，缺点是不能穿过较硬的孤石。

(2) 挖孔灌注桩。依靠人工（用部分机械配合）开挖成孔，然后浇注混凝土所形成的桩称为挖孔灌注桩。它的特点是无需大型设备，施工简单，场区各桩可同时施工，挖孔直径较大同时可适应各种单桩承载力需求，可直接观察地层情况，孔底清孔质量有保证，通过扩底可显著提高单桩承载力。为确保施工安全，挖孔深度不宜太深。

挖孔灌注桩一般适用于无水或渗水量较小的地层，对可能发生流砂或较厚的软黏土地基，施工较为困难，较难保证施工安全。由于施工环境较差，这种桩型的工程应用有减少的趋势。

(3) 冲孔灌注桩。利用钻锥不断地提锥、落锥反复冲击孔底土层，把土层中的泥沙、石块挤向四周或打成碎渣，利用掏渣筒取出，形成冲击孔。冲击成孔适用于含有漂石、卵石、大块石的土层及岩层，成孔深度一般不宜超过50m。

(4) 冲抓成孔灌注桩。用兼有冲击和抓土作用的冲抓锥，通过钻架，由带离合器的卷扬机操纵。靠冲锥自重冲下使抓土瓣张开插入土中，然后由卷扬机提升锥头收拢抓土瓣将土抓出。冲抓成孔具有以下特点：①对地层的适应性强，尤其适用于松散地层；②噪声小、振动小，可靠近建筑物施工；③设备简单，用套管护壁不会缩径；④用抓斗可直接抓取软土、松散砂土，遇到特大漂卵石、大石块时，可换用冲击钻头破碎，再用抓斗取土。

(5) 沉管灌注桩。沉管灌注桩是用锤击、振动等方法将带有桩靴的钢管沉入土中，然后在钢管中放入钢筋笼，灌注混凝土，形成桩体。桩靴有钢筋混凝土和活瓣式两种，前者是一次性的桩靴，后者沉管时桩尖闭合，拔管时张开。沉管灌注桩适用于黏性土、砂土地基。由于采用了套管，因此可以避免钻孔灌注桩的坍孔及泥浆护壁等弊端，但桩体直径较小。在黏性土中，因沉管的排土挤压作用对邻桩有挤压影响，故挤压产生的孔隙水压力易使拔管时出现混凝土桩缩颈现象。

沉管灌注桩的一种改进型为夯扩桩，钢管由内管和外管组成，内管为两端封闭的钢管，外管为两端开口的钢管，用锤击、振动或二者共同作用将紧密贴合的内外管一起沉入土中，达到持力层后拔出内管，灌入混凝土，边灌混凝土边拔外管。

(6) 爆扩桩。成孔后，在孔内用炸药爆炸扩大孔底，浇注混凝土而形成的桩称为爆扩桩。这种桩扩大了桩底与地基土的接触面积，提高了桩的承载力，适用于持力层较浅的黏性土地基。由于国家对炸药管制很严，因此爆扩桩在工程中已很少使用。

(7) 旋挖桩。旋挖钻机成孔首先是通过底部带有活门的桶式钻头回转破碎岩土，并直接将其装入钻斗内，然后再由钻机提升装置和伸缩钻杆将钻斗提出孔外卸土，这样循环往复，不断地取土卸土，直至钻至设计深度。对黏结性好的岩土层，可采用干式或清水钻进工艺，无须泥浆护壁。而对于松散易坍塌地层，或有地下水分布、孔壁不稳定时，必须采用静态泥浆护壁钻进工艺，向孔内投入护壁泥浆或稳定液进行护壁。

旋挖桩属于大直径桩，有替代人工挖孔桩的趋势。

6.2.5 按组成桩身的材料分类

桩按组成桩身的材料，可分为木桩、钢筋混凝土桩、钢桩三类。

(1) 木桩。木桩是古老的预制桩，它常由松木、杉木等制成，直径一般为160～260mm，桩长一般为4～6m。木桩的优点是自重小，加工制作、运输、沉桩方便，但它具有承载力低、耐久性差等缺点，目前已很少在永久性工程中采用，只有在临时性抢险中使用。

(2) 钢筋混凝土桩。钢筋混凝土桩有预制桩和灌注桩两种，由于其耐久性好，通过设计不同的桩径和桩长，桩承载力能满足各种需求，且通过选用不同的桩型可适应各种地层情况，因此是工程中最常使用的桩型。

(3) 钢桩。钢桩是用各种型钢做成的桩，常见的有钢管桩、H型钢桩和工字型钢桩。钢桩的优点是承载力高，运输、吊桩和沉桩方便，但具有耗钢量大、成本高、易锈蚀等缺点，适用于临时支护工程。目前我国最长的钢管桩达88m。

6.2.6 按桩的使用功能分类

桩按使用功能分类，可分为以下几类：

(1) 竖向抗压桩。主要承受竖向压力荷载的桩，应进行地基的竖向承载力计算和桩身的受压承载力设计，必要时还需计算桩基沉降，验算下卧层承载力以及负摩阻力产生的下拉荷载。一般建筑物下的桩都是竖向抗压桩。

(2) 竖向抗拔桩。主要承受竖向拉拔荷载的桩，应进行桩身抗拉承载力设计和桩身抗裂验算，还须进行地基的抗拔承载力验算。在地下水位较高时，一般无上部建筑处的地下室桩为竖向抗拔桩。

(3) 水平受荷桩。主要承受水平荷载的桩，应进行桩身受弯、受剪承载力设计，还可能需要进行抗裂验算，必须进行水平承载力验算和水平位移验算。一般挡土桩都是水平受荷桩。

(4) 复合受荷桩。竖向、水平向荷载均较大的桩，应按竖向抗压桩及水平受荷桩的要求进行设计。这种桩型建筑工程中应用较少。

6.2.7 按桩径大小分类

(1) 小直径桩：桩径 $d \leqslant 250$mm，永久性工程中较少使用。

(2) 中等直径桩：$250\text{mm} < d < 800\text{mm}$，常用作多层建筑的桩基或层数不是很高的高层建筑桩基。

(3) 大直径桩：$d \geqslant 800$mm，近年来大量使用，常用于高层建筑桩基。

6.2.8 按挤土效应分类

成桩过程中挤土与否对成桩和桩承载力影响较大，所以常按此分成三类：

(1) 非挤土桩。非挤土桩的特点是预先取土成孔，成孔的方法是用各种钻机钻孔或人工挖孔。因成桩过程中清理了孔中土体，桩周土不受排挤作用，并可能向桩孔内移动，故土的抗剪强度降低，桩侧摩阻力有所减小。非挤土桩对临近桩孔影响较小，当相邻桩相距过近时容易串孔。

（2）部分挤土桩。开口的沉管取土灌注桩、先预钻较小孔径的钻孔然后打入预制桩、打入式敞口的管桩都属于部分挤土桩。在桩的设置过程中，对桩周土体稍有排挤作用，但土的强度和变形性质变化不大，一般可用原状土测得的强度指标来估算桩的承载力和沉降量。

（3）挤土桩。实心的预制桩、下端封闭的管桩、木桩及沉管灌注桩等在锤击和振动贯入过程中都要将桩位处的土体全部排挤开，使土的结构严重扰动破坏，对土的强度及变形性质影响较大，因此必须采用原状土扰动后再恢复的强度指标来估算桩的承载力和沉降量。

6.3 竖向荷载下单桩的工作性能

6.3.1 桩的竖向荷载传递机理

在竖向荷载作用下，桩顶会产生沉降，桩身材料产生弹性压缩变形，桩与桩侧土体发生相对位移，因而桩侧土会对桩身产生向上的桩侧摩阻力。长径比不是很大的桩，一般桩侧摩阻力不足以抵抗竖向荷载，桩端持力层也会受到压缩，一部分竖向荷载将传递到桩底，故桩底土也会对桩端产生阻力。所以，作用于桩顶的竖向压力 Q 由作用于桩侧的总摩阻力 Q_s 和作用于桩端的总端阻力 Q_p 共同承担，可表示为

$$Q = Q_s + Q_p \tag{6-1}$$

从以上分析可知，靠近桩身上部土层的侧阻力比下部土层的侧阻力先发挥作用，侧阻力先于端阻力发挥作用。研究表明，侧阻力与端阻力充分发挥作用所需要的位移量也是不同的。侧阻力充分发挥作用所需的相对位移一般不超过 20mm；端阻力发挥作用的情况比较复杂，与桩端土的类型与性质及桩长度、桩径、成桩工艺和施工质量等因素有关。对于岩层和坚硬的土层，只需很小的桩端位移就可使其端阻力发挥作用；对于一般土层，完全发挥端阻力作用所需位移量则可能很大。

6.3.2 桩的侧阻力

1. 侧阻力沿桩身的分布

在桩顶竖向荷载 Q 的作用下，桩身轴力 N_z、桩侧阻力 τ_z、位移 δ_z 的分布情况如图 6-2 所示，由深度 z 处桩段微元上力的平衡条件为

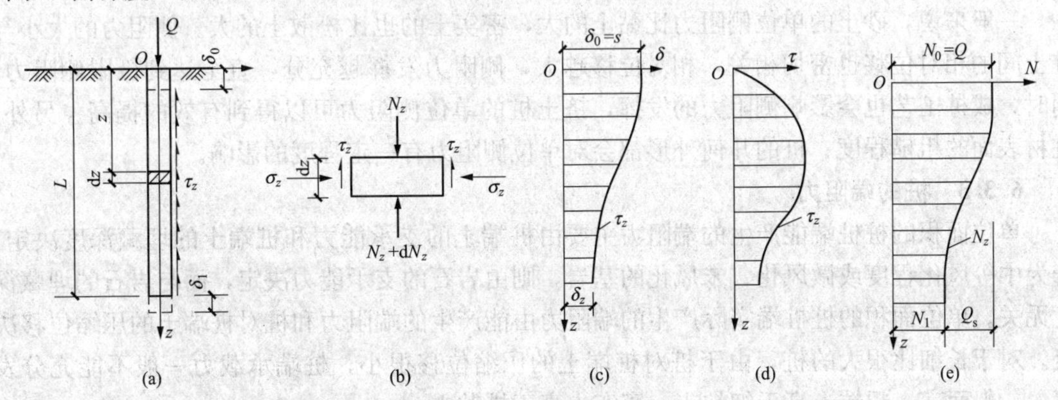

图 6-2 单桩竖向荷载传递

（a）竖向受压单桩；（b）微桩段的受力情况；（c）截面位移；（d）摩阻力分布；（e）轴力分布

$$\tau_z \pi d\,\mathrm{d}z + N_z + \mathrm{d}N_z - N_z = 0 \tag{6-2}$$

整理可得

$$\frac{\mathrm{d}N_z}{\mathrm{d}z} = -\pi \mathrm{d}\tau_z \tag{6-3}$$

在测出桩顶竖向位移 s 后，还可以计算出桩身任意位置处的位移

$$\delta_z = s - \frac{1}{E_p A_p}\int_0^z N_z \mathrm{d}z \tag{6-4}$$

桩端位移

$$\delta_l = s - \frac{1}{E_p A_p}\int_0^l N_z \mathrm{d}z \tag{6-5}$$

式中 τ_z ——单位面积侧阻力；
d ——桩径；
E_p ——桩弹性模量；
A_p ——桩身横截面面积。

试验时，通过在桩身埋设应变片可测出桩顶施加荷载后在桩身任意位置处的应力、轴力，通过上述公式可推算出桩侧单位面积侧阻力、桩在土中任意位置的位移。一般的桩侧阻力分布如图 6-2（d）所示，在桩的顶面，由于桩侧压力为零，侧阻力也为零；随着深度的增加，桩侧压力越来越大，侧阻力也越来越大；桩侧压力在桩端虽最大，但桩土相对位移最小，故桩端侧阻力不是最大的。

2. τ_z 的主要影响因素

影响单位面积侧阻力的因素有很多，单位面积的桩桩侧能产生的侧阻力主要由土作用于桩的水平侧压力和桩土间的摩擦系数决定，桩土间的摩擦系数由土的抗剪强度指标和桩的粗糙程度决定。单位面积的桩桩侧实际产生的侧阻力由能产生的侧阻力和桩土相对位移决定。考虑到桩土相对位移的差异，对于有一定长度的桩，在桩达到承载力极限状态时，沿桩长度方向不是处处能达到侧阻力极限。若桩相对于土向下发生位移，则土对桩的摩阻力向上，称为正摩阻力；若为欠固结土、地面堆载等原因，使桩周土的下沉量大于桩承载力极限状态时的桩向下位移量，也就是说土相对于桩产生向下的位移，则土对桩的摩阻力向下，称为负摩阻力。

一般来说，砂土的单位侧阻力比黏土的大，密实土的也比松散土的大。侧阻力的大小与桩土间的相对位移也密切相关，相对位移越大，侧阻力发挥越充分，直至达到极限侧阻力。同时，成桩工艺也会影响侧阻力的发挥，挤土桩的单位侧阻力可以得到有效的提高。另外，桩材表面的粗糙程度、桩的几何外形都会对单位侧阻力有一定程度的影响。

6.3.3 桩的端阻力

单位面积的桩桩端能产生的端阻力主要由桩端土的支承能力和桩端土的埋藏深度决定；若为中等风化程度或微风化、未风化的基岩，则由岩石的支承能力决定，而与岩石的埋藏深度无关。单位面积的桩桩端实际产生的端阻力由能产生的端阻力和桩对桩端土的压缩位移决定。对于长细比很大的桩，由于桩对桩端土的压缩位移很小，桩端承载力一般不能充分发挥。一般而言，粗粒土高于细粒土，密实土高于松散土。

成桩工艺对端阻力的发挥影响较大。挤土桩中，如果桩周围为可挤密土，则桩端土会因为挤密作用而使其端阻力提高，并且使端阻力在较小的桩端位移下即可发挥作用。如果桩周

土为密实的土或者饱和黏性土，成桩过程中会扰动原状土的结构，或者产生超静孔隙水压力，端阻力反而可能会受到不利影响。非挤土桩，成桩时也有可能扰动原状土，在桩底形成沉渣和虚土，端阻力会降低。

模型和原桩试验均表明，桩端阻力有明显的深度效应，即存在一个临界深度。当桩端入土深度小于某一临界深度时，极限端阻力随深度线性增加，而大于该深度后则保持定值基本不变。

综合侧阻力曲线形状特点和端阻力存在临界深度这两个因素，支承在土中的桩必须保证最小桩长，最小桩长不随桩的类型和直径而发生显著变化。支承在中等风化程度或微风化、未风化的基岩上的端承型桩，由于端阻力与深度几乎没有关系，同时侧阻力影响微小，在不增大入岩深度时桩的长度增加对桩承载力影响微小。

6.4 单桩竖向承载力的确定

6.4.1 竖向荷载作用下单桩的破坏模式

1. 屈曲破坏

当桩底支承在岩层上或者坚硬土层上，桩长细比偏大同时桩周土层较为软弱时，桩身侧向约束较差，桩在轴向压力作用下如同一细长压杆出现纵向压曲破坏，荷载-沉降关系曲线为“急剧破坏”的陡降型，如图 6-3（a）所示，其沉降量很小，具有明确的破坏荷载。

发生这种破坏时，桩的承载力取决于桩身承载力，桩端岩土的承载能力得不到充分发挥。工程中应通过验算桩身承载力，避免这类破坏发生。

2. 整体剪切破坏

当具有足够承载力的桩穿过抗剪强度较低的土层，达到抗剪强度强度较高的土层时，若桩的长细比不大，在轴向压力作用下，由于桩底上部土层不能阻止滑动土楔的形成，桩底土体会形成滑动面而出现整体剪切破坏，如图 6-3（b）所示。

这种破坏常在摩擦端承桩这类桩上发生，若想充分利用桩身承载力，应增大进入抗剪强度高的土层的深度。

3. 刺入破坏

当桩的入土深度较大、桩周土层抗剪强度较均匀时，在轴向荷载作用下，桩会出现刺入破坏，如图 6-3（c）所示。此时，桩顶荷载主要由桩侧摩阻力承受，桩端阻力极小，桩的沉降量较大，荷载-位移曲线为缓变形，无明显拐点。

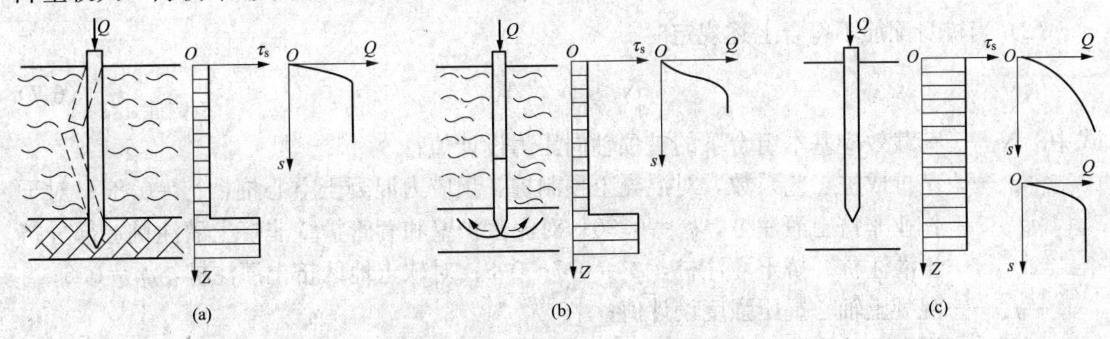

图 6-3 竖向荷载下基桩的破坏模式

（a）屈曲破坏；（b）整体剪切破坏；（c）刺入破坏

6.4.2 单桩竖向抗压承载力

单桩竖向抗压承载力应同时满足三个要求：①在荷载作用下，桩在地基中不丧失稳定性；②在荷载作用下，桩顶不产生过大的位移；③在荷载作用下，桩身材料不发生破坏。

单桩竖向抗压极限承载力：试验时，单桩在竖向压力荷载作用下到达破坏极限状态前或出现不适于继续承载的变形时所对应的最大荷载，它取决于土对桩的支承阻力和桩身承载力；试验时受检测的桩其单桩竖向抗压极限承载力可能各不相同，单桩竖向抗压极限承载力是单根桩的抗压极限承载力评价指标。

工程中必须对同等情况的整批工程桩进行评价，桩基检测报告常用单桩竖向抗压极限承载力标准值作为整批工程桩的评价结论。单桩竖向抗压极限承载力标准值：按检测要求抽取若干根桩进行静载检测，得到每根桩的单桩竖向抗压极限承载力，按规范对这些检测桩进行统计分析，得出唯一的单桩竖向抗压极限承载力标准值。

为了保证工程设计有一定的安全储备，设计图纸常用单桩竖向抗压承载力特征值对单桩承载力做出要求。单桩竖向抗压承载力特征值：单桩竖向极限抗压承载力标准值除以规范规定的安全系数后的承载力值。

考虑到地基土的复杂性、多变性，单桩竖向抗压极限承载力的确定方法很多，有静载荷试验、静力触探法、经验参数法等。在工程设计中，往往需要选用几种方法做综合分析，从而合理地确定单桩竖向极限承载力标准值。

《建筑桩基技术规范》(JGJ 94—2008) 对单桩竖向极限承载力标准值的确定有以下规定：

(1) 设计等级为甲级的建筑桩基，应通过单桩静载试验确定。

(2) 设计等级为乙级的建筑桩基，当地质条件简单时，可参照地质条件相同的试桩资料，结合静力触探等原位测试和经验参数综合确定；其余均应通过单桩静载试验确定。

(3) 设计等级为丙级的建筑桩基，可根据原位测试和经验参数确定。

6.4.2.1 按桩身抗压承载力确定单桩竖向抗压承载力

JGJ 94—2008 规定，钢筋混凝土轴心受压桩正截面受压承载力应符合下列规定：

(1) 当桩顶以下 $5d$ 范围的桩身螺旋式箍筋间距不大于 100mm，且符合本规范第 4.1.1 条规定时

$$N \leqslant \psi_c f_c A_{ps} + 0.9 f_y' A_s' \tag{6-6}$$

(2) 当桩身配筋不符合上述规定时

$$N \leqslant \psi_c f_c A_{ps} \tag{6-7}$$

式中 N——荷载效应基本组合下的桩顶轴向压力设计值；

ψ_c——基桩成桩工艺系数，对混凝土预制桩、预应力混凝土空心桩，$\psi_c=0.85$；对干作业非挤土灌注桩，$\psi_c=0.90$；对泥浆护壁和套管护壁非挤土灌注桩、部分挤土灌注桩、挤土灌注桩，$\psi_c=0.7\sim0.8$；对软土地区挤土灌注桩，$\psi_c=0.6$；

f_c——混凝土轴心抗压强度设计值；

f_y'——纵向主筋抗压强度设计值；

A_s'——纵向主筋截面面积。

成桩时，桩截面尺寸不受损伤或尺寸相对有保证时，基桩成桩工艺系数取值同混凝土轴心受压构件，取 0.9；根据成桩时对桩身损伤的轻重程度，基桩成桩工艺系数作相应的折减。

计算轴心受压混凝土桩正截面受压承载力时，一般取稳定系数 $\varphi=1.0$。对于高承台基桩、桩身穿越可液化土或不排水抗剪强度小于 10kPa 的软弱土层的基桩，应考虑压屈影响，可按式（6-6）、式（6-7）计算所得桩身正截面受压承载力乘以 φ 折减。其稳定系数 φ 可根据桩身压屈计算长度 l_c 和桩的设计直径 d（或矩形桩短边尺寸 b）确定。

6.4.2.2 按单桩静载荷试验确定

1. 加载装置与量测仪器

一般采用油压千斤顶加载，试验前应对千斤顶进行标定。千斤顶的反力装置可根据现场条件选用。单桩静压试验的加载方法主要有锚桩法和压重法。

锚桩法反力装置主要由锚梁、横梁和液压千斤顶等组成，如图 6-4 所示。用千斤顶逐级施加荷载，反力通过横梁、锚梁传递给已经施工完毕的桩基，用油压表或压力传感器量测荷载的大小，用百分表或位移计量测试桩的下沉量，以便进一步分析。锚桩一般采用 4 根，如入土较浅或土质较松散时可增加至 6 根。锚桩与试桩的中心间距，当试桩直径（或边长）小于或等于 800mm 时，可为试桩直径（或边长）的 5 倍；当试桩直径大于 800mm 时，上述距离不得小于 4m。锚桩承载梁反力装置能提供的反力，应不小于预估最大荷载的 1.3～1.5 倍。锚桩在试验时承受拉力，可为工程桩，若无合适的工程桩，则须为专门试验用的锚桩。

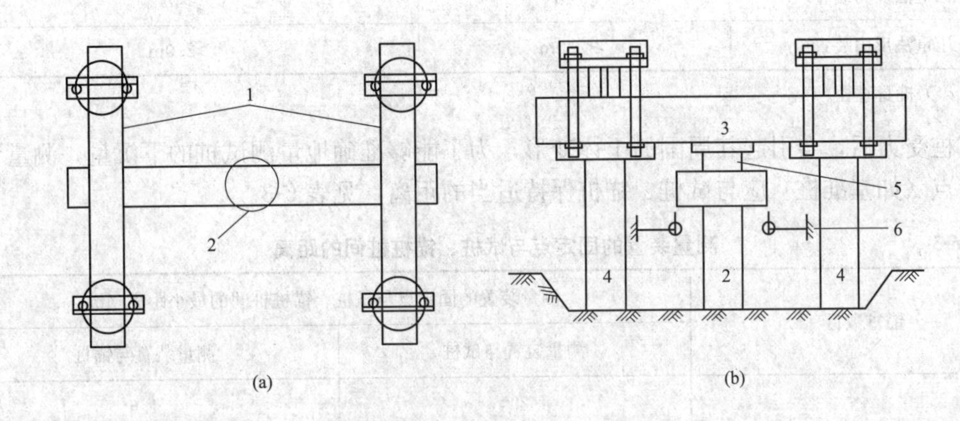

图 6-4 锚桩法反力装置

（a）俯视图；（b）侧面图

1—锚梁；2—试桩；3—横梁；4—锚桩；5—千斤顶；6—百分表

压重法也称堆载法，是在试桩的两侧设置枕木垛，上面放置型钢（一般为工字钢、H 型钢），将足够重量的混凝土块放置其上作为压重，在型钢下面安放主梁，千斤顶则放在主梁与桩顶之间，通过千斤顶对试桩逐级施加荷载，同时用百分表或位移计量测试桩的下沉量，如图 6-5 所示。由于这种加载方法工作量较大、试验费用高，以前多用于承载力较小的桩基静载试验，现在单桩竖向极限承载力在 10 000kN 或以上也偶有采用。压重不得小于预估最大试验荷载的 1.2 倍，压重应在试验开始前一次加上。

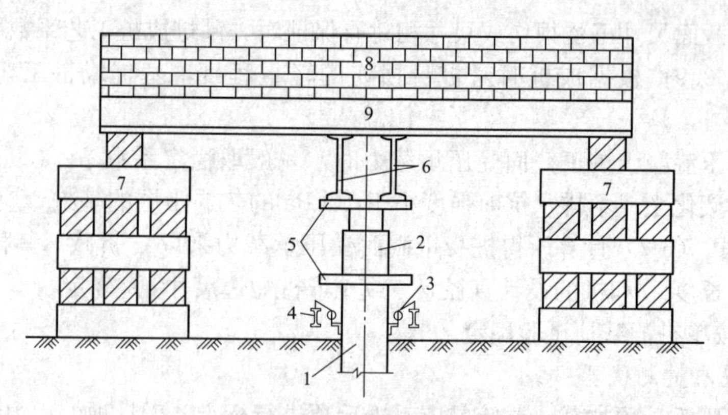

图 6-5 压重法反力装置

1—试桩；2—千斤顶；3—百分表；4—基准桩；5—钢板；6—主梁；7—枕木；8—堆放的荷载；9—次梁

测量仪表必须精确，一般使用百分表、水平仪等。支承仪表的基准梁应有足够的刚度和稳定性。基准梁的一端在其支承桩上可以自由移动而不受温度影响引起上拱或下挠。基准桩应埋入地基表面以下一定深度，不受气候条件等影响。基准桩中心与试桩、锚桩中心（或压重平台支承边缘）之间的距离宜符合表 6-2 的规定。

表 6-2　　基准桩中心至试桩、锚桩中心（或压重平台支承边）的距离

反力系统	基准桩与试桩	基准桩与锚桩（或压重平台支承边）
锚桩法反力装置	≥4d	≥4d
压重法反力装置	≥2.0m	≥2.0m

注　d 为桩身直径。

试桩受力后，会引起其周围的土体变形，为了能够准确地量测试桩的下沉量，测量装置的固定点（如基准桩）应与试桩、锚桩保持适当的距离，见表 6-3。

表 6-3　　测量装置的固定点与试桩、锚桩桩间的距离

锚桩数目	测量装置的固定点与试桩、锚桩桩间的最小距离（m）	
	测量装置与试桩	测量装置与锚桩
4	2.4	1.6
6	1.7	1.0

2. 现场试验

（1）试桩试验时间要求。对于砂性土地基的打入式预制桩，沉桩后距静载试验的时间间隔不得少于 7 天；对于黏性土地基的打入式预制桩，沉桩后距静载试验的时间间隔不得少于 14 天；对于钻孔灌注桩，要满足桩身混凝土养护时间，一般情况下不少于 28 天。此外，试桩的桩顶应完好无损，桩顶露出地面的长度应满足试桩仪器设备安装的需要，一般不小于 600mm。

若未达到试桩时间而试桩，可能会使试验结果小于真实的桩承载力。

（2）试桩的加载、卸载方法。加载应分级进行，采用逐级等量加载。分级荷载宜为最大加载量或预估极限承载力的 1/10，其中第 1 级可取分级荷载的 2 倍。卸载应分级进行，每级卸载量取加载时分级荷载的 2 倍，逐级等量卸载。加、卸载时应使荷载传递均匀、连续、无冲击，每级荷载在持荷过程中的变化幅度不得超过分级荷载的±10％。

（3）试验步骤：

1）每级荷载施加后按第 5、15、30、45、60min 测读桩顶沉降量，以后每隔 30min 测读一次。

2）试桩沉降相对稳定标准：每 1h 内的桩顶沉降量不超过 0.1mm，并连续出现 2 次（从分级荷载施加后第 30min 开始，按 1.5h 连续 3 次每 30min 的沉降观测值计算）。

3）当桩顶沉降速率达到相对稳定标准时，再施加下 1 级荷载。

4）卸载时，每级荷载维持 1h，按第 15、30、60min 测读桩顶沉降量后，即可卸下 1 级荷载。卸载至零后，应测读桩顶残余沉降量，维持时间为 3h，测读时间为第 15、30min，以后每隔 30min 测读 1 次。

（4）终止加载条件。当出现下列情况之一时，一般认为试桩已达破坏状态，所施加的荷载即为破坏荷载，试桩即可终止加载：

1）试桩在某级荷载作用下的沉降量，大于前一级荷载沉降量的 5 倍。试桩桩顶的总沉降量超过 40mm。若桩长大于 40m，则控制的总沉降量可放宽，桩长每增加 10m，沉降量限值相应地增大 10mm。

2）试桩在某级荷载作用下的沉降量大于前一级荷载沉降量的 2 倍，且经 24h 尚未达到相对稳定。

3）已达到设计要求的最大加载量。

4）当工程桩作锚桩时，锚桩上拔量已达到允许值。

5）当荷载-沉降曲线呈缓变型时，可加载至桩顶总沉降量 60～80mm；在特殊情况下，可根据具体要求加载至桩顶累计沉降量超过 80mm。

3. 单桩竖向极限承载力标准值

确定单桩竖向抗压承载力时，应绘制竖向荷载—沉降（Q-s）、沉降—时间对数（s-lg$t$）曲线，需要时也可绘制其他辅助分析所需曲线。当进行桩身应力、应变和桩底反力测定时，应整理出有关数据的记录表。为了比较准确地确定试桩的极限承载力，根据试桩曲线来分析。常用方法有以下几种：

（1）Q-s 曲线的转折点确定法。一般认为在极限荷载下，桩顶下沉量急剧增加，极限荷载就是 Q-s 曲线的转折点，即 Q-s 曲线在此点的切线斜率急剧增大，或从此点后的陡降直线段比较明显，如图 6-6（a）所示。这种转折点称为拐点，由 Q-s 曲线直接寻求拐点，从而确定桩的极限荷载的方法称为拐点法。该法为我国目前各规程首推的方法。

拐点法的缺点是绘图所用比例尺寸大小以及荷载分级大小都会改变 Q-s 曲线的形状，影响极限荷载 Q 的选取，并存在一定的人为因素的影响。为克服比例尺寸方面的影响，须有统一的规定，一般可取坐标轴总长 $s:Q=1:1$ 或 $1:2$。

有时，Q-s 曲线的转折点不够明显，此时极限荷载就难以确定，需借助其他方法辅助判断，例如绘制各级荷载作用下的沉降—时间（s-t）曲线［见图 6-6（b）］，或采用对数坐标绘制 lg$Q$-lg$s$ 曲线，可能会使转折点显得明确一些。

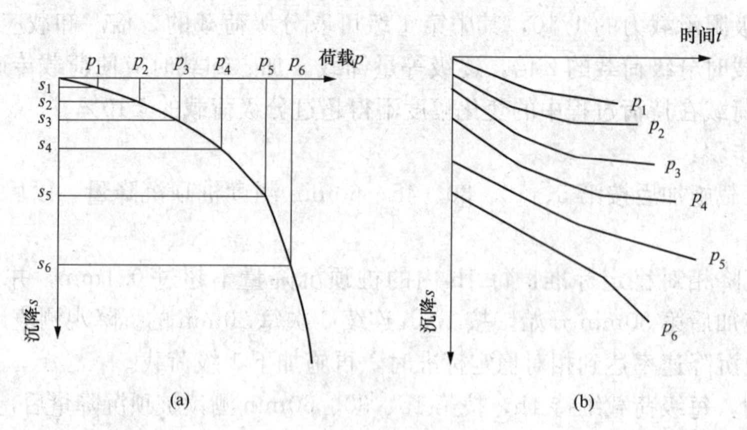

图 6-6 试桩曲线

(a) 荷载—沉降（p-s）曲线；(b) 沉降—时间（s-t）曲线

(2) 桩顶下沉量确定法。桩的极限荷载往往与桩顶下沉量有关，由规定的桩顶下沉量所对应的荷载作为桩的极限荷载，我国《建筑基桩检测技术规范》(JGJ 106) 规定：对于缓变型 Q-s 曲线，可根据沉降量确定，宜取 $s=40$mm 对应的荷载值；当桩长大于 40m 时，宜考虑桩身弹性压缩量；对直径大于或等于 800mm 的桩，可取 $s=0.05D$(D 为桩端直径) 对应的荷载值。

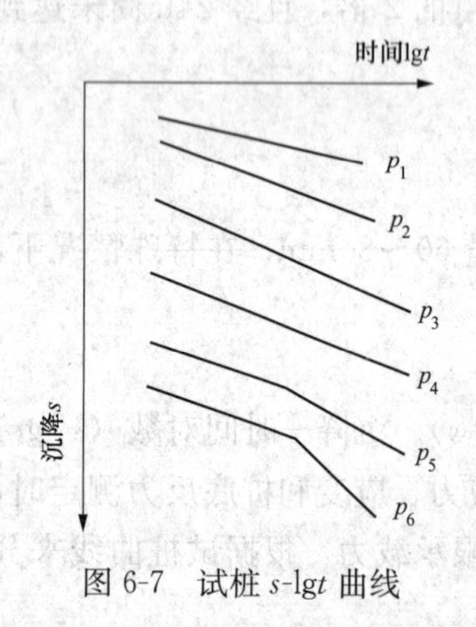

图 6-7 试桩 s-lg$t$ 曲线

(3) 沉降速率法。沉降速率法是根据沉降—时间对数 (s-lg$t$) 曲线来分析单桩抗压承载力，取曲线尾部出现明显向下弯曲的前一级荷载值作为单桩竖向抗压极限承载力标准值，如图 6-7 所示。

直线的斜率 M 在某种程度上反映了桩的沉降速率，斜率不是常数，它随着桩顶荷载增大而增大，斜率越大则桩的沉降速率越大。当桩顶荷载继续增大时，如发现绘制的 s-lg$t$ 线型不是一条直线而是折线时，则说明该级荷载作用下桩的沉降速率骤增，标志着桩已破坏。因此，可将相应于 s-lg$t$ 线由直线变为折线的那一级荷载定为试桩的破坏荷载，其前一级荷载即为桩的极限承载力标准值。

单桩竖向抗压极限承载力统计值的确定应符合下列规定：

(1) 参加统计的试桩结果，当满足其极差不超过平均值的 30%时，取其平均值为单桩竖向抗压极限承载力。

(2) 当极差超过平均值的 30%时，应分析极差过大的原因，结合工程具体情况综合确定，必要时可增加试桩数量。

(3) 对桩数为 3 根或 3 根以下的柱下承台，或工程桩抽检数量少于 3 根时，应取低值。

单位工程同一条件下的单桩竖向抗压承载力特征值应按单桩竖向抗压极限承载力统计值的一半取值。

【例 6-1】 某工程基础采用灌注桩，成桩后桩身直径 $d=400$mm，经现场静载荷试验，三根试桩的单桩竖向极限承载力实测值分别为 930、950、940kN。试问：

(1) 单桩竖向承载力特征值为多少?

(2) 整个工程的灌注桩总根数为163根，确定试桩数量是否满足规范要求。

(3) 桩身混凝土强度等级采用C25，桩的上部存在软土，桩身承载力是多少?

解: (1) 根据《建筑桩基技术规范》，单桩竖向极限承载力平均值为 $\frac{930+950+940}{3}$kN＝940kN,

极差二 950kN－930kN＝20kN，小于 940kN×30%＝282kN，满足规范规定的极差要求。

故取单桩竖向极限承载力 940kN，单桩竖向承载力特征值为

$$R_a=\frac{940}{2}\text{kN}=470\text{kN}$$

(2) 根据《建筑桩基技术规范》，最少试桩数量为163根×1%＝1.63根，只入不舍取整数2根；由于桩数大于100根，最少试桩数为3根，故最少试桩数 $n=3$。

现场实际试桩数为3根，试桩数量满足规范要求。

(3) 根据《建筑桩基技术规范》，桩的上部存在软土，$\psi_c=0.6$

$$\psi_c f_c A_{ps}=0.6\times11.9\times\pi\times200^2=897.2\times10^3\text{N}=897.2\text{kN}$$

上述承载力对应的内力组合为基本组合，考虑到基本组合和标准组合的数值差异，可以看出，该桩的承载力由桩的侧阻力及端阻力决定。

6.4.2.3 按原位测试法确定

1. 单桥探头

当根据单桥探头静力触探资料确定混凝土预制桩单桩竖向极限承载力标准值时，如无当地经验，可按下式计算

$$Q_{uk}=Q_{sk}+Q_{pk}=u\sum q_{sik}l_i+\alpha p_{sk}A_p \tag{6-8}$$

当 $p_{sk1}\leqslant p_{sk2}$ 时

$$p_{sk}=\frac{1}{2}(p_{sk1}+\beta p_{sk2}) \tag{6-9}$$

当 $p_{sk1}>p_{sk2}$ 时

$$p_{sk}=p_{sk2} \tag{6-10}$$

式中 Q_{sk}、Q_{pk}——总极限侧阻力标准值和总极限端阻力标准值；

u——桩身周长；

q_{sik}——用静力触探比贯入阻力值估算的桩周第 i 层土的极限侧阻力；

l_i——桩周第 i 层土的厚度；

α——桩端阻力修正系数，可按表6-4取值；

p_{sk}——桩端附近的静力触探比贯入阻力标准值（平均值）；

A_p——桩端面积；

p_{sk1}——桩端全截面以上8倍桩径范围内的比贯入阻力平均值；

p_{sk2}——桩端全截面以下4倍桩径范围内的比贯入阻力平均值，如桩端持力层为密实的砂土层，其比贯入阻力平均值 p_s 超过20MPa时，则需乘以表6-5中系数 C 予以折减后，再计算 p_{sk2} 及 p_{sk1} 值；

β——折减系数，按表6-6选用。

注：

(1) q_{sik}值应结合土工试验资料，依据土的类别、埋藏深度、排列次序，按图 6-8 折线取值；图 6-8 中，直线（A）（线段 gh）适用于地表下 6m 范围内的土层；折线（B）（$0abc$）适用于粉土及砂土土层以上（或无粉土及砂土土层地区）的黏性土；折线（C）（线段 $0def$）适用于粉土及砂土土层以下的黏性土；折线（D）（线段 $0ef$）适用于粉土、粉砂、细砂及中砂。

(2) p_{sk}为桩端穿过的中密～密实砂土、粉土的比贯入阻力平均值；p_{sl}为砂土、粉土的下卧软土层的比贯入阻力平均值。

(3) 采用的单桥探头，圆锥底面积为 15cm²，底部带 7cm 高滑套，锥角 60°。

(4) 当桩端穿过粉土、粉砂、细砂及中砂层底面时，折线（D）估算的 q_{sik}值需乘以表 6-7 中系数 η_s。

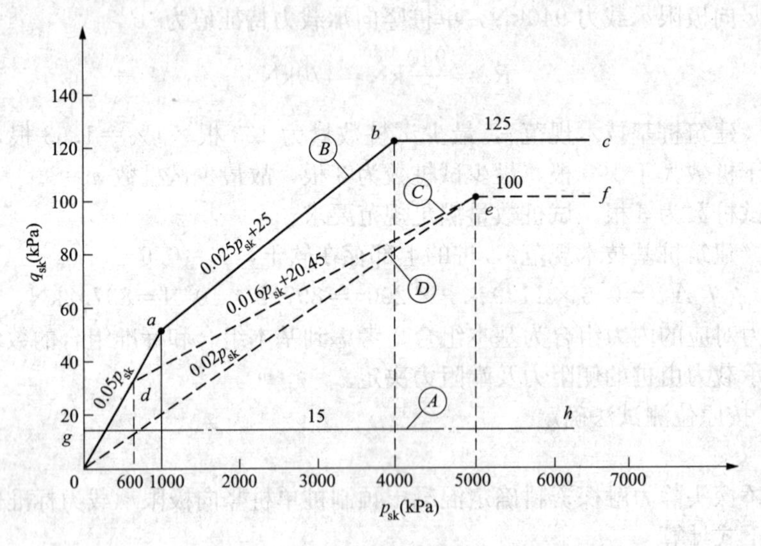

图 6-8 q_{sk}-p_{sk}曲线

表 6-4 桩端阻力修正系数 α 取值

桩长（m）	$l<15$	$15\leqslant l\leqslant 30$	$30<l\leqslant 60$
α	0.75	0.75～0.90	0.90

注 桩长满足 $15\text{m}\leqslant l\leqslant 30\text{m}$，$\alpha$ 值按 l 值直线内插；l 为桩长（不包括桩尖高度）。

表 6-5 系数 C 取值

p_{sk}(MPa)	20～30	35	>40
系数 C	5/6	2/3	1/2

表 6-6 折减系数 β 取值

p_{sk2}/p_{sk1}	≤5	7.5	12.5	≥15
β	1	5/6	2/3	1/2

表 6-7 系数 η_s 取值

p_{sk}/p_{sl}	≤5	7.5	≥10
η_s	1.00	0.50	0.33

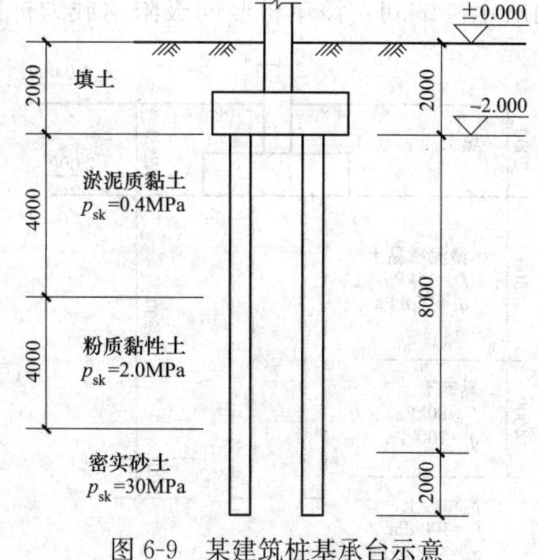

图 6-9　某建筑桩基承台示意（混凝土预制圆柱）

【例 6-2】 某建筑桩基承台如图 6-9 所示，采用混凝土预制圆桩，桩径为 400mm，桩长为 10.00m，采用单桥探头触探，其数据如图所示。试问：该单桩竖向极限承载力标准值 Q_{uk} 为多少？

解： 桩端截面以上 $8d=8\times0.4\text{m}=3.2\text{m}$，比贯入阻力平均值为 $p_{sk1}=\dfrac{2.0+30}{2}\text{MPa}=16\text{MPa}$。

桩端截面以下 $4d=4\times0.4\text{m}=1.6\text{m}$，比贯入阻力平均值为 30MPa，大于 20MPa，根据《建筑桩基技术规范》，取 $C=\dfrac{5}{6}$，故 $p_{sk2}=\dfrac{5}{6}\times30\text{MPa}=25\text{MPa}$。

$$p_{sk2}/p_{sk1}=25/16=1.5625<5$$

所以　$\beta=1$

$$p_{sk}=\frac{1}{2}(p_{sk1}+\beta p_{sk2})=\frac{1}{2}\times(16+1\times25)\text{MPa}=20.5\text{MPa}$$

桩长 $l=10\text{m}<15\text{m}$，则 $\alpha=0.75$

$$A_p=\frac{\pi}{4}d^2=\frac{\pi}{4}\times(0.4\text{m})^2=0.1256\text{m}^2$$

根据《建筑桩基技术规范》，0～6m，取 $q_{sik}=15\text{kPa}$

粉质黏性土，取 $q_{sik}=0.025p_{sk}+25$

密实砂土，取 $q_{sik}=100\text{kPa}$

$$\begin{aligned}Q_{uk}&=u\sum q_{sik}l_i+\alpha p_{sk}A_p\\&=\pi\times0.4\times[15\times4+(0.025\times2.0\times10^3+25)\times4+100\times2]\\&\quad+0.75\times20.5\times10^3\times0.1256\\&=703.36\text{kN}+1931.1\text{kN}\\&=2634.46\text{kN}\end{aligned}$$

2. 双桥探头

当根据双桥探头静力触探资料确定混凝土预制桩单桩竖向极限承载力标准值时，对于黏性土、粉土和砂土，无当地经验时可按下式计算

$$Q_{uk}=Q_{sk}+Q_{pk}=u\sum l_i\beta_i f_{si}+\alpha q_c A_p \tag{6-11}$$

式中　f_{si}——第 i 层土的探头平均侧阻力（kPa）；

q_c——桩端平面上、下探头阻力（kPa），取桩端平面以上 $4d$（d 为桩的直径或边长）范围内按土层厚度的探头阻力加权平均值，然后再和桩端平面以下 $1d$ 范围内的探头阻力进行平均；

α——桩端阻力修正系数，黏性土、粉土取 2/3，饱和砂土取 1/2；

β_i——第 i 层土桩侧阻力综合修正系数，对黏性土、粉土，$\beta_i=10.04\times(f_{si})^{-0.55}$；对砂土，$\beta_i=5.05\times(f_{si})^{-0.45}$。

【例 6-3】 某建筑桩基承台，采用混凝土预制方桩，桩截面尺寸为 400mm×400mm，桩长为 10.00m，如图 6-10 所示，采用双桥静力触探，探头平均侧阻力 f_{si}、探头阻力 q_c 如

图所示。试问：该单桩竖向极限承载力标准值 Q_{uk} 为多少？

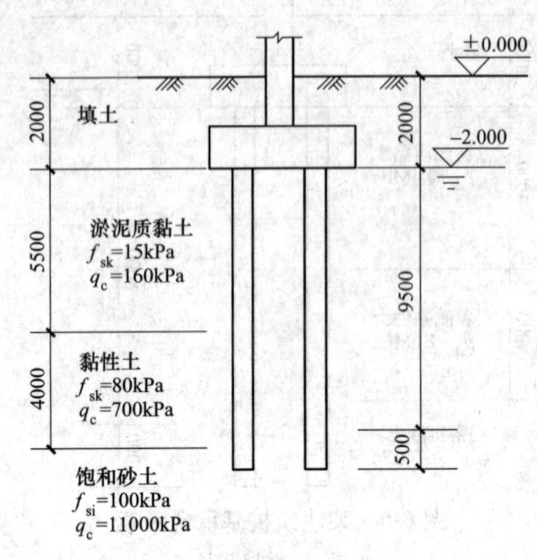

图 6-10　某建筑桩基平台示意（混凝土预制方柱）

解：根据《建筑桩基技术规范》

桩端以上 $4d=4\times0.4\text{m}=1.6\text{m}$，探头阻力加权平均值取为

$$q_c^{上}=\frac{1.1\times700+0.5\times11\,000}{1.6}\text{kPa}=3918.75\text{kPa}$$

桩端以下 $1d=1\times0.4\text{m}=0.4\text{m}$，探头阻力取为 11 000kPa

$$q_c=\frac{3918.75+11\,000}{2}\text{kPa}=7459.4\text{kPa}$$

淤泥质黏土

$$\beta_i=10.04\times(f_{si})^{-0.55}=10.04\times15^{-0.55}=2.264$$

黏性土

$$\beta_i=10.04\times80^{-0.55}=0.902$$

饱和砂土

$$\beta_i=5.05\times100^{-0.45}=0.636$$

$$\alpha=\frac{1}{2}$$

$$A_p=0.4\text{m}\times0.4\text{m}=0.16\text{m}^2$$

$$\begin{aligned}Q_{uk}&=u\sum l_i\beta_i f_{si}+\alpha q_c A_p\\&=[0.4\times4\times(5.5\times2.264\times15+4\times0.902\times80+0.5\times0.636\times100)]\text{kN}\\&\quad+\left(\frac{1}{2}\times7459.4\times16\right)\text{kN}\\&=811.552\text{kN}+596.752\text{kN}\\&=1408.3\text{kN}\end{aligned}$$

6.4.2.4　按经验参数法确定

1. 小直径桩（桩身直径 $d<800\text{mm}$）

当根据土的物理指标与承载力参数之间的经验关系确定单桩竖向极限承载力标准值时，宜按下式估算

$$Q_{uk}=Q_{sk}+Q_{pk}=u\sum q_{sik}l_i+q_{pk}A_p \tag{6-12}$$

式中　q_{sik}——桩侧第 i 层土的极限侧阻力标准值，无当地经验时，可按表 6-8 取值；

q_{pk}——极限端阻力标准值，无当地经验时，可按表 6-9 取值。

表 6-8　**桩的极限侧阻力标准值 q_{sik}**　kPa

土的名称	土的状态		混凝土预制桩	泥浆护壁钻（冲）孔桩	干作业钻孔桩
填土			22～30	20～28	20～28
淤泥			14～20	12～18	12～18
淤泥质土			22～30	20～28	20～28
黏性土	流塑	$I_L>1$	24～40	21～38	21～38
	软塑	$0.75<I_L\leqslant1$	40～55	38～53	38～53
	可塑	$0.50<I_L\leqslant0.75$	55～70	53～68	53～66
	硬可塑	$0.25<I_L\leqslant0.50$	70～86	68～84	66～82
	硬塑	$0<I_L\leqslant0.25$	86～98	84～96	82～94
	坚硬	$I_L\leqslant0$	98～105	96～102	94～104

续表

土的名称	土的状态		混凝土预制桩	泥浆护壁钻（冲）孔桩	干作业钻孔桩
红黏土	$0.7<a_w\leqslant 1$		13～32	12～30	12～30
	$0.5<a_w\leqslant 0.7$		32～74	30～70	30～70
粉土	稍密	$e>0.9$	26～46	24～42	24～42
	中密	$0.75\leqslant e\leqslant 0.9$	46～66	42～62	42～62
	密实	$e<0.75$	66～88	62～82	62～82
粉细砂	稍密	$10<N\leqslant 15$	24～48	22～46	22～46
	中密	$15<N\leqslant 30$	48～66	46～64	46～64
	密实	$N>30$	66～88	64～86	64～86
中砂	中密	$15<N\leqslant 30$	54～74	53～72	53～72
	密实	$N>30$	74～95	72～94	72～94
粗砂	中密	$15<N\leqslant 30$	74～95	74～95	76～98
	密实	$N>30$	95～116	95～116	98～120
砾砂	稍密	$5<N_{63.5}\leqslant 15$	70～110	50～90	60～100
	中密（密实）	$N_{63.5}>15$	116～138	116～130	112～130
圆砾、角砾	中密、密实	$N_{63.5}>10$	160～200	135～150	135～150
碎石、卵石	中密、密实	$N_{63.5}>10$	200～300	140～170	150～170
全风化软质岩		$30<N\leqslant 50$	100～120	80～100	80～100
全风化硬质岩		$30<N\leqslant 50$	140～160	120～140	120～150
强风化软质岩		$N_{63.5}>10$	160～240	140～200	140～220
强风化硬质岩		$N_{63.5}>10$	220～300	160～240	160～260

注 1. 对于尚未完成自重固结的填土和以生活垃圾为主的杂填土，不计算其侧阻力。

2. a_w 为含水比，$a_w=\omega/\omega_L$，ω 为土的天然含水率，ω_L 为土的液限。

3. N 为标准贯入击数，$N_{63.5}$ 为重型圆锥动力触探击数。

4. 全风化、强风化软质岩和全风化、强风化硬质岩系指其母岩分别为 $f_{rk}\leqslant 15$MPa、$f_{rk}>30$MPa 的岩石。

2. 大直径桩（桩身直径 $d\geqslant 800$mm）

桩身直径较大时，孔壁会出现松弛而使桩侧阻力降低，孔底存在尺寸效应，须对桩身侧阻力和桩底端阻力进行折减。

用经验参数法确定大直径桩单桩极限承载力标准值时，可按下式计算

$$Q_{uk}=Q_{sk}+Q_{pk}=u\sum\psi_{si}q_{sik}l_i+\psi_p q_{pk}A_p \tag{6-13}$$

式中 q_{sik}——桩侧第 i 层土极限侧阻力标准值，无当地经验值时，可按表 6-8 取值，对于扩底桩变截面以上 $2d$ 长度范围不计侧阻力；

q_{pk}——桩径为 800mm 的极限端阻力标准值，对于干作业挖孔（清底干净）可采用深层载荷板试验确定；当不能进行深层载荷板试验时，可按表 6-10 取值；

ψ_{si}、ψ_p——大直径桩侧阻、端阻尺寸效应系数，按表 6-11 取值；

u——桩身周长，当人工挖孔桩桩周护壁为振捣密实的混凝土时，桩身周长可按护壁外直径计算。

表 6-9 桩的极限端阻力标准值 q_{pk} kPa

土名称	土的状态	桩型	混凝土预制桩桩长 l(m)				泥浆护壁钻（冲）孔桩桩长 l(m)				干作业钻孔桩桩长 l(m)		
			$l\leqslant 9$	$9<l\leqslant 16$	$16<l\leqslant 30$	$l>30$	$5\leqslant l<10$	$10\leqslant l<15$	$15\leqslant l<30$	$30\leqslant l$	$5\leqslant l<10$	$10\leqslant l<15$	$15\leqslant l$
黏性土	软塑	$0.75<I_L\leqslant 1$	210～850	650～1400	1200～1800	1300～1900	150～250	250～300	300～450	300～450	200～400	400～700	700～950
	可塑	$0.50<I_L\leqslant 0.75$	850～1700	1400～2200	1900～2800	2300～3600	350～450	450～600	600～750	750～800	500～700	800～1100	1000～1600
	硬可塑	$0.25<I_L\leqslant 0.50$	1500～2300	2300～3300	2700～3600	3600～4400	800～900	900～1000	1000～1200	1200～1400	850～1100	1500～1700	1700～1900
	硬塑	$0<I_L\leqslant 0.25$	2500～3800	3800～5500	5500～6000	6000～6800	1100～1200	1200～1400	1400～1600	1600～1800	1600～1800	2200～2400	2600～2800
粉土	中密	$0.75\leqslant e\leqslant 0.9$	950～1700	1400～2100	1900～2700	2500～3400	300～500	500～650	650～750	750～850	800～1200	1200～1400	1400～1600
	密实	$e<0.75$	1500～2600	2100～3000	2700～3600	3600～4400	650～900	750～950	900～1100	1100～1200	1200～1700	1400～1900	1600～2100
粉砂	稍密	$10<N\leqslant 15$	1000～1600	1500～2300	1900～2700	2100～3000	350～500	450～600	600～700	650～750	500～950	1300～1600	1500～1700
	中密、密实	$N>15$	1400～2200	2100～3000	3000～4500	3800～5500	600～750	750～900	900～1100	1100～1200	900～1000	1700～1900	1700～1900
细砂	中密、密实	$N>15$	2500～4000	3600～5000	4400～6000	5300～7000	650～850	900～1200	1200～1500	1500～1800	1200～1600	2000～2400	2400～2700
中砂			4000～6000	5500～7000	6500～8000	7500～9000	850～1050	1100～1500	1500～1900	1900～2100	1800～2400	2800～3800	3600～4400
粗砂			5700～7500	7500～8500	8500～10 000	9500～11 000	1500～1800	2100～2400	2400～2600	2600～2800	2900～3600	4000～4600	4600～5200
砾砂	中密、密实	$N>15$	6000～9500		9000～10 500		1400～2000		2000～3200		3500～5000		
角砾、圆砾		$N_{63.5}>10$	7000～10 000		9500～11 500		1800～2200		2200～3600		4000～5500		
碎石、卵石		$N_{63.5}>10$	8000～11 000		10500～13 000		2000～3000		3000～4000		4500～6500		
全风化软质岩		$30<N\leqslant 50$	4000～6000				1000～1600				1200～2000		
全风化硬质岩		$30<N\leqslant 50$	5000～8000				1200～2000				1400～2400		
强风化软质岩		$N_{63.5}>10$	6000～9000				1400～2200				1600～2600		
强风化硬质岩		$N_{63.5}>10$	7000～11 000				1800～2800				2000～3000		

注 1. 土和碎石类土中桩的极限端阻力取值，宜综合考虑土的密实度和桩端进入持力层的深径比 h_b/d、土越密实，h_b/d 越大、取值越高。

2. 预制桩的岩石极限端阻力指桩端支承于中、微风化基岩表面或进入强风化岩、软质岩一定深度条件下的极限端阻力。

3. 全风化、强风化软质岩和全风化、强风化硬质岩指其母岩分别为 $f_{rk}\leqslant 15MPa$、$f_{rk}>30MPa$ 的岩石。

表 6-10　　干作业挖孔桩（清底干净，D=800mm）极限端阻力标准值 q_{pk}　　kPa

土名称		状态		
黏性土		$0.25<I_L\leqslant0.75$	$0<I_L\leqslant0.25$	$I_L\leqslant0$
		800～1800	1800～2400	2400～3000
粉土			$0.75\leqslant e\leqslant0.9$	$e<0.75$
			1000～1500	1500～2000
砂土碎石类土		稍密	中密	密实
	粉砂	500～700	800～1100	1200～2000
	细砂	700～1100	1200～1800	2000～2500
	中砂	1000～2000	2200～3200	3500～5000
	粗砂	1200～2200	2500～3500	4000～5500
	砾砂	1400～2400	2600～4000	5000～7000
	圆砾、角砾	1600～3000	3200～5000	6000～9000
	卵石、碎石	2000～3000	3300～5000	7000～11 000

注　1. 当桩进入持力层的深度 h_b 分别为 $h_b\leqslant D$、$D<h_b\leqslant4D$、$h_b>4D$ 时，q_{pk} 可相应取低、中、高值。
2. 砂土密实度可根据标贯击数判定，$N\leqslant10$ 为松散，$10<N\leqslant15$ 为稍密，$15<N\leqslant30$ 为中密，$N>30$ 为密实。
3. 当桩的长径比 $l/d\leqslant8$ 时，q_{pk} 宜取较低值。
4. 当对沉降要求不严时，q_{pk} 可取高值。

表 6-11　　大直径灌注桩侧阻尺寸效应系数 ψ_{si}、端阻尺寸效应系数 ψ_p

土类型	黏性土、粉土	砂土、碎石类土
ψ_{si}	$(0.8/d)^{1/5}$	$(0.8/d)^{1/3}$
ψ_p	$(0.8/D)^{1/4}$	$(0.8/D)^{1/3}$

【例 6-4】 某柱下桩基承台，采用混凝土灌注桩，桩顶标高 −3.640m，桩身长度（包含进入承台尺寸 0.05m）16.50m，桩身直径 600mm，桩端进入持力层中砂 1.50m，土层参数如图 6-11 所示，地下水位标高为 −3.31m。

试问：(1) 按经验参数法，单桩竖向极限承载力标准值 Q_{uk} 为多少？

(2) 假若桩径变为 1000mm（此时桩进入承台尺寸 0.10m），其他条件不变；按经验参数法，单桩竖向极限承载力标准值 Q_{uk} 为多少？

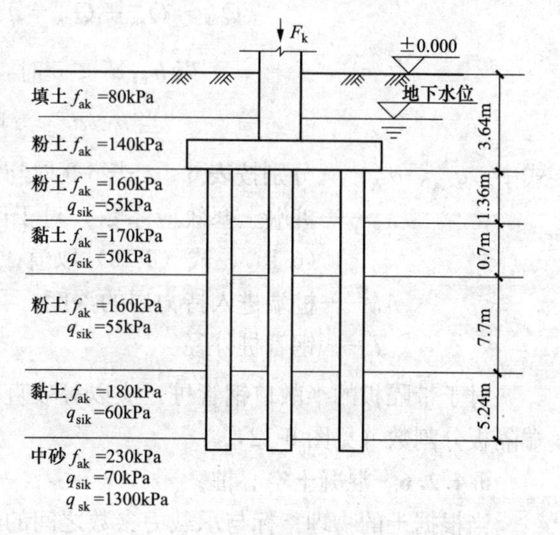

图 6-11　某柱下桩基承台示意
（混凝土灌注桩）

解：(1) 桩径 d=0.6m，根据《建筑桩基技术规范》，有

$$Q_{uk}=u\sum q_{sik}l_i+q_{pk}A_p$$

$$=[\pi\times0.6\times(55\times1.31+50\times0.7+55\times7.7+60\times5.24+1.5\times70)]\text{kN}+$$

$$(1300\times\frac{\pi}{4}\times0.6^2)\text{kN}$$

$$=2158.18\text{kN}$$

(2) 桩径 $D=1.0\text{m}>0.8\text{m}$，根据《建筑桩基技术规范》，属于大直径桩：

粉土、黏性土

$$\psi_{si}=\left(\frac{0.8}{d}\right)^{1/5}=\left(\frac{0.8}{1.0}\right)^{1/5}=0.956$$

中砂

$$\psi_{si}=\left(\frac{0.8}{d}\right)^{1/3}=\left(\frac{0.8}{1.0}\right)^{1/3}=0.928$$

中砂

$$\psi_{p}=\left(\frac{0.8}{D}\right)^{1/3}=\left(\frac{0.8}{1.0}\right)^{1/3}=0.928$$

由《建筑桩基技术规范》，有

$$Q_{uk}=u\sum\psi_{si}q_{sik}l_i+\psi_p q_{pk}A_p$$

$$=[\pi\times1.0\times(0.956\times55\times1.31+0.956\times50\times0.7+0.956\times55\times7.7+$$

$$0.956\times60\times0.524+0.928\times1.5\times70)]\text{kN}+(0.928\times1300\times\pi/4\times1^2)\text{kN}$$

$$=3789.39\text{kN}$$

6.4.2.5 钢管桩

当根据土的物理指标与承载力参数之间的经验关系确定钢管桩单桩竖向极限承载力标准值时，可按下列公式计算

$$Q_{uk}=Q_{sk}+Q_{pk}=u\sum q_{sik}l_i+\lambda_p q_{pk}A_p \tag{6-14}$$

$$\text{当}\ h_b/d<5\ \text{时，}\lambda_p=0.16h_b/d \tag{6-15}$$

$$\text{当}\ h_b/d\geqslant5\ \text{时，}\lambda_p=0.8 \tag{6-16}$$

式中 q_{sik}、q_{pk}——分别按表 6-8、表 6-9 取与混凝土预制桩相同的值；

λ_p——桩端土塞效应系数，对于闭口钢管桩，$\lambda_p=1$；对于敞口钢管桩，按式 (6-15)、式 (6-16) 取值；

h_b——桩端进入持力层的深度；

d——钢管桩外径。

对于带隔板的半敞口钢管桩，应以等效直径 d_e 代替 d 确定 λ_p，$d_e=d/\sqrt{n}$，其中 n 为桩端隔板分割数（见图 6-12）。

6.4.2.6 混凝土空心桩

当根据土的物理指标与承载力参数之间的经验关系确定敞口预应力混凝土空心桩单桩竖向极限承载力标准值时，可按下列公式计算

$$Q_{uk}=Q_{sk}+Q_{pk}=u\sum q_{sik}l_i+q_{pk}(A_j+\lambda_p A_{p1}) \tag{6-17}$$

图 6-12 隔板分割示意

$$\text{当 } h_b/d < 5 \text{ 时，} \lambda_p = 0.16 h_b/d \tag{6-18}$$

$$\text{当 } h_b/d \geqslant 5 \text{ 时，} \lambda_p = 0.8 \tag{6-19}$$

式中 q_{sik}、q_{pk}——分别按表 6-8、表 6-9 取与混凝土预制桩相同的值；

A_j——空心桩桩端净面积，对管桩，$A_j=\frac{\pi}{4}(d^2-d_1^2)$；对空心方桩，$A_j=b^2-\frac{\pi}{4}d_1^2$；

A_{pl}——空心桩敞口面积，$A_{pl}=\frac{\pi}{4}d_1^2$；

λ_p——桩端土塞效应系数；

d、b——空心桩外径、边长；

d_1——空心桩内径。

6.4.2.7 嵌岩桩

桩端置于完整、较完整基岩的嵌岩桩单桩竖向极限承载力，由桩周土总极限侧阻力和嵌岩段总极限阻力组成。

当根据岩石单轴抗压强度确定单桩竖向极限承载力标准值时，可按下列公式计算

$$Q_{uk} = Q_{sk} + Q_{rk} \tag{6-20}$$

$$Q_{sk} = u\sum q_{sik} l_i \tag{6-21}$$

$$Q_{rk} = \zeta_r f_{rk} A_p \tag{6-22}$$

式中 Q_{sk}、Q_{rk}——土的总极限侧阻力、嵌岩段总极限阻力；

q_{sik}——桩周第 i 层土的极限侧阻力，无当地经验时，可根据成桩工艺按表 6-8 取值；

f_{rk}——岩石饱和单轴抗压强度标准值，黏土岩取天然湿度单轴抗压强度标准值；

ζ_r——嵌岩段侧阻和端阻综合系数，与嵌岩深径比 h_r/d、岩石软硬程度和成桩工艺有关，可按表 6-12 采用。表中数值适用于泥浆护壁成桩，对于干作业成桩（清底干净）和泥浆护壁成桩后注浆，ζ_r 应取表列数值的 1.2 倍。

嵌岩段总极限阻力包含嵌岩段总侧阻力和嵌岩段总端阻力，不扩底时将嵌岩段侧阻力和端阻力合并，按式（6-22）计算；扩底时应将嵌岩段侧阻力和端阻力分开计算，计算嵌岩段侧阻力时由于嵌岩桩在受压后桩的倾斜侧壁会与岩石分离，不应计算桩倾斜侧壁的侧阻力。

硬质岩石侧阻力呈单驼峰形分布，桩入岩过深时底部桩岩相对位移变小，过大的嵌岩深径比不仅使底部岩石侧阻力得不到充分发挥，也会使岩石端阻力得不到充分发挥，同时施工难度也会加大，故硬质岩石通过大幅增大嵌岩深度提高桩承载力的办法是不可取的。软质岩石在深层的岩石围压比表层更大，桩岩相对位移减小也不如硬质岩石那么幅度大，软质岩石侧阻力呈双驼峰形分布，适当增大嵌岩深度有利于桩承载力的提高，但过大的入岩深度会使岩石的端阻力得不到充分发挥，故软质岩石入岩过深并不能有效提高桩承载力。

高层建筑、大跨建筑等工程一般采用嵌岩桩，嵌岩桩单桩竖向抗压承载力一般都很大，设计时尤其应注意桩身承载力的验算。

表 6-12 嵌岩段侧阻和端阻综合系数 ζ_r 取值

嵌岩深径比 h_r/d	0	0.5	1.0	2.0	3.0	4.0	5.0	6.0	7.0	8.0
极软岩、软岩	0.60	0.80	0.95	1.18	1.35	1.48	1.57	1.63	1.66	1.70
较硬岩、坚硬岩	0.45	0.65	0.81	0.90	1.00	1.04				

注 1. 极软岩、软岩指 $f_{rk} \leqslant 15$MPa 的岩石，较硬岩、坚硬岩指 $f_{rk} > 30$MPa 的岩石，介于二者之间可内插取值。
2. h_r 为桩身嵌岩深度，当岩面倾斜时，以坡下方嵌岩深度为准；当 h_r/d 为非表列值时，ζ_r 可内插取值。

6.4.2.8 后注浆灌注桩

后注浆灌注桩是灌注桩在成桩后一定时间，通过预设于桩身内的注浆导管及与之相连的桩端、桩侧注浆阀注入水泥浆，使桩端、桩侧土体（包括沉渣和泥皮）得到加固，从而提高单桩承载力，减小沉降。在优化工艺参数的条件下，可使单桩承载力提高 40%～120%，粗粒土增幅高于细粒土，软土增幅最小，桩侧桩底复式注浆高于桩底注浆，桩基沉降减小 30%左右。灌注桩后注浆技术适用于泥浆护壁钻、挖孔灌注桩及干作业钻、挖孔灌注桩。

后注浆灌注桩的单桩极限承载力应通过静载试验确定。在符合后注浆技术实施规定的条件下，其后注浆单桩极限承载力标准值可按下式估算

$$Q_{uk} = Q_{sk} + Q_{gsk} + Q_{gpk} = u\sum q_{sjk} l_j + u\sum \beta_{si} q_{sik} l_{gi} + \beta_p q_{pk} A_p \tag{6-23}$$

式中 Q_{sk}——后注浆非竖向增强段的总极限侧阻力标准值；

Q_{gsk}——后注浆竖向增强段的总极限侧阻力标准值；

Q_{gpk}——后注浆总极限端阻力标准值；

u——桩身周长；

l_j——后注浆非竖向增强段第 j 层土的厚度；

l_{gi}——后注浆竖向增强段内第 i 层土的厚度，对于泥浆护壁成孔灌注桩，当为单一桩端后注浆时，竖向增强段为桩端以上 12m；当为桩端、桩侧复式注浆时，竖向增强段为桩端以上 12m 及各桩侧注浆断面以上 12m，重叠部分应扣除；对于干作业灌注桩，竖向增强段为桩端以上、桩侧注浆断面上下各 6m；

q_{sik}、q_{sjk}、q_{pk}——后注浆竖向增强段第 i 土层初始极限侧阻力标准值、非竖向增强段第 j 土层初始极限侧阻力标准值、初始极限端阻力标准值；

β_{si}、β_p——后注浆侧阻力、端阻力增强系数，无当地经验时，可按表 6-13 取值。对于桩径大于 800mm 的桩，应按表 6-11 进行侧阻和端阻尺寸效应修正。

表 6-13 后注浆侧阻力增强系数 β_{si}、端阻力增强系数 β_p

土层名称	淤泥 淤泥质土	黏性土 粉土	粉砂 细砂	中砂	粗砂 砾砂	砾石 卵石	全风化岩 强风化岩
β_{si}	1.2～1.3	1.4～1.8	1.6～2.0	1.7～2.1	2.0～2.5	2.4～3.0	1.4～1.8
β_p		2.2～2.5	2.4～2.8	2.6～3.0	3.0～3.5	3.2～4.0	2.0～2.4

注 干作业钻、挖孔桩，β_p 按表列值乘以小于 1.0 的折减系数。当桩端持力层为黏性土或粉土时，折减系数取 0.6；为砂土或碎石土时，取 0.8。

6.4.2.9 单桩竖向承载力特征值

单桩竖向承载力特征值 R_a 应按下式确定

$$R_a = \frac{1}{K} Q_{uk} \tag{6-24}$$

式中 Q_{uk}——单桩竖向极限承载力标准值；

K——安全系数，取 $K=2$。

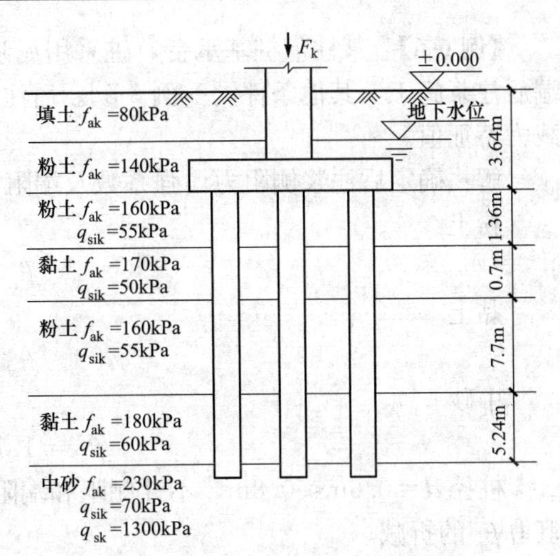

图 6-13 某柱下桩基承台示意

【例 6-5】 某柱下桩基承台，采用半敞口钢管桩，其隔板 $n=2$，外径 $d=0.6\text{m}$，其他条件如图 6-13 所示：

试问：(1) 钢管桩单桩承载力特征值 R_a 为多少？

(2) 若采用敞口预应力混凝土空心管桩，其外径为 600mm，内径为 340mm，其他条件不变，该混凝土空心桩单桩承载力特征值 R_a 为多少？

解：(1) 钢管桩

$$d_e = dm/\sqrt{n} = 0.6/\sqrt{2} = 0.424\text{m}$$

$$h_b/d_e = 1.5\text{m}/0.424\text{m} = 3.538 < 5$$

$$\lambda_p = 0.16 h_b/d_e = 0.16 \times 1.5\text{m}/0.424\text{m} = 0.5660$$

$$\begin{aligned}
Q_{uk} &= u\sum q_{sik} l_i + \lambda_p q_{pk} A_p \\
&= [\pi \times 0.6 \times (55 \times 1.36 + 50 \times 0.7 + 55 \times 0.7 + 60 \times 5.24 + 1.5 \times 70)]\text{kN} + \\
&\quad \left(0.5660 \times 1300 \times \frac{\pi}{4} \times 0.6^2\right)\text{kN} \\
&= 1794.89\text{kN} + 207.94\text{kN} \\
&= 2002.83\text{kN}
\end{aligned}$$

$$R_a = \frac{Q_{uk}}{K} = \frac{1}{2} \times 2002.83\text{kN} = 1001.415\text{kN}$$

(2) 混凝土空心管桩

$$A_j = \frac{\pi}{4}(d^2 - d_1^2) = \frac{\pi}{4}(0.6^2 - 0.34^2)\text{m}^2 = 0.192\text{m}^2$$

$$A_{P1} = \frac{\pi}{4} d_1^2 = \frac{\pi}{4} \times 0.34^2\text{m}^2 = 0.091\text{m}^2$$

$$h_b/d_1 = 1.5\text{m}/0.34\text{m} = 4.41 < 5$$

$$\lambda_p = 0.16 h_p/d_1 = 0.16 \times 1.5\text{m}/0.34\text{m} = 0.706$$

$$\begin{aligned}
Q_{uk} &= u\sum q_{sik} l_i + q_{pk}(A_j + \lambda_p A_{p1}) \\
&= [3.14 \times 0.6 \times (55 \times 1.36 + 50 \times 0.7 + 55 \times 7.7 + 60 \times 5.24 \\
&\qquad + 1.5 \times 70)]\text{kN} + [1300 \times (0.192 + 0.706 \times 0.091)]\text{kN} \\
&= 1794.89\text{kN} + 333.12\text{kN} \\
&= 2128.01\text{kN}
\end{aligned}$$

$$R_a = \frac{1}{K} Q_{uk} = \frac{1}{2} \times 2128.01\text{kN} = 1064.005\text{kN}$$

【例 6-6】 某柱下桩基承台，桩采用泥浆护壁成孔灌注桩，桩径 $d=0.6\text{m}$，并为单一桩端后注浆施工，其他条件同［例 6-5］。后注浆的 β_{si}、β_p 取表中的低值。试求其单桩竖向承载力特征值。

解： 确定后注浆侧阻力增强系数及端阻力增强系数

粉土

$$\beta_{si}=1.4$$

黏土

$$\beta_{si}=1.4$$

中砂

$$\beta_{si}=1.7,\ \beta_p=2.6$$

桩径 $d=0.6\text{m}<0.8\text{m}$，不计侧阻和端阻尺寸效应修正，泥浆护壁成孔灌注桩，不计端阻力 β_p 的折减。

因为为单一柱端后注浆，所以 $l_{gi}=12\text{m}$，非竖向增强段 $l_j=16.5\text{m}-12\text{m}=4.5\text{m}$。

$$\begin{aligned}Q_{uk}&=u\sum q_{sik}l_j+u\sum\beta_{si}q_{sik}l_{gi}+\beta_p q_{pk}A_p\\&=[3.14\times0.6\times(55\times1.36+50\times0.7+55\times2.44)]\text{kN}+[3.14\times0.6\times(1.5\times55\\&\quad\times5.26+1.4\times60\times5.24+1.7\times70\times1.5)]\text{kN}+\left(2.6\times1300\times\frac{\pi}{4}\times0.6^2\right)\text{kN}\\&=484.56\text{kN}+1928.61\text{kN}+955.19\text{kN}\\&=3368.36\text{kN}\end{aligned}$$

$$R_a=\frac{1}{K}Q_{uk}=\frac{1}{2}\times3368.36\text{kN}=1684.18\text{kN}$$

【例 6-7】 某嵌岩桩采用泥浆护壁成桩。桩长 17.5m，桩径 600mm，进入较完整的中风化斜长片麻岩 1.2m。桩的岩土层性质状况为：粉质黏土厚度 6.03m，$q_{sik}=60\text{kPa}$，残积土厚度 2.8m，$q_{sik}=80\text{kPa}$；全风化斜长片麻岩厚度 0.9m，$q_{sik}=90\text{kPa}$；强风化斜长片麻岩厚度 6.67m，$q_{sik}=170\text{kPa}$，$q_{pk}=2100\text{kPa}$；中风化斜长片麻岩 1.2m，$q_{sik}=200\text{kPa}$，$f_{rk}=10800\text{kPa}$。试求该嵌岩桩单桩竖向承载力特征值。

解： $h_r/d=1.2\text{m}/0.6\text{m}=2.0$，$f_{rk}=10800\text{kPa}<15\text{MPa}$，属于软岩

查表可得 $\zeta_r=1.18$

$$\begin{aligned}Q_{uk}&=Q_{sk}+Q_{rk}=u\sum q_{sik}l_i+\zeta_r f_{rk}A_p\\&=[3.14\times0.6\times(6.03\times60+2.8\times80+0.9\times90+6.57\times170)]\text{kN}+\\&\quad\left(1.18\times10\,800\times\frac{\pi}{4}\times0.6^2\right)\text{kN}\\&=3360.49\text{kN}+3601.45\text{kN}\\&=6962\text{kN}\end{aligned}$$

$$R_a=\frac{1}{K}Q_{uk}=\frac{1}{2}\times6962\text{kN}=3481\text{kN}$$

6.4.3 桩的负摩阻力

桩在竖向荷载作用下，桩相对于桩周土产生向下的位移，因而桩周土对桩身产生向上的摩阻力，该摩阻力称为正摩阻力，它是单桩竖向承载力的重要组成部分。但是，当桩周土层由于某些原因而产生向下位移时，若桩周土向下的位移量大于桩受到荷载作用后的向下位移

量，桩周土对桩身产生向下的摩阻力，该摩阻力称为负摩阻力，如图 6-14 所示。负摩阻力的存在，相当于给桩施加一个下拉荷载，对桩起着不利影响。据有关资料表明：20 余米的桩受到的下拉荷载可达百余千牛。巨大的下拉荷载使桩基产生过大的沉降，在特殊情况下可能使桩的结构受到破坏，因此在进行桩基础设计时，必须分析计算负摩阻力出现的可能性以及采取相应的措施。

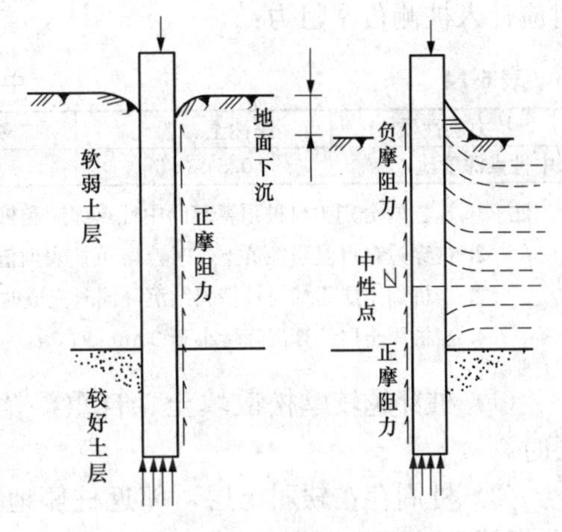

图 6-14 桩侧负摩阻力

6.4.3.1 负摩阻力产生的原因

产生负摩阻力的原因是由于桩周土的下沉量超过了桩受到竖向压力后的位移量，而引起桩侧土下沉的原因主要有以下几种：

(1) 桩周土为新填土或新近沉积的欠固结土，而桩端支承于相对密实的土层。

(2) 在桩侧土层的表面有大面积堆荷或填土引起的地面下沉。

(3) 大面积的地下水位下降，原地下水以下土层的有效应力增大而引起的土层下沉。

(4) 自重湿陷性黄土由于浸水引起的湿陷下沉。

(5) 季节性冻土融化引起的下沉等。

(6) 挤土群桩施工时，使土体发生隆起，施工结束后，随着孔隙水压力的消散，隆起的土体逐渐固结下沉，若桩基持力层较硬，桩受荷位移量较小，也会产生较大的负摩阻力。

负摩阻力产生的根本原因是桩周土的下沉引起的，因此，它的产生、发展、大小均与土的固结沉降特性有关。一般土的固结是初期快、后期慢，因而负摩阻力也是初期发展得快、后期缓慢；土层越厚、固结时间越长，负摩阻力发挥的时间越长；土的沉降量越大，则负摩阻力发挥越充分。

能产生的负摩阻力由桩侧土与桩的摩擦系数、桩侧土对桩的水平侧压力这两者的大小共同决定，实际产生的负摩阻力由能产生的负摩阻力和桩侧土相对桩的下沉位移量这两者决定。

6.4.3.2 中性点及其位置的确定

1. 中性点

桩的负摩阻力并不是发生于整个下沉土层中，产生负摩阻力的桩长范围就是桩侧土层对桩产生相对下沉的范围。桩侧土层的下沉量取决于地表荷载大小、土层的压缩性质等因素，并随深度逐渐减少；而桩在荷载作用下，桩的位移量由桩身压缩量和桩端下沉量两部分组成。因此，桩周土的下沉量有可能在某一深度处与桩的位移量相等，此处不产生摩阻力。在此深度以上，桩周土下沉量大于桩位移量，桩身受到向下的负摩阻力；在此深度以下，桩的位移量大于桩周土的下沉量，桩身受到向上的正摩阻力，正负摩阻力的交点位置称为中性点。

2. 中性点位置的确定

中性点深度 l_n 应按桩周土层沉降与桩沉降相等的条件确定，准确确定中性点的位置比较困难，中性点的位置也可参照表 6-14 确定。

6.4.3.3 负摩阻力计算

1. 负摩阻力强度标准值

符合下列条件之一的桩基，若桩周土层产生的沉降超过基桩的沉降，在计算基桩承载力时应计入桩侧负摩阻力：

表 6-14 中性点深度 l_n

持力层性质	黏性土、粉土	中密以上砂	砾石、卵石	基岩
中性点深度比 l_n/l_0	0.5～0.6	0.7～0.8	0.9	1.0

注 1. l_n、l_0 分别为自桩顶算起的中性点深度和桩周下沉土层下限深度。
2. 桩穿过自重湿陷性黄土层时，l_n 可按表列值增大 10%（持力层为基岩除外）。
3. 当桩周土层固结与桩基固结沉降同时完成时，取 $l_n=0$。
4. 当桩周土层计算沉降量小于 20mm 时，l_n 应按表列值乘以 0.4～0.8 折减。

(1) 桩穿越较厚松散填土、自重湿陷性黄土、欠固结土、液化土层进入相对较硬土层时。

(2) 桩周存在软弱土层，邻近桩侧地面承受局部较大的长期荷载，或地面大面积堆载（包括填土）时。

(3) 由于降低地下水位，使桩周土有效应力增大，并产生显著压缩沉降时。

确定中性点深度时，粗略考虑了桩土相对位移的影响，在负摩阻力强度计算时只考虑能产生的负摩阻力。在计算土侧压力时，采用能形成摩擦力的有效应力而不用总应力。

中性点以上单桩桩周第 i 层土负摩阻力标准值可按下列公式计算

$$q_{si}^{n}=\xi_{ni}\sigma_i' \tag{6-25}$$

当填土、自重湿陷性黄土湿陷、欠固结土层产生固结和地下水降低时

$$\sigma_i'=\sigma_{\gamma i}'$$

当地面分布大面积荷载时

$$\sigma_i'=p+\sigma_{\gamma i}'$$

$$\sigma_{\gamma i}'=\sum_{e=1}^{i-1}\gamma_e\Delta z_e+\frac{1}{2}\gamma_i\Delta z_i \tag{6-26}$$

式中 q_{si}^{n}——第 i 层土桩侧负摩阻力标准值，当按式（6-25）计算值大于正摩阻力标准值时，取正摩阻力标准值进行设计；

ξ_{ni}——桩周第 i 层土负摩阻力系数，桩土摩擦系数和桩侧土的侧压力系数的综合系数，可按表 6-15 取值；

$\sigma_{\gamma i}'$——由土自重引起的桩周第 i 层土平均竖向有效应力；桩群外围桩自地面算起，桩群内部桩自承台底算起；

σ_i'——桩周第 i 层土平均竖向有效应力；

γ_i、γ_e——第 i 计算土层和其上第 m 层土的重度，地下水位以下取浮重度；

Δz_i、Δz_e——第 i 层土、第 m 层土的厚度；

p——地面均布荷载。

表 6-15 负摩阻力系数 ξ_n

土 类	ξ_n
饱和软土	0.15～0.25
黏性土、粉土	0.25～0.40
砂土	0.35～0.50
自重湿陷性黄土	0.20～0.35

注 1. 在同一类土中，对于挤土桩，取表中较大值；对于非挤土桩，取表中较小值；
2. 填土按其组成取表中同类土的较大值。

2. 基桩下拉荷载

考虑群桩效应的基桩下拉荷载可按下式计算

$$Q_{g}^{n}=\eta_{n}u\sum_{i=1}^{n}q_{si}^{n}l_{i} \tag{6-27}$$

$$\eta_{n}=s_{ax}\cdot s_{ay}/\left[\pi d\left(\frac{q_{s}^{n}}{\gamma_{m}}+\frac{d}{4}\right)\right] \tag{6-28}$$

式中　n——中性点以上土层数；

l_i——中性点以上第 i 土层的厚度；

η_n——负摩阻力群桩效应系数；

s_{ax}、s_{ay}——纵横向桩的中心距；

q_s^n——中性点以上桩周土层厚度加权平均负摩阻力标准值；

γ_m——中性点以上桩周土层厚度加权平均重度（地下水位以下取浮重度）。

负摩阻力群桩效应的存在，只会使群桩的负摩阻力减小，故对于单桩基础或按式（6-28）计算的群桩效应系数 $\eta_n>1$ 时，取 $\eta_n=1$。

6.4.3.4　负摩阻力验算要求

桩周土沉降可能引起桩侧负摩阻力时，应根据工程具体情况考虑负摩阻力对桩基承载力和沉降的影响；当缺乏可参照的工程经验时，可按下列规定验算：

对于摩擦型基桩，可取桩身计算中性点以上侧阻力为零，并可按下式验算基桩承载力

$$N_k\leqslant R_a \tag{6-29}$$

对于端承型基桩，除应满足上式要求外，尚应考虑负摩阻力引起基桩的下拉荷载 Q_g^n，并可按下式验算基桩承载力

$$N_k+Q_g^n\leqslant R_a \tag{6-30}$$

当土层不均匀或建筑物对不均匀沉降较敏感时，尚应将负摩阻力引起的下拉荷载计入附加荷载验算桩基沉降。

上述基桩的竖向承载力特征值 R_a 只计中性点以下部分侧阻值及端阻值。

【例 6-8】　某端承灌注桩桩径为 1.0m，桩长 22m，桩周土性参数如图 6-15 所示，地面大面积堆载 $p=60$kPa，桩周沉降变形土层下限深度 20m，试计算下拉荷载标准值（已知中性点深度 $L_n/L_0=0.8$，黏土负摩阻力系数 $\xi_n=0.3$，粉质黏土负摩阻力系数 $\xi_n=0.4$，负摩阻力群桩效应系数 $\eta_n=1.0$）。

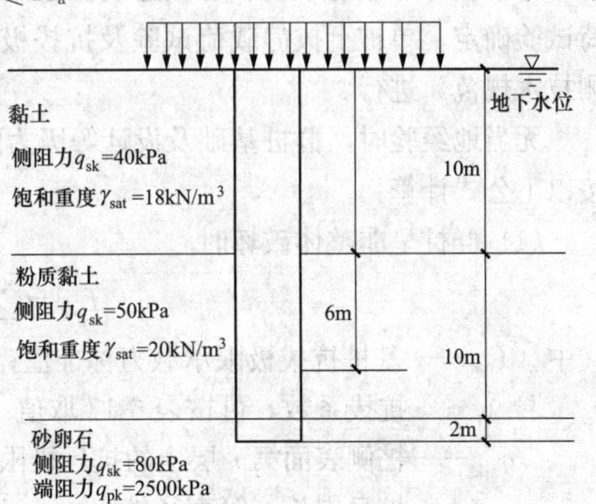

图 6-15　某端承灌注桩周土性参数

解： 中性点深度 $L_n=0.8L_0=0.8\times20\text{m}=16\text{m}$

第一层土

$$\sigma'_{r1}=\sum_{j=1}^{i-1}\gamma_j\Delta z_j+\frac{1}{2}\gamma_i\Delta z_i=\left(\frac{1}{2}\times8\times10\right)\text{kPa}=40\text{kPa}$$

第二层土

$$\sigma'_{r2}=(8\times10)\text{kPa}+\left(\frac{1}{2}\times10\times6\right)=110\text{kPa}$$

$$\sigma'_1=p+\sigma'_{r1}=60\text{kPa}+40\text{kPa}=100\text{kPa}$$

$$\sigma'_2=p+\sigma'_{r2}=60\text{kPa}+110\text{kPa}=170\text{kPa}$$

负摩阻力标准值

$$q^{n}_{s1}=\xi_{n1}\sigma'_1=0.3\times100\text{kPa}=30\text{kPa}<40\text{kPa}，取\ q^{n}_{s1}=30\text{kPa}$$

$$q^{n}_{s2}=\xi_{n2}\sigma'_2=0.4\times170\text{kPa}=68\text{kPa}>50\text{kPa}，取\ q^{n}_{s2}=30\text{kPa}$$

下拉荷载为

$$Q^{n}_{g}=\eta_{n}u\sum_{i=1}^{n}q^{n}_{si}L_i，\ \eta_n=1.0，\ u=\pi d=\pi\times1.0\text{m}=3.14\text{m}$$

$$Q^{n}_{g}=[1.0\times3.14\times(30\times10+50\times6)]\text{kN}=1884\text{kN}$$

6.4.4 抗拔承载力的确定

在电力、通信、交通设施及无上部建筑的地下车库中，往往采用桩基以承受较大的上拔荷载。南方地区的地下车库、地下室等地下建筑物，由于地下室的抗浮水位较高，若无上部建筑，则可能需要设计桩基以补足整体抗浮不够的部分；对于多层地下室，为了使设计节省，也可能需要设计桩基进行局部抗浮。码头、桥台、挡土墙下的斜桩、塔式建筑物等，也可能承受比较大的上拔荷载。另外，特殊地区的建筑物，如地震荷载作用下桩基、膨胀土、冻胀土上的建筑桩基也承受上拔荷载。因此，在承受上拔荷载的桩基设计中，必须进行基桩的抗拔承载力验算。

1. 基桩抗拔极限载力标准值

对于设计等级为甲级和乙级建筑桩基，基桩的抗拔极限承载力应通过现场单桩上拔静载荷试验确定。单桩上拔静载荷试验及抗拔极限承载力标准值取值可按 JGJ106《建筑基桩检测技术规范》进行。

无当地经验时，群桩基础及设计等级为丙级建筑桩基，基桩的抗拔极限承载力标准值可按以下公式计算：

（1）群桩呈非整体破坏时

$$T_{uk}=\sum\lambda_i q_{sik}u_i l_i \tag{6-31}$$

式中 T_{uk}——基桩抗拔极限承载力标准值；

λ_i——抗拔系数，可按表 6-17 取值；

q_{sik}——桩侧表面第 i 层土的抗压极限侧阻力标准值，可按表 6-8 取值；

u_i——桩身周长，等直径桩取 $u=\pi d$，扩底桩按表 6-16 取值；

l_i——自桩底起算的长度。

表 6-16　扩底桩破坏表面周长 u_i

自桩底起算的长度 l_i	$\leqslant(4\sim10)d$	$>(4\sim10)d$
u_i	πD	πd

注　l_i 对于软土取低值，对于卵石、砾石取高值；l_i 取值按内摩擦角增大而增加。

表 6-17　　抗拔系数 λ

土　类	λ　值
砂土	0.50～0.70
黏性土、粉土	0.70～0.80

注　桩长 l 与桩径 d 之比小于 20 时，λ 取小值。

（2）群桩呈整体破坏时

$$T_{gk}=\frac{1}{n}u_l\sum\lambda_i q_{sik}l_i \tag{6-32}$$

式中　u_l——桩群外围周长。

冻土、膨胀土的桩基抗拔承载力验算见《建筑桩基技术规范》(JGJ 94—2008)。

2. 桩基抗拔验算

承受拔力的桩基，应按下列公式同时验算群桩基础呈整体破坏和呈非整体破坏时基桩的抗拔承载力

$$N_k \leqslant T_{gk}/2+G_{gp} \tag{6-33}$$

$$N_k \leqslant T_{uk}/2+G_p \tag{6-34}$$

式中　N_k——按荷载效应标准组合计算的基桩拔力；

T_{gk}——群桩呈整体破坏时基桩的抗拔极限承载力标准值；

T_{uk}——群桩呈非整体破坏时基桩的抗拔极限承载力标准值；

G_{gp}——群桩基础所包围体积的桩土总自重除以总桩数，地下水位以下取浮重度；

G_p——基桩自重，地下水位以下取浮重度；对于扩底桩，应按表 6-25 确定桩、土柱体周长，计算桩、土自重。

混凝土桩的抗拔能力还受到桩身抗拉强度的影响，应对抗拔桩按轴心受拉构件进行抗拉承载力设计。

【例 6-9】　某柱下桩基承台，桩长 11.5m，桩径 600mm，桩端进入中砂层 1.5m，桩基承台及土层分布如图 6-16 所示，地下水位−1.000。基桩拔力 N_k＝400kN。

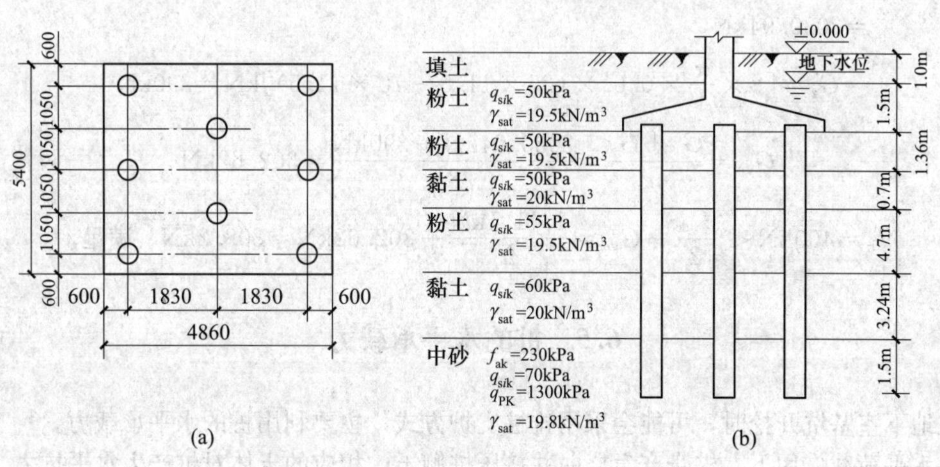

图 6-16　某柱下桩基承台及土层分布示意

试问：（1）群桩呈非整体破坏时，验算基桩的抗拔承载力。

（2）群桩呈整体破坏时，验算基桩的抗拔承载力。

解：(1) 群桩呈非整体破坏时

$$l/d=11.5\text{m}/0.6\text{m}=19.17<20$$

砂土，$\lambda=0.50$；粉土，$\lambda=0.70$；黏土，$\lambda=0.70$

$$\begin{aligned}T_{uk}&=\sum\lambda_i q_{sik}u_i l_i\\&=[3.14\times0.6\times(0.70\times55\times1.36+0.70\times50\times0.7+0.7\times55\times4.7\\&\quad+0.7\times60\times3.24+0.50\times70\times1.5)]\text{kN}\\&=841\text{kN}\end{aligned}$$

$$G_p=\left[\frac{\pi}{4}\times0.6^2\times(25\times11.5-10\times11.5)\right]\text{kN}=48.75\text{kN}$$

$$N_k=400\text{kN}<\frac{T_{uk}}{2}+G_p=\frac{841}{2}\text{kN}+48.75\text{kN}=469.3\text{kN}，满足$$

(2) 群桩呈整体破坏时

$$A_0=1.05\text{m}\times4+0.6\text{m}=4.8\text{m}，B_0=1.83\text{m}\times2+0.6\text{m}=4.26\text{m}$$

$$u_1=2\times(A_0+B_0)=2\times(4.8\text{m}+4.26\text{m})=18.12\text{m}$$

$$\begin{aligned}T_{gk}&=\frac{1}{n}u_1\sum\lambda_i q_{sik}l_i\\&=\left[\frac{1}{8}\times18.12\times(0.70\times55\times1.36+0.70\times50\times0.7+0.70\times55\times4.7\right.\\&\quad+0.70\times60\times3.24+0.50\times70\times1.5)]\text{kN}\\&=1011.1\text{kN}\end{aligned}$$

桩群桩间土面积

$$A_t=4.8\text{m}\times4.26\text{m}-8\times\frac{\pi}{4}\times(0.6\text{m})^2=18.187\text{m}^2$$

$$\begin{aligned}G_t&=A_t\sum\gamma_i h_i=[18.187\times(1.36\times9.5+0.7\times10+4.7\times9.5\\&\quad+3.24\times10+1.5\times9.8)]\text{kN}\\&=2030.94\text{kN}\end{aligned}$$

$$G_z=[8\times\frac{\pi}{4}\times0.6^2\times(25\times11.5-10\times11.5)]\text{kN}=390\text{kN}$$

$$G_{gp}=\frac{G_t+G_z}{n}=\frac{2030.94\text{kN}+390\text{kN}}{8}=302.62\text{kN}$$

$$N_k=400\text{kN}<\frac{T_{gk}}{2}+G_{gp}=\frac{1011.1\text{kN}}{2}+302.62\text{kN}=808.2\text{kN}，满足。$$

6.5 桩的水平承载力

在地下室基坑开挖时，可能会采用排桩支护方式，主要利用桩的水平承载力。

在水平荷载作用下，桩身产生挠曲并挤压桩侧土，相应的土体对桩产生水平抗力。随着水平力的加大，桩的水平位移与土的变形加大。对于抗弯性能较差的桩，如低配筋率的灌注桩，若桩长不是过小，通常是桩身产生裂缝，然后断裂破坏，桩的水平承载力由桩身承载力决定；对于抗弯性能好的桩，如钢桩，桩身虽未断裂，但当土体产生明显隆起或桩顶的水平位移超过容许值时，也认为桩达到水平承载力的极限状态，这时桩的水平承载力由桩顶位移控制；有些配筋不是很大的桩，若桩的长径比较小，桩的水平承载力也由桩顶位移控制。

影响桩基水平承载力的因素很多，如桩的截面尺寸、刚度、材料强度、桩顶的嵌固程度、地基土的性质、桩的入土深度、桩的间距等。确定单桩水平承载力的方法主要有水平静载荷试验法、理论计算法两大类。

6.5.1 水平受荷桩的理论分析

桩在水平荷载下的水平变形与承载力通常按侧向弹性地基梁的方法进行分析。采用文克勒地基模型研究在横向荷载和桩侧土抗力共同作用下桩的挠度曲线，通过求解挠度曲线微分方程可得挠度曲线方程，进一步可求出桩身各截面的水平抗力、弯矩和剪力，将求得的弯矩和剪力用于桩基承载力设计。

桩的挠度曲线的微分方程为

$$EI\frac{d^4x}{dz^4}=-p_x \tag{6-35}$$

式中 p_x——土作用于桩上的水平抗力（kN/m），按文克勒假定为 $p_x=k_hxb_0$；

b_0——桩的计算宽度（m），见表6-18；

x——桩的水平位移（m）；

k_h——土的水平抗力系数，或称为水平基床系数（kN/m^3）。

表 6-18 桩的计算宽度

截面宽度 b 或直径 d(m)	圆 桩	方 桩
>1	$0.9\times(d+1)$	$b+1$
≤1	$0.9\times(1.5d+0.5)$	$1.5b+0.5$

水平抗力系数 k_h 的大小与分布直接影响上述微分方程（6-35）的求解，k_h 与土的种类和桩的入土深度有关，其一般的表达式为

$$k_h=mz^n \tag{6-36}$$

根据 n 取值的不同，可分为多种方法：

（1）常数法。假定地基水平抗力系数沿深度均匀分布［见图6-17（b）］，即 $n=0$。这种方法未考虑土自重压力的影响，与实际差距最大。

（2）k 法。假定地基水平抗力系数在第一弹性零点（深度为 t）以上按凹形抛物线变化，以下保持为常数［见图6-17（c）］。这种方法深度 t 以上较能接近实际情况。

（3）m 法。假定 k_h 随深度成比例增加［见图6-17（d）］，即 $n=1$。这种方法在深层高估了土侧压力，但计算较 c 法简便。

（4）c 法。假定 k_h 随深度呈抛物线变化［见图6-17（e）］，即 $n=0.5$，$m=c$。这种方法是最接近实际情况的方法，求解也是最复杂的。

实测资料表明，当桩的水平位移较大时，m 法计算结果较接近实际；反之，c 法比较接近实际。

1. 单桩挠度曲线微分方程

考虑到深层桩位移较小，深层土侧压力对桩设计影响不大，用 m 法进行挠曲微分方程求解。将 $n=1$ 的代入式（6-35），则可得微分方程

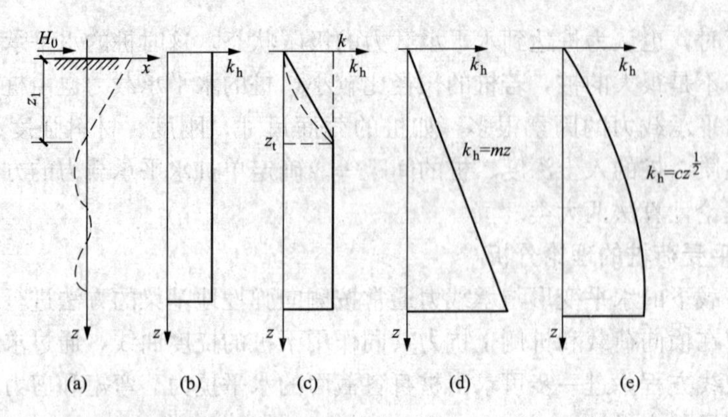

图 6-17　水平荷载下桩的变形及不同的水平抗力系数假定

$$\frac{\mathrm{d}^4 x}{\mathrm{d}z^4}+\frac{mb_0}{EI}zx=0 \tag{6-37}$$

令 $\alpha=\sqrt[5]{\frac{mb_0}{EI}}$，$\alpha$ 为桩的水平变形系数，单位为$^{-1}$，则上式变为

$$\frac{\mathrm{d}^4 x}{\mathrm{d}z^4}+\alpha^5 zx=0 \tag{6-38}$$

假设单桩桩顶作用的水平荷载为 H_0，弯矩为 M_0，如图 6-18 所示，代入边界条件，可求得沿桩身深度 z 处的内力及位移的简化表达式

位移

$$x_z=\frac{H_0}{\alpha^3 EI}A_x+\frac{M_0}{\alpha^2 EI}B_x \tag{6-39}$$

转角

$$\varphi_z=\frac{H_0}{\alpha^2 EI}A_\varphi+\frac{M_0}{\alpha EI}B_\varphi \tag{6-40}$$

弯矩

$$M_z=\frac{H_0}{\alpha}A_M+M_0 B_M \tag{6-41}$$

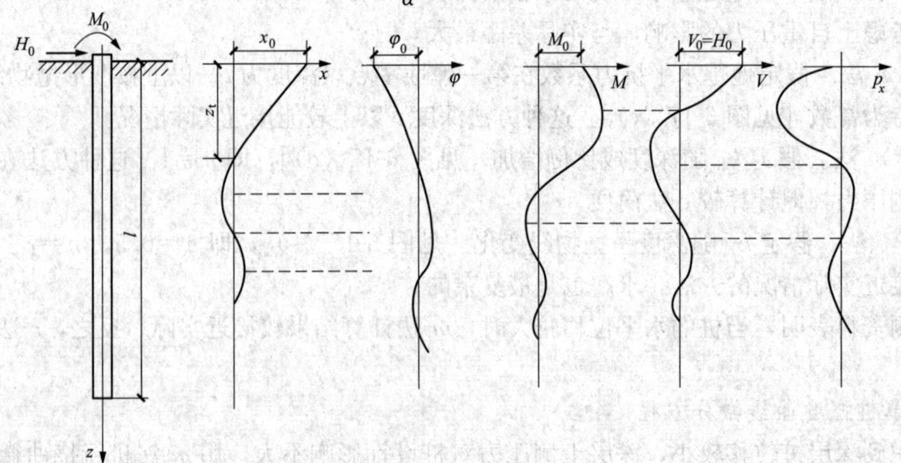

图 6-18　单桩内力与变形曲线

剪力

$$V_z = H_0 A_V + \alpha M_0 B_V \tag{6-42}$$

长桩的内力和变形计算常数见表 6-19。

表 6-19 长桩的内力和变形计算常数

$\bar{h}=\alpha z$	A_x	A_φ	A_M	A_V	A_p	B_x	B_φ	B_M	B_V	B_p
0.0	2.435	−1.632	0.000	1.000	0.000	1.623	−1.750	1.000	0.000	0.000
0.1	2.273	−1.618	0.100	0.989	−0.227	1.453	−1.650	1.000	−0.007	−0.145
0.2	2.112	−1.603	0.198	0.956	−0.422	1.293	−1.550	0.999	−0.028	−0.259
0.3	1.952	−1.578	0.291	0.906	−0.586	1.143	−1.450	0.994	−0.058	−0.343
0.4	1.796	−1.545	0.379	0.840	−0.718	1.003	−1.351	0.987	−0.095	−0.401
0.5	1.644	−1.503	0.459	0.764	−0.822	0.873	−1.251	0.976	−0.137	−0.436
0.6	1.496	−1.454	0.532	0.677	−0.897	0.752	−1.156	0.960	−0.181	−0.451
0.7	1.353	−1.397	0.595	0.585	−0.947	0.642	−1.061	0.939	−0.226	−0.449
0.8	1.216	−1.335	0.649	0.489	−0.973	0.540	−0.968	0.914	−0.270	−0.432
0.9	1.086	−1.268	0.693	0.392	−0.977	0.448	−0.878	0.885	−0.312	−0.403
1.0	0.962	−1.197	0.727	0.295	−0.962	0.364	−0.792	0.852	−0.350	−0.364
1.2	0.738	−1.047	0.767	0.109	−0.885	0.223	−0.629	0.775	−0.414	−0.268
1.4	0.544	−0.893	0.772	−0.056	−0.761	0.112	−0.482	0.668	−0.456	−0.157
1.6	0.381	−0.741	0.746	−0.193	−0.609	0.029	−0.354	0.594	−0.477	−0.047
1.8	0.247	−0.596	0.696	−0.298	−0.445	−0.030	−0.245	0.498	−0.476	0.054
2.0	0.142	−0.464	0.628	−0.371	−0.283	−0.070	−0.155	0.404	−0.456	0.140
3.0	−0.075	−0.040	0.225	−0.349	0.226	−0.089	0.057	0.059	−0.213	0.268
4.0	−0.050	0.052	0.000	−0.106	0.201	−0.028	0.049	−0.042	0.017	0.112
5.0	−0.009	0.025	−0.033	0.015	0.046	0.000	−0.011	−0.026	0.029	−0.002

桩侧土水平抗力系数的比例系数 m，宜通过单桩水平静载试验确定，当无静载试验资料时，可按表 6-20 取值。

表 6-20 地基土水平抗力系数的比例系数 m 值

序号	地基土类别	预制桩、钢桩		灌注桩	
		m (MN/m^4)	相应单桩在地面处的水平位移 (mm)	m (MN/m^4)	相应单桩在地面处的水平位移 (mm)
1	淤泥；淤泥质土；饱和湿陷性黄土	2～4.5	10	2.5～6	6～12
2	流塑（$I_L>1$）、软塑（$0.75<I_L\leqslant 1$）状黏性土；$e>0.9$ 的粉土；松散粉细砂；松散、稍密填土	4.5～6.0	10	6～14	4～8
3	可塑（$0.25<I_L\leqslant 0.75$）状黏性土、湿陷性黄土；$e=0.75$～0.9 的粉土；中密填土；稍密细砂	6.0～10	10	14～35	3～6
4	硬塑（$0<I_L\leqslant 0.25$）、坚硬（$I_L\leqslant 0$）状黏性土、湿陷性黄土；$e<0.75$ 的粉土；中密的中粗砂；密实老填土	10～22	10	35～100	2～5
5	中密、密实的砾砂、碎石类土			100～300	1.5～3

注 1. 当桩顶水平位移大于表列数值或灌注桩配筋率较高（≥0.65%）时，m 值应适当降低；当预制桩的水平向位移小于 10mm 时，m 值可适当提高。

2. 当水平荷载为长期或经常出现的荷载时，应将表列数值乘以 0.4 降低采用。

3. 当地基为可液化土层时，应将表列数值乘以 JGJ 94—2008《建筑桩基技术规范》表 5.3.12 中相应的系数 ψ_l。

2. 桩顶的水平位移 x_0

桩顶水平位移是控制单桩水平承载力的主要因素，且桩的无量纲深度不同、桩端约束条件不同，其水平荷载下的工作性状也不同。根据 αl 及桩端支承条件查得桩顶处的位移系数 A_x 和 B_x（见表 6-21），将其代入式（6-39）即可计算桩顶的水平位移，同理可计算出桩顶的转角。

表 6-21　桩顶处位移系数 A_x 和 B_x 取值

αl	桩端支承在土上		桩端支承在岩石上		桩端嵌固在岩石中	
	$A_x(z=0)$	$B_x(z=0)$	$A_x(z=0)$	$B_x(z=0)$	$A_x(z=0)$	$A_x(z=0)$
0.5	72.004	192.026	48.006	96.037	0.042	0.125
1.0	18.030	24.106	12.049	12.149	0.329	0.494
1.5	8.101	7.349	5.498	3.889	1.014	1.028
2.0	4.737	3.481	3.381	2.081	1.841	1.468
3.0	2.727	1.758	2.406	1.568	2.385	1.586
≥4.0	2.441	1.621	2.419	1.618	2.401	1.600

3. 桩身最大弯矩及其位置

为进行配筋计算，设计受水平荷载桩时需要确定桩身最大弯矩的大小及位置，当配筋率较小时，桩身能承受的最大弯矩决定了桩的水平承载力。

最大弯矩点的深度 z_0 的位置为

$$z_0=\frac{\bar{h}_0}{\alpha} \tag{6-43}$$

式中　$\bar{h}_0$——最大弯矩点的折算深度，可从表 6-22 中通过系数 C_D 查得

$$C_D=\alpha\frac{M_0}{H_0} \tag{6-44}$$

最大弯矩值可用下式计算

$$M_{max}=C_M M_0 \tag{6-45}$$

表 6-22　计算最大弯矩截面系数 C_D 及最大弯矩系数 C_M

$\bar{h}_0=\alpha z$	C_D	C_M	$\bar{h}_0=\alpha z$	C_D	C_M
0.0	∞	1.000	1.4	−0.145	−4.596
0.1	131.252	2.001	1.5	−0.299	−1.876
0.2	34.182	1.001	1.6	−0.434	−1.128
0.3	15.544	1.012	1.7	−0.555	−0.740
0.4	8.781	1.029	1.8	−0.665	−0.530
0.5	5.539	1.057	1.9	−0.768	−0.396
0.6	3.710	1.101	2.0	−0.862	−0.304
0.7	2.566	1.169	2.2	−1.048	−0.187
0.8	1.791	1.274	2.4	−1.230	−0.118
0.9	1.238	1.441	2.6	−1.420	−0.074
1.0	0.824	1.728	2.8	−1.635	−0.045
1.1	0.503	2.299	3.0	−1.893	−0.026
1.2	0.246	3.876	3.5	−2.994	−0.003
1.3	0.034	23.438	4.0	−0.045	−0.011

注　此表适用于 $\alpha l\geqslant 4.0$ 的情况，当 $\alpha l<4.0$ 时，可查 GB 50007—2011《建筑地基基础设计规范》中表格。

6.5.2 单桩水平载荷试验

桩的水平承载力静载试验的目的主要是确定桩的水平承载力和桩侧地基土水平抗力系数的比例系数。单桩水平载荷试验的适用性和试桩的选择条件原则上与竖向静载试验相同，但在测试方法和步骤上有所不同。

1. 加载装置

加载方法宜根据工程桩实际受力特性选用单向多循环加载法或慢速维持荷载法，也可按设计要求采用其他加载方法。需要测量桩身应力或应变的试桩宜采用维持荷载法。

桩的水平荷载试验的加载方式如图 6-19 所示，主要设备由垫板、导木、滚轴（钢管）和卧式液压千斤顶等组成，采用千斤顶而逐级施加荷载，反力直接传递给已经施工完毕的桩基，用油压表或力传感器量测荷载的大小，用百分表或位移计量测试桩的水平位移。

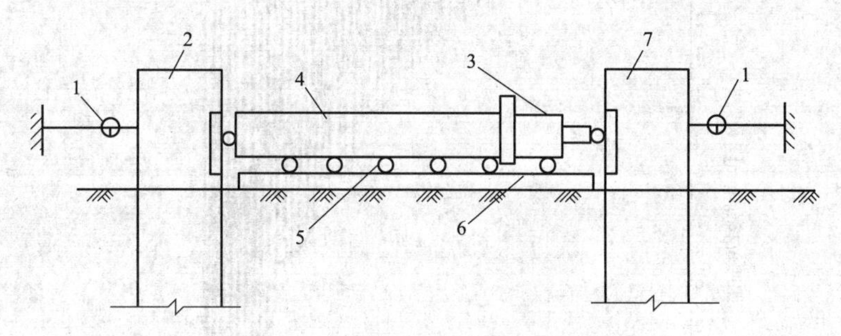

图 6-19 单桩水平荷载试验装置示意

1—百分表；2—桩；3—千斤顶；4—导木；5—钢管；6—垫层；7—试桩

2. 加荷方法

单向多循环加载法的分级荷载应小于预估水平极限承载力或最大试验荷载的 1/10。每级荷载施加后，恒载 4min 后测读水平位移，然后卸载至零，2min 后测读残余水平位移，至此完成一个加卸载循环。如此循环 5 次，完成一级荷载的位移观测，试验不得中间停顿，直至试桩达到极限荷载为止。

当出现下列情况之一时，可终止加载：

(1) 桩身折断。

(2) 水平位移超过 30～40mm（软土取 40mm）。

(3) 水平位移达到设计要求的水平位移允许值。

3. 资料整理

(1) 采用单向多循环加载法时，应绘制水平力—时间—作用点位移（$H\text{-}t\text{-}Y_0$）关系曲线（图 6-20）和水平力—位移梯度（$H\text{-}\Delta Y_0/\Delta H$）关系曲线。

(2) 采用慢速维持荷载法时，应绘制水平力—力作用点位移（$H\text{-}Y_0$）关系曲线、水平力—位移梯度（$H\text{-}\Delta Y_0/\Delta H$）关系曲线、力作用点位移—时间对数（$Y_0\text{-}\lg t$）关系曲线和水平力—力作用点位移双对数（$\lg H\text{-}\lg Y_0$）关系曲线。

(3) 绘制水平力、水平力作用点水平位移—地基土水平抗力系数的比例系数的关系曲线（$H\text{-}m$、$Y_0\text{-}m$）。

4. 单桩的水平临界荷载

柔性桩单桩水平临界荷载 H_{cr} 是相当于桩身开裂、受拉区混凝土不参加工作时的桩顶水平力，按下列方法综合确定：

（1）取 H_0-t-x_0 曲线出现突变点（相同荷载增量的条件下，出现比前一级明显增大的位移增量）的前一级荷载作为水平临界荷载 H_{cr}。

（2）取 H_0-$\dfrac{\Delta x_0}{\Delta H_0}$ 曲线第一直线段的终点所对应的荷载作为水平临界荷载。

（3）取 H_0-σ_g 第一突变点对应的荷载为水平临界荷载。

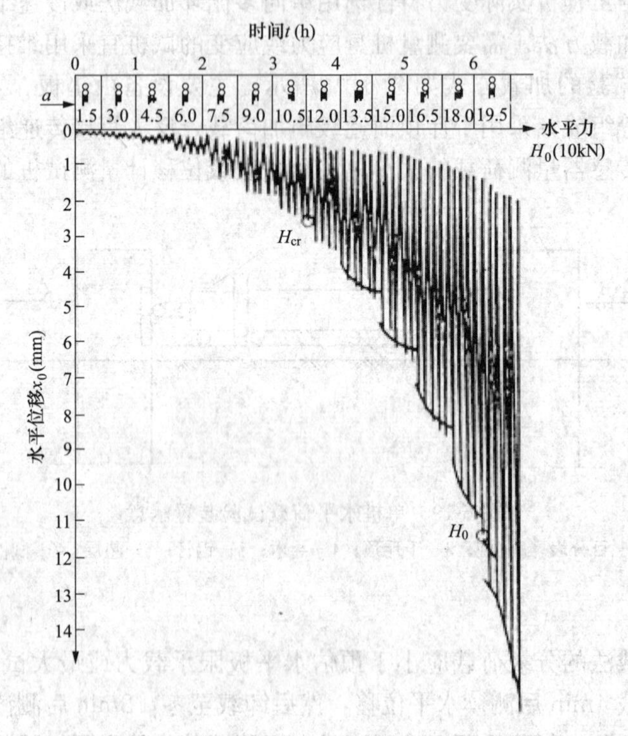

图 6-20 水平力-时间-位移（H-t-Y_0）曲线

5. 单桩水平极限承载力

单桩水平极限荷载是相当于桩身应力达到强度极限时的桩顶水平力，按下列规定确定：

（1）取单向多循环加载法时的 H-t-Y_0 曲线产生明显陡降的前一级，或慢速维持荷载法时的 H-Y_0 曲线发生明显陡降的起始点对应的水平荷载值；可根据每级荷载下的位移包络线的凹凸形状来判别。若包络线向下凸出，则表明在该级荷载下桩的位移逐渐趋于稳定；如包络线向上方凸出，则表明在该级荷载作用下，随着加卸荷循环次数的增加，水平位移仍在增加，且不稳定，因此可以认为该级荷载为桩的破坏荷载，前一级荷载为水平极限荷载。

（2）取慢速维持荷载法时的 Y_0-lg$t$ 曲线尾部出现明显弯曲的前一级水平荷载值。

（3）取 H-$\Delta Y_0/\Delta H$ 曲线或 lg$H$-lgY_0 曲线上第二拐点对应的水平荷载值。

（4）取桩身折断或受拉钢筋屈服时的前一级水平荷载值。

6. 水平载荷试验确定单桩水平承载力特征值

单桩水平极限承载力、单桩水平临界荷载的统计值，按单桩水平静载荷试验方法确定。单位工程同一条件下的单桩水平承载力特征值按下列规定确定：

（1）当水平承载力按桩身强度控制时，取水平临界荷载的统计值为单桩水平承载力特征值。

(2) 当桩长期受水平荷载作用且桩不允许开裂时，取水平临界荷载的统计值的0.8倍作为单桩水平承载力特征值。

(3) 当水平承载力按设计要求的允许水平位移控制时，可取设计要求的水平允许位移对应的水平荷载作为单桩水平承载力特征值。

6.5.3 水平承载力特征值

(1) 对于受水平荷载较大的设计等级为甲级、乙级的建筑桩基，单桩水平承载力特征值应通过单桩水平静载试验确定。

(2) 对于钢筋混凝土预制桩、钢桩、桩身正截面配筋率不小于0.65%的灌注桩，可根据静载试验结果取地面处水平位移为10mm（对于水平位移敏感的建筑物取水平位移6mm）所对应的荷载的75%为单桩水平承载力特征值。

(3) 对于桩身配筋率小于0.65%的灌注桩，可取单桩水平静载试验的临界荷载的75%为单桩水平承载力特征值。

(4) 当缺少单桩水平静载试验资料时，可按下列公式估算单桩水平承载力特征值：

1) 桩身配筋率小于0.65%的灌注桩

$$R_{ha}=\frac{0.75\alpha\gamma_m f_t W_0}{\nu_m}(1.25+22\rho_g)\left(1\pm\frac{\zeta_N N}{\gamma_m f_t A_n}\right) \tag{6-46}$$

其中

$$W_0=\frac{\pi d}{32}\left[d^2+2(\alpha_E-1)\rho_g d_0^2\right] \tag{6-47}$$

$$A_n=\frac{\pi d^2}{4}\left[1+(\alpha_E-1)\rho_g\right] \tag{6-48}$$

式中 $\pm$——根据桩顶竖向力性质确定，压力取“+”，拉力取“-”；

α——桩的水平变形系数；

γ_m——桩截面模量塑性系数，圆形截面 $\gamma_m=2$，矩形截面 $\gamma_m=1.75$；

f_t——桩身混凝土抗拉强度设计值；

W_0——桩身换算截面受拉边缘的截面模量，圆形截面按式（6-47）计算，其中 d_0 为扣除保护层的桩直径；

ν_m——桩身最大弯矩系数，单桩和单排桩纵向轴线与水平方向相垂直的情况，按桩顶铰接考虑；

ρ_g——桩身配筋率；

ζ_N——桩顶竖向力影响系数，竖向压力取 $\zeta_N=0.5$，竖向拉力取 $\zeta_N=1.0$；对于混凝土护壁的挖孔桩，计算单桩水平承载力时，其设计桩径取护壁内直径；

N——在荷载效应标准组合下桩顶的竖向力（kN）；

α_E——钢筋弹性模量与混凝土弹性模量的比值；

A_n——桩身换算截面面积。

2) 钢桩、预制桩、桩身配筋率大于0.65%的灌注桩，单桩水平承载力特征值按下式估算

$$R_{ha}=\frac{0.75\alpha^3 EI}{\nu_x}x_{0a} \tag{6-49}$$

式中 EI——桩身的抗弯刚度，对于钢筋混凝土桩，$EI=0.85E_c I_0$，其中 I_0 为桩身换算

截面惯性矩，圆形截面，$I_0=W_0d/2$；

x_{0a}——桩顶容许水平位移；

ν_x——桩顶水平位移系数，查表 6-23。

表 6-23　桩顶（身）最大弯矩系数 ν_m 和桩顶水平位移系数 ν_x

桩顶约束情况	桩的换算埋深（αh）	ν_m	ν_x
铰接、自由	4.0	0.768	2.441
	3.5	0.750	2.502
	3.0	0.703	2.727
	2.8	0.675	2.905
	2.6	0.639	3.163
	2.4	0.601	3.526
固接	4.0	0.926	0.940
	3.5	0.934	0.970
	3.0	0.967	1.028
	2.8	0.990	1.055
	2.6	1.018	1.079
	2.4	1.045	1.095

注　1. 铰接（自由）的 ν_m 系桩身的最大弯矩系数，固接的 ν_m 系桩顶的最大弯矩系数。

2. 当 $\alpha h>4$ 时取 $\alpha h=4.0$。

6.6 群桩效应

实际工程中的桩基础除了独立柱基础下大直径桩有时采用一柱一桩外，一般都是由多根桩组成，桩顶用承台连接，称为群桩基础。

6.6.1 群桩的工作特点

竖向荷载下的群桩基础，由于桩、桩间土和承台三者之间的相互作用和共同工作，使群桩中各桩的承载力和沉降性状与单桩明显不同，其总的承载力往往并不等于各个单桩的承载力简单相加，这种现象称为群桩效应。

1. 端承型群桩基础

端承型桩基因持力层坚硬，桩顶沉降较小，桩侧摩阻力不易发挥，桩顶荷载基本上通过桩身直接传至桩底土层。而桩端承压面积小，各桩端的压力彼此互不影响［见图 6-21 (b)］，因此端承型群桩基础中各基桩的工作性状与单桩基本一致。同时，由于端承型桩一般变形小，桩间土基本不承受荷载，群桩基础的承载力等于各单桩承载力之和，群桩的沉降量也与单桩基本相同，故可不考虑群桩效应。

2. 摩擦型群桩基础

摩擦型群桩主要是通过桩侧面的摩擦力将竖向力传到桩周土，然后再传到深层土中。一般认为桩侧摩擦力在土中引起的竖向附加应力按某一角度 θ 沿桩长向下扩散到桩端平面上，如图 6-21 所示。当桩数少，并且桩距 s_a 大（$s_a\geqslant 6d$），桩端平面处各桩传来的压力互不重叠或重叠不多［见图 6-21（b）］时，群桩中各桩的工作情况与单桩一致，此时群桩的承载力等于各桩承载力之和。但当桩数较多、桩距较小［$s_a\leqslant(3-4)d$］时，桩端处地基中各桩传来的压力将相互重叠［见图6-21（c）］。桩端处压力较单桩时数值增大，荷载作用面积加宽，影响深度更深。因此，桩端持力层总压力超过土层承载力；同时由于附加应力数值加大，范围加宽、加深，群桩基础的沉降也大大高于单桩的沉降，即出现了群桩效应。

影响群桩效应的因素很多，对于侧阻力，在黏性土中因群桩效应而削弱，但在非密实的粉土、砂土中因群桩效应产生沉降硬化而增强。对于端阻力，在黏性土中和非黏性土中，均因相邻桩桩端土互逆的侧向变形而增强。就实际工作而言，桩所穿越的土层往往是两种以上性质土层交互出现，且水平向变化不均，由此计算群桩效应确定承载力较为烦琐。另据美国、英国规范规定，当桩距 $s_a \geqslant 3d$ 时不考虑群桩效应。我国《建筑桩基技术规范》（JGJ 94—2008）规定，最小桩距除桩数少于3排和9排桩的非挤土端承桩群桩外，其余均不小于 $3d$。鉴于此，JGJ 94—2008中关于侧阻和端阻的群桩效应不予考虑。

6.6.2 承台效应

摩擦型群桩承台在竖向荷载作用下，承台与承台下土的挤压，承台下土会对承台产生一定的竖向抗力，成为桩基竖向承载力的一部分而分担荷载，此种效应为承台效应。承台底地基土承载力特征值发挥率为承台效应系数。承台效应和承台效应系数随下列因素的影响而变化：

（1）桩距大小。对于群桩，桩距越大，土反力越大。

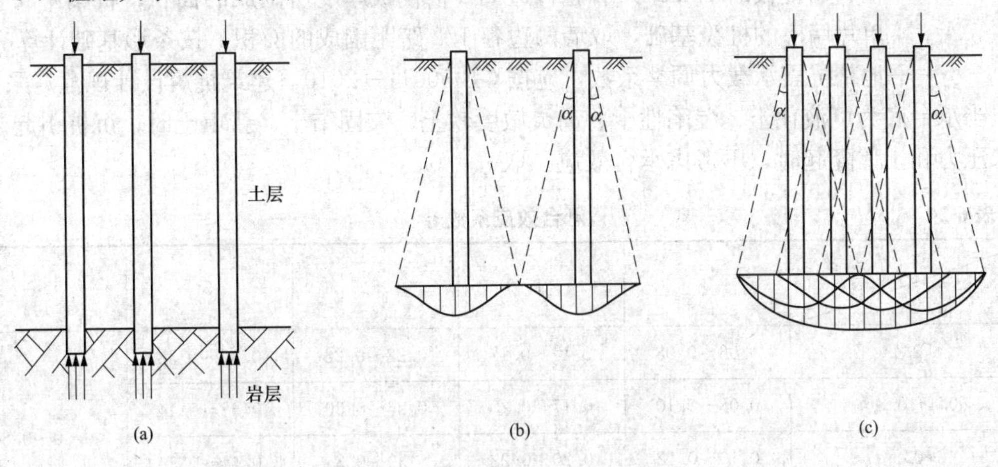

图6-21 端承型、摩擦型群桩桩端平面上的压力分布

（2）承台土抗力随承台宽度与桩长之比 B_c/l 减小而减小。现场原型试验表明，当承台宽度与桩长之比较大时，承台土反力形成的压力泡包围整个桩群，由此导致桩侧阻力、端阻力发挥值降低，承台底土抗力随之加大。

（3）承台土抗力随区位和桩的排列而变化。承台内区（桩群包络线以内）由于桩土相互影响明显，土的竖向位移加大，导致内区土反力明显小于外区（承台悬挑部分），大致呈马鞍形分布，如图6-22所示。

（4）承台土抗力随荷载变化。JGJ 94—2008规定，对于符合下列条件之一的摩擦型桩基，宜考虑承台效应确定其复合基桩的竖向承载力特征值：①上部结构整体刚度较好、体型简单的建（构）筑物；②对差异沉降适应性较强的排架结构和柔性构筑物；③按变刚度调平原则设计的桩

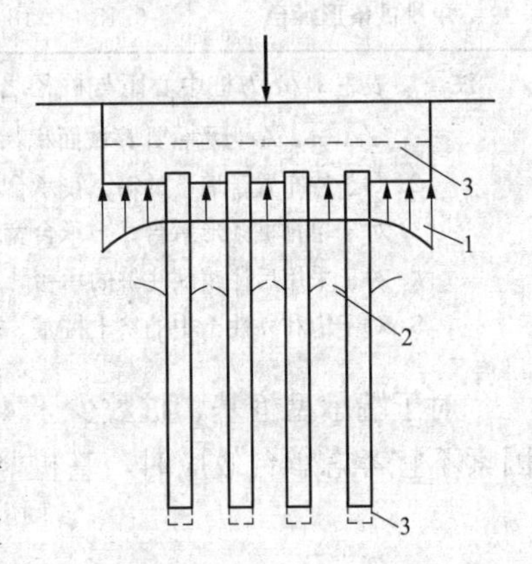

图6-22 复合桩基

1—承台底土反力；2—上层土位移；3—桩端贯入、桩基整体下沉

基刚度相对弱化区；④软土地基的减沉复合疏桩基础。

考虑承台效应的复合基桩竖向承载力特征值可按下列公式确定：

不考虑地震作用时

$$R = R_a + \eta_c f_{ak} A_c \tag{6-50}$$

考虑地震作用时

$$R = R_a + \frac{\zeta_a}{1.25}\eta_c f_{ak} A_c \tag{6-51}$$

$$A_c = (A - nA_{ps})/n \tag{6-52}$$

式中 η_c——承台效应系数，可按表 6-24 取值；

f_{ak}——承台下 1/2 承台宽度且不超过 5m 深度范围内各层土的地基承载力特征值按厚度加权的平均值；

A_c——计算基桩所对应的承台底净面积；

A_{ps}——桩身截面面积；

A——承台计算域面积，对于柱下独立桩基，A 为承台总面积；对于桩筏基础，A 为柱、墙筏板的 1/2 跨距和悬臂边 2.5 倍筏板厚度所围成的面积；桩集中布置于单片墙下的桩筏基础，取墙两边各 1/2 跨距围成的面积，按条形基础计算 η_c；

ζ_a——地基抗震承载力调整系数，应按 GB 50011—2010《建筑抗震设计规范》采用。

当承台底为可液化土、湿陷性土、高灵敏度软土、欠固结土、新填土时，沉桩引起超孔隙水压力和土体隆起时，不考虑承台效应，取 $\eta_c = 0$。

表 6-24 承台效应系数 η_c

<table>
<tr><th>B_c/l \ s_a/d</th><th>3</th><th>4</th><th>5</th><th>6</th><th>>6</th></tr>
<tr><td>≤0.4</td><td>0.06～0.08</td><td>0.14～0.17</td><td>0.22～0.26</td><td>0.32～0.38</td><td rowspan="4">0.50～0.80</td></tr>
<tr><td>0.4～0.8</td><td>0.08～0.10</td><td>0.17～0.20</td><td>0.26～0.30</td><td>0.38～0.44</td></tr>
<tr><td>>0.8</td><td>0.10～0.12</td><td>0.20～0.22</td><td>0.30～0.34</td><td>0.44～0.50</td></tr>
<tr><td>单排桩条形承台</td><td>0.15～0.18</td><td>0.25～0.30</td><td>0.38～0.45</td><td>0.50～0.60</td></tr>
</table>

注 1. 表中 s_a/d 为桩中心距与桩径之比；B_c/l 为承台宽度与桩长之比。当计算基桩为非正方形排列时，$s_a = \sqrt{A/n}$，A 为承台计算域面积，n 为总桩数。

2. 对于桩布置于墙下的箱、筏承台，η_c 可按单排桩条基取值。

3. 对于单排桩条形承台，当承台宽度小于 1.5d 时，η_c 按非条形承台取值。

4. 对于采用后注浆灌注桩的承台，η_c 宜取低值。

5. 对于饱和黏性土中的挤土桩基、软土地基上的桩基承台，η_c 宜取低值的 0.8 倍。

对于端承型桩基、桩数少于 4 根的摩擦型柱下独立桩基，或由于地层土性、使用条件等因素不宜考虑承台效应时，基桩竖向承载力特征值应取单桩竖向承载力特征值。

6.7 桩 的 设 计

桩设计的目的主要是：根据上部结构的形式及使用要求、荷载的性质及大小、地质及水文资料、施工方法等条件，确定合适的桩基类型及尺寸，保证承台、基桩和地基强度、变形及稳定性，满足安全和使用上的要求，且经济合理。

6.7.1 桩的设计基本要求、设计内容及设计步骤

1. 基本要求

JGJ 94—2008《建筑桩基技术规范》规定，桩基础设计必须遵守以下基本原则：

(1) 灌注桩采用概率理论的极限状态设计法，以可靠指标度量桩基的可靠度，采用分项系数表达的极限状态表达式进行计算，其极限状态分为：

1) 承载能力极限状态：对应于桩基达到最大承载力或整体失稳或不适于继续承载的变形。

2) 正常使用极限状态：对应于桩基达到建筑物正常使用所规定的变形或达到耐久性要求的某项限值。

(2) 根据桩基损坏造成建筑物破坏后果的严重性，设计时应采用适当的安全等级。

2. 设计内容

设计内容包括：

(1) 竖向（抗压、抗拔）承载力计算。

(2) 必要时进行群桩效应计算。

(3) 桩身承载力及承台承载力计算。

(4) 当桩端平面以下存在软弱下卧层时，应验算软弱下卧层的承载力。

(5) 对位于坡地、岸边的桩基应进行整体稳定性验算。

(6) 按 GB 50011—2010《建筑抗震设计规范》规定进行抗震验算。

(7) 桩基变形验算：当桩端持力层为软弱土的一、二级建筑物，以及桩端持力层为黏性土、粉土或存在软弱下卧层的一级建筑物时应进行沉降验算；承受横向荷载较大对横向变形要求严格的一级建筑物应进行横向变形验算。

(8) 进行桩身和承台抗裂与裂缝宽度验算：使用条件不允许混凝土出现裂缝的桩基应进行抗裂验算；对使用上需要限制裂缝宽度的桩基，应进行裂缝宽度验算。

3. 必需的设计资料

桩基设计应具备以下基本资料：

(1) 上部建筑情况。主要包括建筑物的安全等级、平面布置、结构形式、抗震设计烈度、荷载大小及构造和使用上的要求等。

(2) 工程地质资料。主要包括：①钻孔平面布置图、工程地质剖面图、钻孔柱状图；②土工试验成果；③现场试桩资料及建筑物附近地区可供参考的试桩资料；④地下水位及水质分析结论；⑤按《建筑桩基技术规范》提供桩的侧阻力、端阻力极限值，若为嵌岩桩，须提供岩石饱和单轴抗压强度标准值；⑥如果为冻土地区，应提供地基土冻胀性资料。

(3) 施工设备、技术力量及材料供应等。在对上述基本资料进行认真分析后，方可进行设计。

4. 桩基础设计步骤

桩基础设计一般按下列步骤进行：

(1) 确定桩型，选择桩径。

(2) 确定单桩极限承载力标准值（竖向、水平向极限承载力标准值）和承载力特征值。

（3）确定每个竖向构件下桩的数量及平面布置，拟定承台平面尺寸。

（4）确定基桩（必要时考虑群桩效应）承载力特征值，必要时进行地基稳定和沉降验算。

（5）计算桩基中各桩标准组合下的桩反力，并进行桩承载力验算。

（6）单桩桩身承载力设计。

（7）通过承台的整体冲切验算、角桩冲切验算、剪切验算确定承台厚度，通过受弯设计确定承台配筋。

（8）绘制桩基础平面布置图、单桩详图和承台施工图。

6.7.2 桩的类型选择

桩类型的选择应根据建筑结构类型、荷载大小、穿越土层的性质、桩端持力层情况、地下水位高低及水量大小、当地已有施工设备、施工对环境的影响、施工经验等因素综合考虑确定。

1. 端承型桩基与摩擦型桩基的选择

端承型桩基与摩擦型桩基的选择主要根据地质条件和受力需求确定。端承型桩基础单桩承载力大，沉降量小，较为安全可靠，因此当基岩埋深较浅时应首先考虑采用端承型桩；若适宜的桩端持力层埋深较大或受到施工条件的限制不宜采用端承型桩，则可采用摩擦型桩，但在同一桩基础中不宜同时采用端承型桩和摩擦型桩，同时也不宜采用不同材料和长度相差过大的桩，以避免桩基产生不均匀沉降或丧失稳定。

端承型桩桩端进入持力层的深度应符合以下规定：

（1）黏性土、粉土不宜小于 $2d$，砂土不宜小于 $1.5d$，碎石土不宜小于 $1d$。当存在软弱下卧层时，桩端以下硬持力层的厚度不宜小于 $4d$。

（2）嵌岩桩桩端以下 $3d$ 并不小于 5m 范围内应无软弱夹层、断裂带、溶蚀洞隙分布。桩的嵌岩深度不宜小于 $0.2d$ 或 0.2m，无特殊要求时，不宜超过 $2d$；人工挖孔嵌岩桩，当桩端桩基岩面存在大于 10°的斜面时，桩端可做成台阶状。

2. 承台底面标高的选择

桩基础埋深为承台底到室外地面的距离，该埋深应综合建筑高度、风荷载大小和抗震设防烈度合理取值。承台底面的标高还须考虑桩的受力情况、桩的刚度及建筑物周边地形、地质、水流、施工等条件确定。低承台桩，桩身受力条件好，稳定性好，但在水中施工难度大；高承台桩，桩身内力较大，但避免了水下施工，在海岸工程、海洋平台以及常年有流水的桥梁工程中，应选择高承台桩。

湿陷性黄土地基的桩基设计应符合以下规定：

（1）桩型宜采用清底较好的干法钻、挖孔桩。

（2）桩端应穿过湿陷性黄土层进入密实的非湿陷性土层。

（3）在非自重湿陷性黄土地基中的桩，单桩极限承载力应按地基可能完全浸水条件的静载荷试桩确定。

（4）当确定单桩竖向承载力时，在自重湿陷性黄土地基中，应考虑自重湿陷性引起的负摩阻力；非自重湿陷场地湿陷土层的桩周侧阻力及端阻力，宜取完全浸水条件下的数值。

季节性冻土地区的桩基设计应符合下列规定：

（1）桩型宜采用钻、挖孔桩。

(2) 桩端应穿过冻深线，进入冻深线以下的深度应通过抗拔稳定性试验确定，不得小于 $4d$，且不小于 1.5m。

膨胀土地区的桩基设计应符合 GB 50112—2013《膨胀土地区建筑技术规范》的有关规定。

6.7.3 桩径和桩长拟定

桩径和桩长的取值应综合考虑荷载的大小、土层性质、桩基类型、施工设备、技术条件等因素，力求做到既满足设计要求又造价经济，最有效地利用和发挥地基土及桩身材料的承载性能。

1. 桩径拟定

当桩的类型选定后，桩径可根据各类桩的特点及常用尺寸选择确定。

钻（冲）孔灌注桩，桩径 d 一般为 400～1500mm；沉管灌注桩，桩径 d 一般为 350～500mm；人工挖孔桩，桩径 d＞800mm。

2. 桩长拟定

桩长的选择关键在于选择桩底持力层，以保证承载力和满足变形要求。一般总希望把桩底置于岩层或坚实的土层上，以得到较大的承载力和较小的沉降量。如在施工条件容许的深度内没有坚实的土层存在，应尽可能选择压缩性低、承载力大的土层作为桩端持力层。

对于摩擦型桩，桩长的确定受桩径、桩数的影响。桩径越大，桩数越多，则桩长越小；桩径越小，桩数越少，则桩长越长。设计时应通过试算比较，选用合理的桩长。摩擦型桩的桩长不宜过短，一般不宜小于 4m，因为桩长过短，侧阻力不能有效发挥，不能有效降低地基沉降量，同时所需桩数较多，扩大了承台尺寸，增加总体造价的同时影响施工进度。

6.7.4 桩的根数、间距及平面布置

1. 桩根数计算

初步估算桩数时，先不考虑群桩效应，即对端承桩基和桩数不超过 3 根的非端承桩，按公式确定基桩或复合基桩竖向承载力特征值 R_a，再根据下列公式确定桩数 n：

(1) 轴心受压

$$n=\frac{F_k+G_k}{R_a} \tag{6-53}$$

(2) 偏心受压

$$n=\mu\frac{F_k+G_k}{R_a} \tag{6-54}$$

式中 n——桩数；

F_k——作用于桩基础承台顶标准组合的竖向荷载（kN）；

R_a——单桩竖向承载力特征值，待设计完桩基础后再进行承载力验算；

G_k——承台重量，kN，承台平面尺寸与桩数 n 有关，因此在估算桩数时，可先不考虑承台质量，计算出桩数 n，进行桩的平面布置并确定出承台尺寸，再验算桩数 n 是否满足要求；

μ——考虑偏心荷载时各桩受力不均而适当增加的经验系数，可取 1.1～1.2。

确定桩数的意义类似于确定浅基础底面尺寸，由于桩数为整数再加上桩数增加后抗偏心荷载能力的增加，因此在确定桩数时不需要进行很多次的反复计算。

2. 桩的间距

桩的间距是指桩的中心线之间的距离，简称桩距。桩距过大会增加承台面积而不经济，

太小将使桩基（主要指摩擦桩）底部的应力产生重叠、基桩承载力降低、沉降量增大，对桩基产生不良影响。规范对桩的最小中心距有以下规定，见表 6-25。

表 6-25　　桩的最小中心距

土类与成桩工艺		桩排数不小于 3、桩数不小于 9 的摩擦型桩基	其他情况
非挤土灌注桩		3.0d	2.5d
部分挤土灌注桩		3.5d	3.0d
挤土桩	穿越非饱和土、饱和非黏性土	4.0d	3.5d
	穿越饱和黏性土	4.5d	4.0d
沉管夯扩桩、钻孔挤扩桩	穿越非饱和土、饱和非黏性土	2.2D 且 4.0d	2.0D 且 3.5d
	穿越饱和黏性土	2.5D 且 4.5d	2.2D 且 4.0d
钻、挖孔扩底灌注桩		2D 或 $D+2.0$m（当 $D>2$m）	1.5D 或 $D+1.5$m（当 $D>2$m）

注　1. d 为圆桩直径或方桩边长，D 为扩大端直径。
2. 当纵横向桩距不相等时，其最小中心距满足“其他情况”一栏的规定。
3. 当为端承型桩时，非挤土灌注桩的“其他情况”一栏可减小至 2.5D、d。

3. 桩的平面布置

桩在平面上的布置方式有正方形、长方形、三角形等布置形式，而排列方式有等间距和不等间距两种，如图 6-23 所示。究竟采用何种布置方式，主要取决于临近承台平面布置、本承台受力的合理性及桩距要求等因素。

桩的布置应遵循以下原则：

（1）为了使桩基中各桩受力比较均匀，以充分利用单桩的承载力，应尽可能使群桩的重心与承台上荷载合力作用点相重合或接近。但当上部结构的荷载有几种不同的荷载组合时，作用于承台底面的荷载合力作用点位置一般不在同一个点，此时应将群桩的重心置于合力作用点的变化区间内，尽可能使其接近于竖向荷载合力作用点的位置。

（2）当作用于承台底面的力矩较大时，应力求增加桩基的抵抗矩，从而增强抵抗能力。此时，对于柱下的多桩承台，可采用外密内疏的布置方式；对于剪力墙下的桩基，则可考虑将剪力墙下的承台外挑，在剪力墙之外布置一两根“探头桩”。

（3）对于纵、横墙交接处的桩，往往要承受两个方向传来的荷载，有可能负担过重，此时该桩与相邻桩的距离应取最小桩距；如果是沉管灌注桩，可以采用复打扩大，也可以将 4 根桩对称地布置在两轴线交点的四周。

（4）在有门洞的墙下布桩时，应将桩布置在门洞的两侧。对于梁板式基础下的桩，在布置时应尽可能使梁板中的弯矩减少。为此，多采取在柱下、墙下布桩，而减少梁板中的桩数。

（5）为减小承台尺寸、施工工作量和节省用料，在可能的情况下尽量加大桩长、减少桩数。一般来说，桩基中采用桩数少、长度大的桩，优点是群桩的承载力较大、沉降量降低、设计施工简单。桩基中桩数多、长度短的桩不具备上述优点。对于墙下的桩，应尽量采用单排布置。

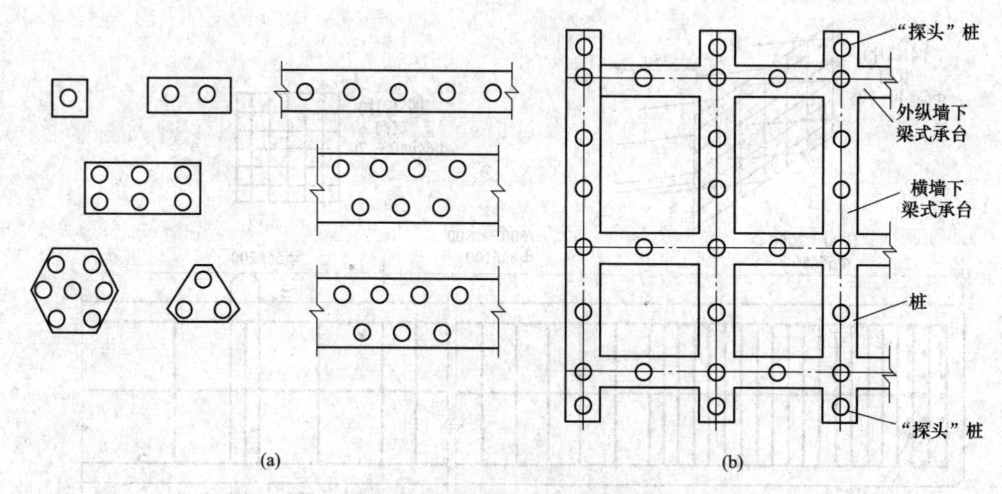

图 6-23　桩的平面布置示例

(a) 柱下桩基；(b) 墙下桩基横墙下“探头”桩的布置

6.7.5　桩身截面配筋构造要求

如图 6-24 所示，混凝土预制桩的截面边长不应小于 200mm，预应力混凝土预制实心桩的截面边长不宜小于 350mm。预制桩的混凝土强度等级不宜低于 C30，预应力混凝土实心桩混凝土强度等级不应低于 C40，预制桩纵向钢筋的混凝土保护层厚度不宜小于 30mm。预制桩的桩身配筋应按吊运、打桩及桩的使用中的受力等条件计算确定。采用锤击法沉桩时，预制桩的最小配筋率不宜小于 0.8%。静压法沉桩时，最小配筋率不宜小于 0.6%，主筋直径不宜小于 14mm，打入桩桩顶以下 (4～5)d 长度范围内箍筋应加密，并设置钢筋网片。

灌注桩应按下列规定配筋：

(1) 配筋率：当桩身直径为 300～2000mm 时，正截面配筋率可取 0.65%～0.2%（小直径桩取高值）；对承受荷载特别大的桩、抗拔桩和嵌岩桩，应根据计算确定配筋，并不应小于上述规定值。

(2) 配筋长度：

1) 端承型桩和位于坡地岸边的基桩应沿桩身等截面或变截面通长配筋；

2) 桩径大于 600mm 的摩擦型桩，配筋长度不应小于 2/3 桩长；当受水平荷载时，配筋长度尚不宜小于 $4.0/\alpha$（α 为桩的水平变形系数）；

3) 对于受地震作用的基桩，桩身配筋长度应穿过可液化土层和软弱土层，进入稳定土层的深度不应小于 JGJ 94—2008《建筑桩基技术规范》规定的深度；

4) 受负摩阻力的桩、先成桩后开挖基坑而随地基土回弹的桩，其配筋长度应穿过软弱土层并进入稳定土层，进入的深度不应小于 2～3 倍桩身直径；

5) 专用抗拔桩及因地震作用、冻胀或膨胀力作用而受拔力的桩，应等截面或变截面通长配筋。

(3) 对于受水平荷载的桩，主筋不应小于 8～12；对于抗压桩和抗拔桩，主筋不应少于 6～10；纵向主筋应沿桩身周边均匀布置，其净距不应小于 60mm。

(4) 箍筋应采用螺旋式，直径不应小于 6mm，间距宜为 200～300mm；受水平荷载较大桩基、承受水平地震作用的桩基以及考虑主筋作用计算桩身受压承载力时，桩顶以下 5d

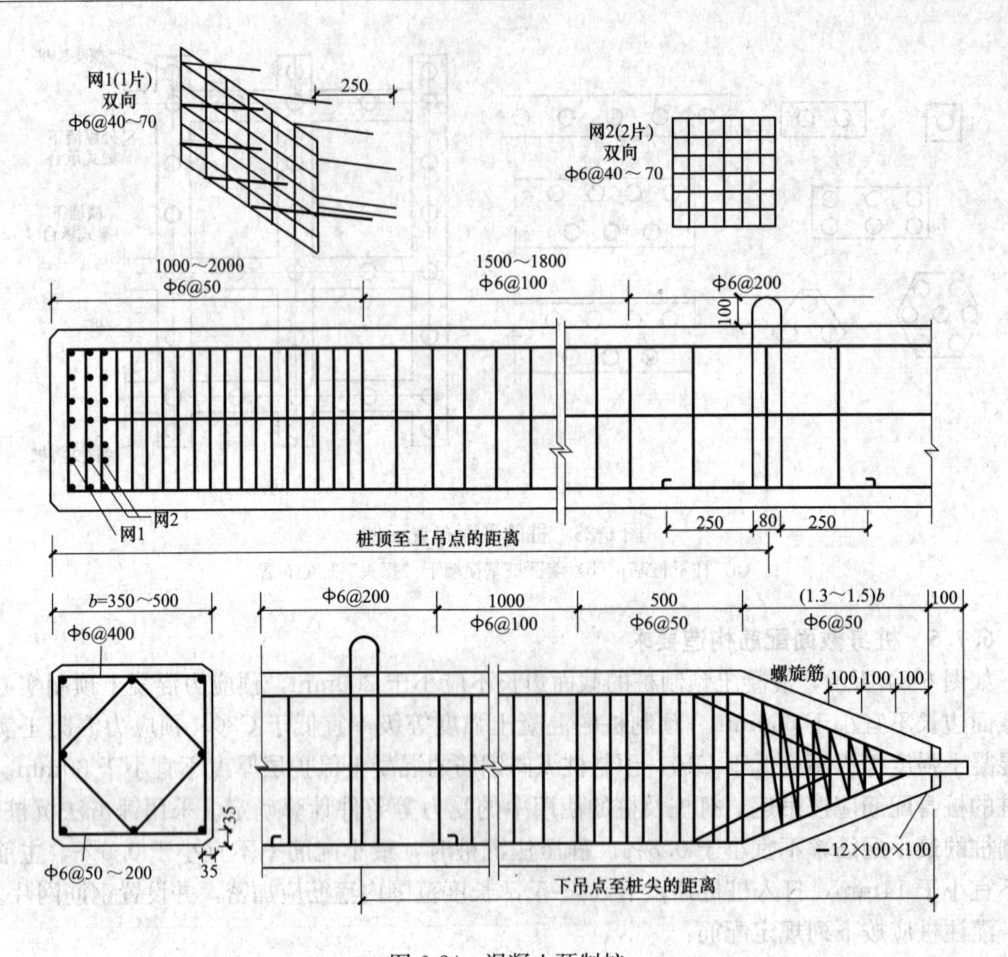

图 6-24 混凝土预制桩

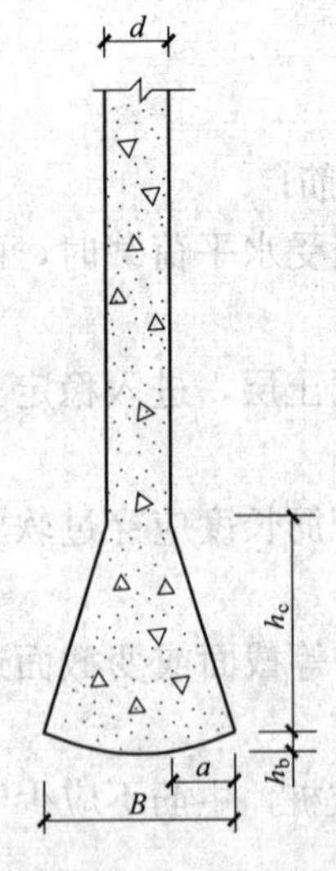

图 6-25 扩底灌注桩扩底端尺寸示意

范围内的箍筋应加密，间距不应大于 100mm；当桩身位于液化土层范围内时，箍筋应加密；当考虑箍筋受力作用时，箍筋配置应符合 GB 50010《混凝土结构设计规范》的有关规定；当钢筋笼长度超过 4m 时，应每隔 2m 设一道直径不小于 12mm 的焊接加劲箍筋。

(5) 桩身混凝土及混凝土保护层厚度应符合下列要求：

1) 桩身混凝土强度等级不得小于 C25，混凝土预制桩尖强度等级不得小于 C30；

2) 灌注桩主筋的混凝土保护层厚度不应小于 35mm，水下灌注桩的主筋混凝土保护层厚度不得小于 50mm。

(6) 扩底灌注桩扩底端尺寸应符合下列规定（见图 6-25）：

1) 对于持力层承载力较高、上覆土层较差的抗压桩和桩端以上有一定厚度较好土层的抗拔桩，可采用扩底；扩底端直径与桩身直径之比 D/d，应根据承载力要求及扩底端侧面和桩端持力层土性特征以及扩底施工方法确定；挖孔桩的 D/d 不应大于 3，钻孔桩的 D/d 不应大于 2.5；

2）扩底端侧面的斜率应根据实际成孔及土体自立条件确定，a/h_c可取1/4～1/2，砂土可取1/4，粉土、黏性土可取1/3～1/2；

3）抗压桩扩底端底面宜呈锅底形，矢高h_b可取（0.15～0.20）D。

6.7.6 桩顶作用效应计算

对于一般建筑物和受水平力（包括力矩与水平剪力）较小的高层建筑群桩基础，应按下列公式计算柱、墙、核心筒群桩中基桩或复合基桩的桩顶作用效应。

1. 竖向力

轴心竖向力作用下

$$N_k=\frac{F_k+G_k}{n} \tag{6-55}$$

偏心竖向力作用下

$$N_{ik}=\frac{F_k+G_k}{n}\pm\frac{M_{xk}y_i}{\sum y_j^2}\pm\frac{M_{yk}x_i}{\sum x_j^2} \tag{6-56}$$

2. 水平力

$$H_{ik}=\frac{H_k}{n} \tag{6-57}$$

式中 F_k——荷载效应标准组合下作用于承台顶面的竖向力；

G_k——桩基承台和承台上土自重标准值，对稳定的地下水位以下部分应扣除水的浮力；

N_k——荷载效应标准组合轴心竖向力作用下基桩或复合基桩的平均竖向力；

N_{ik}——荷载效应标准组合偏心竖向力作用下第i基桩或复合基桩的竖向力；

M_{xk}、M_{yk}——荷载效应标准组合下，作用于承台底面，绕通过桩群形心的x、y主轴的力矩；

x_i、x_j、y_i、y_j——第i、j基桩或复合基桩至y、x轴的距离；

H_k——荷载效应标准组合下作用于桩基承台底面的水平力；

H_{ik}——荷载效应标准组合下作用于第i基桩或复合基桩的水平力；

n——桩基中的桩数。

对于主要承受竖向荷载的抗震设防区低承台桩基，在同时满足下列条件时，桩顶作用效应计算可不考虑地震作用：①按GB 50011—2010《建筑抗震设计规范》规定可不进行桩基抗震承载力验算的建筑物；②建筑场地位于建筑抗震的有利地段。

6.7.7 桩基竖向承载力验算

1. 荷载效应标准组合

轴心竖向力作用下

$$N_k\leqslant R \tag{6-58}$$

偏心竖向力作用下除满足上式外，尚应满足下式的要求

$$N_{k,\max}\leqslant 1.2R \tag{6-59}$$

2. 地震作用效应和荷载效应标准组合

考虑到地震作用时间很短，地震作用效应标准值所对应的又是多遇地震发生时的地震反应最大的时刻，在有地震作用参与组合时通过将基桩竖向承载力特征值放大25%适当降低

地震时的安全储备仍能保证桩基的安全。

轴心竖向力作用下

$$N_{Ek} \leqslant 1.25R \tag{6-60}$$

偏心竖向力作用下，除满足上式外，尚应满足下式的要求

$$N_{Ek,max} \leqslant 1.5R \tag{6-61}$$

式中　N_k——荷载效应标准组合轴心竖向力作用下，基桩或复合基桩的平均竖向力；

$N_{k,max}$——荷载效应标准组合偏心竖向力作用下，桩顶最大竖向力；

N_{Ek}——地震作用效应和荷载效应标准组合下，基桩或复合基桩的平均竖向力；

$N_{Ek,max}$——地震作用效应和荷载效应标准组合下，基桩或复合基桩的最大竖向力；

R——基桩或复合基桩竖向承载力特征值。

6.7.8　桩基软弱下卧层验算

对于桩距不超过 $6d$ 的群桩基础，桩端持力层下存在承载力低于桩端持力层承载力 1/3 的软弱下卧层时，可按下列公式验算软弱下卧层的承载力（见图 6-26）

$$\sigma_z + \gamma_m z \leqslant f_{az} \tag{6-62}$$

$$\sigma_z = \frac{(F_k + G_k) - 3/2(A_0 + B_0)\sum q_{sik} l_i}{(A_0 + 2t\tan\theta)(B_0 + 2t\tan\theta)} \tag{6-63}$$

式中　σ_z——作用于软弱下卧层顶面的附加应力；

γ_m——软弱层顶面以上各土层重度（地下水位以下取浮重度）的厚度加权平均值；

z——深度；

f_{az}——软弱下卧层经深度 z 修正的地基承载力特征值；

t——硬持力层厚度；

A_0、B_0——桩群外缘矩形底面的长、短边边长；

q_{sik}——桩周第 i 层土的极限侧阻力标准值，无当地经验时，可根据成桩工艺按表 6-8 取值；

θ——桩端硬持力层压力扩散角，按表 6-26 取值。

表 6-26　　桩端硬持力层压力扩散角 θ

E_{s1}/E_{s2}	$t = 0.25B_0$	$t \geqslant 0.50B_0$
1	4°	12°
3	6°	23°
5	10°	25°
10	20°	30°

注　1. E_{s1}、E_{s2} 为硬持力层、软弱下卧层的压缩模量。

2. 当 $t \leqslant 0.25B_0$ 时，取 $\theta = 0°$，必要时，宜通过试验确定；当 $0.25B_0 < t < 0.50B_0$ 时，可内插取值。

6.7.9　桩基竖向抗拔承载力验算

承受拔力的桩基，应按下列公式同时验算群桩基础呈整体破坏和呈非整体破坏时基桩的抗拔承载力

$$N_k \leqslant T_{gk}/2 + G_{gp} \tag{6-64}$$

$$N_k \leqslant T_{uk}/2 + G_p \tag{6-65}$$

式中　N_k——按荷载效应标准组合计算的基桩拔力；

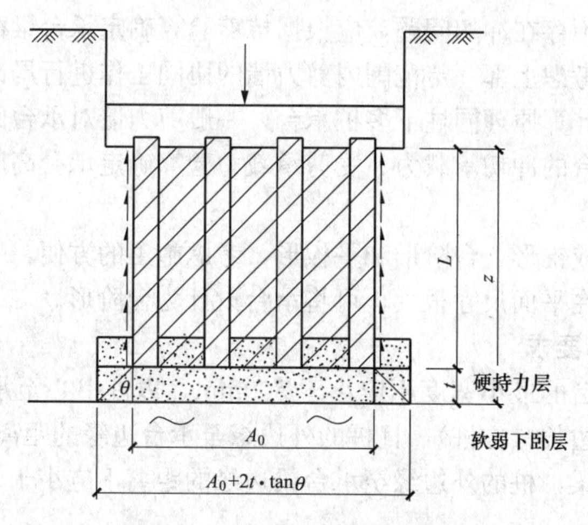

图 6-26 软弱下卧层承载力验算

T_{gk}——群桩呈整体破坏时基桩的抗拔极限承载力标准值，可按式（6-32）确定；

T_{uk}——群桩呈非整体破坏时基桩的抗拔极限承载力标准值，可按式（6-31）确定；

G_{gp}——群桩基础所包围体积的桩土总自重除以总桩数，地下水位以下取浮重度；

G_p——基桩自重，地下水位以下取浮重度，对于扩底桩应按表 6-16 确定桩、土柱体周长，计算桩、土自重。

6.8 承 台 设 计

承台一般分为柱下承台、砌体墙下承台、剪力墙下承台；对于桩筏基础、桩箱基础，筏板和箱形基础还须满足承台的承载力设计要求。

根据柱脚内力和桩承载力情况，柱下可能设计单桩、两桩、三桩或三桩以上。当为单桩时，严格意义上讲不需要设计承台，考虑到有桩、柱和基础梁在此位置交汇，一般设计桩帽作为过渡，桩帽的承载力设计在现规范中没有规定。当为两桩时，需要设计两桩条形承台，两桩承台宜按深受弯构件进行受剪承载力、受弯承载力设计。当为三桩以上时，应设计矩形或方形承台，须进行柱对承台的冲切承载力、角桩对承台的冲切承载力和受剪承载力、受弯承载力设计；当为三桩时，一般设计切角的三角形承台，须进行桩对承台的冲切承载力、受弯承载力设计；根据柱对承台的冲切承载力、角桩对承台的冲切承载力和受剪承载力验算确定承台高度，根据受弯承载力设计确定承台配筋。

砌体墙下一般布置单排桩、双排桩，最多布置三排桩。当为单排桩时，设计承台梁可按倒置弹性地基梁计算弯矩和剪力。当为双排桩或三排桩时，设计条形承台按桩对条形承台的冲切承载力、受剪承载力验算确定条形承台高度，根据垂直于砌体墙轴线的受弯承载力设计确定垂直于砌体墙轴线方向的承台配筋，顺砌体墙轴线方向配置分布钢筋。

剪力墙下可布置单排桩或多排桩。若为单排桩，多为承载力较大的大直径桩，桩宜布置在剪力墙的正下方，若剪力墙墙肢较短同时桩距较大，宜通过在地下室加长墙肢使桩位于墙肢下。桩布置时，为了避免桩受到较大的弯矩作用，应保证桩中心位于桩位处各墙肢的竖向力的合力中心；在桩顶设计桩帽，桩帽间用承台梁连接，承台梁的详细设计要求现规范没有规定，一般来说承台梁不存在冲切问题，应根据抗剪验算确定承台梁截面尺寸。承台梁为偏心受拉构件，计算时应考虑上部一定范围内剪力墙的协同工作进行局部应力分析，确定承台梁配筋。若为多排桩，计算原理同柱下多桩承台，一般剪力墙对承台的冲切承载力验算容易满足，应根据角桩对承台的冲切承载力、受剪承载力验算确定承台高度，根据受弯承载力设计确定承台配筋。

承台剖面形状可做成锥形、台阶形和平板形，考虑施工的方便，一般将承台设计为等高度的平板形，若承台实在平面尺寸很大，可将承台设计为台阶形。

6.8.1 承台的构造要求

柱下的独立桩基承台的最小宽度不应小于 500mm，边桩中心至承台边缘的距离不应小于桩的直径（圆桩）或边长（方桩），且桩的外边缘至承台边缘的距离不应小于 150mm。

对于墙下条形承台梁，桩的外边缘至承台梁边缘的距离不应小于 75mm，承台的最小厚度不应小于 300mm。

对于柱下独立桩基，承台钢筋应通长配筋［见图 6-27（a）］，四桩以上（含四桩）承台宜按双向均匀布置，三桩的三角形承台应按三向板带均匀布置，且最里面的三根钢筋围成的三角形应在柱截面范围内［见图 6-27（b）］。

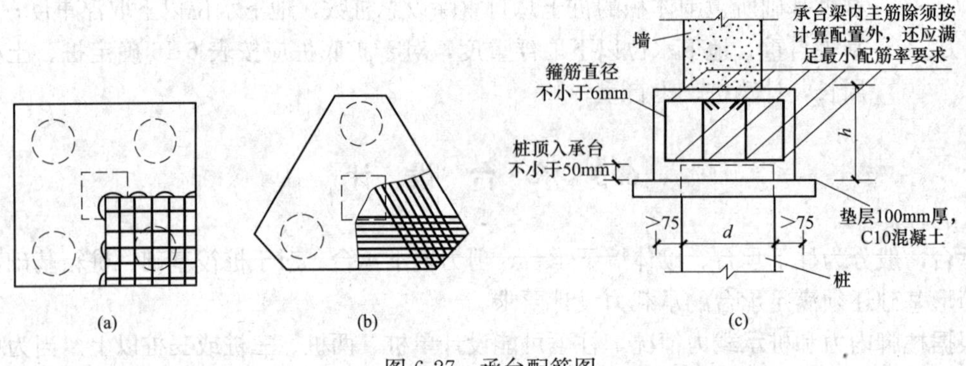

图 6-27 承台配筋图

承台纵向受力钢筋的直径不应小于 12mm，间距不应大于 200mm。柱下独立桩基承台的最小配筋率不应小于 0.15%。条形承台梁的主筋除应满足计算要求外，还应满足 GB 50010—2010《混凝土结构设计规范》中最小配筋率的规定。主筋直径不应小于 12mm，架立筋直径不应小于 10mm，箍筋直径不应小于 6mm。

承台混凝土强度等级不应低于 C20，由于为地下环境，一般混凝土强度等级在 C25 及 C25 以上；当无素混凝土垫层时，纵向钢筋的混凝土保护层厚度不应小于 70mm；当有混凝土垫层时，纵向钢筋的混凝土保护层厚度不应小于 40mm。

桩嵌入承台内的长度对中等直径桩不宜小于 50mm，对大直径桩不宜小于 100mm。

混凝土桩的桩顶纵向主筋应锚入承台内，其锚入长度不宜小于 35 倍纵向主筋直径。抗拔桩的锚固长度应按 GB 50010—2010《混凝土结构设计规范》的确定。

对于大直径灌注桩，当采用一柱一桩时，可设置桩帽或将桩与柱直接连接。

6.8.2 承台厚度的确定

桩基承台厚度应满足柱（墙）对承台的冲切和基桩对承台的冲切承载力要求。

6.8.2.1 柱对矩形承台的受冲切计算

浅基础冲切破坏面与水平面的夹角为45°，而且只需对最不利的冲切破坏面进行验算。而桩基承台在一般情况下，需对四个冲切破坏面同时进行验算；这四个冲切破坏面围成锥体，每个冲切破坏斜面的顶边为柱边，底边为桩顶边缘的连线；若为台阶式承台，对下一级台阶进行冲切验算时，把上一级台阶看成一个扩大了的柱即可。

若冲切破坏斜面与水平面的夹角小于45°，该侧冲切破坏面取45°进行验算；若冲切破坏斜面与水平面的夹角不小于45°，按实际冲切破坏面进行验算（见图6-28）。

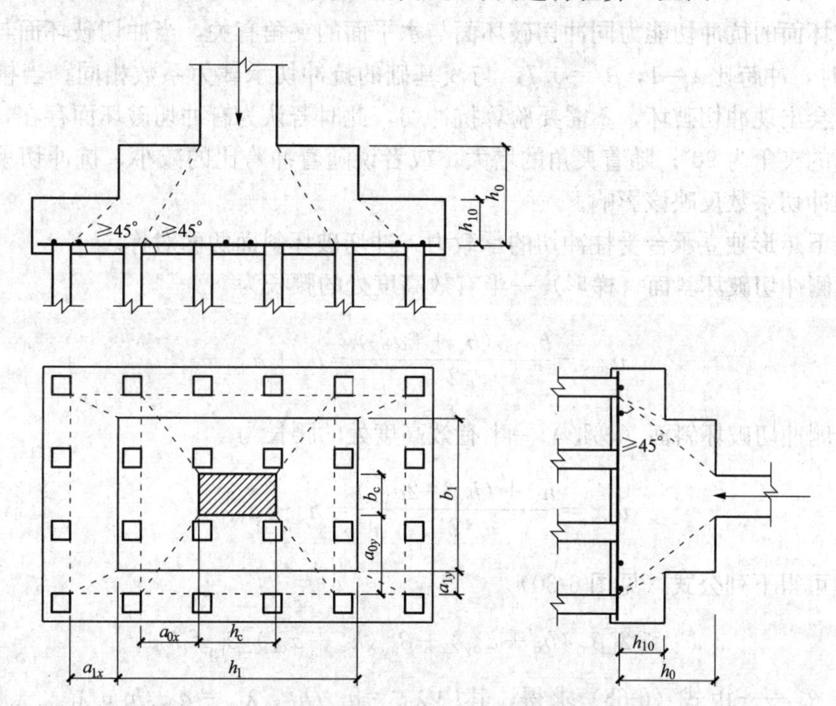

图6-28 柱对承台的冲切计算示意

验算时，须保证由冲切力产生的作用在四个冲切破坏斜面上的拉应力小于破坏斜面上的混凝土抗拉强度，同时考虑到拉应力不均匀，须对混凝土抗拉强度做一定的折减，故柱（墙）对承台的冲切承载力可按下列公式计算

$$F_l \leqslant \beta_{hp}\beta_0 u_m f_t h_0 \tag{6-66}$$

$$F_l = F - \sum Q_i \tag{6-67}$$

$$\beta_0 = \frac{0.84}{\lambda + 0.2} \tag{6-68}$$

式中 F_l——不计承台及其上土重，在荷载效应基本组合下作用于冲切破坏锥体上的冲切力设计值；

β_{hp}——承台受冲切承载力截面高度影响系数，当 $h \leqslant 800$mm时，β_{hp} 取1.0，$h \geqslant 2000$mm时，β_{hp} 取0.9，其间按线性内插法取值；

u_m——承台冲切破坏锥体一半有效高度处的周长；

f_t——承台混凝土抗拉强度设计值；

h_0——承台冲切破坏锥体的有效高度；

F——不计承台及其上土重，在荷载效应基本组合作用下柱（墙）底的竖向荷载设计值；

$\sum Q_i$——不计承台及其上土重，在荷载效应基本组合下冲切破坏锥体内各基桩或复合基桩的反力设计值之和。

β_0——柱（墙）冲切系数；

λ——冲跨比，$\lambda = a_0/h_0$，a_0 为柱（墙）边或承台变阶处到桩边的水平距离；当 $\lambda <0.25$ 时，取 $\lambda = 0.25$；当 $\lambda > 1.0$ 时，取 $\lambda = 1.0$。

冲切破坏面的抗冲切能力同冲切破坏面与水平面的夹角有关，当冲切破坏面与水平面的夹角为45°时，冲跨比 $\lambda = 1$，$\beta_0 = 0.7$，与浅基础的抗冲切承载力系数相同；当桩完全置于柱下时，不会出现冲切破坏，不需要验算抗冲切，此时若认为有冲切破坏面存在，冲切破坏面与水平面的夹角为90°；随着夹角的增大，或者说随着冲跨比的减小，抗冲切承载力会增大，规范用冲切系数反映该影响。

对于柱下矩形独立承台受柱冲切的承载力，冲切破坏斜面两两对称。

x 向单侧冲切破坏斜面（梯形）一半有效高度处的腰长为

$$u_{mx} = \frac{b_c + (b_c + 2a_{0y})}{2} = b_c + a_{0y} \tag{6-69}$$

y 向单侧冲切破坏斜面（梯形）一半有效高度处的腰长为

$$u_{my} = \frac{h_c + (h_c + 2a_{0x})}{2} = h_c + a_{0x} \tag{6-70}$$

合并后可得下列公式（见图6-30）

$$F_l \leqslant 2[\beta_{0x}(b_c + a_{oy}) + \beta_{0y}(h_c + a_{ox})]\beta_{hp} f_t h_0 \tag{6-71}$$

式中 β_{0x}、β_{0y}——由式（6-68）求得，其中 $\lambda_{0x} = a_{0x}/h_0$，$\lambda_{0y} = a_{0y}/h_0$；$\lambda_{0x}$、$\lambda_{0y}$ 均应满足0.25～1.0的要求；

h_c、b_c——x、y 方向的柱截面的边长；

a_{ox}、a_{oy}——x、y 方向柱边离最近桩边的水平距离。

冲切破坏斜面与水平面的夹角须不小于45°，若出现小于45°的情况，在小于45°的方向取 $\lambda = 1.0$，同时取该方向 $a_0 = h_0$。

若柱对承台的冲切承载力不满足规范要求，可通过加大混凝土强度等级或提高承台厚度使问题得到解决。

对于柱下矩形独立阶形承台受上阶冲切的承载力，可将上阶看成一个大柱子，按下列公式计算（见图6-28）

$$F_l \leqslant 2[\beta_{1x}(b_1 + a_{1y}) + \beta_{1y}(h_1 + a_{1x})]\beta_{hp} f_t h_{10} \tag{6-72}$$

式中 β_{1x}、β_{1y}——由式（6-68）求得，$\lambda_{1x} = a_{1x}/h_{10}$，$\lambda_{1y} = a_{1y}/h_{10}$，$\lambda_{1x}$、$\lambda_{1y}$ 均应满足0.25～1.0的要求；

h_1、b_1——x、y 方向承台上阶的边长；

a_{1x}、a_{1y}——x、y 方向承台上阶边离最近桩边的水平距离。

冲切破坏斜面与水平面的夹角须不小于45°，若出现小于45°的情况，在小于45°的方向

取 $\lambda=1.0$，同时取该方向 $a_1=h_0$。

对于圆柱及圆桩，计算时应将其截面按周长等效并将系数取整的方法换算成方柱及方桩，即取换算柱截面边长 $b_c=0.8d_c$（d_c 为圆柱直径），换算桩截面边长 $b_p=0.8d$（d 为圆桩直径）。

6.8.2.2 角桩对承台的冲切计算

若柱脚在两个方向均有较大的弯矩，则承台下角桩的反力会较其他部位大很多，角桩对承台产生冲切时，其破坏面只有两个斜面，同时破坏斜面上的应力更不均匀。由于上述原因，需要也只需要对桩反力最大的那个角桩进行冲切验算。

由于矩形承台和三角形承台角桩对承台冲切破坏时冲切破坏面计算方法的差异，因此对矩形承台和三角形承台的角桩冲切验算分开介绍。

1. 矩形承台

角桩冲切时，只有两个冲切破坏斜面，x 向与 y 向，其中 x 向单侧冲切破坏斜面（梯形）一半有效高度处的腰长为

$$u_{m1x}=\frac{c_2+(c_2+a_{1y})}{2}=c_2+a_{1y}/2 \tag{6-73}$$

y 向单侧冲切破坏斜面（梯形）一半有效高度处的腰长为

$$u_{m1y}=\frac{c_1+(c_1+a_{1x})}{2}=c_1+a_{1x}/2 \tag{6-74}$$

对于矩形承台，仅需取反力最大的角桩进行计算，受角桩冲切的承载力可按下列公式计算（见图 6-29）

$$N_l\leqslant[\beta_{1x}(c_2+a_{1y}/2)+\beta_{1y}(c_1+a_{1x}/2)]\beta_{hp}f_t h_0 \tag{6-75}$$

$$\beta_{1x}=\frac{0.56}{\lambda_{1x}+0.2} \tag{6-76}$$

$$\beta_{1y}=\frac{0.56}{\lambda_{1y}+0.2} \tag{6-77}$$

式中 N_l——不计承台及其上土重，在荷载效应基本组合作用下角桩（含复合基桩）反力设计值；

β_{1x}、β_{1y}——角桩冲切系数；

a_{1x}、a_{1y}——从承台底角桩顶内边缘引 45°冲切线与承台顶面相交点至角桩内边缘的水平距离；当柱（墙）边或承台变阶处位于该 45°线以内时，则取由柱（墙）边或承台变阶处与桩内边缘连线为冲切锥体的锥线（见图 6-29）；

h_0——承台外边缘的有效高度；

λ_{1x}、λ_{1y}——角桩冲跨比，$\lambda_{1x}=a_{1x}/h_0$，$\lambda_{1y}=a_{1y}/h_0$，其值均应满足 0.25～1.0 的要求。

考虑到角桩冲切时，冲切破坏斜面的应力不均匀程度较柱对承台冲切破坏时的应力不均匀程度严重，同样的冲跨比，角桩冲切系数比柱对承台的冲切系数要小。

冲切破坏斜面与水平面的夹角须不小于 45°，若出现小于 45°的情况，在小于 45°的方向取 $\lambda_1=1.0$，同时取该方向 $a_1=h_0$。

若角桩对承台的冲切承载力不满足规范要求，可通过加大混凝土强度等级或提高承台厚度使问题得到解决。

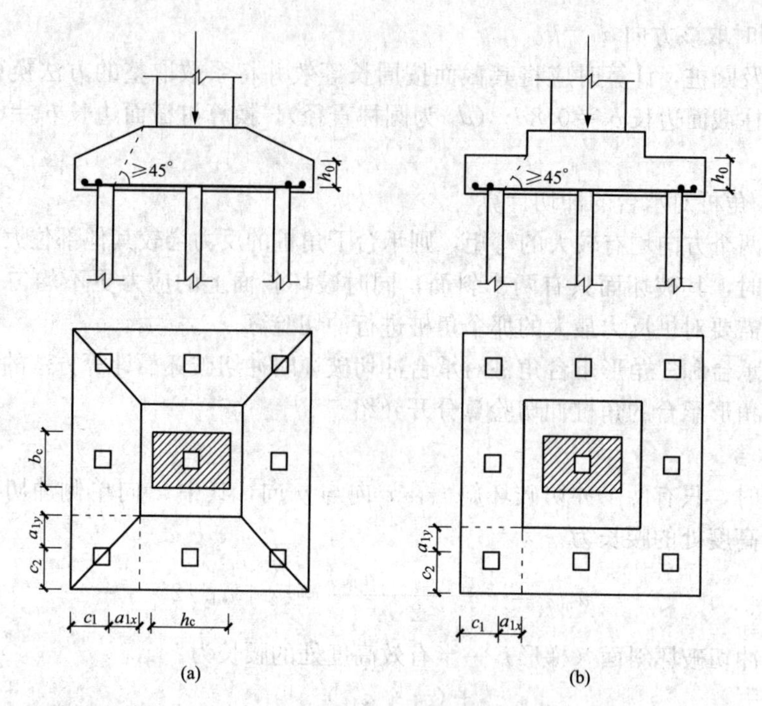

图 6-29 四桩以上（含四桩）承台角桩冲切计算示意

(a) 锥形承台；(b) 阶形承台

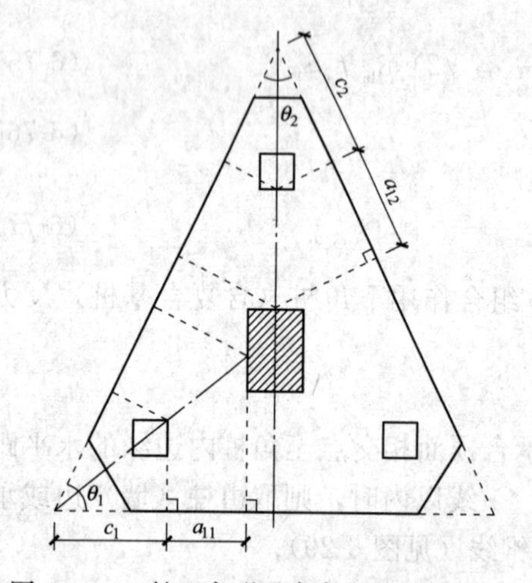

图 6-30 三桩三角形承台角桩冲切计算示意

2. 三角形承台

三角形承台不验算柱对承台的整体冲切，但需验算角桩对承台的局部冲切（见图 6-30）。

三角形承台可能为等边三角形承台或等腰三角形承台，等边三角形承台是等腰三角形承台的一种特殊情况。对于一般的等腰三角形承台，由于角度的差异，按底部角桩和顶部角桩分别验算。不论是底部角桩还是顶部角桩，均有两个冲切破坏梯形斜面。

底部角桩单个冲切破坏梯形斜面的底边尺寸为 $c_1\tan(\theta_1/2)$，顶边尺寸为 $(c_1+a_{11})\tan(\theta_1/2)$，则腰长为

$$\frac{c_1\tan\dfrac{\theta_1}{2}+(c_1+a_{11})\tan\dfrac{\theta_1}{2}}{2}=\left(c_1+\frac{a_{11}}{2}\right)\tan\frac{\theta_1}{2} \tag{6-78}$$

由于有两个相同的冲切破坏梯形斜面，因此底部角桩的抗冲切验算公式为

$$N_l\leqslant\beta_{11}(2c_1+a_{11})\beta_{hp}\tan\frac{\theta_1}{2}f_t h_0 \tag{6-79}$$

$$\beta_{11}=\frac{0.56}{\lambda_{11}+0.2} \tag{6-80}$$

若为顶部角桩，用同样的方法可得其抗冲切验算公式

$$N_1 \leqslant \beta_{12}(2c_2 + a_{12})\beta_{hp}\tan\frac{\theta_2}{2}f_t h_0 \tag{6-81}$$

$$\beta_{12} = \frac{0.56}{\lambda_{12} + 0.2} \tag{6-82}$$

式中 λ_{11}、λ_{12}——角桩冲跨比，$\lambda_{11} = a_{11}/h_0$，$\lambda_{12} = a_{12}/h_0$，其值均应满足 0.25～1.0 的要求；

a_{11}、a_{12}——从承台底角桩顶内边缘引 45°冲切线与承台顶面相交点至角桩内边缘的水平距离；当柱（墙）边或承台变阶处位于该 45°线以内时，则取由柱（墙）边或承台变阶处与桩内边缘连线为冲切锥体的锥线。

等边三角形承台仅需验算反力最大的角桩冲切承载力；等腰三角形承台须验算顶部角桩的冲切承载力，对于底部角桩则选择反力较大的角桩进行抗冲切承载力验算。

三角形承台的角桩冲切计算方法与矩形承台的角桩冲切计算方法类似。

6.8.2.3 承台受剪计算

柱（墙）下桩基承台，应分别对柱（墙）边、变阶处和桩边连线形成的贯通承台的斜截面受剪承载力进行验算。当承台悬挑边有多排基桩形成多个斜截面时，应对每个斜截面的受剪承载力进行验算。

当承台中心偏离合力中心较大时，尤其是一个方向的偏心较大而另一个方向的偏心较小时，承台的受剪验算可能会对承台厚度起决定作用。

对于矩形、锥形或阶梯形截面，均取截面有效高度范围内的有效混凝土截面积 b_0h_0 进行计算；在计算 b_0h_0 时，可对截面有效高度 h_0 范围内的混凝土面积直接求和，也可将求和后的面积除以截面有效高度 h_0 得承台截面处的计算宽度 b_0，再将承台截面处的计算宽度 b_0 代入式(6-83) 计算。

各种截面形式的承台斜截面受剪承载力可按下列公式计算（见图 6-31)

$$V \leqslant \beta_{hs}\alpha f_t b_0 h_0 \tag{6-83}$$

$$\alpha = \frac{1.75}{\lambda + 1} \tag{6-84}$$

$$\beta_{hs} = \left(\frac{800}{h_0}\right)^{1/4} \tag{6-85}$$

式中 V——不计承台及其上土自重，在荷载效应基本组合下斜截面的最大剪力设计值。

β_{hs}——受剪切承载力截面高度影响系数，当 h_0<800mm 时，取 h_0=800mm；当 h_0>2000mm 时，取 h_0=2000mm；其间按线性内插法取值。

α——承台剪切系数，按式（6-84）确定。

f_t——混凝土轴心抗拉强度设计值。

b_0——承台计算截面处的计算宽度。

h_0——承台计算截面处的有效高度。

λ——计算截面的剪跨比，$\lambda_x = a_x/h_0$，$\lambda_y = a_y/h_0$，此处 a_x、a_y 为柱边（墙边）或承台变阶处至 y、x 方向计算一排桩的桩边的水平距离，当 λ<0.25 时，取 λ=0.25；当 λ>3 时，取 λ=3。

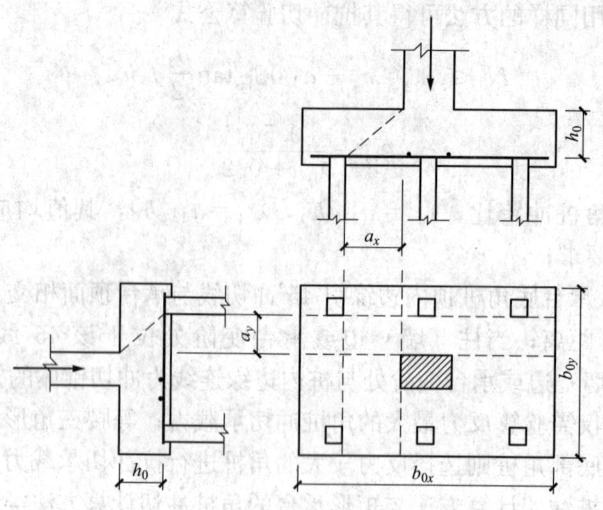

图 6-31 承台斜截面受剪计算示意

若为方形承台，选择桩总反力最大的那侧进行受剪承载力验算；若为矩形承台，选择有效混凝土截面面积 b_0h_0 较小同时桩总反力较大的一侧进行验算，有效混凝土截面面积 b_0h_0 较大的另一侧自然满足规范要求。

从式（6-83）可以看出，提高承台厚度也是解决承台受剪承载力的有效手段。

6.8.3 承台配筋的确定

先通过冲切、剪切验算，得到满足规范要求的承台厚度，再通过受弯计算进一步确定承台的配筋。

弯矩的计算位置取为柱边；若为多阶承台，还须计算承台变阶处的弯矩。对于三角形承台，即使是等边三角形承台，桩中心到柱边的距离也不相同，故对矩形承台和三角形承台分开表述。

1. 矩形承台

两桩条形承台和多桩矩形承台弯矩计算截面取在柱边和承台变阶处［见图 6-32（a）］，可按下列公式计算

$$M_x = \sum N_i y_i \tag{6-86}$$

$$M_y = \sum N_i x_i \tag{6-87}$$

式中 M_x、M_y——绕 x 轴和绕 y 轴方向计算截面处的弯矩设计值；

x_i、y_i——垂直 y 轴和 x 轴方向自桩中心线到相应计算截面的距离；

N_i——不计承台及其上土重，在荷载效应基本组合下的第 i 基桩或复合基桩的竖向反力设计值。

用 M_x 可计算出承台底板 y 向的所有钢筋，用 M_y 可计算出承台底板 x 向的所有钢筋。

2. 三角形承台

按等边三桩承台和等腰三桩承台分别说明三桩承台的弯矩计算方法。

(1) 等边三桩承台［见图 6-32（b）］。取最不利的顶部桩计算，桩中心到柱中心的距离为

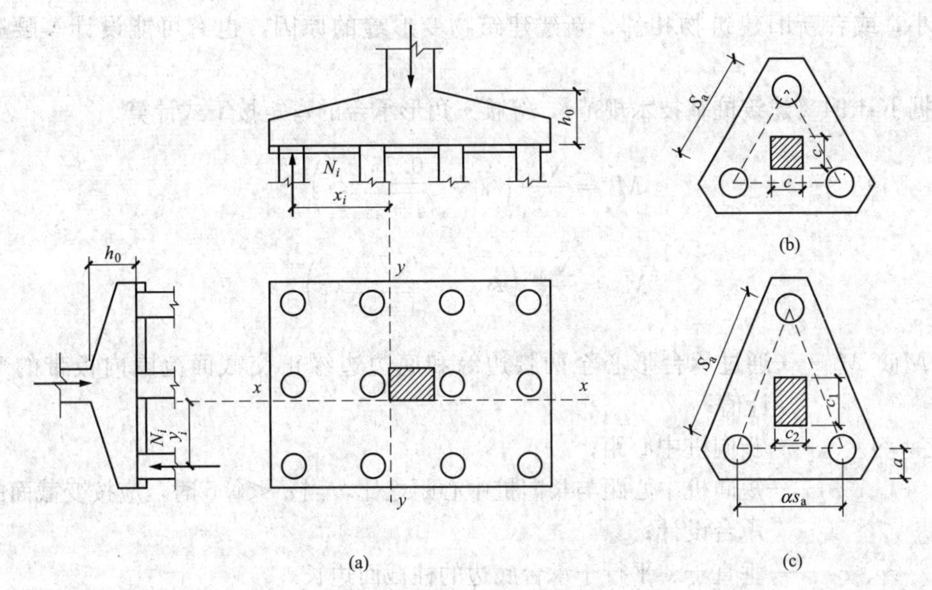

图 6-32 承台弯矩计算示意

(a) 矩形多桩承台；(b) 等边三桩承台；(c) 等腰三桩承台

$$\frac{2}{3}\times\frac{\sqrt{3}}{2}s_{\mathrm{a}}=\frac{\sqrt{3}}{3}s_{\mathrm{a}} \tag{6-88}$$

则桩中心到柱边的距离为 $\frac{\sqrt{3}}{3}s_{\mathrm{a}}-\frac{c}{2}$，顶部桩在柱边产生的弯矩为

$$M_{\max}=N_{\max}\left(\frac{\sqrt{3}}{3}s_{\mathrm{a}}-\frac{c}{2}\right) \tag{6-89}$$

若单边的弯矩为 M，则 $2\times\frac{\sqrt{3}}{2}M=M_{\max}$，可得 $M=\frac{M_{\max}}{\sqrt{3}}$，有

$$M=\frac{N_{\max}}{3}\left(s_{\mathrm{a}}-\frac{\sqrt{3}c}{2}\right) \tag{6-90}$$

规范偏安全地取

$$M=\frac{N_{\max}}{3}\left(s_{\mathrm{a}}-\frac{\sqrt{3}}{4}c\right) \tag{6-91}$$

式中 M——通过承台形心至各边边缘正交截面范围内板带的弯矩设计值；

$N_{\max}$——不计承台及其上土重，在荷载效应基本组合下三桩中最大基桩或复合基桩的竖向反力设计值；

s_{a}——桩中心距；

c——方柱边长，圆柱时 $c=0.8d$（d 为圆柱直径）。

通过式（6-91）计算出的弯矩得到的配筋为等边三角形承台单边总配筋。

（2）等腰三桩承台［见图 6-32（c）］。工程中的三桩承台一般设计为等边三角形承台，当某一根桩施工有困难时，由于局部桩位的调整可能在施工时被迫将设计的等边三角形承台调整为等腰三角形承台。设计时，若柱脚内力结果为一个方向的弯矩特别大而另一个方向的弯矩较小，或者新旧建筑物相邻、新建建筑物变形缝的原因，也有可能设计等腰三角形承台。

根据JGJ 94《建筑桩基技术规范》，等腰三角形承台的弯矩按下式计算

$$M_1=\frac{N_{\max}}{3}\left(s_a-\frac{0.75}{\sqrt{4-\alpha^2}}c_1\right) \tag{6-92}$$

$$M_2=\frac{N_{\max}}{3}\left(\alpha s_a-\frac{0.75}{\sqrt{4-\alpha^2}}c_2\right) \tag{6-93}$$

式中 M_1、M_2——通过承台形心至两腰边缘和底边边缘正交截面范围内板带的弯矩设计值；

s_a——长向桩中心距；

α——短向桩中心距与长向桩中心距之比，当$\alpha<0.5$时，应按变截面的二桩承台设计；

c_1、c_2——垂直于、平行于承台底边的柱截面边长。

计算两腰的配筋时采用M_1，计算底边的配筋时采用M_2。

6.8.4 箱形承台和筏形承台的设计

在工程中，若仅采用筏形基础或箱形基础均不合适，同时地基较为软弱且软弱层较为深厚或者竖向荷载过大时，均可能会采用桩筏基础或桩箱基础。此时，筏形基础或箱形基础还应满足承台的设计要求。

箱形承台和筏形承台的弯矩可按下列规定计算：

(1) 箱形承台和筏形承台的弯矩宜考虑地基土层性质、基桩分布、承台和上部结构类型和刚度，按地基-桩-承台-上部结构共同作用的原理分析计算。

(2) 对于箱形承台，当桩端持力层为基岩、密实的碎石类土、砂土且深厚均匀，或当上部结构为剪力墙，或上部结构为框架-核心筒结构且按变刚度调平原则布桩时，箱形承台底板可仅按局部弯矩作用进行计算。

(3) 对于筏形承台，当桩端持力层深厚坚硬、上部结构刚度较好，且柱荷载及柱间距的变化不超过20%时；或当上部结构为框架-核心筒结构且按变刚度调平原则布桩时，可仅按局部弯矩作用进行计算。

对于箱形、筏形承台，可按下列公式计算承台受内部基桩的冲切承载力：

1) 应按下式计算受基桩的冲切承载力［见图6-33 (a)］

$$N_l\leqslant 2.8(b_p+h_0)\beta_{hp}f_th_0 \tag{6-94}$$

2) 应按下式计算受桩群的冲切承载力［见图6-33 (b)］

$$\sum N_{li}\leqslant 2[\beta_{0x}(b_y+a_{0y})+\beta_{0y}(b_x+a_{0x})]\beta_{hp}f_th_0 \tag{6-95}$$

式中 β_{0x}、β_{0y}——由式 (6-68) 求得，其中$\lambda_{0x}=a_{0x}/h_0$，$\lambda_{0y}=a_{0y}/h_0$，λ_{0x}、λ_{0y}均应满足0.25～1.0的要求；

N_l、$\sum N_{li}$——不计承台和其上土重，在荷载效应基本组合下，基桩或复合基桩的净反力设计值、冲切锥体内各基桩或复合基桩反力设计值之和。

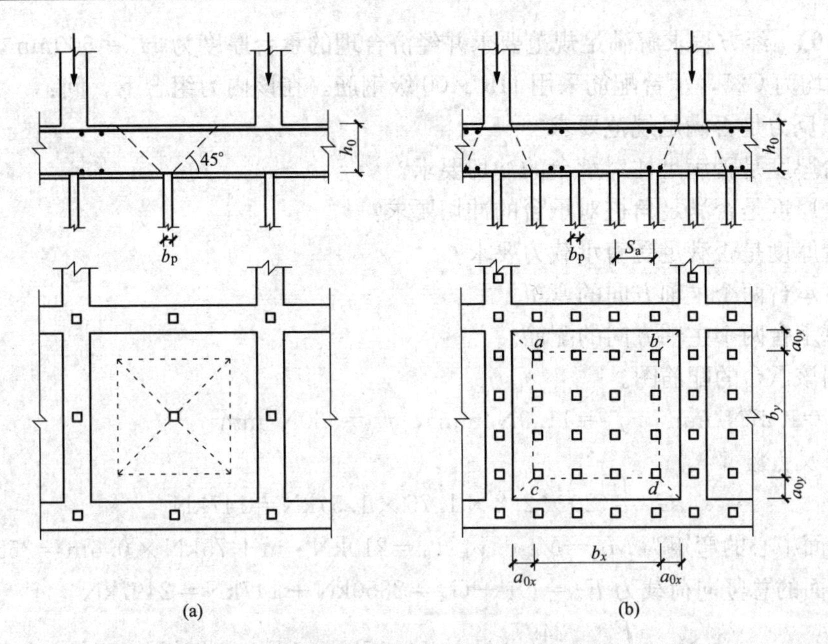

图 6-33 基桩对筏形承台的冲切和墙对筏形承台的冲切计算示意

(a) 受基桩的冲切；(b) 受桩群的冲切

6.8.5 局部受压计算

柱或桩主要承受压力作用，为了减少柱截面尺寸过大对建筑使用的影响，一般通过提高柱混凝土强度等级以减小柱截面尺寸；考虑到桩截面尺寸加大对造价的影响大于提高桩混凝土强度等级对工程造价的影响，一般通过提高桩混凝土强度等级以减小桩截面尺寸。由于以上原因，工程中一般高层建筑的柱或桩的混凝土强度等级均大于承台的混凝土强度等级，由此会出现柱或桩与承台接触部位的局部受压承载力验算问题。

对于柱下桩基，当承台混凝土强度等级低于柱或桩的混凝土强度等级时，应验算柱下或桩上承台的局部受压承载力。

6.8.6 承台设计例题

某二级安全等级的建筑物，其中有一底层柱截面尺寸为 $b_c \times h_c = 400\text{mm} \times 500\text{mm}$，该柱某一内力组合作用在基础顶面的标准组合内力值为 $N_k^c =$ 2350kN、$M_k^c = 210\text{kN} \cdot \text{m}$、$V_k^c = 75\text{kN}$，与该内力组合相应的作用在基础顶面的基本组合内力值为 $N^c = 3000\text{kN}$、$M^c = 270\text{kN} \cdot \text{m}$、$V^c = 90\text{kN}$，采用直径为 350mm 的钢筋混凝土灌注桩，经桩承载力检测得到单桩竖向抗压承载力特征值为 $R_a = 420\text{kN}$，经桩顶反力验算该柱须采用 6 根桩，桩距 $s_a = 1050\text{mm}$，承台下设计 100mm 厚 C15 混凝土垫层，承台底面到地面的距离为 1500mm［见图 6-34］。

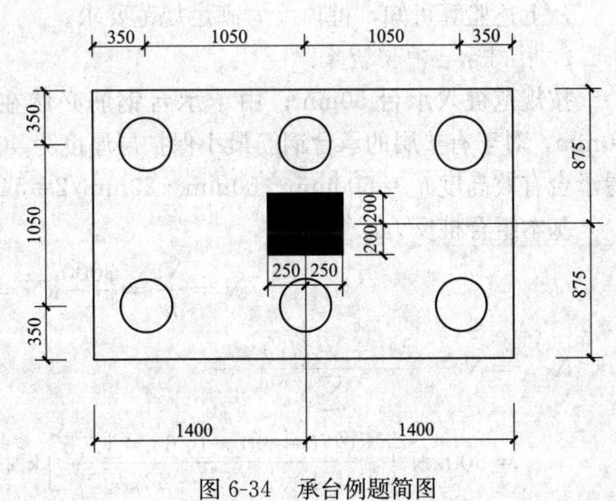

图 6-34 承台例题简图

【例 6-10】 经方程求解满足规范要求并经济合理的承台厚度为 $H_0=600\text{mm}$，承台混凝土强度等级均为 C25，承台配筋采用 HRB400 级钢筋。在该内力组合下，问：

1. 桩顶反力是否满足规范要求？
2. 承台厚度是否满足柱对承台的冲切要求？
3. 承台厚度是否满足角桩对承台的冲切要求？
4. 承台厚度是否满足受剪承载力要求？
5. 计算承台两个主轴方向的弯矩。
6. 计算承台两个主轴方向的配筋。
7. 绘制该承台的配筋图。

解： $f_t=1.27\text{N/mm}^2$，$f_c=11.9\text{N/mm}^2$，$f_y=360\text{N/mm}^2$

1. 桩顶反力验算

$$G_k=(20\times 2.8\times 1.75\times 1.5)\text{kN}=147\text{kN}$$

承台底面中心的弯矩为 $M_k=M_k^c+V_k^c H_0=210\text{kN}\cdot\text{m}+75\text{kN}\times 0.6\text{m}=255\text{kN}\cdot\text{m}$

承台底面的总竖向荷载为 $F_k=N_k^c+G_k=2350\text{kN}+147\text{kN}=2497\text{kN}$

$$N_k=\frac{F_k}{n}=\frac{2497}{6}\text{kN}=416.17\text{kN}<R_a=420\text{kN}$$

$$N_{k,\max}=N_k+\frac{M_k x_{\max}}{\sum x_i^2}$$

$$=416.17\text{kN}+\frac{255\times 1.05}{4\times 1.05^2}\text{kN}=416.17\text{kN}+60.71\text{kN}=476.88\text{kN}$$

$$<1.2R_a=1.2\times 420\text{kN}=504\text{kN}$$

$$N_{k,\min}=N_k-\frac{M_k x_{\max}}{\sum x_i^2}$$

$$=416.17\text{kN}-\frac{255\times 1.05}{4\times 1.05^2}\text{kN}=416.17\text{kN}-60.71\text{kN}=355.46\text{kN}>0$$

从上述验算可知，桩顶反力满足规范要求。

2. 柱对承台冲切验算

按规范桩入承台 50mm；由于承台钢筋必然在桩顶之上，保护层厚度必然不会小于 50mm，对于有垫层的承台钢筋最小保护层厚度为 40mm，故本承台保护层厚度取为 50mm，得承台有效高度 $h_0=600\text{mm}-50\text{mm}-20\text{mm}/2=540\text{mm}$。

基本组合桩反力计算如下

$$N=\frac{N^c}{n}=\frac{3000}{6}\text{kN}=500\text{kN}$$

$$N_{\max}=N+\frac{(M^c+V^c H_0)x_{\max}}{\sum x_i^2}$$

$$=500\text{kN}+\left[\frac{(270+90\times 0.6)\times 1.05}{4\times 1.05^2+2\times 0^2}\right]\text{kN}=500\text{kN}+77.14\text{kN}=577.14\text{kN}$$

$$N_{\min}=N-\frac{(M^c+V^c H_0)x_{\max}}{\sum x_i^2}$$

$$=500\text{kN}-\left[\frac{(270+90\times0.6)\times1.05}{4\times1.05^2+2\times0^2}\right]\text{kN}=500\text{kN}-77.14\text{kN}=422.86\text{kN}$$

上述桩反力为按规范计算的结果，当承台与承台下地基土在使用期间会分离时，用于承台承载力设计的桩反力应包含承台及承台上土自重 G_k，承台及承台上土自重 G_k 应乘以与荷载组合相应的分项系数。

将圆桩等效为方桩的边长为 0.8×350mm＝280mm

$$a_{0x}=1050\text{kN}-500\text{kN}/2-280\text{kN}/2=660\text{mm}$$

$$a_{0y}=1050\text{kN}/2-400\text{kN}/2-280\text{kN}/2=185\text{mm}$$

因为 $a_{0x}=660\text{mm}>h_0=540\text{mm}$，在 x 向，实际的冲切破坏面与水平面的夹角为 45°；x 向在计算 λ_{0x} 及计算冲切斜面腰长时取 $a_{0x}=h_0=540\text{mm}$

$$\lambda_{0x}=\frac{a_{0x}}{h_0}=\frac{0.54}{0.54}=1.00$$

$$\beta_{0x}=\frac{0.84}{\lambda_{0x}+0.2}=\frac{0.84}{1.00+0.20}=0.70$$

$$\lambda_{0y}=\frac{a_{0y}}{h_0}=\frac{0.185}{0.540}=0.34\in[0.25,\ 1.0]$$

$$\beta_{0y}=\frac{0.84}{\lambda_{0y}+0.2}=\frac{0.84}{0.34+0.2}=1.56$$

$$h_0<800\text{mm}，取\ \beta_{hp}=1$$

$$F_l=N^c-0=3000\text{kN}-0=3000\text{kN}$$

$$2[\beta_{0x}(b_c+a_{0y})+\beta_{0y}(h_c+a_{0x})]\beta_{hp}f_t h_0$$

$$=\{2\times[0.7\times(400+185)+1.56\times(500+540)]\times1.0\times1.27\times540\}\text{kN}$$

$$=3100.08\times10^3\text{N}=3100.08\text{kN}>F_l=3000\text{kN}$$

柱对承台的冲切满足规范要求。

3. 角桩对承台的冲切

$$c_1=c_2=350\text{mm}+\frac{280}{2}\text{mm}=490\text{mm}$$

$$a_{1x}=a_{0x}=660\text{mm}$$

因为 $a_{1x}=660\text{mm}>h_0=540\text{mm}$，在 x 向，实际的冲切破坏面与水平面的夹角为 45°；x 向在计算 λ_{1x} 及计算冲切斜面腰长时取 $a_{1x}=h_0=540\text{mm}$。

$$\lambda_{1x}=\frac{a_{1x}}{h_0}=\frac{0.54}{0.54}=1$$

$$a_{1y}=a_{0y}=185\text{mm}，\lambda_{1y}=\lambda_{0y}=0.34$$

$$\beta_{1x}=\frac{0.56}{\lambda_{1x}+0.2}=\frac{0.56}{1+0.2}=0.47$$

$$\beta_{1y}=\frac{0.56}{\lambda_{1y}+0.2}=\frac{0.56}{0.34+0.2}=1.04$$

$$\left[\beta_{1x}\left(c_2+\frac{a_{1y}}{2}\right)+\beta_{1y}\left(c_1+\frac{a_{1x}}{2}\right)\right]\beta_{hp}f_t h_0$$

$$=\left\{\left[0.47\times\left(490+\frac{185}{2}\right)+1.04\times\left(490+\frac{540}{2}\right)\right]\times1.0\times1.27\times540\right\}\text{N}$$

$$=786.91\times10^3\text{N}=786.91\text{kN}>N_{max}=577.14\text{kN}$$

桩对承台的冲切满足规范要求。

4. 承台受剪切承载力验算

$$a_x=a_{0x}=660\text{mm},\ \lambda_x=\frac{a_x}{h_0}=\frac{0.66}{0.54}=1.2\in[0.25,\ 3]$$

$$\beta_x=\frac{1.75}{\lambda_x+1.0}=\frac{1.75}{1.2+1.0}=0.795$$

$$h_0<800\text{mm，取}\beta_{hs}=1$$

$$\beta_{hs}\beta_x f_t b_0 h_0=(1.0\times0.795\times1.27\times1750\times540)\text{N}=1707.24\times10^3\text{N}$$
$$=1707.24\text{kN}>2N_{max}=2\times577.14\text{kN}=1154.28\text{kN}$$

故 x 方向承台受剪承载力满足规范要求。

对于 y 方向的受剪承载力验算，由于 y 方向剪跨比较 x 方向剪跨比小很多导致抗剪能力增强，另外 y 向的单桩抗剪截面积（2800mm/3=933mm>1750mm/2=875mm）较 x 向大，再加上 y 向单位截面积平均受力小于 x 向单位截面积平均受力，故 y 向抗剪不必验算，自然满足规范要求。

5. 承台弯矩计算

$$M_x=\sum N_i y_i=3\times500\times(0.525-0.200)=487.5\text{kN}\cdot\text{m}$$

$$M_y=\sum N_i y_i=2\times577.14\times(1.050-0.250)=923.42\text{kN}\cdot\text{m}$$

M_x 用于 y 向或沿柱 b 边方向的配筋计算，M_y 用于 x 向或沿柱 h 边方向的配筋计算。

6. 承台配筋计算

承台的主要受力方向为 x 向或沿柱 h 边方向，该方向的承台底板钢筋应放于承台底面最下侧，$h_{0x}=h_0=540\text{mm}$ 。

$$A_{sx}=\frac{M_y}{0.9f_y h_{0x}}=\frac{923.42\times10^6}{0.9\times360\times540}\text{mm}^2=5277.91\text{mm}^2$$

最小配筋为 $0.15\%bh=0.15\%\times1750\text{mm}\times600\text{mm}=1575\text{mm}^2$，计算配筋大于最小配筋，按计算配筋量进行配筋。

每延米配筋为 $A_{sx}/1.75=5277.91\text{mm}^2/1.75\text{m}=3015.94\ \text{mm}^2/\text{m}$，配 22@125，实际配筋为 $3041.06\text{mm}^2/\text{m}$。

y 向或沿柱 b 边方向为承台的次要受力方向，该方向的承台底板钢筋放于承台底面 x 向或沿柱 h 边方向钢筋的上方，$h_{0y}=h_0-20=540\text{mm}-20\text{mm}=520\text{mm}$。

$$A_{sy}=\frac{M_x}{0.9f_y h_{0y}}=\frac{487.5\times10^6}{0.9\times360\times520}\text{mm}^2=2893.52\text{mm}^2$$

最小配筋为 $0.15\%bh=0.15\%\times2800\text{mm}\times600\text{mm}=2520\text{mm}^2$，计算配筋大于最小配筋，按计算配筋量进行配筋。

每延米配筋为 $A_{sy}/1.75=2893.52\text{mm}^2/2.8\text{m}=1033.40\text{mm}^2/\text{m}$，配 16@190，实际配筋为 $1058.22\text{mm}^2/\text{m}$。

上述配筋结果为满足规范要求的一种，所有满足规范最小钢筋直径和最大钢筋间距要求的配筋结果都是允许的。

7. 承台的配筋图

承台配筋见图 6-35。

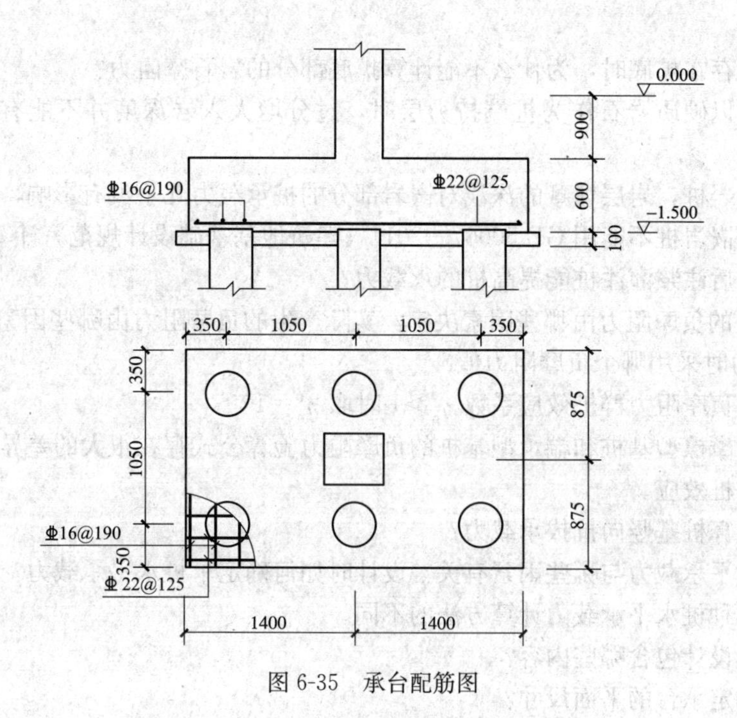

图 6-35 承台配筋图

思 考 题

1. 简述桩基础的适用场合及设计原则。

2. 根据承载能力极限状态和正常使用极限状态的要求，桩基需进行哪些计算和验算？

3. 试分别根据桩的施工方法和承载性状对桩进行分类。

4. 简述单桩在竖向荷载作用下的荷载传递机理。

5. 桩侧阻力大小沿桩长如何变化？为什么？

6. 桩的负摩阻力在什么条件下会产生？如何确定中性点的位置及负摩阻力的大小？

7. 支承在土中的桩必须满足最小桩长，为什么？

8. 以风化程度较轻微的岩石作为桩端持力层时，需要规定最小桩长吗？为什么？

9. 竖向压力作用下桩有哪些破坏形态？各通过什么措施可以避免？

10. 单桩竖向抗压承载力应同时满足哪三个要求？

11. 比较单桩竖向抗压极限承载力、单桩竖向抗压极限承载力标准值、单桩竖向抗压极限承载力特征值。

12. JGJ 94—2008《建筑桩基技术规范》对单桩竖向极限承载力的确定方法有何规定？确定单桩竖向承载力的最可靠的方法是哪种？

13. 基桩成桩工艺系数最大值为什么取 0.9？

14. 原位测试法适合于确定哪种桩型的单桩承载力？

15. 按经验参数法确定桩身直径大于 800mm 的桩竖向抗压承载力时，为什么须对侧阻力和端阻力进行折减？

16. 嵌岩桩在嵌岩深度较大时，按经验参数法计算单桩承载力将会偏于不安全，为什么？

17. 嵌岩桩存在扩底时，为什么不能计算扩底部分的岩石摩阻力？

18. 嵌岩桩以硬质岩石作为桩端持力层时，过分增大入岩深度并不能有效增加桩承载力，为什么？

19. 对于嵌岩桩，岩层埋藏的深浅对嵌岩部分的桩承载力几乎没有影响，为什么？

20. 为什么嵌岩桩不能用 GB 50007—2011《建筑地基基础设计规范》计算桩承载力？

21. 为什么后注浆灌注桩能提高桩的承载力？

22. 能产生的负摩阻力由哪些因素决定？实际产生的负摩阻力由哪些因素决定？现规范在计算负摩阻力时采用哪个负摩阻力值？

23. 为什么负摩阻力群桩效应系数 $\eta_n>1$ 时取 $\eta_n=1$？

24. 为什么摩擦型基桩和端承型基桩的负摩阻力验算公式存在很大的差异？

25. 简述群桩效应。

26. 如何验算桩基竖向抗拔承载力？

27. 单桩水平承载力与哪些因素有关？设计时如何确定单桩水平承载力？

28. 比较 4 种桩水平承载力计算方法的不同。

29. 桩基础设计包含哪些内容？

30. 如何确定承台的平面尺寸？

31. 如何确定承台的厚度？如何确定承台的配筋？

习 题

1. 某工程基础采用混凝土预制桩，桩身直径 $d=400\text{mm}$，经现场静载荷试验，三根试桩的单桩竖向极限承载力实测值分别为 990、1050、900kN。试问：

(1) 单桩竖向承载力特征值为多少？

(2) 整个工程的灌注桩总根数为 105 根，确定试桩数量是否满足规范要求？

(3) 桩身混凝土强度等级采用 C25，桩身承载力是多少？

2. 某柱下桩基承台，采用混凝土灌注桩，桩顶标高 −3.640m，桩身长度（包含进入承台尺寸 0.05m）17.50m，桩身直径 400mm，桩端进入持力层中砂 2.50m，土层参数如图 6-11 所示。试问：

(1) 按经验参数法，单桩竖向极限承载力标准值 Q_{uk} 为多少？

(2) 假若桩径变为 1200mm（此时桩进入承台尺寸 0.10m），其他条件不变，按经验参数法，单桩竖向极限承载力标准值 Q_{uk} 为多少？

3. 某人工挖孔灌注桩，桩径 $d=1.0\text{m}$，扩底直径 $D=1.6\text{m}$，扩底高度 1.2m，桩 10.5m，桩端入砂卵石持力层 0.5m，地下水位在地面下 0.5m。土层分布：0～2.3m 为填土，$q_{sik}=20\text{kPa}$；2.3～6.3m 为黏土，$q_{sik}=50\text{kPa}$；6.3～8.6m 为粉质黏土，$q_{sik}=40\text{kPa}$；8.6～9.7m 为黏土，$q_{sik}=50\text{kPa}$；9.7～10m 为细砂，$q_{sik}=60\text{kPa}$；10m 以下为砂卵石，$q_{pk}=5000\text{kPa}$。试计算单桩极限承载力。

4. 某桩为钻孔灌注桩，桩径 $d=850\text{mm}$，桩长 $L=22\text{m}$，如图 6-36 所示，由于大面积堆载引起负摩阻力，试按 JGJ 94—2008《建筑桩基技术规范》计算下拉荷载标准值（已知中性点为 $L_n/L_0=0.8$，淤泥质土负摩阻力系数 $\xi_n=0.2$，负摩阻力群桩效应系数 $\eta_n=1.0$）。

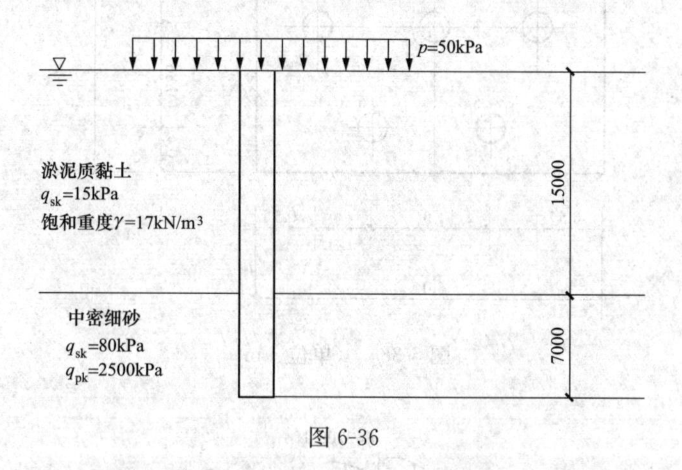

图 6-36

5. 某 5 桩承台桩基（见图 6-37），桩径为 0.8m，作用于承台顶的竖向荷载 $F_k=10000\text{kN}$，弯矩 $M_k=480\text{kN}\cdot\text{m}$，承台及其上土重 $G_k=500\text{kN}$，问基桩承载力特征值为多少方能满足要求（考虑地震作用）？

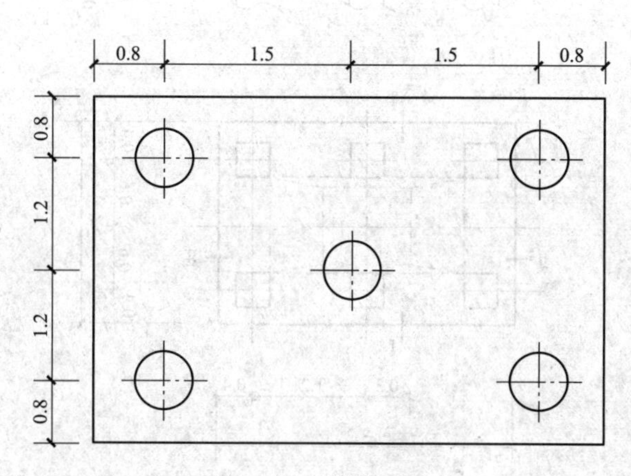

图 6-37 （单位：m）

6. 某 7 桩群桩基础，如图 6-38 所示，承台尺寸为 3.0m×2.52m，埋深 2.0m，桩径 0.3m，桩长 12m，地下水位在地面下 1.5m，作用于基础的竖向荷载效应标准组合 $F_k=3409\text{kN}$，弯矩 $M_k=500\text{kN}\cdot\text{m}$。试求各桩竖向力设计值。

7. 某 6 桩群桩基础，如图 6-39 所示，预制方桩尺寸为 0.35m×0.35m，桩距 1.2m，承台尺寸为 3.2m×2.0m，高 0.9m，承台埋深 1.4m，桩深入承台 0.050m，承台作用竖向荷载设计值 $F=3200\text{kN}$，弯矩设计值 $M=170\text{kN}\cdot\text{m}$，水平力设计值 $H=150\text{kN}$，承台采用 C20 混凝土。试验算承台冲切承载力、角桩冲切承载力、承台受剪承载力。

8. 作用于桩基承台顶面的竖向力为 5000kN，x 方向的偏心距为 0.1m，不计承台及承台上土自重，承台下布置 4 根桩，如图 6-40 所示。试计算承台承受的最大弯矩。

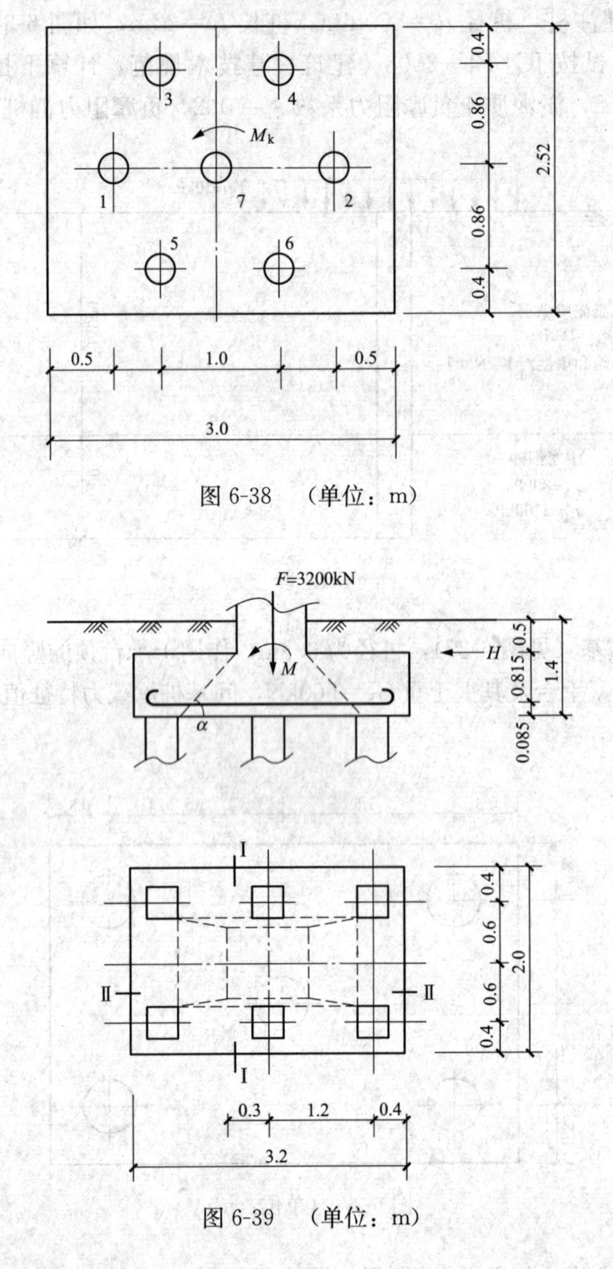

图 6-38 （单位：m）

图 6-39 （单位：m）

9. 某二级安全等级的建筑物，其中有一底层柱截面尺寸为 $b_c \times h_c = 400\text{mm} \times 500\text{mm}$，该柱某一内力组合作用在基础顶面的标准组合内力值为 $N_k^c = 2500\text{kN}$、$M_k^c = 200\text{kN} \cdot \text{m}$、$V_k^c = 90\text{kN}$，与该内力组合相应的作用在基础顶面的基本组合内力值为 $N^c = 3250\text{kN}$、$M^c = 260\text{kN} \cdot \text{m}$、$V^c = 120\text{kN}$，采用直径为 400mm 的钢筋混凝土灌注桩，经桩承载力检测得到单桩竖向抗压承载力特征值为 $R_a = 450\text{kN}$，经桩顶反力验算该柱须采用 6 根桩，桩距 $s_a = 1050\text{mm}$，承台下设计 100mm 厚的 C15 混凝土垫层，承台底面到地面的距离为 1500mm。

经方程求解满足规范要求并经济合理的承台厚度为 $H_0 = 650\text{mm}$，承台混凝土强度等级均为 C25，承台配筋采用 HRB400 级钢筋。在该内力组合下，问：

(1) 桩顶反力是否满足规范要求?

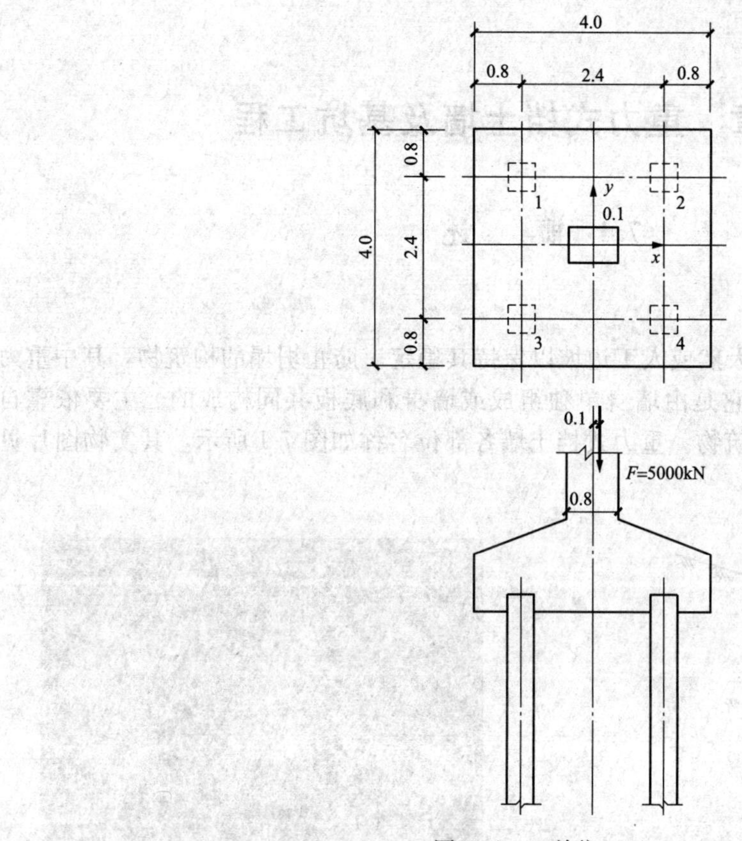

图 6-40 （单位：m）

(2) 承台厚度是否满足柱对承台的冲切要求？

(3) 承台厚度是否满足角桩对承台的冲切要求？

(4) 承台厚度是否满足受剪承载力要求？

(5) 计算承台两个主轴方向的弯矩。

(6) 计算承台两个主轴方向的配筋。

(7) 绘制该承台的配筋图。

第7章 重力式挡土墙及基坑工程

7.1 概 述

7.1.1 重力式挡土墙

挡土墙是一种用于支挡天然或人工边坡以保持其稳定、防止坍塌的构筑物，其中重力式挡土墙应用得最为广泛，它是由墙身单独组成或墙身和底板共同构成的、主要依靠自身重量以维持稳定的挡土构筑物。重力式挡土墙各部位名称如图7-1所示，其实物图片见图7-2。

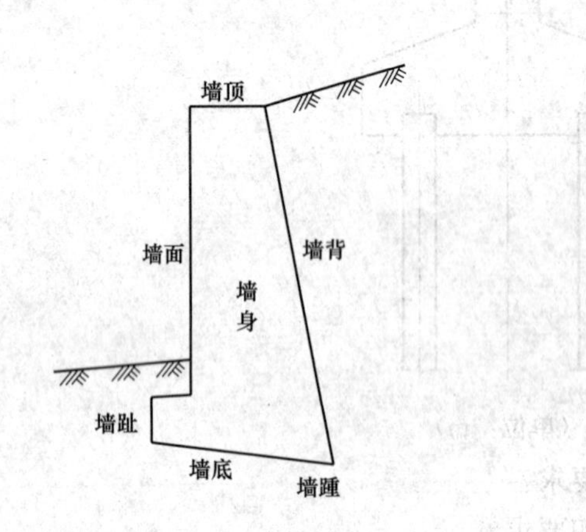

图7-1 重力式挡土墙示意

图7-2 重力式挡土墙

重力式挡土墙主要依靠墙自身的重量阻挡土体的移动，对于衡重式及半重力式挡土墙还利用了部分土体的竖向重力来阻挡墙后土体。绝大多数的重力式挡土墙均采用石料砌筑，部分石料缺乏地区或遇到紧急情况时也采用素混凝土或砖砌体。其中，采用商品混凝土可明显加快工程进度，但工程造价偏高，随着工价的增长，素混凝土挡土墙造价有接近石料砌筑挡土墙造价的趋势；未经处理的砖块砌筑的挡土墙的外观较好，但不足之处是耐久性差，挡土高度有限且工程造价偏高。

按墙背的倾斜情况可细分为直立式、俯斜式及仰斜式挡土墙，若设置了卸荷平台则为衡重式挡土墙，将墙背做成折线并加大墙踵板的尺寸还可做成半重力式挡土墙。下面将分别对这几种挡土墙进行简要介绍。

参照《国家建筑标准设计图集——挡土墙》(04J008)，选取墙高6m，墙后填土面水平，墙后填土面均布荷载标准值$q_k=10kN/m^2$，墙后填土内摩擦角标准值$\varphi_k=30°$，地基摩擦系数$\mu=0.30$的俯斜式、仰斜式、直立式和衡重式挡土墙，比较其单位长度砌体体积、最大地基反力，具体情况见表7-1。

表 7-1　四种重力式挡土墙的比较

挡土墙形式	挡土墙编号	单位长度砌体体积（m^3）	最大地基反力（kPa）
俯斜式	FJA6	11.51	214
仰斜式	YJA6	9.06	170
直立式	ZJA6	11.39	202
衡重式	HJA6	9.95	196

1. 直立式挡土墙

直立式挡土墙的墙背垂直，墙面向后倾斜，如图 7-3 所示。直立式挡土墙的墙后土压力较俯斜式小，较仰斜式大，其墙体重心后移，能减小基底的最大压应力，从而地基承载力比较容易满足要求。由于其需要依靠自身重量维持墙体平衡，故砌体量较大。

直立式挡土墙施工时，挖方量较俯斜式少，较仰斜式多，墙背为挖方区或填方区的情况均适用。由于墙面倾斜，倾斜面所占土地不能得以利用，因此该类挡土墙的土地利用率偏低。

2. 俯斜式挡土墙

俯斜式挡土墙的墙背向前倾斜，墙面垂直，如图 7-4 所示。由于主动土压力破裂面与墙背之间所围成的滑动土楔体体积最大，因此墙后土压力较直立式及仰斜式挡土墙大。俯斜式挡土墙的墙体重心前倾，导致墙身重量过于靠近墙趾，依靠墙自身重量抵抗倾覆的效果欠佳，故在相同情况下，所用材料也较直立式及仰斜式挡土墙多。另外，墙身重心的前倾也将导致基底最大压应力增大。

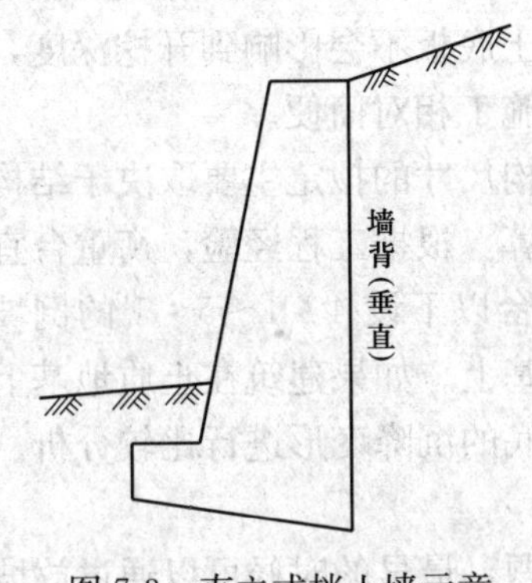

图 7-3　直立式挡土墙示意

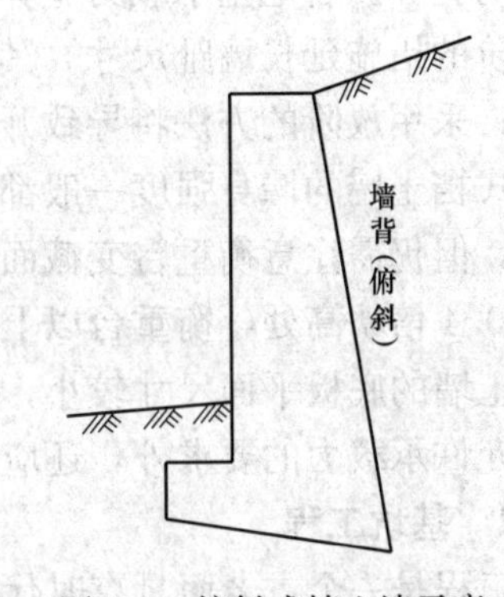

图 7-4　俯斜式挡土墙示意

俯斜式挡土墙的挖方量较直立式及仰斜式挡土墙大，一般适用于墙背土体为填方的情况。该类挡土墙的墙面近似垂直，具有不占用空间的特点，有利于场地的充分利用。

3. 仰斜式挡土墙

仰斜式挡土墙的墙背与墙面均向后倾斜，呈现出上小下大的截面形式，既有利于施工，也能使墙身承载力更易于满足要求，如图 7-5 所示。由于主动土压力破裂面与墙背间的土体体积最小，故墙后土压力较直立式及俯斜式挡土墙小。仰斜式挡土墙墙身后倾，有利于抗倾覆稳定性，其圬工砌筑量较直立式及俯斜式挡土墙少，但基底最大压

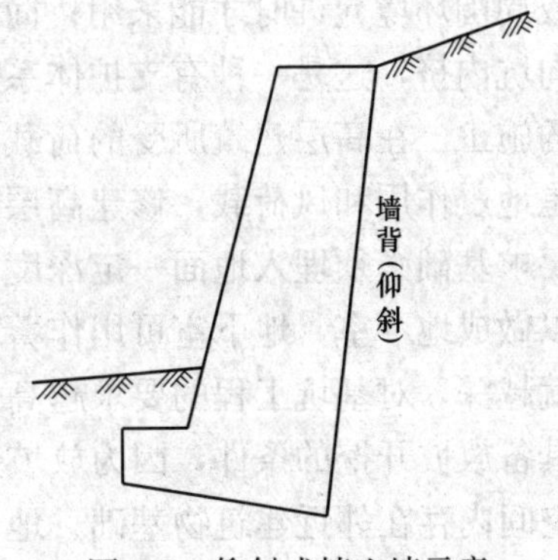

图 7-5　仰斜式挡土墙示意

应力较大，因此要注意对地基承载力进行复核。

仰斜式挡土墙沿自然土坡倾斜，其挖方量较少，因此适用墙后土体为挖方的情况。但由于墙面倾斜，倾斜面所占空间不能得以利用，故土地的利用率偏低。

4. 衡重力式挡土墙

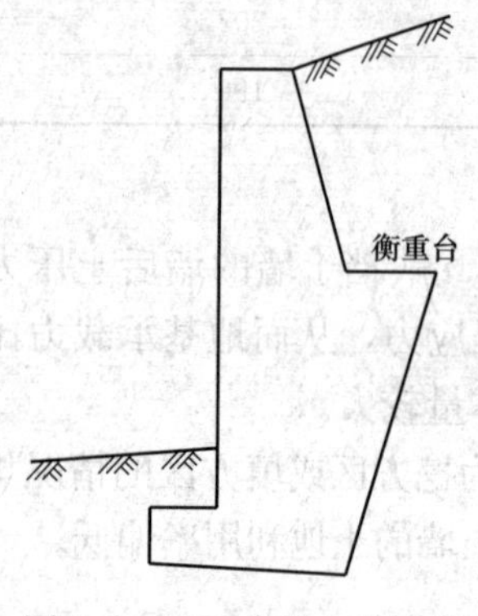

图 7-6 衡重式挡土墙示意

衡重式挡土墙是指墙背设有衡重台（减荷台）的重力式挡土构筑物，其稳定主要是靠墙身自重和衡重台上的填土重量维持，如图 7-6 所示。

衡重式挡土墙兼有仰斜式及俯斜式挡土墙的优点，弥补了这两种挡土墙的不足。衡重式挡土墙由于墙面直立，能使场地充分得到利用。墙背的下段仰斜，既可减少其挖方量，又可使墙后的土压力减小；墙背的上段俯斜，能减少其圬工砌筑量，同时上段墙身承载力也较易满足要求。由于衡重台能减少土压力的作用，因此衡重式挡土墙断面比其他重力式挡土墙小。衡重台以上的土体有利于抗滑移及抗倾覆稳定，可用于高度较大的情况，根据《国家建筑标准设计图集——挡土墙》（04J008）可知其最大适用高度可达到 12m。由于其墙体重心较仰斜式前移，故材料用量仅较仰斜式稍大，尤其适用于挖方区的高挡土墙，若用于高度较小的挡土墙则工序稍显复杂。

因衡重式挡土墙底板较小，故对地基条件要求较高，因此在选用标准图时尤其要注意地基承载力的验算。若地基承载力验算不能满足要求，则可采用钢筋混凝土底板延长墙趾尺寸或采用放阶的措施延长墙趾尺寸。其中，设置钢筋混凝土底板不会影响到开挖深度，但施工较为复杂；采用放阶的方法将导致开挖深度的加大，而施工相对简便。

衡重式挡土墙的墙身强度一般都能满足要求，其结构尺寸的拟定主要取决于结构稳定和地基条件，但仍需注意衡重台变截面处的墙身承载力验算。根据工程经验，衡重台宜设置在距离墙顶 0.4 倍墙高处，衡重台以上为梯形断面，衡重台以下设 4∶1～5∶1 的倒坡。由于衡重式挡土墙的底板平面尺寸较小，宜建造在良好的地基上。如果建筑在土质地基上，除了满足地基允许承载力的要求外，还应对底板前、后端基底的沉降变形进行比较分析。

7.1.2 基坑工程

基坑工程是一个古老而具有时代特点的岩土工程课题，最早的时候可以通过放坡开挖和简易木桩来进行基坑的开挖。放坡开挖是一种无支护开挖，简单又经济，但只能在空旷地区或周围环境允许时才能采用；简易木桩开挖是指在基坑旁打上一圈木桩，来阻挡坑外的土体向坑内挤，这是一种有支护体系保护下的基坑开挖。基坑开挖后，就可以在基坑内进行基础的施工。在高层建筑所受的荷载中，有时起控制作用的不是竖向荷载，而是水平荷载，也就是地震作用和风荷载，修建高层建筑就必须保证其在水平荷载作用下的强度与稳定性，因此要求基础必须埋入地面一定深度，以满足嵌固的要求，利用这一在地面以下的埋置深度，可以做成地下室，地下室可用作蓄水池、配电房、车库等用途。建筑高度越高，其埋置深度也就越深，对基坑工程的要求越高。在城市中心地带，建筑物稠密地区进行基坑开挖，往往不具备放坡开挖的条件，因为放坡开挖需要基坑平面以外有足够的空间供放坡之用，如果在此空间内存在邻近建筑物基础、地下管线、城市道路等，则不允许放坡，那么此时只能采用在支护结构保护下进行垂直开挖的施工方法。对支护结构的要求是创造条件便于基坑土方的开挖，但在建筑物稠密地区更重要的是保护周围的环境，也就是保证基坑周围的建筑物、地下管线、道路等的安全。一般而言，对于基坑支护，当建筑修建完成后，它的使命就完成了。

基坑工程的支护形式有很多类型，较为常见的有排桩支护、地下连续墙支护、水泥土墙支护、土钉墙支护和逆作拱墙支护。

1. 排桩支护

排桩支护是指柱列式间隔布置各种形式的桩来作为主要挡土结构的一种支护形式。根据桩的形式不同可分为钢板桩支护、钢筋混凝土板桩支护、灌注桩支护。

（1）钢板桩支护。

钢板桩是一种施工简单，投资经济的支护方法。常见的钢板桩有槽钢钢板桩和热轧锁扣钢板桩（其中一种为“拉森”钢板桩）。

槽钢钢板桩是由槽钢正反扣搭接或并排组成（图 7-7），打入地下后顶部近地面处设一道拉锚或支撑。槽钢钢板桩截面抗弯能力弱，一般用于深度不超过 4m 的基坑，由于搭接处不严密，壁板不能完全止水。

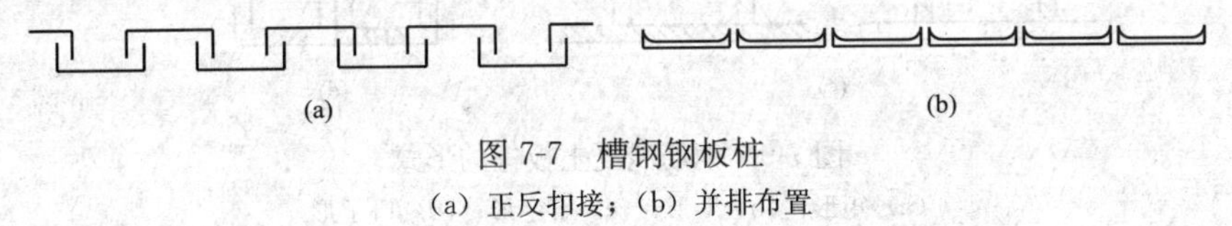

图 7-7　槽钢钢板桩

（a）正反扣接；（b）并排布置

热轧锁扣钢板桩是由带锁口或钳口的热轧型钢制成，把这种钢板桩互相连接而形成钢板桩墙，刚度比较大，既可以应用于挡土，也可用于挡水。目前热轧锁扣钢板桩常用的截面形式有 U 形（拉森式）、Z 形和 H 形（图 7-8）。

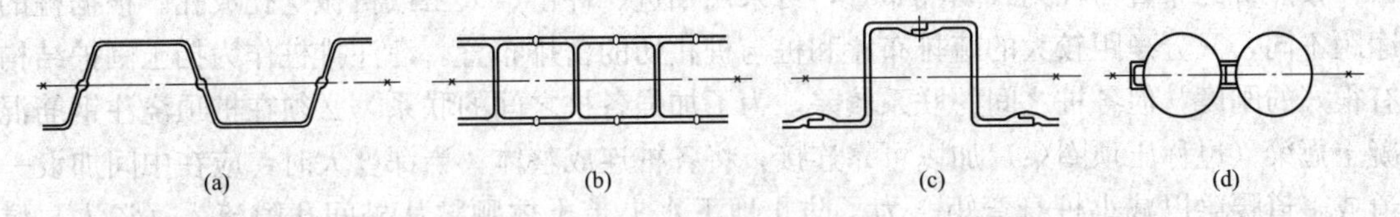

图 7-8　热轧锁扣钢板桩

（a）U 型钢板；（b）H 型钢板；（c）Z 型钢板；（d）钢管组合型

在建筑工程中常用 U 形和 Z 形，基坑开挖深度很大时可用 H 形。热轧锁扣钢板由于一次性投资较大，一般使用的时候多以租赁形式向钢板桩公司租用，用后拔出归还。钢板桩由于施工简单而偶有应用。钢板桩是用打入法或振动打入法打到基坑内的，由于打入时会产生挤土作用而引起地面隆起，施工可能会引起相邻地基的变形和产生噪声振动，对周围环境影响很大，同时由于钢板桩可以重复使用，在地下室施工结束后需要拔出，拔出的时候会带出土体，形成比钢板桩大的孔洞，如果不及时采取措施，容易造成周围地面的下沉，因此在人口密集、建筑密度很大的地区，其使用常常会受到限制。热轧锁扣钢板桩截面较小，属于柔性结构，如支撑或锚拉系统设置不当，其变形会很大，所以当基坑支护深度大于 7m 时，不宜采用。热轧锁扣钢板桩比较适用于软土地区，在丘陵地区会因为遇到坚硬土层而无法打入，故使用不多。

（2）钢筋混凝土板桩支护。

钢筋混凝土板桩为预制构件，用打入法就位，并相互嵌入，截面带企口（图 7-9），有一定挡水作用。在地下连续墙，灌注桩挡墙还没有发展以前，除应用钢板桩以外，普遍采用钢筋混凝土板桩，它克服了钢板桩柔性较差不适用于较深的基坑的特点，有较大的刚度和不透水性。与钢板桩不同，钢筋混凝土板桩是一次性的，打入后就留在土中，不再拔出，适用于较深且土体较软的基坑。钢筋混凝土板桩支护存在的问题是打桩对周围环境的影响，需采取措施予以控制。

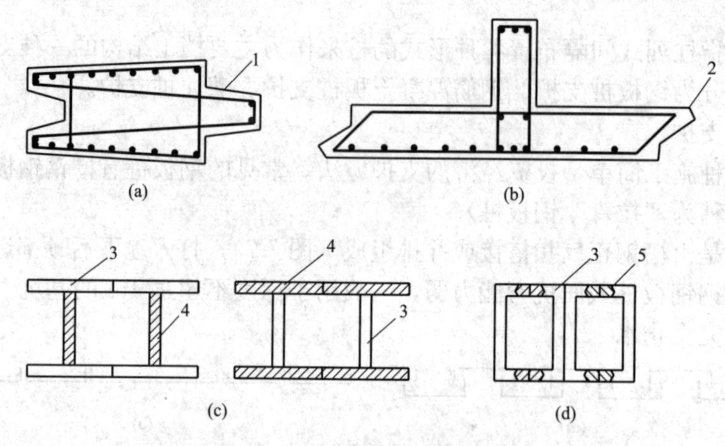

图 7-9 钢筋混凝土板桩的形式

(a) 矩形；(b) T 形；(c) 工字形；(d) 口子形

1—槽榫；2—踏步接头；3—预制薄板；4—现浇板；5—现浇接头

(3) 灌注桩支护。

按照桩的布置为柱列式间隔布置，可采用钻进、冲击、人工或机械挖孔成孔。根据桩的净距不同，又分净距较大的疏排布置和桩与桩相切的密排布置。灌注排桩作为挡土围护结构有很好的刚度，但各桩之间的联系较差，为了加强各桩之间的联系，必须在桩顶浇注钢筋混凝土冠梁（也称压顶圈梁）加以可靠连接，将各桩连成整体。当深度大时，应在中间加设一道或多道腰梁以减小桩身弯矩。为了防止地下水夹带土体颗粒从桩间孔隙流入（渗入）坑内，应采取一定的防水措施（图 7-10）。

灌注桩施工简便，可用机械钻（冲）孔或人工挖孔，施工中不需要大型机械，且无打入桩的噪声、振动和挤压周围土体带来的危害，对周围邻近建筑物、道路和地下管线影响危害比较少，具有一定的优越性。灌注桩支护缺点是桩的施工速度较慢，若为泥浆护壁钻孔灌注桩，场地泥浆处理较困难，工期长。

排桩支护可分为悬臂式、内支撑式和锚固式。悬臂式排桩支护结构完全依靠嵌入土内的足够深度来维护其稳定性，故嵌入深度是关键，这种结构对于土的性质、荷载大小等非常敏感。当采用这种结构时，对于软土地区，基坑深度一般不大于 4m，对于一般黏性土地区且地下水位较深的地区（东北、华北及西北的大部分地区），基坑深度一般不大于 10m，否则就不经济。当基坑深度超过悬臂式排桩结构的合理基坑深度时，就必须增设横向支点，可分为内支撑式（图 7-11 桩墙—内支撑结构剖面示意）和锚固式（图 7-12 桩墙—锚杆结构示意）。

根据基坑深度和地层土质等条件，设置单支点及多支点（含两支点），但设置条件，各地区差别较大。内支撑式和锚固式适合于一、二级基坑工程。作为基坑围护结构墙体的支撑，内支撑有水平横撑、角撑、斜支撑，其作用对保证基坑稳定和控制周围地层变形极为重

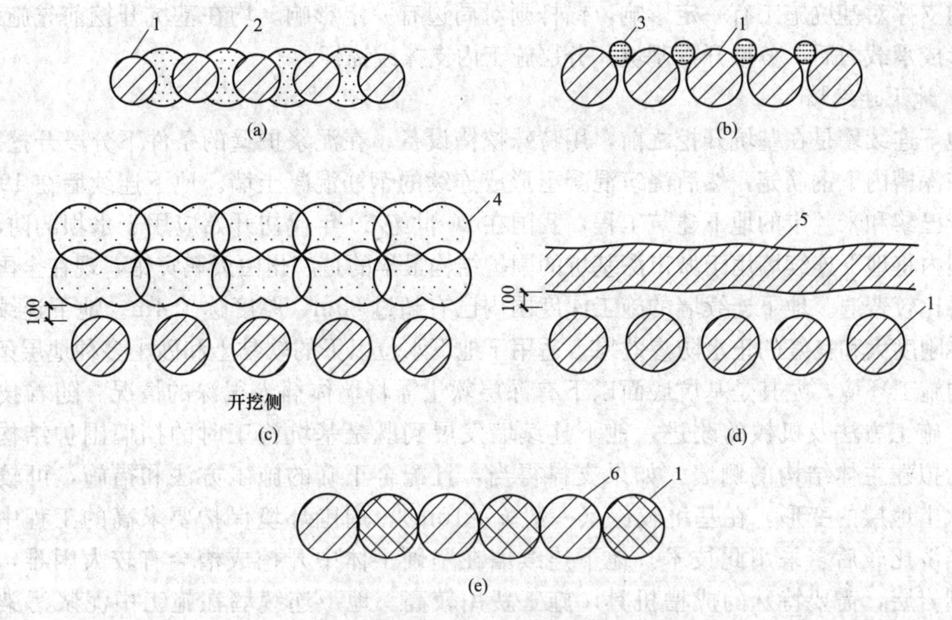

图 7-10　排桩式挡墙挡水布置

(a) 柱间压密注浆；(b) 柱间高压旋喷；(c) 灌注桩加设水泥搅拌桩挡水帷幕；
(d) 灌注桩加设注浆帷幕；(e) 柱间咬合搭接

注：图（e）中 ▨ 为先施工的灌注桩；⊠ 为后施工的灌注桩。

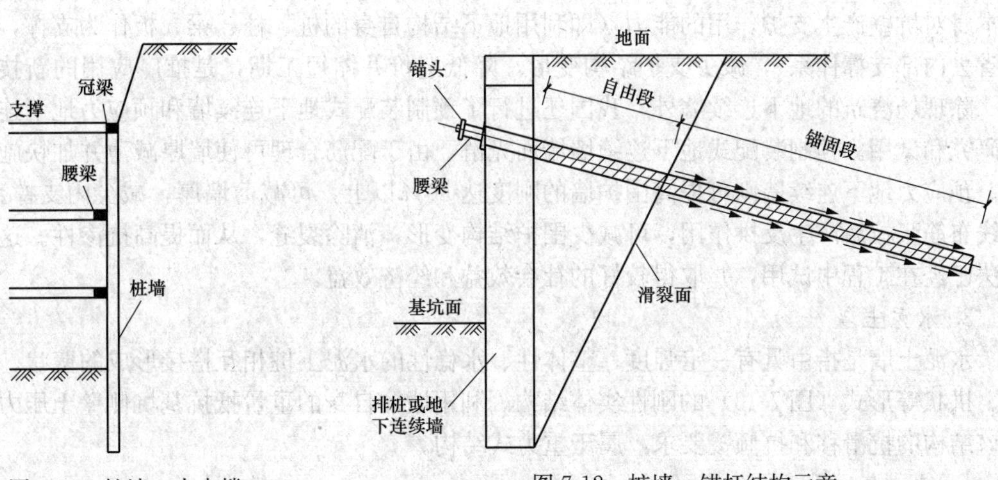

图 7-11　桩墙—内支撑结构剖面示意

图 7-12　桩墙—锚杆结构示意

要。目前支护结构的内支撑，常用的有钢结构支撑和钢筋混凝土结构支撑两类。钢结构支撑多用圆钢管和大规格的型钢。为减少挡墙的变形，用钢结构支撑时可用液压千斤顶施加预应力。钢筋混凝土支撑多用土模或模板随着挖土逐层现浇，截面尺寸和配筋根据支撑布置和杆件内力大小而定，刚度大，变形小，能有力的控制挡墙变形和周围地面的变形，宜用于较深基坑或周围环境要求较高的地区。锚固式是钻孔灌注桩与土层锚杆技术的联合使用，可用于较深的基坑。其特点是开挖效率高，施工方便，但水泥及钢材用量相对较多。

内支撑对基坑施工有一定影响，锚杆则对周边有一定影响。均在基坑开挖前先施工桩，待桩形成承载力后，分层开挖基坑，分层施工内支撑或锚杆。

2. 地下连续墙

地下连续墙是在基坑开挖之前，用特殊挖槽设备，在泥浆护壁的条件下分段开挖深槽，接着在深槽内下钢筋笼，然后浇筑混凝土形成连续的钢筋混凝土墙。地下连续墙在1950年应用于巴黎和米兰市的地下建筑工程，我国在20世纪60年代初开始应用于水坝的防渗墙。后来国内将地下连续墙用于城市深基坑的围护结构最早的是广州白天鹅宾馆，现在全国各地已用得比较普遍。地下连续墙的施工深度国内已有超过80m，厚度达1.4m。地下连续墙具有整体刚度大和良好的止水防渗效果，适用于地下水位以下的软黏土和砂土多种地层条件和复杂的施工环境，尤其是基坑底面以下有深层软土需将墙体插入很深的情况。随着技术的发展、施工方法及机械的改进，地下连续墙发展到既是基坑施工时的挡墙围护结构，又能作为拟建主体结构的侧墙。如果支撑得当，且配合正确的施工方法和措施，可较好地控制软土地层的变形。在基坑较深（一般 $h>10\text{m}$）、周围环境保护要求高的工程中，经技术经济比较后多采用此技术。地下连续墙在坚硬土体中开挖成槽会有较大困难，尤其是遇到岩层，需要特殊的成槽机具，施工费用较高。地下连续墙在施工中泥浆污染施工现场，造成场地泥泞不堪。

目前采用的逆作法施工使得两墙合一，即施工时用作围护结构，同时又是地下结构的外墙。逆作法施工一般用于城市高层建筑基坑，周围施工环境比较恶劣，场地四周邻近建筑物、道路和地下管线不能因任何施工原因而遭到破坏，为此在基坑施工时，通过发挥地下结构本身对坑壁产生支护作用的能力（即利用地下结构自身的桩、柱、梁、板作为支撑，同时可省去内部支撑体系），减少支护结构变形，降低造价并缩短工期，是推广应用的新技术之一。除现场浇筑的地下连续墙外，我国还进行了预制装配式地下连续墙和预应力地下连续墙的研究和试用。预制装配式地下连续墙墙面光滑，由于配筋合理可使墙厚减薄并加快施工速度。预应力地下连续墙则可提高围护墙的刚度达30%以上，可减薄墙厚，减少内支撑数量。曲线布筋张拉后产生反拱作用，可减少围护结构变形，消除裂缝，从而提高抗渗性。这两种方法已经在工程中试用，并取得较好的社会效益和经济效益。

3. 水泥土墙

水泥土墙是指由具有一定强度、整体性、水稳性的水泥土桩相互搭接形成的壁状、格栅状、拱状等形式（图7-13）的刚性实体结构。利用墙体自身的重量抵抗基坑侧壁土压力，满足该结构的抗滑移和抗倾覆要求，属于重力式结构。

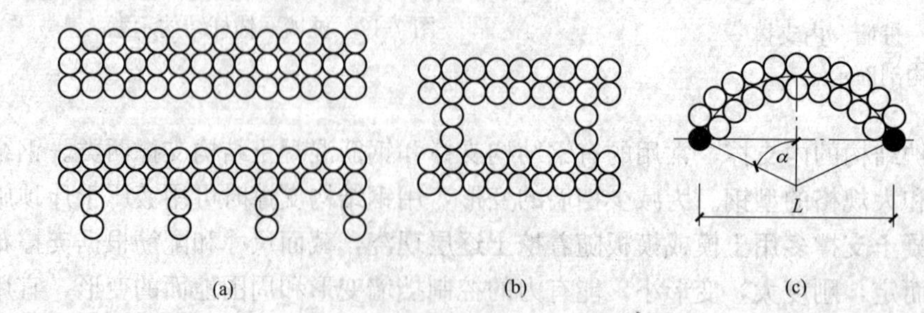

图7-13 水泥土墙的几种平面形状

(a) 壁状；(b) 格栅状；(c) 拱状

水泥土墙的主要组成是水泥土桩，它是利用水泥材料为固化剂，经过特殊的拌和机械在地基中就地将原状土和水泥（粉体，浆液）强制机械拌和或高压力切削拌和，经过土和水泥固化剂或掺和料产生一系列物理化学反应，形成的加固土圆柱体，根据成桩工艺不同，可分为两种，分别是水泥土搅拌形成的搅拌桩和高压喷射注浆法形成的旋喷桩。由于造价问题，在基坑支护结构中，较多地使用搅拌桩，只有在搅拌桩难以施工的地层才使用旋喷桩。

水泥土墙充分利用了加固后原地基土的作用，搅拌或旋喷时无侧向挤出、振动小、噪声小和无污染，对周围建筑物及地下管道影响小；与钢筋混凝土桩相比可节省钢材并降低造价；不需要内支撑或锚杆，便于地下室的施工；可同时起到止水和挡土的双重作用。缺点是不能用于很深的基坑。

4. 土钉墙支护

土钉墙支护是指边开挖基坑，边在土坡面上设置一定长度和分布密度的土钉，同时设置钢筋网喷射混凝土面层，土钉与土共同作用，构成复合土体，以弥补土体自身强度不足，形成类似重力式挡土墙的支护结构（图 7-14），从而形成加筋土重力式挡墙起到挡土作用。

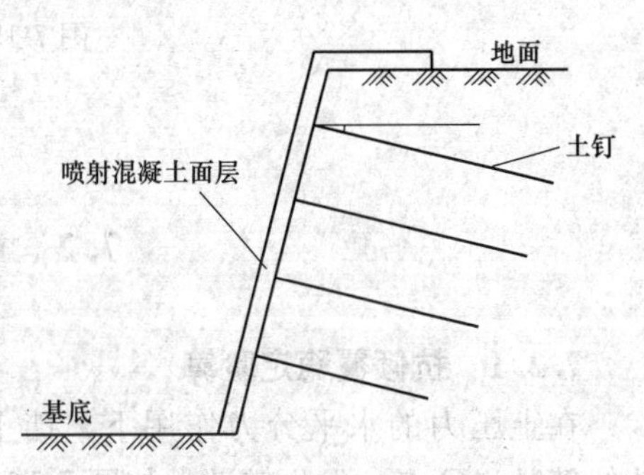

图 7-14 土钉墙结构剖面示意图

由于要边开挖，边喷射，要求土体具有临时自稳能力，以便给出一定时间施工土钉墙，因此对土钉墙适用的地质条件应加以限制，不宜用于没有临时自稳能力的淤泥、淤泥质土、饱和软土、含水丰富的粉细砂层和卵石层。土钉墙支护施工速度快、用料省、造价低，与其他桩墙支护相比，工期可缩短 50%以上，节约造价 60%左右；土钉墙支护可以紧贴已有建筑物施工，从而省出桩体或墙体所占用的地面。但从许多工程经验看，土钉墙的破坏几乎均是由于水的作用，水使土钉墙产生软化，引起整体或局部破坏，因此规定采用土钉墙工程必须做好降水，且其不宜作为挡水结构。土钉墙支护技术在全国各地应用较广泛。土钉墙结构适用于基坑侧壁安全等级为二、三级，周围具备一定放坡条件，地下水位较低或坑外有降水条件，邻近无重要建筑或地下管线，基坑外地下空间允许土钉占用，且土层在地下水位以上或经人工降水后的黏性土、粉土、杂填土等具有一定临时自稳能力的土层，开挖深度在 12m 以内。

5. 逆作拱墙支护

逆作拱墙支护是指将基坑开挖成圆形、椭圆形等弧形平面，并沿基坑侧壁分层逆作的钢筋混凝土拱墙，利用拱的作用将垂直于墙体的土压力转化为拱墙内的切向压力，以充分利用墙体混凝土的受压强度，设计中可根据地质条件、基坑平面形状及基坑周边场地条件等，采用闭合或非闭合拱墙。由于墙体内力主要为压应力，充分发挥了混凝土抗压强度高的特性，因此墙体厚度可做的较薄，很多情况下不用锚杆或内支撑就可能满足强度和稳定性的要求。逆作拱墙支护一般采用分层分段施工的现浇混凝土拱墙结构，拱墙截面宜为 Z 字形(图7-15)。拱壁的上下端通常加肋梁，当基坑较深且一道 Z 字形拱墙的支护高度不够时，可由数道拱墙叠合组成，如图 7-15（b)、图 7-15（c）沿拱墙高度应设置数道肋梁。当基坑边坡场地较狭窄时，可不加肋梁，但应加厚拱壁，如图 7-15（d)。逆作拱墙适合于圆弧形的基坑，拱墙轴线的矢跨比不宜小于 1/8，适用于黏性土、砂土和软土地区，不适合于饱和软土及淤泥质土，基坑开挖深度不宜大于 12m。

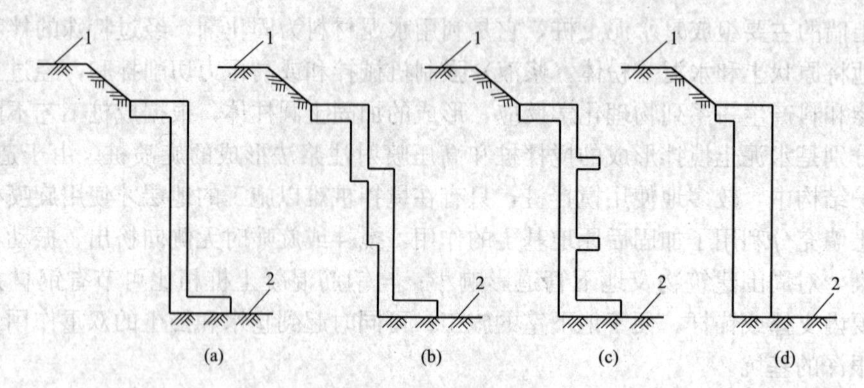

图 7-15 拱墙截面构造示意

1—地面；2—基坑底

7.2 重力式挡土墙设计

7.2.1 抗倾覆稳定验算

在土压力的水平分力作用下，挡土墙可能绕墙趾（O 点）发生转动，如图 7-16 所示。挡土墙的自重和土压力的竖向分力将阻止挡土墙发生转动，若抵抗转动的力矩大于产生转动的力矩，则不会发生倾覆破坏。为保证挡土墙有一定的安全储备，《建筑地基基础设计规范》(GB 50007—2011) 规定抗倾覆力矩与倾覆力矩的比值不能小于 1.6。

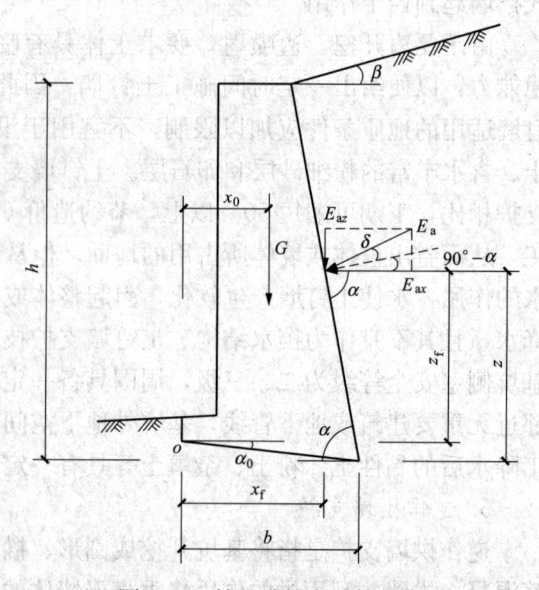

图 7-16 挡土墙稳定验算示意

如图 7-16 所示，G 为挡土墙每延米自重，E_a 为主动土压力，x_0 为挡土墙重心离墙趾的水平距离，α 为挡土墙墙背的倾角，α_0 为挡土墙的基底倾角，δ 为土对墙后土体相对于挡土墙墙背的摩擦角，b 为基底的水平投影宽度，z 为土压力作用点离墙踵的高度。

E_a 的作用线同水平面的夹角为 $90°-\alpha+\delta$，E_a 的水平分力 $E_{ax}=E_a\cos(90°-\alpha+\delta)=E_a\sin(\alpha-\delta)$，$E_a$ 的竖直分力 $E_{az}=E_a\sin(90°-\alpha+\delta)=E_a\cos(\alpha-\delta)$。

E_a 的作用点到墙踵处的水平距离为 $z\cot\alpha$，则 E_a 作用点到墙趾处的水平距离为 $x_f=b-z\cot\alpha$。墙趾处的 O 点离墙踵的高度为 $b\tan\alpha_0$，则 E_a 作用点到墙趾 O 点的竖向距离为 $z_f=z-b\tan\alpha_0$。

综上所述，可得抗倾覆稳定性验算式

$$K_t=\frac{Gx_0+E_{az}x_f}{E_{ax}z_f}\geqslant 1.6 \tag{7-1}$$

若墙背光滑，墙后滑动土楔体的土压力将垂直作用于墙背上。一般情况下，墙背是不光滑的，土与墙背间存在摩擦力，当墙后土体下滑时，挡土墙将阻止土体下滑，墙后土楔体对挡土墙会产生一个顺墙背方向向下的摩擦力，该力与主动土压力合成后将使主动土压力增大并发生角度上的偏移，即摩擦角δ的增大。墙背愈粗糙，δ值愈大；墙后土体干燥、土越密实、墙后土体颗粒越粗，则土体的内摩擦角φ_k愈大，δ值也愈大。φ_k取值见表7-2，无试验资料时，δ取值见表7-3。

表7-2　墙背填料物理力学指标

墙背填料种类		内摩擦角φ_k或综合内摩擦角φ_0	重力密度（kN/m³）
细粒土	墙高$H\leqslant6$m	35°～40°	17～18
	墙高$H>6$m	30°～35°	17～18
砂类土		35°	18
砾石类土、碎石类土		40°	19
不易风化的石块		45°	19

注　若为建筑工程的挡土墙，填土密实性可能达不到市政工程墙后填土的密实度，按表7-2取值时应特别慎重。

表7-3　土对挡土墙墙背的摩擦角δ取值

挡土墙情况	摩擦角δ
墙背平滑，排水不良	$(0\sim0.33)\varphi_k$
墙背粗糙，排水良好	$(0.33\sim0.50)\varphi_k$
墙背很粗糙，排水良好	$(0.50\sim0.67)\varphi_k$
墙背与填料间不可能滑动	$(0.67\sim1.00)\varphi_k$

注　φ_k为墙背填料的内摩擦角标准值，见表7-2。

δ的增大，使主动土压力的竖向分力增大，而水平分力减小，对挡土墙的抗倾覆将产生有利作用，因此墙背粗糙、填土密实、排水通畅、墙后土体干燥及较粗颗粒的填料对挡土墙的抗倾覆稳定都是有利的。

7.2.2　抗滑移验算

若挡土墙底部与土体接触面过于光滑，则挡土墙可能沿基底与土体的接触面产生滑动而发生滑移破坏；若挡土墙建于山坡之上，墙趾处土体向下倾斜，则挡土墙的滑动面可能不在墙基底而位于下面的土层中，此时应进行整体滑动稳定性验算，采用圆弧滑动面法进行验算

$$\frac{M_R}{M_s}\geqslant1.2 \tag{7-2}$$

式中　M_R——抗滑移力矩；

M_s——滑移力矩。

对于一般高度且不位于山坡上的挡土墙，整体滑动不易发生，一般不需验算整体滑动稳定性，只需验算墙底面的滑移稳定性。

墙体沿墙底与地基的接触面产生滑动时，土压力沿滑动方向的分力产生滑动力，阻止滑动的力为沿滑动面滑动反方向的重力分力、土压力垂直于滑动面方向的分力产生的摩擦阻力，重力垂直于滑动面方向的分力产生的摩擦阻力。

重力G的作用方向与滑动面法线方向的夹角为α_0，则重力G垂直于滑动面的分力$G_n=$

$G\cos\alpha_0$；沿滑动面方向的分力 $G_t = G\sin\alpha_0$，方向与滑动方向相反。

E_a 作用线与滑动面的夹角为 $90° - \alpha + \delta + \alpha_0$，垂直于滑动面的分力 $E_{an} = E_a\sin(90° - \alpha + \delta + \alpha_0) = E_a\cos(\alpha - \delta - \alpha_0)$；沿滑动面方向的分力 $E_a t = E_a\cos(90° - \alpha + \delta + \alpha_0) = E_a\sin(\alpha - \delta - \alpha_0)$，方向与滑动方向相同。

土对挡土墙基底的摩擦系数 μ 与土的内摩擦角φ_k 有关，随内摩擦角φ_k 的增大而增大，摩擦系数 μ 的具体取值见表 7-4。

表 7-4 土对挡土墙基底的摩擦系数 μ

土的类别		摩擦系数 μ
黏性土	可塑	0.25～0.30
	硬塑	0.30～0.35
	坚硬	0.35～0.45
粉土		0.30～0.40
中砂、粗砂、砾砂		0.40～0.50
碎石土		0.40～0.60
软质岩		0.40～0.60
表面粗糙的硬质岩石		0.65～0.75

注 1. 对易风化的软质岩和塑性指数 $I_p > 22$ 的黏性土，基底摩擦系数应通过试验确定；
2. 对碎石土，可根据其密实程度、填充物状况、风化程度等确定。

垂直于滑动面的合力为 $E_n + E_{an}$，可能产生的最大摩擦力为 $(G_n + E_{an})\mu$，顺滑动方向的合力为 $E_{at} - G_t$，当 $(G_h + E_{an})\mu > E_{at} - G_t$ 时，挡土墙不会发生滑动。为保证挡土墙有一定的安全储备，《建筑地基基础设计规范》（GB 50007—2011）规定两者的比值不能小于 1.3，即：

$$K_s = \frac{(G_n + E_{an})\mu}{E_{at} - G_t} \geqslant 1.3 \tag{7-3}$$

随着滑动面倾角 α_0 的增大，E_{an}、G_t 增大，而 E_{at} 减小，在基本不影响工程量的前提下，抗滑安全系数得到提高，故在挡土墙底部设置倒坡有利于抗滑。但也不能过高地估计该有利作用，在滑动面倾角 α_0 过大时，实际的滑动面可能位于墙下地基中，仅仅是在计算上提高了抗滑移安全而没有真正提高抗滑移安全度。

7.2.3 地基承载力验算

从计算上讲，挡土墙底部倾角 α_0 的加大能使其抗倾覆及抗滑移稳定性增强。例如，当 α_0 增大到足以使 O 点位于 E_a 作用线的延长线的上方时，倾覆问题将不会存在；当 α_0 增大到使挡土墙的底板法线与 E_a 的作用线重合时，滑移也不会出现在墙底与地基的接触面上，而下移到了墙底下的地基中，这也将给地基承载力验算带来一定困难。随着倾角 α_0 的加大，墙趾处的最大反力将由竖直逐渐向水平倾斜，而地基承载力验算时要求反力为竖直方向，因此地基承载力的验算也将很难准确进行。鉴于上述原因，《建筑地基基础设计规范》（GB 50007—2011）规定，重力式挡土墙可在基底设逆坡，即工程技术人员通过设置逆坡将一部分墙置换为土，从而提高挡土墙的抗倾覆及抗滑移能力。为了不过高估计设置逆坡的作用还规定：对于土质地基，基底逆坡不宜大于 1∶10；对于岩质地基，基底逆坡不宜大于 1∶5。

可见，即使挡土墙基底设置了逆坡，其坡度也绝不会过大，故进行地基承载力验算时，可近似地按竖向反力进行地基承载力验算，即不考虑逆坡倾斜角的影响。

根据《建筑地基基础设计规范》(GB 50007—2011) 的相关规定，其地基承载力验算应满足以下要求：

(1) 当轴心荷载作用时，其中偏心距 $e_k \leqslant b/30$ 时也属该类情况。

$$p_k = \frac{N_k}{b} \leqslant f_a \tag{7-4}$$

式中　p_k ——相应于荷载效应标准组合时，挡土墙基础底面处的平均压力值；

N_k ——相应于荷载效应标准组合时，作用于挡土墙基础底面的竖向力值；

b ——每延米挡土墙的基础底面宽度；

f_a ——修正后的地基承载力特征值。

(2) 当偏心荷载作用时，除符合式 (7-4) 要求外，尚应满足下式要求

$$p_{k,max} \leqslant 1.2 f_a \tag{7-5}$$

式中　$p_{k,max}$ ——相应于荷载效应标准组合时，挡土墙基础底面边缘的最大压力值。

由于挡土墙背后土压力作用所产生的倾覆力矩较大，因此挡土墙的基础底面竖向合力中心很少出现 $e_k \leqslant b/30$ 的情况。当 $e_k > b/30$ 时，若式 (7-5) 能满足要求，则式 (7-4) 能自动满足，故此时只需验算 $p_{k,max} \leqslant 1.2 f_a$；当 $e \leqslant b/30$ 时，若式 (7-4) 能满足要求，则式 (7-5) 能自动满足，故此时只需验算 $p_k \leqslant f_a$。

综上所述，挡土墙地基承载力验算式如下：

(1) 当 $b/30 < e_k \leqslant b/6$ 时，$p_{k,min} = \frac{N_k}{b}\left(1 - \frac{6e_k}{b}\right) \geqslant 0$，此时

$$p_{k,max} = \frac{N_k}{b}\left(1 + \frac{6e_k}{b}\right) \leqslant 1.2 f_a \tag{7-6}$$

(2) 当 $e_k > b/6$ 时，$p_{k,min} = \frac{N_k}{b}\left(1 - \frac{6e_k}{b}\right) < 0$，即存在零反力区，此时

$$p_{k,max} = \frac{2N_k}{3la} \leqslant 1.2 f_a \tag{7-7}$$

式中　e_k ——挡土墙基底合力到底面中心的偏心距；

l ——垂直于力矩作用方向的挡土墙基础底面长度，取 $l = 1\text{m}$；

a ——合力作用点至挡土墙基础底面最大压力边缘的距离，$a = \frac{b}{2} - e_k$。

由于抗倾覆验算时，假定挡土墙绕 O 点转动，而实际工程中 O 点可能下沉而使倾覆问题更为严重，O 点的下沉幅度随零应力区的加大而增强，同时零反力区的加大对抗滑移也会带来不利影响。为了保证安全，《建筑地基基础设计规范》(GB 50007—2011) 规定：除按上述要求进行地基承载力验算外，基底合力的偏心距不应大于 0.25 倍基础宽度，即 $e_k \leqslant b/4$。

当挡土墙基底宽度大于 3m 或埋置深度大于 0.5m 时，根据载荷试验或其他原位测试、经验值等方法确定的承载力特征值，尚应按本书 3.2.3 节进行修正，修正公式为

$$f_a = f_{ak} + \eta_b \gamma (b - 3) + \eta_d \gamma_m (d - 0.5) \tag{7-8}$$

当墙前后两侧填料高差过大时，由于地基承载力验算过程中未考虑该不利影响，可能出现按计算能满足规范要求，而实际却不能满足安全要求的情况，在工程设计过程中应引起足

够的重视。

当地基特别软弱时，O 点下沉幅度更大，由于真实的转动中心往填土一侧移动过多，在抗倾覆安全系数计算值不变的前提下，抗倾覆安全度会严重下降。在地基特别软弱时，应注意适当提高抗倾覆安全储备。

当地基存在软弱下卧层时，应对软弱下卧层进行地基承载力验算，具体见本书 4.2 节。

$$p_z + p_{cz} \leqslant f_{az} \tag{7-9}$$

式中 p_z ——软弱下卧层顶面处的附加应力设计值；

p_{cz} ——软弱下卧层顶面处的自重应力设计值；

f_{az} ——软弱下卧层顶面处经深度修正后地基承载力特征值。

土质地基上的挡土墙，凡属下列情况之一者，应进行地基沉降计算：

(1) 软土地基或下卧层内夹有软弱土层时。

(2) 挡土墙地基应力接近地基允许承载力时。

(3) 相邻建筑物地基应力相差较大时。

土质地基上挡土墙的地基沉降可只计算最终沉降量，应选择底板的角点进行计算，计算时应考虑相邻结构的影响。其最终地基沉降量可按式（7-10）计算：

$$s_\infty = m_s \sum_{i=1}^{n} \frac{e_{1i} - e_{2i}}{1 + e_{1i}} h_i \tag{7-10}$$

式中 s_∞ ——最终地基沉降量（m）；

n ——地基压缩层计算深度范围内的土层数；

e_{1i} ——基底面以下第 i 层土在平均自重应力作用下，由压缩曲线查得的相应孔隙比；

e_{2i} ——基底面以下第 i 层土在平均自重应力加平均附加应力作用下，由压缩曲线查得的相应孔隙比；

h_i ——基底面以下第 i 层土的厚度（m）；

m_s ——地基沉降量修正系数，可采用 1.0～1.6（坚实地基取较小值，软土地基取较大值）。

对于一般土质地基，当挡土墙基底压力小于或接近地基未开挖前作用于该基底面上土的自重压力时，土的压缩曲线宜采用 e-p 回弹再压缩曲线，但对于软土地基，土的压缩曲线宜采用 e-p 压缩曲线。

土质地基压缩层计算深度可按计算层面处土的附加应力与自重应力之比为 0.10～0.20（软土地基取小值，坚实地基取大值）的条件确定。

土质地基允许最大沉降量和最大沉降差，应以保证挡土墙安全和正常使用为原则，根据具体情况研究确定。土质地基上的挡土墙地基最大沉降量不宜超过 150mm，相邻部位的最大沉降差不宜超过 50mm。当不满足以上允许值时，宜采用下列一种或几种措施：

(1) 变更结构形式（采用轻型结构或板桩式结构等）或加强结构刚度；

(2) 调整基础尺寸与埋置深度；

(3) 必要时对地基进行人工加固。

7.2.4 墙身承载力验算

在挡土墙的设计中，除应保证挡土墙有足够的稳定性以外，还必须使墙身具有足够的强度。由于挡土墙截面形状的特殊性，重力式挡土墙截面上小下大，内力大的部位，其截面也相应地较大，故墙身一般不存在承载力问题。仰斜式挡土墙截面尺寸上下变化不大，衡重式挡土墙由于其局部截面尺寸较小，对于这两类挡土墙尤其有必要进行墙身承载力验算。墙后渗水不能及时排出、填土质量不符合要求或地面外加荷载超过预期，均有可能导致挡土墙实际的土压力比计算的土压力更大，因此墙身承载力的验算变得特别重要，墙身承载力的富余是挡土墙超负荷工作而不垮塌的有力保证。

由于挡土墙的竖向荷载是自上而下逐步施加的，此种方式的加荷与《砌体结构设计规范》(GB 50003—2011) 中的偏心受压构件承载力设计公式的加荷方式完全不同，故《砌体结构设计规范》(GB 50003—2011) 中的偏心受压构件承载力设计公式不再适用，而应按偏心受压构件进行应力复核。

挡土墙墙身截面，应按偏心受压构件验算其强度、偏心距及稳定性。挡土墙砌体的直接抗剪强度应符合规范规定。

对墙身截面进行强度验算时，应根据经验选取一二个控制截面进行验算，一般可选择在墙身的底部、二分之一墙高和截面急剧变化处，如图 7-17 所示。

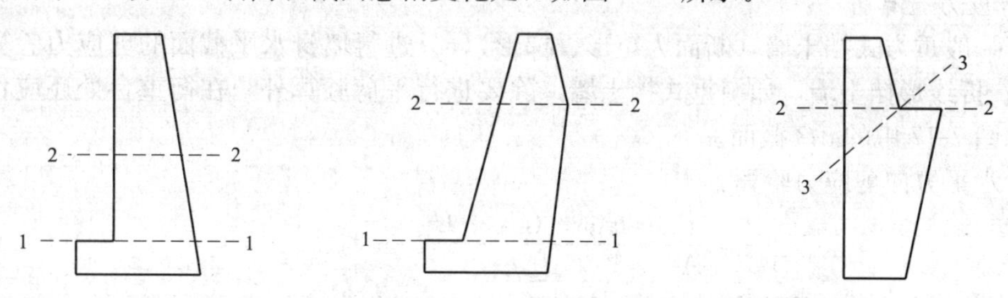

图 7-17　验算截面的选取

1. 法向应力验算

如图 7-18 所示，取墙身截面 1-1，作用于截面以上墙背的主动土压力为 E_1，墙重为 G_1，两者之合力为 R_1。则可将 R_1 分解为 N_1 和 T_1。验算截面 1-1 的法向应力，视偏心距 e_1 大小分别进行计算。

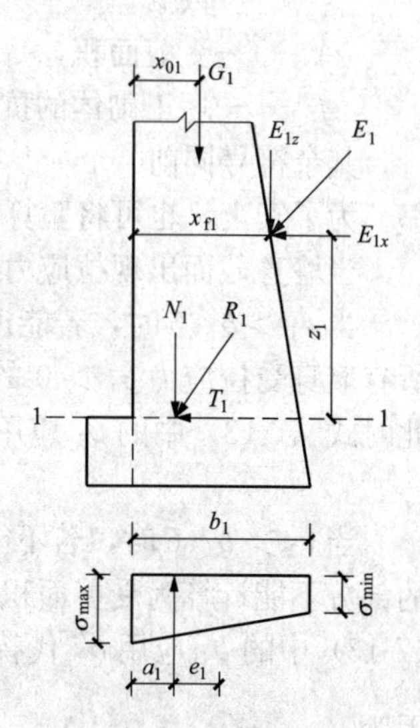

图 7-18　法向应力验算

(1) 当截面偏心距 $e_1=\dfrac{b_1}{2}-\dfrac{G_1x_{01}+E_{1z}x_{f1}-E_{1x}z_1}{G_1+E_{1z}}\leqslant\dfrac{b_1}{6}$ 时：

$$\sigma_{max}=\frac{N_1}{A_1}+\frac{M_1}{W_1}=\frac{G_1+E_{1z}}{b_1}\left(1+\frac{6e_1}{b_1}\right)\leqslant f_c$$

$$\sigma_{min}=\frac{N_1}{A_1}-\frac{M_1}{W_1}=\frac{G_1+E_{1z}}{b_1}\left(1-\frac{6e_1}{b_1}\right)\leqslant f_t \tag{7-11}$$

式中　σ_{max}——验算截面的最大法向应力 (kPa)；

σ_{min}——验算截面的最小法向应力 (kPa)；

b_1——截面宽度 (m)；

A_1——截面面积 (m^2)，$A_1=1\times b_1=b_1$；

W_1——截面抵抗矩 (m^3)，$W_1=\dfrac{b_1^2}{6}$；

N_1——计算截面以上竖直力之和 (kN)；

M_1——计算截面以上各力对截面形心力矩之代数和（kN·m），$M_1=N_1e_1$；

G_1——计算截面以上墙身自重（kN）；

E_{1x}，E_{1z}——计算截面以上的主动土压力 E_1 之水平分力和竖直分力（kN）；

f_c——圬工砌体的抗压强度（kPa）；

f_t——圬工砌体的抗拉强度（kPa）。

（2）当截面偏心距 $e_1>\frac{b_1}{6}$ 时，截面出现拉应力且超过容许值，或采用干砌片石截面不容许承受拉应力时，可按应力重分布考虑，采用下式计算法向最大压应力：

$$\sigma_{\max}=\frac{2(G_1+E_{1z})}{3a_1}\leqslant f_c \tag{7-12}$$

式中　a_1——力臂（m），$a_1=\frac{b_1}{2}-e_1$。

其余符号同前。

2. 剪应力验算

对于一般重力式挡土墙（断面为矩形、梯形），只进行墙身水平截面的剪应力验算（平剪验算）；折线形挡土墙，如衡重式挡土墙，除要进行平剪验算外，在衡重台处还应作斜剪验算，如图 7-17 中的 3-3 截面。

（1）水平方向剪应力验算。

$$\tau=\frac{T_1}{A_1}=\frac{E_{1x}-(G_1+E_{1z})f}{b_1}\leqslant f_\tau \tag{7-13}$$

式中　T_1——验算截面的剪力；

f——圬工间的摩擦系数，查《砌体结构设计规范》（GB 50003—2011）可得到所需数据；

A_1——受剪面积，$A_1=1\times b_1$；

f_τ——圬工砌体的抗剪强度。

其余符号同前。

为了安全，也可将验算面摩擦力 $(G_1+E_{1z})f$ 一项略去不计。

当墙身截面出现拉应力时，应考虑裂缝对受剪面积的折减。

当 $e_1>b_1/6$ 时，若能近似认为砌体抗拉强度 $f_t\approx0$，则墙身砌体沿受拉力边出现裂缝，所有墙身受拉应力 $\sigma_t>0$ 的部分不能计算为受剪面积，受剪面积的有效宽度即减小为 b_1'。此时式（7-13）中的 b_1 应用 b_1' 代替。b_1' 按下式计算：

$$b_1'=3a_1=3(b_1/2-e_1)$$

当 $e_1>b_1/6$ 时，若不能近似认为 $f_t\approx0$，墙身砌体沿受拉力边出现裂缝，对于 $\sigma_t>f_t$ 的部分不能计算为受剪面积，受剪面积的有效宽度即减小为 b_1'，减小部分为 Δb_1。此时式（7-13）中的 b_1 应用 b_1' 代替。b_1' 按下式计算：

因为

$$\left(\sigma_t+\frac{N_1}{b_1}\right):\frac{b_1}{2}=(\sigma_t-f_t):\Delta b_1$$

$$\Delta b_1=\frac{b_1^2(\sigma_t-f_t)}{2(b_1\sigma_t+N_1)}$$

所以

$$b_1'=b_1-\Delta b_1=b_1-\frac{b_1^2(\sigma_t-f_t)}{2(b_1\sigma_t+N_1)} \tag{7-14}$$

式中　σ_t——计入了轴向压力影响以后计算的最大拉应力（kPa）；

f_t——砌体的抗拉强度（kPa）；

N_1——计算截面以上法向力之和（kN）；

Δb_1——拉应力超过抗拉强度的长度。

式（7-14）计算时，不论拉应力还是压应力均以绝对值代入。

当 $e_1 > b_1/6$ 时，若不能近似认为 $f_t \approx 0$，而且 $\sigma_t \leqslant f_t$，受剪面积的有效宽度 b_1 为全截面长度；当 $e_1 \leqslant b_1/6$ 时，墙体任何部位都不会出现拉应力，受剪面积的有效宽度 b_1 为全截面长度 b_1。

（2）斜截面剪应力验算。

对于衡重式挡土墙，除按上墙实际墙背所承受的土压力验算上下墙交界处（图7-17中的2-2截面）的水平剪切外，还应验算与挡土墙土压力大致平行的3-3斜截面（图7-17）。对斜截面进行验算，应将各力投影到斜截面上，验算其抗剪强度能否达到要求。

1）墙实际墙背的土压力。

衡重式挡土墙的计算土压力，作用于假想墙背或第二破裂面。验算上墙截面的应力时，可假定实际墙背及衡重台上均无摩擦力产生（即无相对移动），采用力多边形法来推求出实际墙背上的土压力，如图7-19所示。

由力多边形可知

$$\left.\begin{aligned} E'_{1x} &= E_{1x} = E_1\cos(\alpha_i + \varphi) \\ E'_{1z} &= E'_{1x}\tan\alpha = E_{1x}\tan\alpha = E_1\cos(\alpha_i + \varphi)\tan\alpha \end{aligned}\right\} \tag{7-15}$$

假定此土压力沿墙背呈直线分布，作用于上墙的三分点处。

2）斜截面剪应力验算。

如图7-20所示，设衡重式挡土墙沿与水平方向成 i 角的倾斜面被剪切。剪切面上的作用力是主动土压力的水平分力 E'_{1x} 和垂直分力 $\sum N = E'_{1z} + G_1 + G_2$ 在该截面上的切向分力 P_E 和 P_G，圬工砌体之间的摩擦力忽略不计。

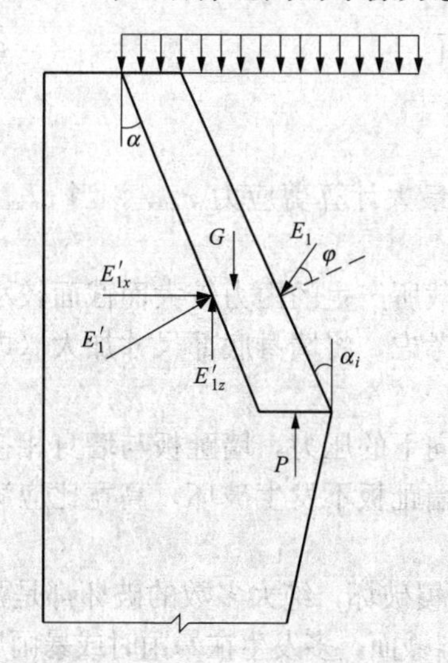

图7-19　上墙实际墙背的土压力计算

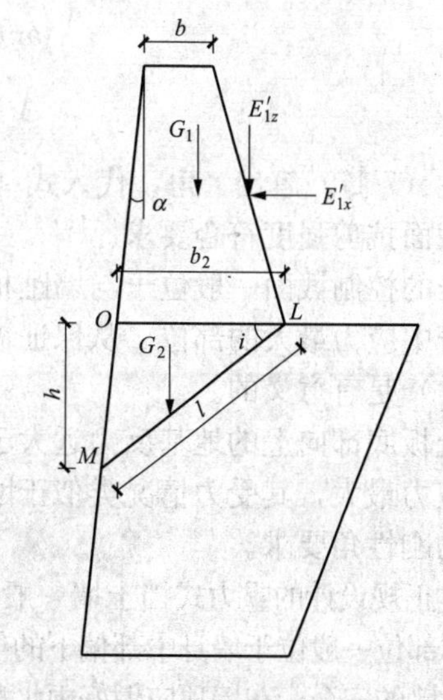

图7-20　斜截面剪应力验算

P_E 和 P_G 随 i 角的变化而变化，因此该剪切面上的剪应力 τ 是 i 角的函数。欲求最大剪

应力 τ_{max} 值，可用微分原理导出。

在 ΔOLM 中，由正弦定理得出

$$\frac{h/\cos\alpha}{\sin i}=\frac{b_2}{\sin[180^\circ-i-(90^\circ+\alpha)]}=\frac{b_2}{\cos(\alpha+i)}$$

$$h=\frac{b_2\sin i\cos\alpha}{\cos(\alpha+i)}=\frac{b_2\tan i}{1-\tan\alpha\tan i}$$

剪切面宽度 $$l=\frac{h}{\sin i}=\frac{b_2}{\cos i(1-\tan\alpha\tan i)}$$

$$G_2=\frac{1}{2}\gamma_k hb_2=\frac{1}{2}\gamma_k b_2^2\ \frac{\tan i}{1-\tan\alpha\tan i}$$

$$P=P_E+P_G=E'_{1x}\cos i+(E'_{1z}+G_1+G_2)\sin i$$

$$=E'_{1x}\cos i+(E'_{1z}+G_1)\sin i+\frac{1}{2}\gamma_k b_2^2\ \frac{\tan i\sin i}{1-\tan\alpha\tan i}$$

所以

$$\tau=\frac{P}{l}=\frac{P\cos i(1-\tan\alpha\tan i)}{b_2}$$

$$=\cos^2 i[\tau_x(1-\tan\alpha\tan i)+\tau_g\tan i(1-\tan\alpha\tan i)+\tau_r\ \tan^2 i] \quad (7\text{-}16)$$

$$\tau_x=\frac{E'_{1x}}{b_2}$$

$$\tau_g=\frac{E'_{1z}+G_1}{b_2}$$

$$\tau_r=\frac{1}{2}\gamma_k b_2$$

式中 γ_k ——墙身砌体容重（kN/m^3）。

对式（7-16）微分，令 $\frac{d\tau}{di}=0$，经整理简化得

$$\tan i=-A\pm\sqrt{A^2+1} \quad (7\text{-}17)$$

$$A=\frac{\tau_r-\tau_x-\tau_g\tan\alpha}{\tau_x\tan\alpha-\tau_g}$$

由式（7-17）解出 i 角，代入式（7-16），即可求得最大计算剪应力 τ_{max}。当 $\tau_{max}\leqslant f_\tau$ 时，斜截面抗剪强度符合要求。

墙身的控制截面一般位于与墙趾板交接处，此处荷载所产生的内力较大而截面较小，是整个墙身中应力最大的部位。从保证墙身承载力的角度考虑，将墙身底部尺寸加大（即延长墙趾尺寸）是有意义的。

墙趾板底部向上的地基反力远大于上覆土层及砌体向下的压力，墙趾板与墙身相接处的底部拉应力最大，其受力情况类似于刚性基础，为保证墙趾板不发生破坏，高宽比应满足刚性基础的刚性角要求。

经过正规设计的重力式挡土墙一般很难出现滑移或倾覆破坏，绝大多数的破坏都是强度破坏，破坏部位一般位于墙身中部偏下的位置，破坏截面为斜截面，多发生在暴雨时或暴雨后。为保证挡土墙的安全，在墙顶应做好雨水截留沟，墙身应做好排水，墙后填土应应尽可能密实。

7.2.5 算例

土压力 E_a 的计算是挡土墙设计的主要内容，而土压力 E_a 主要由主动土压力系数 K_a 决

定。主动土压力系数 K_a 计算的准确与否，与墙后填料内摩擦角标准值φ_k 密切相关，同时也受地表均布荷载的影响。

直立式、俯斜式、仰斜式三种形式挡土墙的区别，关键在于墙背倾角 α 的大小，将不同的 α 值代入主动土压力系数 K_a 计算式就能求得各种情况下的土压力。

1. 俯斜式挡土墙和仰斜式挡土墙的计算

当填料为黏性土时，主动土压力系数 K_a 按式（7-18）计算，即

$$k_a=\frac{\sin(\alpha+\beta)}{\sin^2\alpha\sin^2(\alpha+\beta-\varphi-\delta)}\{k_q[\sin(\alpha+\beta)\sin(\alpha-\delta)+\sin(\varphi+\delta)\sin(\varphi-\beta)]+2\eta\sin\alpha\cos\varphi\cos(\alpha+\beta-\varphi-\delta)-2\sqrt{[k_q\sin(\alpha+\beta)\sin(\varphi-\beta)+\eta\sin\alpha\cos\varphi][k_q\sin(\alpha-\delta)\sin(\varphi+\delta)+\eta\sin\alpha\cos\varphi]}\}\tag{7-18}$$

其中，$k_q=1+\frac{2q}{\gamma h}\times\frac{\sin\alpha\cos\beta}{\sin(\alpha+\beta)}$，$\eta=\frac{2c}{\gamma h}$。$q$ 为地表均布荷载（以单位水平投影面上的荷载强度计）。

计算 k_a 后，根据式（7-19）可得主动土压力

$$E_{ak}=\psi_c\cdot\frac{1}{2}\gamma h^2k_a\tag{7-19}$$

ψ_c 为主动土压力增大系数，挡土墙高度小于 5m 时宜取 1.0，高度 5～8m 时宜取 1.1，高度大于 8m 时宜取 1.2。

当填料为无黏性土时，$c=0$，《建筑地基基础设计规范》（GB 50007—2011）附录 L 中的公式同样适用，取 $\eta=0$ 代入式（7-18）中即可。同时 GB 50007 规定：当填土为无黏性土时，主动土压力系数可按库伦理论确定。

$$k_a=\frac{\cos^2(\varphi-\alpha)}{\cos^2\alpha\cos(\alpha+\delta)\left[1+\sqrt{\frac{\sin(\varphi+\delta)\sin(\varphi-\beta)}{\cos(\alpha+\delta)\cos(\alpha-\beta)}}\right]^2}\tag{7-20}$$

计算出 k_a 值后，考虑地表荷载 q 的影响，可得到相应的主动土压力为

$$E_{ak}=\psi_c\cdot\frac{1}{2}\gamma h^2k_a+\psi_cqhk_a=\psi_c(\frac{1}{2}\gamma h^2+qh)k_a\tag{7-21}$$

必须注意的是，式（7-20）中的 α 与式（7-18）中的 α 含义不同，式（7-20）中的 α 为墙背与竖直线的夹角，俯斜时取正号，仰斜时取负号。

俯斜式与仰斜式挡土墙的区别在于式中 α 角值的不同，若是无黏性土，则在于 α 角符号及数值的不同，在计算方法上并无本质区别。

下述例 7-1 参照《国家建筑标准设计图集——挡土墙》（04J008）中 FJA6 选取。

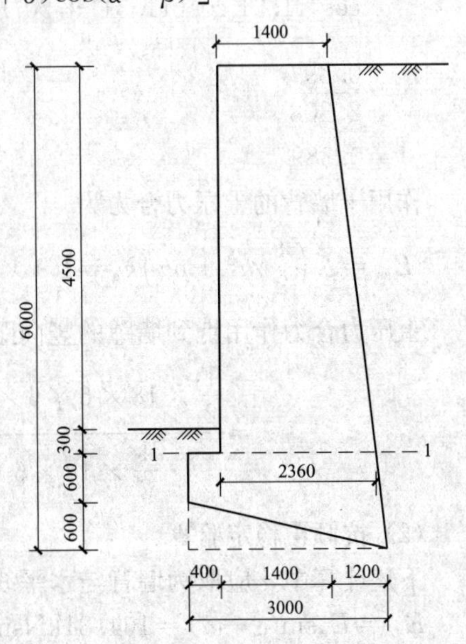

图 7-21　俯斜式挡土墙示意

【例 7-1】某俯斜式挡土墙，截面尺寸如图 7-21，填土面水平即 $\beta=0°$，填土面均布荷载标准值 $q_k=$

$10\mathrm{kN/m^2}$，填料内摩擦角 $\varphi_k=30°$，墙背很粗糙，排水良好，基底摩擦系数 $\mu=0.30$。地基承载力特征值 $f_{ak}=180\mathrm{kPa}$，墙后填土及基底土容重均为 $\gamma=18\mathrm{kN/m^3}$，地基承载力宽度修正系数 $\eta_b=0.3$，深度修正系数 $\eta_d=1.6$。该挡土墙处于非抗震区，采用 M7.5 水泥砂浆 MU30 毛石砌筑，墙身容重 $\gamma_s=22\mathrm{kN/m^3}$，挡土墙安全等级为二级。验算该挡土墙的稳定性、地基承载力及墙身承载力是否满足规范要求。

解： 取每延米长度挡土墙作为研究对象。

(1) 挡土墙自重及土压力计算。

$$G=\gamma_s V=22\times\left[0.4\times1.2\times\frac{1}{2}\times(1.4+2.6)\times6.0-\frac{1}{2}\times0.6\times3.0\right]\mathrm{kN}=254.76\mathrm{kN}$$

重力 G 作用线到墙趾的距离为

$$x_0=\frac{0.4\times1.2\times0.2+1.4\times6.0\times\left(0.4+\frac{1.4}{2}\right)+\frac{1}{2}\times1.2\times6.0\left(1.8+\frac{1.2}{3}\right)-\frac{1}{2}\times0.6\times3.0\times\frac{3.0}{3}}{0.4\times1.2\times\frac{1}{2}\times(1.4+2.6)\times6.0-\frac{1}{2}\times0.6\times3.0}\mathrm{m}$$

$$=\frac{16.36}{11.58}\mathrm{m}$$

$$=1.41\mathrm{m}$$

墙背很粗糙，排水良好，取 $\delta=\frac{2}{3}\varphi_k=20°$，$\alpha=\arctan\frac{1.2}{6.0}=11.31°$。

作用于墙背的土压力系数为

$$k_a=\frac{\cos^2(\varphi-\alpha)}{\cos^2\alpha\cos(\alpha+\delta)\left[1+\sqrt{\frac{\sin(\varphi+\delta)\sin(\varphi-\beta)}{\cos(\alpha+\delta)\cos(\alpha-\beta)}}\right]^2}$$

$$=\frac{\cos^2(30°-11.31°)}{\cos^2 11.31°\cos(11.31°+20°)\left[1+\sqrt{\frac{\sin(30°+20°)\sin(30°-0°)}{\cos(11.31°+20°)\cos(11.31°-0°)}}\right]^2}$$

$$=\frac{0.897}{2.308}$$

$$=0.389$$

作用于墙背的土压力合力为

$$E_{ak}=\psi_c\left(\frac{1}{2}\gamma h^2+qh\right)k_a=1.1\times\left(\frac{1}{2}\times18\times6^2+10\times6\right)\mathrm{kN}\times0.389=164.3\mathrm{kN}$$

土压力合力作用点到墙踵的竖向距离为

$$z=\frac{\frac{1}{2}\times18\times6\times6\times\frac{6}{3}+10\times6\times\frac{6}{2}}{\frac{1}{2}\times18\times6\times6+10\times6}\mathrm{m}=\frac{828}{384}\mathrm{m}=2.16\mathrm{m}$$

(2) 抗倾覆稳定验算。

下述计算中 α 应取为墙背与水平线的夹角，$\alpha=90°-11.31°$

$$E_{ax}=E_a\sin(\alpha-\delta)=164.31\mathrm{kN}\sin(90°-11.31°-20°)=140.38\mathrm{kN}$$

$$E_{az}=E_a\cos(\alpha-\delta)=164.31\mathrm{kN}\cos(90°-11.31°-20°)=85.39\mathrm{kN}$$

$x_{\mathrm{f}}=b-z\cos\alpha=3.0\mathrm{m}-2.16\mathrm{m}\times\cot(90^{\circ}-11.31^{\circ})=2.57\mathrm{m}$

$z_{\mathrm{f}}=z-z\cos\alpha=2.16\mathrm{m}-3.0\mathrm{m}\times\dfrac{0.6}{3.0}=1.56\mathrm{m}$

$K_{\mathrm{t}}=\dfrac{GX_{0}+E_{\mathrm{az}}x_{\mathrm{f}}}{E_{\mathrm{ax}}z_{\mathrm{j}}}=\dfrac{254.76\times1.41+85.39\times2.57}{140.38\times1.56}=\dfrac{578.66}{218.99}=2.64>1.6$，抗倾覆满足规范要求。

(3) 抗滑移稳定验算。

$\alpha_{0}=\arctan\dfrac{0.6}{3.0}=11.31^{\circ}$

$E_{an}=E_{\mathrm{a}}\cos(\alpha-\delta-\alpha_{0})=164.31\mathrm{kN}\cos(90^{\circ}-11.31^{\circ}-20^{\circ}-11.31^{\circ})=111.26\mathrm{kN}$

$E_{at}=E_{\mathrm{a}}\sin(\alpha-\delta-\alpha_{0})=164.31\mathrm{kN}\sin(90^{\circ}-11.31^{\circ}-20^{\circ}-11.31^{\circ})=120.9\mathrm{kN}$

$G_{n}=G\cos\alpha_{0}=254.76\mathrm{kN}\cos11.31^{\circ}=249.81\mathrm{kN}$

$G_{t}=G\sin\alpha_{0}=254.76\mathrm{kN}\sin11.31^{\circ}=49.9\mathrm{kN}$

$K_{\mathrm{s}}=\dfrac{(G_{n}+E_{an})\mu}{E_{at}-G_{t}}=\dfrac{(249.81+111.26)\times0.30}{120.91-49.96}=1.53>1.3$，抗滑移满足规范要求。

(4) 地基承载力验算。

$e=\dfrac{3.0}{2}-\dfrac{578.66-218.99}{254.76}\mathrm{m}=0.088\mathrm{m}<\dfrac{b}{30}=0.10\mathrm{m}$

按轴心荷载验算，

$p_{\mathrm{k}}=\dfrac{254.76+164.31\sin(11.31^{\circ}+20^{\circ})}{3}\mathrm{kPa}=113.38\mathrm{kPa}$

$f_{\mathrm{a}}=f_{\mathrm{ak}}+\eta_{\mathrm{b}}\gamma(b-3.0)+\eta_{\mathrm{d}}\gamma(d-0.5)=180\mathrm{kPa}+0\mathrm{kPa}+1.6\times18\times(1.5-0.5)\mathrm{kPa}=208.8\mathrm{kPa}$

$p_{\mathrm{k}}=113.38\mathrm{kPa}<f_{\mathrm{a}}=208.8\mathrm{kPa}$，地基承载力满足规范要求。

(5) 墙身承载力验算。

查《砌体结构设计规范》(GB 50003—2011) 得，$f_{\mathrm{c}}=0.69\mathrm{MPa}$，$f_{\mathrm{t}}=0.07\mathrm{MPa}$，$f_{\tau}=0.19\mathrm{MPa}$，墙体内部摩擦系数 $f=0.60$。

墙底与地基接触处，若地基承载力满足要求，则墙身承载力自然满足要求。按规定应取图7-21中变截面处1-1进行墙身承载力验算，同时还应取墙身中部某一截面进行墙身承载力验算。本算例仅选择1-1剖面进行墙身承载力验算，墙身中部的验算可参照进行。

$E_{\mathrm{a1k}}=\left(\dfrac{1}{2}\times18\times4.8^{2}+10\times4.8\right)\mathrm{kN}\times0.389=99.34\mathrm{kN}$

$E_{1x}=E_{\mathrm{a1k}}\cos(\alpha+\delta)=99.34\mathrm{kN}\cos(11.31^{\circ}+20^{\circ})=84.87\mathrm{kN}$

$E_{1z}=E_{\mathrm{a1k}}\sin(\alpha+\delta)=99.34\mathrm{kN}\sin(11.31^{\circ}+20^{\circ})=51.62\mathrm{kN}$

$$z_{1}=\frac{\frac{1}{2}\times18\times4.8^{2}\times\frac{4.8}{3}+10\times4.8\times\frac{4.8}{2}}{\frac{1}{2}\times18\times4.8^{2}+10\times48}\mathrm{m}=\frac{446.98}{255.36}\mathrm{m}=1.75\mathrm{m}$$

$x_{f1}=b_{1}-z_{1}\cot\alpha=2.36\mathrm{m}-1.75\mathrm{m}\cot(90^{\circ}-11.31^{\circ})=2.01\mathrm{m}$

$G_{1}=\dfrac{1}{2}\times(1.4+2.36)\times4.8\times22\mathrm{kN}=198.53\mathrm{kN}$

$$x_{01}=\frac{1.4\times4.8\times\frac{1.4}{2}+\frac{1}{2}\times(2.36-1.4)\times4.8\times\left(1.4+\frac{2.36-1.4}{3}\right)}{\frac{1}{2}\times(1.4+2.36)\times4.8}\text{m}$$

$$=\frac{8.67}{9.02}\text{m}$$

$$=0.96\text{m}$$

$$e_1=\frac{b_1}{2}-\frac{G_1x_{01}+E_{1z}x_{f1}-E_{1x}z_1}{G_1+E_{1z}}$$

$$=\frac{2.36}{2}\text{m}-\frac{198.53\times0.96+51.62\times2.01-84.87\times1.75}{198.53+51.62}\text{m}$$

$$=1.18\text{m}-0.583\text{m}$$

$$=0.597\text{m}>\frac{b_1}{6}=0.39\text{m}$$

$\sigma_{\max}=\frac{2\times(198.53+51.62)}{3\times\left(\frac{2.36}{2}-0.597\right)}\times1.35\text{kPa}=286\text{kPa}=0.286\text{MPa}<f_c=0.69\text{MPa}$，因此墙身正截面承载力能满足规范要求。

下述抗剪强度验算确定受剪面积时，假定墙体不能抵抗拉应力。

$\tau_1=\frac{E_{1x}-(G_1+E_{1z})f}{3\alpha_1}=\frac{84.87-(198.53+51.62)\times0.6}{3\times0.583}\text{kPa}=-37.3\text{kPa}<0$，表明仅需接触面的摩擦力就能阻止墙体沿 1-1 剖面滑动，不需利用墙体的抗剪强度。

现不考虑摩擦力，对抗剪强度进行验算：

$\tau_1=\frac{1.35\times84.87}{3\times0.583}\text{kPa}=66\text{kPa}=0.066\text{MPa}<f_\tau=0.19\text{MPa}$，故墙身斜截面抗剪强度也能满足规范要求。

2. 直立式挡土墙的计算

当填料为黏性土，将 $\alpha=90°$ 代入式（7-18）中可得

$$k_a=\frac{\cos\beta}{\cos^2(\beta-\varphi-\delta)}\{k_q[\cos\beta\cos\delta+\sin(\varphi+\delta)\sin(\varphi-\beta)]-2\eta\cos\varphi\sin(\beta-\varphi-\delta)-2\sqrt{[k_q\cos\beta\sin(\varphi-\beta)+\eta\cos\varphi][k_q\cos\delta\sin(\varphi+\delta)+\eta\cos\varphi]}\}\tag{7-22}$$

按式（7-22）计算土压力时，地表荷载的有无及其大小均直接在主动土压力系数 k_a 中体现，土压力的合力按式（7-19）计算，合力作用点位置距离墙底为$\frac{h}{3}$。

当填料为无黏性土，可取 $\eta=0$，按式（7-22）计算 k_a，按式（7-19）计算土压力合力，也可将 $\alpha=0°$ 代入库伦土压力公式（7-20）中可得

$$k_a=\frac{\cos^2\varphi}{\cos\delta\left[1+\sqrt{\frac{\sin(\varphi+\delta)\sin(\varphi-\beta)}{\cos\delta\cos\beta}}\right]^2}\tag{7-23}$$

土压力合力按式（7-21）计算，合力作用点位置按实际计算。当满足朗肯条件时，即墙背竖直（$\alpha=0°$，直立式挡土墙），墙背光滑（$\delta=0°$），主动土压力系数可按朗肯理论确定，即

$$K_a = \cos\beta \frac{\cos\beta - \sqrt{\cos^2\beta - \cos^2\varphi}}{\cos\beta + \sqrt{\cos^2\beta - \cos^2\beta}} \tag{7-24}$$

式中　β——地面倾角（°）；

φ——填料的内摩擦角（°）。

当墙背地面水平，即 $\beta=0°$时，式（7-24）可简化为

$$K_a = \tan^2\left(45° - \frac{\varphi}{2}\right) \tag{7-25}$$

土压力强度计算公式为

$$\sigma_a = (\gamma z + q)K_a - 2c\sqrt{K_a} \tag{7-26}$$

采用库伦土压力公式及朗肯土压力公式计算主动土压力时，主动土压力系数 K_a 中并未包含地表荷载的影响。在形成主动土压力时，从本质上讲应该与土中竖向应力有关，而不论该竖向应力是由土自重形成的，还是由地面荷载形成的。

当为无黏性土时，按下式计算：

$$\sigma_a = (\gamma z + q)K_a \tag{7-27}$$

据此可算出土压力合力和土压力作用点位置。

对于直立式挡土墙的复核较为简单，在此不详细阐述。下面以墙背垂直的直立式挡土墙为例，对直立式挡土墙的直接设计方法及步骤进行说明。

取每延长米的重力式挡土墙作为计算单元（图 7-22），假设墙背竖直光滑，墙后地面水平，主动土压力大小为 E_a；挡土墙每延米自重 $G=G_1+G_2$；截面上部宽度为 b_0；截面底部宽度为 b；其重心至墙趾的距离 $x_0=(G_1x_1+G_2x_2)/G$，基底摩擦系数为 μ。根据《建筑地基基础设计规范》（GB 50007—2011）定义可得挡土墙验算式如下：

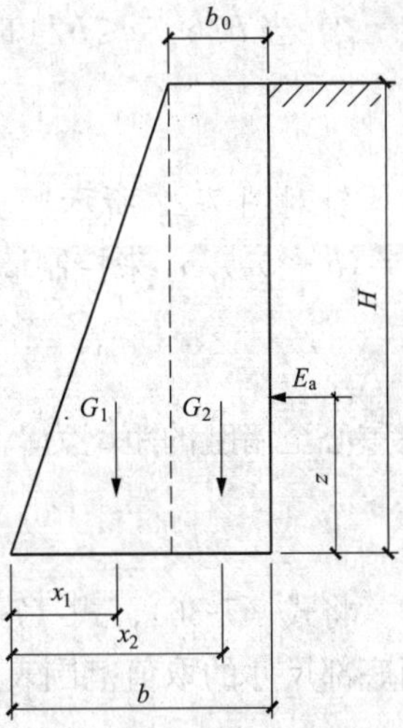

图 7-22　挡土墙截面示意

（1）抗滑移稳定性验算：

$$K_s = \frac{G\mu}{E_a} \geqslant 1.3 \tag{7-28}$$

（2）抗倾覆稳定性验算：

$$K_t = \frac{Gx_0}{E_a z} \geqslant 1.6 \tag{7-29}$$

（3）地基承载力验算：

1）当 $e_k \leqslant b/30$ 时

$$p_k = \frac{G}{b} \leqslant f_a \tag{7-30}$$

2）当 $b/30 < e_k \leqslant b/6$ 时

$$p_{max} = \frac{G}{b}\left(1 + \frac{6e}{b}\right) \leqslant 1.2f_a \tag{7-31}$$

$$p_{min} = \frac{G}{b}\left(1 - \frac{6e}{b}\right) \geqslant 0 \tag{7-32}$$

3）当 $e_k > b/6$ 时

$$p_{\max}=\frac{2G}{3a}\leqslant 1.2f_{a} \tag{7-33}$$

式中 $p_{\max}$，$p_{\min}$——分别为基底最大、最小压应力；

e——基底合力到底面中心的距离，$e=[E_{a}z+G(b/2-x_{0})]/G$；

a——基底总反力作用点至墙趾的距离，$a=b/2-e$；

f_{a}——修正后的地基承载力特征值。

若按常规方法进行直立式挡土墙设计，设计人员往往需经过反复试算以确定截面初始尺寸，然后根据式（7-28）、式（7-29）分别进行抗滑移及抗倾覆稳定性验算，并相应地进行地基承载力验算，若不满足要求则需再次调整，过程烦琐且不直观。

当 $e\leqslant b/6$ 时，式（7-32）显然能满足。由于挡土墙背后水平土压力对挡土墙产生的倾覆力矩较大，因此一般情况下基底合力到底面中心的偏心距 $e>b/30$，则式（7-32）能满足。故对于挡土墙地基承载力验算起控制作用的表达式如下：

1）当 $e\leqslant b/6$ 时：

$$p_{\max}=\frac{G}{b}\left(1+\frac{6e}{b}\right)\leqslant 1.2f_{a} \tag{7-34}$$

2）当 $b/6<e\leqslant b/4$ 时：

$$p_{\max}=\frac{2G}{3a}\leqslant 1.2f_{a} \tag{7-35}$$

针对图 7-22 所示挡土墙的截面特点，在墙身高度 H 既定的情况下，可用无量纲参数 $n=(b-b_{0})/b_{0}$ 来控制墙面坡度。设挡土墙材料的重度为 γ，则挡土墙每延米自重为

$$G=\frac{n+2}{2n+2}\gamma Hb \tag{7-36}$$

墙重心至墙趾的距离为

$$x_{0}=\frac{2n^{2}+6n+3}{3n^{2}+9n+6}b \tag{7-37}$$

将式（7-36）、式（7-37）代入式（7-32）中，可得满足抗滑移稳定性要求时，挡土墙截面底部尺寸的取值范围表达式为

$$b\geqslant\frac{2.6(n+1)E_{a}}{(n+2)\mu\gamma H} \tag{7-38}$$

同理，由式（7-29）可得满足抗倾覆稳定性要求时，挡土墙截面底部尺寸的取值范围表达式为

$$b\geqslant\sqrt{\frac{9.6(n+1)^{2}E_{a}z}{(2n^{2}+6n+3)\gamma H}} \tag{7-39}$$

下面根据地基承载力验算要求，推导挡土墙截面底部尺寸的取值范围表达式。

1）当 $e\leqslant b/6$ 时，式（7-34）即 $p_{\max}=\dfrac{G}{b}+\dfrac{E_{a}z+G(b/2-x_{0})}{b^{2}/6}\leqslant 1.2f_{a}$。将式（7-36）、式（7-37）代入整理得

$$b\geqslant\sqrt{\frac{6(n+1)^{2}E_{a}z}{1.2(n+1)^{2}f_{a}-\gamma H}} \tag{7-40}$$

2）当 $b/6<e\leqslant 6/4$ 时，将式（7-36）、式（7-37）代入 $e=[E_{a}z+G(b/2-x_{0})]/G\leqslant$

$b/4$ 中整理得

$$b \geqslant \sqrt{\frac{24(n+1)^2 E_a z}{(5n^2+15n+6)\gamma H}} \tag{7-41}$$

此时地基反力为三角形分布，需满足 $p_{max}=2G/3a \leqslant 1.2f_a$。联立 $e=b/2-a$ 及 $e=[E_a z+G(b/2-x_0)]/G$ 解得 $a=x_0-E_a z/G$，于是有

$$b \geqslant \sqrt{\frac{7.2(n+1)^2 f_a E_a z}{1.2(2n^2+6n+3)f_a \gamma H-(n+2)^2\gamma^2 H^2}} \tag{7-42}$$

采用直接计算方法进行直立式挡土墙设计，其具体设计步骤如下：

1）取定某一 n 值，将相关参数其代入式（7-38）、式（7-39）中可得到满足抗滑移及抗倾覆稳定性要求的截面底部宽度 b 的取值范围。

2）根据式（7-40）计算 b 的取值范围，取该范围的下限值 b_1，将其代入 $e=[E_a z+G(b/2-x_0)]/G$ 中得出相应的偏心距 e_1。若 $e_1 \leqslant b_1/6$，则 b_1 即为能满足地基承载力要求的截面底部宽度值。若 $e_1 > b_1/6$，需利用式（7-41）、式（7-42）进行计算并取其交集，则该交集范围内的宽度值 b 能满足地基承载力验算要求。

【例7-2】某重力式挡土墙截面形式如图7-18所示，墙背竖直光滑，墙背地面水平，墙高 $H=5$m，墙身材料重度 $\gamma=22$kN/m³。墙后填料的内摩擦角 $\varphi=35°$，容重 $\gamma_s=18$kN/m³。采取相应的措施后，基底摩擦系数 $\mu=0.6$，修正后的地基承载力特征值为 $f_a=220$kPa。试设计该挡土墙。

解：由于墙背地面水平，根据朗肯理论计算得主动土压力系数为

$$K_a=\tan^2\left(45°-\frac{\varphi}{2}\right)=\tan^2\left(45°-\frac{35°}{2}\right)=0.27$$

则主动土压力合力为：$E_a=\frac{1}{2}\gamma_s H^2 K_a=\frac{1}{2}\times 18\times 5\times 5\times 0.27\text{kN}=60.75\text{kN}$，作用点高度 $z=1.67$m。

取 $n=2.6$。

（1）抗滑移稳定性。

将相关参数代入式（7-38），可得满足抗滑移稳定性时

$$b \geqslant \frac{2.6(n+1)E_a}{(n+2)\mu\gamma H}=\frac{2.6\times(2.6+1)\times 60.75}{(2.6+2)\times 0.6\times 22\times 5}\text{m}=1.87\text{m}$$

（2）抗倾覆稳定性。

由式（7-39）可得满足抗倾覆稳定性时

$$b \geqslant \sqrt{\frac{9.6(n+1)^2 E_a z}{(2n^2+6n+3)\gamma H}}=\sqrt{\frac{9.6\times(2.6+1)^2\times 60.75\times 1.67}{(2\times 2.6\times 2.6+6\times 2.6+3)\times 22\times 5}}\text{m}=1.89\text{m}$$

（3）地基承载力验算。

由式（7-40）计算得

$$b_1 \geqslant \sqrt{\frac{6(n+1)^2 E_a z}{1.2(n+1)^2 f_a-\gamma H}}=\sqrt{\frac{6\times(2.6+1)^2\times 60.75\times 1.67}{1.2\times(2.6+1)^2\times 140-22\times 5}}\text{m}=1.953\text{m}$$

当挡土墙的底部宽度取 $b=b_1=1.953$m 时，可得

$$G=\frac{n+2}{2n+2}\gamma H b=\frac{2.6+2}{2\times 2.6+2}\times 22\times 5\times 1.953\text{kN}=137.25\text{kN}$$

$$x_0=\frac{2n^2+6n+3}{3n^2+9n+6}b=\frac{2\times2.6\times2.6+6\times2.6+3}{3\times2.6\times2.6+9\times2.6+6}\mathrm{m}=0.65\mathrm{m}$$

$$e_1=\frac{E_a z+G(b/2-x_0)}{G}$$

$$=\frac{60.75\times1.67+137.25\times(1.953/2-0.65)}{137.25}\mathrm{m}$$

$$=1.07\mathrm{m}>b_1/6$$

$=0.326\mathrm{m}$ 因此按 $b/6<e\leqslant b/4$ 进行设计。利用式（7-41）计算得

$$b\geqslant\sqrt{\frac{24(n+1)^2E_a z}{(5n^2+15n+6)\gamma H}}=\sqrt{\frac{24\times(2.6+1)^2\times60.75\times1.67}{(5\times2.6\times2.6+15\times2.6+6)\times22\times5}}\mathrm{m}=1.91\mathrm{m}$$

利用式（7-42）计算得

$$b\geqslant\sqrt{\frac{7.2(n+1)^2f_aE_a z}{1.2(2n^2+6n+3)f_a\gamma H-(n+2)^2\gamma^2H^2}}$$

$$=\sqrt{\frac{7.2\times(2.6+1)^2\times140\times60.75\times1.67}{1.2\times(2\times2.6^2+6\times2.6+3)\times140\times22\times5-(2.6+2)^2\times22^2\times5^2}}\mathrm{m}$$

$$=1.982\mathrm{m}$$

取其交集 $b\geqslant1.982$（m），能满足地基承载力验算要求。

综合以上各取值范围，结合模数要求可取截面底部宽度 $b=2.0$（m），又 $n=(b-b_0)/b_0=2.6\mathrm{m}$，则截面上部宽度 $b_0=0.6\mathrm{m}$，则该截面尺寸既能满足稳定性要求，又能满足地基承载力要求。

为了验证该方法的正确性，下面根据《建筑地基基础设计规范》(GB 50007—2011）进行验证。当截面上部宽度 $b_0=0.6\mathrm{m}$，底部宽度 $b=2.0\mathrm{m}$ 时，可得：

挡土墙每延米自重：$G=G_1+G_2=\frac{1}{2}\times1.4\times5\times22+0.6\times5\times22\mathrm{kN/m}=143\mathrm{kN/m}$

重心至墙趾的距离：$x_0=\frac{G_1x_1+G_2x_2}{G}=\frac{77\times0.93+66\times1.7}{143}\mathrm{m}=1.287\mathrm{m}$

$K_s=\frac{G\mu}{E_a}=\frac{143\times0.6}{60.75}=1.41>1.3$，满足抗滑移稳定要求。

$K_a=\frac{Gx_0}{E_a z}=\frac{143\times1.287}{60.75\times1.67}=1.81>1.6$，满足抗倾覆稳定要求。

偏心距：$e=\frac{E_a z+G(b/2-x_0)}{G}$

$$=\frac{60.75\times1.67+143\times\left(\frac{2.0}{2}-1.287\right)}{143}\mathrm{m}$$

$$=0.422\mathrm{m}>b/6=0.33\mathrm{m}$$

又 $a=b/2-e=1.0-0.422=0.578$，则采用式(7-35) 得：

$p_{max}=\frac{2G}{3a}=\frac{2\times143}{3\times0.578}\mathrm{kPa}=165\mathrm{kPa}<1.2f_a=168\mathrm{kPa}$，显然地基承载力能满足要求。

7.3　基坑工程设计

7.3.1　基坑稳定性分析

支护结构的稳定性验算是基坑工程设计计算的重要环节，它包括整体滑移失稳分析、抗倾覆或踢脚稳定性分析、基坑底土体抗隆起稳定性分析、基坑底抗渗流或抗流砂稳定性分析及基坑底部抗突涌稳定性分析。

1. 整体滑移失稳分析

当基坑开挖深度过大，地基下有软弱土层时，或者是有大量堆载的时候，支挡结构后面的土体会不通过支护结构，而整体沿着某一个圆弧面滑动，形成整体的失稳，那么对于有支点的支护结构，一般其入土深度都很容易达到嵌固长度，因此一般不会发生整体滑移失稳。但是对于悬臂式支护结构，就要进行整体滑移失稳验算。

2. 抗倾覆稳定性分析

对于板式结构的抗倾覆稳定性又称作踢脚稳定性，是验算最下道支撑以下的主动，被动土压力绕最下道支撑点的转动力矩是否平衡。抗倾覆力矩和倾覆力矩之比，由坑内侧压力对最下面一道支撑取矩得到抗倾覆力矩；由坑外主动土压力对最下面一道支撑点取矩得到倾覆力矩。根据基坑重要性等级，安全系数一级基坑取1.20，二级基坑取1.10，三级基坑取1.05。

3. 基坑底土体抗隆起稳定性分析

在深厚软土层中开挖基坑时，如果支护结构背后的土体重力引起的应力超过了基坑底面地基的承载力时，地基的平衡状态就会破坏，从而发生坑壁土体流动，坑顶下陷，坑底隆起现象。为了防止这种现象，就需要验算地基是否会隆起，常用的验算方法有地基稳定性验算法、地基承载力公式验算法两种。

(1) 地基稳定性验算法。

该法是以无限开挖长度简化 Tschebotarioff 方法而得，该法假定在地面荷载 q 和坑壁土体重量 W 的作用下，其下的软土地基沿圆柱面 BC 发生破坏和产生滑动，丧失稳定的地基土绕圆柱面中心轴 O 转动，如图7-23所示。

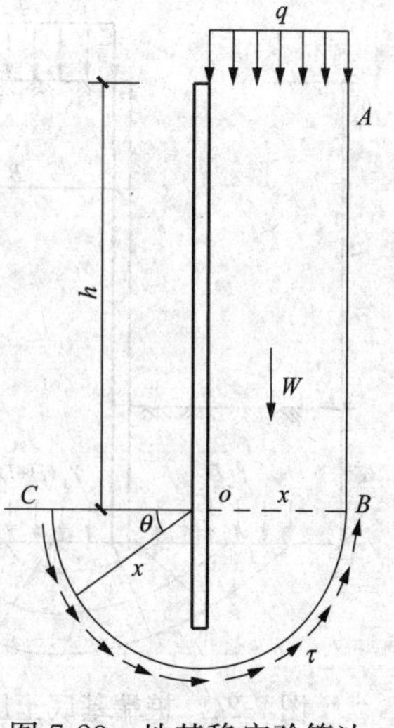

产生滑动的力为土体重量 γ、h 和地面荷载 q，抵抗滑动的力为滑动面 BC 上的土体抗剪强度所形成的阻力。

图7-23　地基稳定验算法

滑动力矩　$$M_{\mathrm{d}}=W\cdot\frac{x}{2}=(q+\gamma h)\frac{x^2}{2}\tag{7-43}$$

$$W=(q+\gamma h)x$$

式中　W——沿基坑方向单位长度土体作用在基底处的竖向压力；

γ——土的重度，地下水位以下取浮重度，对于层状土，γh 为各层土的重度与厚度的乘积和。

抗滑力矩　$$M_{\mathrm{z}}=x\int\tau\mathrm{d}s=x\int_0^{\pi}\tau x\mathrm{d}\theta=x^2\int_0^{\pi}\tau\mathrm{d}\theta\tag{7-44}$$

当土层为均质土时　$$M_{\mathrm{z}}=\pi\tau x^2\tag{7-45}$$

式中 τ——地基土不排水剪切的抗剪强度，在饱和软黏土中 $\tau=c$（c 为黏聚力）。

保证坑底不隆起，则要求抗隆起安全系数

$$K=\frac{M_z}{M_d}=\frac{\pi\tau x^2}{(q+\gamma h)x^2/2}=\frac{2\pi\tau}{(q+\gamma h)}\geqslant 1.2 \tag{7-46}$$

式（7-46）应用的前提条件为饱和黏性土，内摩擦角为 0。由式（7-46）可知，一旦支护结构形式确定，其各个参数都是定值。该法未考虑垂直面 AB 上土的抗剪强度对土体下滑的阻力，所以是偏安全的。如果土体的内摩擦角不为 0，则须按下列方法进行验算。

（2）地基承载力公式验算法。

这一方法是把挡土结构底面看成基底，用该处的地基承载力和在外力作用下该处所受到的竖向应力之比作为抗隆起安全系数。

规范《建筑地基基础设计规范》（GB 50007—2011）中按照土的抗剪强度得到的地基承载力计算公式为

$$f_a=m_b\gamma b+m_d\gamma_m d+m_c c \tag{7-47}$$

式中 m_b、m_d、m_c——承载力系数，与内摩擦角 φ 有关；

γ——基础底面以下滑裂面深度内各土层天然重度的加权平均值；

γ_m——基础底面以上各土层天然重度的加权平均值；

c——土的黏聚力。

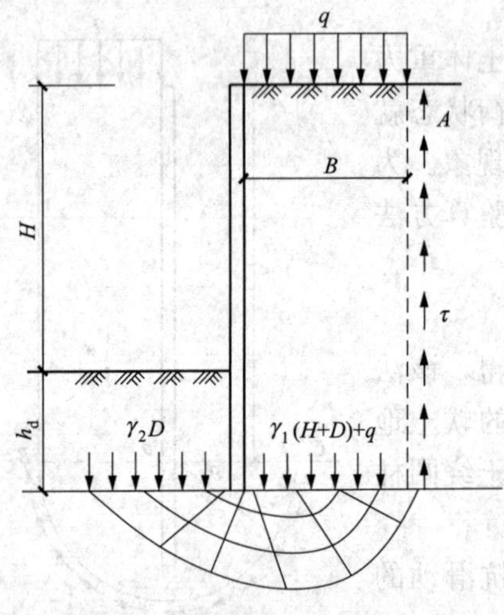

图 7-24 桩端基底土压力分布

如图 7-24 所示，此时，不考虑宽度的影响，则对应深度和黏聚力的地基承载力计算公式为

$$f_a=N_q\gamma_2 h_d+N_c c \tag{7-48}$$

验算公式为

$$K_s=\frac{地基承载力\ f_a}{竖向应力\ \tau}=\frac{N_q\gamma_2 h_d+N_c c}{\gamma_1(H+h_d)+q} \tag{7-49}$$

式中 γ_1——坑外地表至挡土结构底，各土层天然重度的加权平均值；

γ_2——坑内开挖面以下至挡土结构底，各土层天然重度的加权平均值；

N_q、N_c——地基承载力系数，根据挡土结构底的地基土特性计算，与内摩擦角 φ 有关。

用 Prandtl 公式，此时要求 $K_s\geqslant 1.1\sim1.2$，基坑支护等级高时取大值，基坑等级低时取小值。N_q、N_c 按式（7-50）计算。

$$\left.\begin{aligned}N_q&=\tan^2\left(45^\circ+\frac{\varphi}{2}\right)\cdot e^{\pi\tan\varphi}\\N_c&=\frac{N_q-1}{\tan\varphi}\end{aligned}\right\} \tag{7-50}$$

用 Terzaghi 公式，此时要求 $K_s\geqslant 1.15\sim1.25$，基坑支护等级高时取大值，基坑等级低时取小值。$N_q$、$N_c$ 按式（7-51）计算。

$$\left.\begin{aligned} N_{q}&=\frac{1}{2}\left[\frac{e^{\left(\frac{3}{4}\pi-\frac{\varphi}{2}\right)\tan\varphi}}{\cos\left(45^{\circ}+\frac{\varphi}{2}\right)}\right]^{2} \\ N_{c}&=\frac{N_{q}-1}{\tan\varphi} \end{aligned}\right\} \tag{7-51}$$

该法基本上可适用于各类土质条件，不受基坑尺寸的影响。

当采用两种验算方法的结果不能满足抗隆起稳定要求时，可以采取以下两种方法，其一是增加支护结构的嵌固深度；其二是改变基坑底部土体的工程性质，如采取地基处理的办法使基坑内土体的抗剪强度指标增大。

4. 基坑底抗渗流稳定性分析

基坑底抗渗流稳定性又称作抗流砂稳定性。当基坑面以下为松砂层，且又作用着向上的渗流水压力时，如果此时产生的动水坡度大于砂土层的允许动水坡度时，砂土颗粒就会处于冒出、沸涌状态造成基坑底面丧失稳定，这种现象称为流砂或流土。此外，在基坑开挖过程中，如果软土层较厚，基坑外地下水位高，内外存在水头差，且砂质粉土层或黏性土与粉土层中夹薄层粉砂时，极易在渗透水压作用下产生流砂。

当地下水向上渗流力（动水压力）j 大于或等于土粒的浮重度 γ' 时，土粒则处于浮动状态，于是坑底产生流土现象。目前常用流土解析方法为临界水力梯度法。

如图7-25，计算渗流的流线长度 L 为

$$L=h-h_{wa}+2h_{d} \tag{7-52}$$

平均水力梯度 i 为

$$i=\frac{h-h_{wa}}{L}=\frac{h-h_{wa}}{h-h_{wa}+2h_{d}} \tag{7-53}$$

临界水力梯度 i_c 为　$$i_{c}=\frac{\gamma'}{\gamma_{w}} \tag{7-54}$$

抗流砂稳定性安全系数 K_{LS} 为

$$K_{LS}=\frac{i_{c}}{i}=\frac{\gamma'(h-h_{wa}+2h_{d})}{\gamma_{w}(h-h_{wa})}\geqslant 1.5\sim 2.0 \tag{7-55}$$

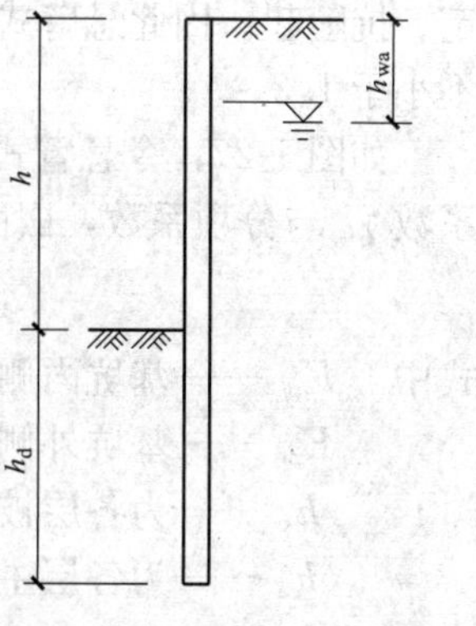

图7-25　渗透稳定计算简图

式中　h——基坑开挖深度；

h_{wa}——基坑外层水位深度；

h_d——桩或墙的嵌固深度。

5. 基坑底抗突涌稳定性分析

如果在基坑下的不透水层较薄，而且在不透水层下面存在承压水层时，当上覆土重不足以抵挡下部的水压时，基坑底土体将会发生突涌破坏（反压顶破）。因此，在设计坑底有承压水的基坑时，应进行抗突涌稳定性验算。根据压力平衡概念，基坑底抗突涌稳定安全系数应满足

$$K_{TY}=\frac{\gamma h_{s}}{\gamma_{w}H}\geqslant 1.1\sim 1.2 \tag{7-56}$$

式中　H——承压水高于含水层顶板的水头高度；

h_s——不透水层厚度。

若基坑底抗突涌稳定性不满足要求，可采用隔水帷幕隔断滞水层，加固基坑底部土体等

处理措施。

7.3.2 排桩、地下连续墙设计

排桩或地下连续墙支护结构根据支护条件的不同可分为悬臂式支护结构和支撑式支护结构。支撑式支护结构又分为单支点支护、多支点支护。对支护结构设计的步骤如下：

(1) 确定桩、墙嵌入基坑的深度；

(2) 桩、墙及支撑体系的内力计算；

(3) 桩、墙及支撑体系混凝土结构配筋计算；

(4) 验算基坑底隆起的可能、基坑整体稳定性及坑底抗渗流稳定性验算；

(5) 构造要求。

1. 嵌固深度计算

(1) 悬臂式支护结构嵌固深度的计算。

悬臂式支护结构顶端没有支撑或拉锚，完全依靠板桩的入土深度来维持结构的稳定，因而易于产生较大的变形，它对高度、荷载及土质的变化十分敏感。当在软弱土层中施工时，只有在开挖深度较小且周围临近环境对变形控制无要求时，才可考虑。

对悬臂支护结构，当土的黏聚力 $c=0$，内摩擦角 φ 为 5°～45°变化范围内时，其各种极限状态（包括抗隆起，整体稳定，抗滑移，抗倾覆等）的嵌固深度系数（嵌固深度与基坑开挖深度的比值）见图 7-26。

由图 7-26 可知，极限状态要求的嵌固深度大小的顺序依次是抗倾覆、抗滑移、整体稳定、抗隆起。因此悬臂式支护的嵌固深度按抗倾覆稳定条件确定，其抗倾覆稳定安全系数应不小于 1.2。

如图 7-27，令悬臂式支护结构嵌固深度为 h_d，根据抗倾覆稳定条件，考虑基坑重要性系数 γ_0 与分项系数，嵌固深度 h_d 按下式估算

$$h_p \sum E_{pi} - 1.2\gamma_0 h_a \sum E_{ai} \geqslant 0 \tag{7-57}$$

式中 E_{pi} ——基坑内侧 i 层土所产生的被动土压力；

E_{ai} ——基坑外侧 i 层土所产生的主动土压力；

h_p ——为各层被动土压力 E_{pi} 的合力作用点距桩，墙底的距离；

h_a ——为各层主动土压力 E_{ai} 的合力作用点距桩，墙底的距离。

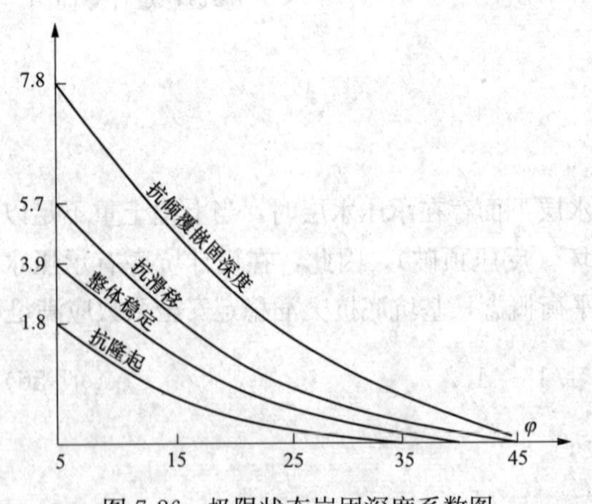

图 7-26 极限状态嵌固深度系数图

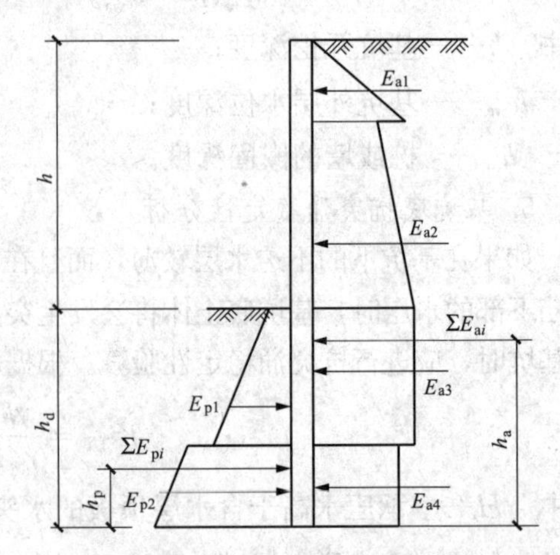

图 7-27 悬臂式支护结构嵌固深度计算简图

悬臂式支护结构嵌入基坑底部的深度不同，其嵌固段的变形情况有所不同。第一种情况：嵌固深度较浅，且支护结构向基坑内倾斜较小，可认为桩底无位移；第二种情况：嵌固深度较深，在嵌固段内将出现反弯点，即嵌固段上部向基坑内倾斜，而嵌固段下部向基坑外倾斜。两种情况桩、墙前后的土压力分布不同，嵌固深度计算也不同。现通过均质土层的基坑为例，分别述之；当基坑为多层土质基坑时，分析计算原理同均质土层。

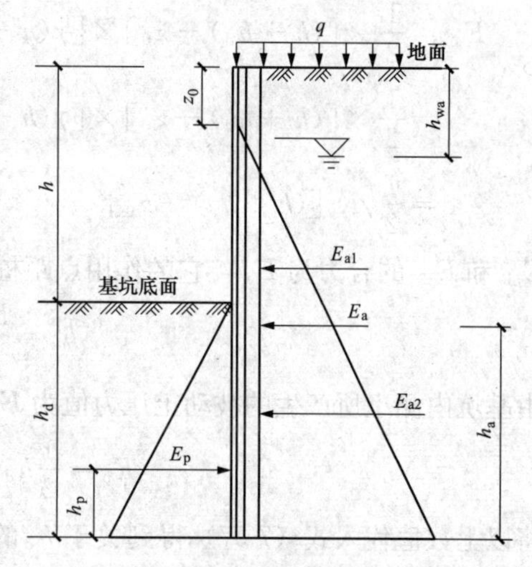

图 7-28　悬臂支护桩简化受力示意图

1）第一种情况：嵌固深度较浅。

①基坑内侧，外侧土压力强度的分布。

图 7-28 表示一个用悬臂桩支护的均质土层基坑，土质为黏性土，地下水位较浅，水位以上土的湿重度可近似用饱和重度代替，地面作用有超载 q（kN/m）。由于支护结构向坑内变形，因此基坑外侧的土压力为主动土压力，基坑内侧的土压力为被动土压力。土压力的计算采用朗肯土压力计算公式。

a. 距离基坑外侧地面以下 h 深度内的土压力强度计算：

基坑外侧由超载 q 所产生的主动土压力强度（矩形分布）：

$$e_{a1}=qK_a \tag{7-58}$$

基坑外侧土所产生的主动土压力强度（三角形分布）：

$$e_{a2}=\gamma hK_a-2c\sqrt{K_a} \tag{7-59}$$

式中，主动土压力系数 $K_a=\tan^2(45°-\varphi/2)$，$\gamma$ 为土的重力密度，c、φ 为土的黏聚力及内摩擦角标准值。由于支护结构与土之间不可能产生拉应力，故当由式（7-59）计算的土压力强度小于零时，应取零。此外计算地下水位以下的土压力时，对于无黏性土可以采用水土压力分算，即计算土压力时用浮重力密度，而对黏性土及粉土，《建筑基坑支护技术规程》（JGJ 120—2012）未采用水土压力分开计算办法，故计算土压力时应采用饱和重力密度。

b. 距离基坑底面以下 h 深度内的土压力强度计算：

基坑内侧土所产生的被动土压力强度（三角形分布）：

$$e_p=\gamma hK_p+2c\sqrt{K_p} \tag{7-60}$$

式中，被动土压力系数 $K_p=\tan^2(45°+\varphi/2)$

②嵌固深度的计算。如图 7-28，设基坑开挖深度为 h，桩嵌固深度为 h_d，z_0 为土压力强度为零处距离基坑外侧地面的深度。

将 z_0 代入式（7-60），可推算出

$$z_0=\frac{2c}{\gamma\sqrt{K_a}} \tag{7-61}$$

由地面超载 q 所产生的基坑外侧的土压力值为 E_{a1}，距离桩底 $h_{a1}=0.5(h+h_d)$。

$$E_{a1}=\frac{1}{2}(h+h_d)qK_a \tag{7-62}$$

由基坑外侧土所产生的主动土压力值为 E_{a2}，距离桩底 $h_{a2}=(h+h_d-z_0)/3$。

$$E_{a2}=\frac{1}{2}\times[(h+h_d)-z_0]\times[\gamma(h+h_d)K_a-2c\sqrt{K_a}]$$
$$=\frac{1}{2}\times[(h+h_d)-z_0]\times[\gamma(h+h_d)K_a-\gamma Z_0K_a]$$
$$=\frac{1}{2}\gamma K_a[(h+h_d)-z_0]^2 \tag{7-63}$$

E_{a1} 和 E_{a2} 的合力为 E_a，它的作用点距桩端为 h_a。

$$h_a=\frac{E_{a1}h_{a1}+E_{a2}h_{a2}}{E_{a1}+E_{a2}} \tag{7-64}$$

由基坑内侧土所产生的被动土压力值为 E_p，距离桩底 $h_p=h_d/3$。

$$E_p=\frac{1}{2}h_d(\gamma h_dK_p+2c\sqrt{K_p}) \tag{7-65}$$

将以上数值代入式（7-57）得到关于 h_d 的一元三次方程，可通过试算求出桩所需的嵌固深度。应当说明，用式（7-57）虽可求出所需的嵌固深度，由于该式仅考虑了基坑内外侧土压力对桩底的力矩平衡条件，因此对应于该嵌固深度的基坑内外土压力是不能满足水平方向力平衡条件，这是计算中欠缺之处。

2）第二种情况：嵌固深度较深。

①基坑内侧，外侧土压力强度的分布。

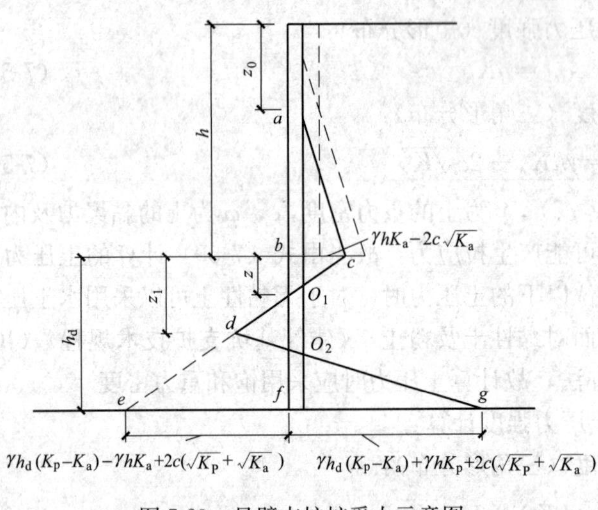

图 7-29 悬臂支护桩受力示意图

嵌固深度较深，在嵌固段内将出现反弯点，即嵌固段上部向基坑内倾斜，而嵌固段下部向基坑外倾斜。此种情况下，基坑内侧、外侧土压力强度分布有所改变，呈折线形分布，如图 7-29 所示，$bcO_1-O_1dO_2-O_2fg$ 土压力分布。图 7-29 中 a 点为基坑底以上，桩后土压力强度为零的点，离地面距离为 z_0；c 点为基坑底；O_1 为嵌固段土压力强度为零的位置，离基坑底的距离为 z；d 点为土压力强度转折点，离基坑底的距离为 z_1。d 点以上，桩向基坑内倾斜，故 d 点以上基坑外侧为主动土压力；d 点以下，桩向基坑外倾斜，故 d 点以下基坑外侧为主动土压力。

c 点处土压力强度：

$$e_c=\gamma hK_a-2c\sqrt{K_a} \tag{7-66}$$

g 点处土压力强度：

$$e_g=[\gamma(h+h_d)K_p+2c\sqrt{K_p}]-[\gamma h_dK_a-2c\sqrt{K_a}]$$
$$=\gamma h_d(K_p-K_a)+\gamma hK_p+2c(\sqrt{K_P}+\sqrt{K_a}) \tag{7-67}$$

延长 O_1d 至 e 点，e 点处土压力强度：

$$e_e=[\gamma h_d K_p+2c\sqrt{K_p}]-[\gamma(h+h_d)K_a-2c\sqrt{K_a}]$$
$$=\gamma h_d(K_p-K_a)-\gamma hK_a+2c(\sqrt{K_P}+\sqrt{K_a}) \tag{7-68}$$

②嵌固深度的计算。

由图7-29所示的土压力分布情况，根据水平力及力矩两个静力平衡条件，可求出所需的嵌固深度 h_d 和及土压力转折深度 z_1。

z_0 计算同式（7-61）：
$$z_0=\frac{2c}{\gamma\sqrt{K_a}}$$

z 为嵌固段土压力强度为零的位置：
$$\gamma(h+Z)K_a-2c\sqrt{K_a}=\gamma ZK_p+2c\sqrt{K_p}\Rightarrow z=\frac{\gamma hK_a-2c(\sqrt{K_P}+\sqrt{K_a})}{\gamma(K_p-K_a)} \tag{7-69}$$

参照图7-29，根据水平向土压力平衡条件应有
$$S_{\Delta abc}+S_{\Delta bcO_1}+S_{\Delta O_2fg}=S_{\Delta O_1dO_2} \tag{7-70}$$
或
$$S_{\Delta abc}+S_{\Delta bcO_1}+S_{\Delta\deg}=S_{\Delta O_1ef} \tag{7-71}$$

对桩端 f 点取力矩，力矩平衡方程为
$$S_{\Delta abc}\left(h_d+\frac{h-Z_0}{3}\right)+S_{\Delta bcO_1}\left(h_d-\frac{2Z}{3}\right)+S_{\Delta\deg}\left(\frac{h_d-Z_1}{3}\right)=S_{\Delta O_1ef}\left(\frac{h_d-Z}{3}\right) \tag{7-72}$$

式中，Δabc、ΔbcO_1、$\Delta\deg$ 及 ΔO_1ef 为土压力强度分布三角形，它们相应土压力值分别为
$$S_{\Delta abc}=E_{abc}=\frac{1}{2}\times(h-z_0)\times(\gamma hK_a-2c\sqrt{K_a})$$
$$=\frac{1}{2}\gamma K_a(h-z_0)^2 \tag{7-73}$$

$$S_{\Delta bcO_1}=E_{bcO_1}=\frac{1}{2}\times z\times(\gamma hK_a-2c\sqrt{K_a})$$
$$=\frac{1}{2}\left[\frac{\gamma hK_a-2c(\sqrt{K_P}+\sqrt{K_a})}{\gamma(K_p-K_a)}\right](\gamma hK_a-2c\sqrt{K_a}) \tag{7-74}$$

$$S_{\Delta\deg}=E_{\deg}=\frac{1}{2}(e_g+e_e)(h_d-z_1)$$
$$=2\gamma h_d(K_p-K_a)+\gamma h(K_p-K_a)+4c(\sqrt{K_P}+\sqrt{K_a})\frac{h_d-z_1}{2} \tag{7-75}$$

$$S_{\Delta O_1ef}=E_{\Delta O_1ef}=\frac{1}{2}e_e(h_d-z)$$
$$=\gamma h_d(K_p-K_a)-\gamma hK_a+2c(\sqrt{K_P}+\sqrt{K_a})\frac{h_d-z}{2}$$
$$=\gamma h_d(K_p-K_a)-\gamma hK_a+2c(\sqrt{K_P}+\sqrt{K_a})\left[\frac{h_d}{2}-\frac{\gamma hK_a-2c(\sqrt{K_p}+\sqrt{K_a})}{2\gamma(K_P+K_a)}\right]K \tag{7-76}$$

将式（7-73）～式（7-76）所列的 Δabc、ΔbcO_1、$\Delta\deg$ 及 ΔO_1ef 相应土压力值代入式（7-71），可写出 z_1 与 h_d 的关系式。再根据式（7-72），可以简化为一个仅含 h_d 未知数的三次方程，用试算方法最后求出所需的嵌固深度 h_d 。知道 h_d ，z_1值后，即可绘出基坑前后土压力分布图，从而进一步确定各截面处，弯矩及剪力，为桩墙设计提供所需内力。此外，为

了工程安全，需将试算求得的 h_d 值乘以 1.3～1.5 安全系数后，作为设计嵌固深度采用。

(2) 单层支点支护结构支点力与嵌固深度的计算。

单层支点支护结构是指基坑开挖深度不大时，在基坑开挖面以上的任意位置提供单个支点与挡土结构结合而成的混合支护结构。固定挡墙的支点主要有两种，一种是设置在基坑内部的支撑，一种是设置在基坑外侧的锚杆。本节主要讲述内支撑的支撑力的计算以及基坑嵌固深度的计算。

对于单层支点支护结构，其结构的平衡是依靠支点及嵌固深度两者共同保持，必须具有足够的嵌固深度以形成一定的反力保证结构的稳定。因此关键是求解出支点反力 T 及嵌固深度 h_d，对于 T，h_d 的计算有两种不同的计算方法。第一种方法是仅根据力矩平衡条件，先求出支点力 T，后求出嵌固深度 h_d 的等值梁计算法；第二种方法是根据力矩平衡先求解嵌固深度 h_d，再根据水平力平衡求解支点力 T 的静力平衡计算法。现分述之。

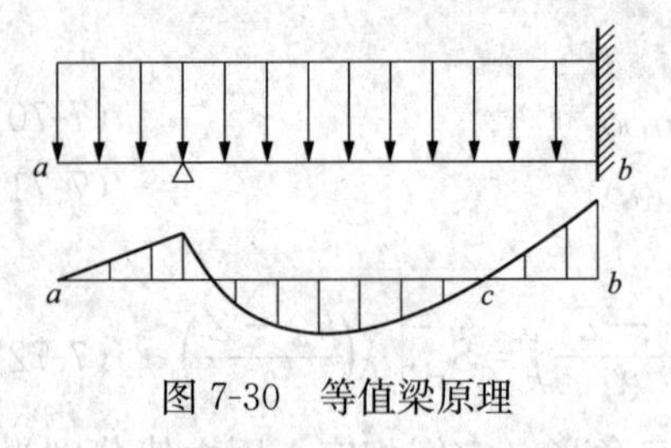

图 7-30 等值梁原理

1) 等值梁计算法。

这种方法是规程《建筑基坑支护技术规程》(JGJ 120—2012) 所采用的方法，其基本原理见图 7-30。图 7-30 中 ab 梁为一端固定一端简支，弯矩图的正负弯矩在 c 点转折，若将 ab 梁在 c 点切断，并于 c 点加一铰支承形成 ac 梁，则 ac 梁上的弯矩将保持不变，简支梁 ac 称为 ab 梁 ac 段的等值梁。

对于单层支点的支护结构，当底端为固端时，其弯矩包络图将有一反弯点 C 点，C 点的弯矩为零，如图 7-31。对于这样的支护结构，求解时将有三个未知数，即支点力 T、嵌固深度 h_d 及由于 C 点下负弯矩而引起的 E_p，而可以运用的平衡方程只有两个，为此，借用等值梁法，将 C 点视为一铰支座，并在该点将挡土结构划分为两段假想梁，上部为简支梁，下部为一次超静定梁。采用等值梁法的关键是确定弯矩为零的位置，也即反弯点的位置。规程《建筑基坑支护技术规程》(JGJ 120—2012) 认为土压力强度零点位置与弯矩零点的位置很相近，可近似的以土压力强度零点处为反弯点。

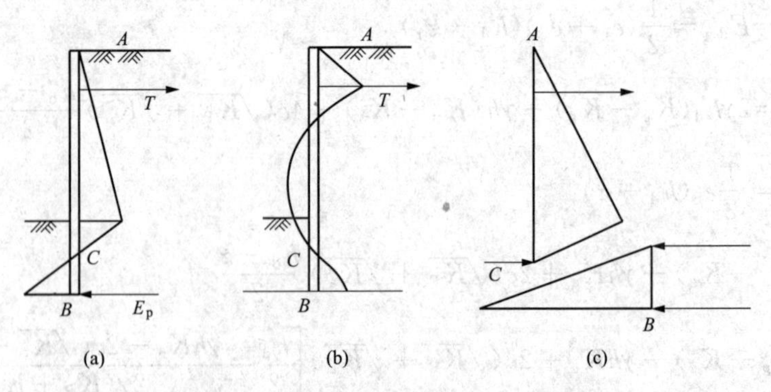

图 7-31 单层支点支护结构等值梁法

(a) 净土压力；(b) 弯矩分布；(c) 等值梁法

图 7-32 为单排支撑排桩支护结构示意图，基坑后为均质黏性土，开挖深度为 h，支撑设置在距基坑底 h_T 的位置。O_1 点为土压力强度为零的点，O_1 点距离基坑地面的距离为 z

$$\gamma(h+z)K_a-2c\sqrt{K_a}=\gamma zK_p+2c\sqrt{K_p}\Rightarrow Z=\frac{\gamma hK_a-2c(\sqrt{K_p}+\sqrt{K_a})}{\gamma(K_p-K_a)} \tag{7-77}$$

取O_1为反弯点，将土压力E与支撑力T，对O_1点写出力矩平衡方程，可先求出支撑力T

$$T(h_T+z)=h_a\sum E_a\Rightarrow T=\frac{h_a\sum E_a}{h_T+z} \tag{7-78}$$

$$\sum E_a=E_{a1}+E_{a2}$$

$$E_{a1}=\frac{1}{2}\gamma K_a(h-Z_0)^2$$

$$E_{a2}=\frac{1}{2}Z(\gamma hK_a-2c\sqrt{K_a}) \tag{7-79}$$

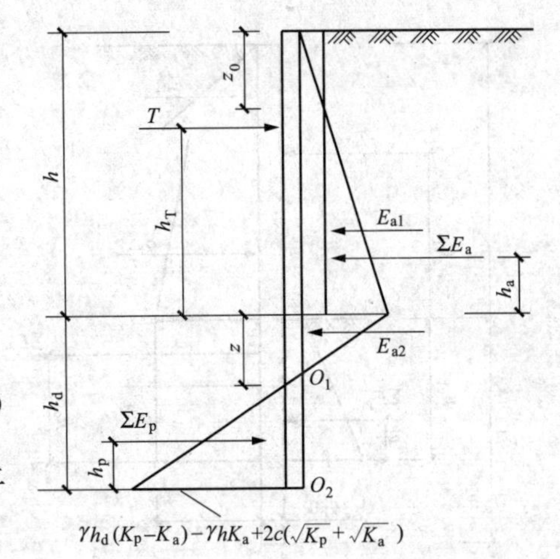

图7-32　单排支撑排桩支护结构受力示意图

式中　$\sum E_a$——设定弯矩零点O_1以上土层水平土压力的合力之和；

h_a——$\sum E_a$合力作用点与O_1点间的距离。

求出支点力T后，再选桩底O_2为取矩中心，考虑抗倾覆稳定安全系数1.2，考虑基坑重要性系数γ_0，根据下列力矩平衡方程确定嵌固深度h_d，式中E_a、E_p、h_p均与h_d相关，因此只能通过试算求出h_d。

$$h_p\sum E_p+T(h_T+h_d)-1.2\gamma_0(h_a+h_d-Z)\sum E_a=0$$

$$\Rightarrow h_d=\frac{1.2\gamma_0(h_a+h_d-Z)\sum E_a-h_p\sum E_P-Th_T}{T} \tag{7-80}$$

$$\sum E_p=\frac{1}{2}(h_d-z)[\gamma h_d(K_p-K_a)-\gamma hK_a+2c(\sqrt{K_P}+\sqrt{K_a})] \tag{7-81}$$

式中　$\sum E_p$——弯矩零点O_1以下土层水平土压力合力。

当为多层土质或有地面荷载时，支力T与嵌固深度h_d的计算原理同均质土质，但不可直接套用上述公式，可按图7-33、图7-34分别计算出T_{c1}与h_d。

支点力T_{c1}：

$$T_{c1}=\frac{h_{a1}\sum E_{ac}-h_{p1}\sum E_{pc}}{h_{T1}+h_{c1}} \tag{7-82}$$

式中　h_{c1}——土压力强度为0的点，即$e_{alk}=e_{plk}$的反弯点到基坑底面的距离。

嵌固深度h_d应满足下式：

$$h_p\sum E_{pi}+T(h_{T1}+h_d)-1.2\gamma_0h_a\sum E_{ai}\geqslant 0 \tag{7-83}$$

应当指出，上述确定T及h_d值过程，均只引用力矩平衡方程，而未考虑水平向土压力及支点力的平衡条件，计算结果不会满足水平力静力平衡条件，这是该计算方法中的明显不足之处。

2）静力平衡计算法。

根据力矩平衡先求解嵌固深度h_d，再根据水平力平衡求解支点力T。具体做法是，先

对支点作用点取矩，写出基坑内外侧土压力的力矩平衡方程，参照图 7-32，可写出

$$\sum E_{\mathrm{a}}(h_{\mathrm{T}}+z-h_{\mathrm{a}})=\sum E_{\mathrm{p}}(h_{\mathrm{d}}+h_{\mathrm{T}}-h_{\mathrm{p}}) \tag{7-84}$$

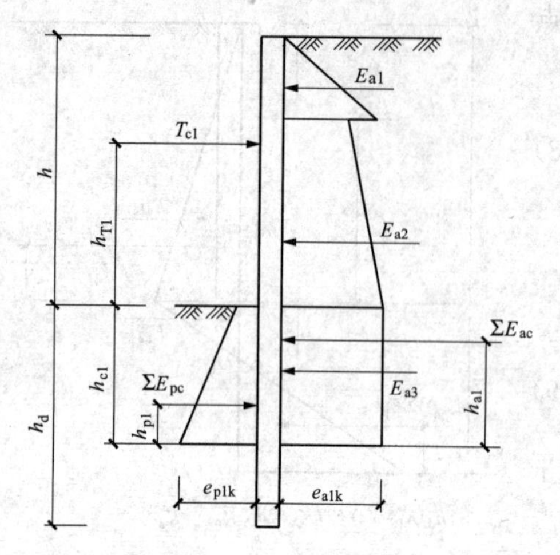

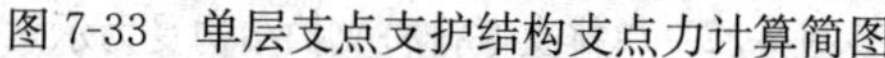
图 7-33 单层支点支护结构支点力计算简图

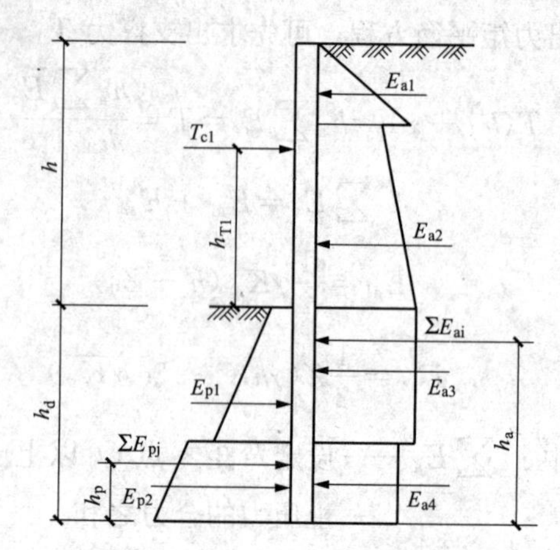

图 7-34 单层支点支护结构嵌固深度计算简图

将式（7-79）、式（7-81）代入式（7-84）中并化简，可以写出一个含有未知数 h_{d} 的一元三次方程，由该方程首先求出所需嵌固深度 h_{d}。有了嵌固深度 h_{d} 后，再根据水平方向静力平衡条件，可以求出支点力 T。

$$T+\sum E_{\mathrm{P}}=\sum E_{\mathrm{a}}\Rightarrow T=\sum E_{\mathrm{a}}-\sum E_{\mathrm{P}} \tag{7-85}$$

采用式（7-84）、式（7-85）所示方法计算，完全可以同时满足基坑内外侧土压力及支点力作用下力矩平衡及水平力平衡两个条件。

（3）多层支点支护结构支点力与嵌固深度的计算。

当基坑开挖深度大，采用单层支撑或锚杆会导致排桩、连续墙嵌固深度大，桩身弯矩、剪力也大，此时需采用两排或多排支撑、锚杆，以保证基坑支护的安全和降低工程造价。多层支点支护结构的支点力及嵌固深度的确定同样可以采用分段等值梁计算法或静力平衡计算方法。

（4）嵌固深度构造要求。

当按之前确定的悬臂式及单支点支护结构嵌固深度设计值 $h_{\mathrm{d}}<0.3h$ 时，宜取 $h_{\mathrm{d}}=0.3h$；多支点支护结构嵌固深度设计值小于 $0.2h$ 时宜取 $h_{\mathrm{d}}=0.2h$。

当基坑底为碎石土及砂土、基坑内排水且作用有渗透水压力时，侧向截水的排桩地下连续墙除应满足本节上述规定外，嵌固深度设计值尚应根据图 7-25 计算满足式（7-55）抗渗透稳定条件。

$$K_{\mathrm{LS}}=\frac{i_{\mathrm{c}}}{i}=\frac{\gamma'(h-h_{\mathrm{wa}}+2h_{\mathrm{d}})}{\gamma_{\mathrm{w}}(h-h_{\mathrm{wa}})}\geqslant 1.5\sim 2.0\xrightarrow{\gamma'\approx\gamma_{\mathrm{w}}}$$

$$h_{\mathrm{d}}\geqslant(0.25\sim 0.5)\gamma_0(h-h_{\mathrm{wa}}) \tag{7-86}$$

2. 结构内力计算

当支护结构的嵌固深度确定之后，结构的内力（剪力和弯矩）就可以按照弹性结构的连续梁按照静力平衡条件来求解。

根据力学原理可知，结构最大剪力截面处应满足荷载为零的条件，最大弯矩截面处应满足剪力为零的条件，由此可计算截面最大弯矩 M_c 和最大剪力 V_c，从而进行结构设计。

（1）悬臂式支护结构截面弯矩与剪力的计算。

如图 7-27，若某截面满足

$$e_{ai}=e_{pi} \tag{7-87}$$

则该截面为剪力最大截面，剪力值为

$$V_c=\sum E_{ai}-\sum E_{pi} \tag{7-88}$$

若某截面满足

$$\sum E_{ai}=\sum E_{pi} \tag{7-89}$$

则该截面为最大弯矩截面，弯矩值为

$$M_c=h_a\sum E_{ai}-h_p\sum E_{pi} \tag{7-90}$$

（2）单层支点支护结构截面弯矩与剪力的计算。

如图 7-33，最大剪力截面满足下面两式：

$$e_{ai}=e_{pi} \tag{7-91}$$

$$V_c=\sum E_{ai}-\left(\sum E_{pi}+T_{c1}\right) \tag{7-92}$$

最大弯矩截面满足下列两式：

$$\sum E_{ai}=\sum E_{pi}+T_{c1} \tag{7-93}$$

$$M_c=h_a\sum E_{ai}-h_p\sum E_{pi}-(h_d+h_{T1})T_{c1} \tag{7-94}$$

在计算得到截面最大弯矩 M_c 和最大剪力 V_c 的计算值后，考虑结构重要性系数 γ_0、分项系数，可按下式得到支点力设计值 T_d、弯矩设计值 M 和剪力设计值 V。

$$T_d=1.25\gamma_0 T_{c1} \tag{7-95}$$

$$M=1.25\gamma_0 M_c \tag{7-96}$$

$$V=1.25\gamma_0 V_c \tag{7-97}$$

由设计值 T_d、M、V 按照承载能力极限状态进行配筋计算。

3. 截面承载力计算

排桩、地下连续墙及支撑体系混凝土结构均应进行截面承载力计算。正截面受弯及斜截面受剪承载力计算以及纵向钢筋箍筋、箍筋的构造要求应符合现行国家标准《混凝土结构设计规范》（GB 50010—2010）的有关规定。

实际工程中，排桩中的单桩一般为圆形截面，此时的桩不再是承受竖向荷载为主的偏心受压构件，而是承受弯矩为主的弯剪构件，因此需要进行受弯构件正截面受弯承载力计算以及斜截面受剪承载力计算。

对于承受弯矩和剪力的圆形截面，配筋方式通常有三种形式，即全截面均匀配筋，在受拉区、受压区局部均匀配筋，以及受拉区局部均匀配筋情况。

在分析了国内外一定数量圆形截面受弯构件试验数据的基础上，借鉴国外规范的相关规定，提出了采用等效惯性矩原则确定等效截面宽度和等效截面高度的取值方法，从而对圆形截面受弯构件，可直接采用配置垂直箍筋的矩形截面受弯的受剪承载力计算公式进行计算。只需将矩形截面受剪承载力公式中的截面宽度 b 和截面有效高度 h_0 分别以 $1.76r$ 和 $1.6r$ 代替，此处，r 为圆形截面的半径。

配置在圆形截面受拉区的纵向钢筋的最小配筋率（按全截面面积计算）不宜小于0.2%。在不配置纵向受力钢筋的圆周范围内应设置周边纵向构造钢筋，纵向构造钢筋直径不应小于纵向受力钢筋直径的二分之一，且不应小于10mm；纵向构造钢筋的环向间距不应大于圆截面的半径和250mm两者的较小值，且不得少于1根。

7.3.3 土钉墙设计

1. 土钉抗拉承载力计算

(1) 土钉抗拉承载力 T_{uj} 的确定。

1) 对于基坑侧壁安全等级为二级的土钉抗拉承载力设计值应按试验确定：

①土钉支护施工必须进行土钉的现场抗拔试验，应在专门设置的非工作钉上进行抗拔试验直至破坏，用来确定极限荷载并据此估计土钉的界面极限粘结强度。

②每一典型土层中至少应有个专门用于测试的非工作钉。测试钉除其总长度和粘结长度可与工作钉有区别外，应与工作钉采用相同的施工工艺同时制作，其孔径、注浆材料等参数以及施工方法等应与工作钉完全相同。测试钉的注浆粘结长度不小于工作钉的二分之一且不短于5m，在满足钢筋不发生屈服并最终发生拔出破坏的前提下宜取较长的粘结段，必要时适当加大土钉钢筋直径。为消除加载试验时支护面层变形对粘结界面强度的影响，测试钉在距孔口处应保留不小于1m长的非粘结段。在试验结束后，非粘结段再用浆体回填。

③土钉的现场抗拔试验宜用穿孔液压千斤顶加载，土钉、千斤顶、测力杆三者应在同一轴线上，千斤顶的反力支架可置于喷射混凝土面层上，加载时用油压表大体控制加载值并由测力杆准确予以计量。土钉的（拔出）位移量用百分表（精度不小于0.02mm，量程不小于50mm）测量，百分表的支架应远离混凝土面层着力点。

④测试钉进行抗拔试验时的注浆体抗压强度不应低于6MPa。试验采用分级连续加载。首先施加少量初始荷载（不大于土钉设计荷载的1/10）使加载装置保持稳定，以后的每级荷载增量不超过设计荷载的20%。在每级荷载施加完毕后立即记下位移读数并保持荷载稳定不变，继续记录以后1min、6min、10min的位移读数。若同级荷载下10min与1min的位移增量小于1mm，即可立即施加下级荷载，否则应保持荷载不变继续测读15min、30min、60min的位移。此时若60min与6min的位移增量小于2mm，可立即进行下级加载否则即认为达到极限荷载。

根据试验得出的极限荷载，可算出界面粘结强度的实测值。这一试验平均值应大于设计计算所用标准值的1.25倍否则应进行反馈修改设计。

⑤极限荷载下的总位移必须大于测试钉非粘结长度段土钉弹性伸长理论计算值的80%，否则这一测试数据无效。

⑥上述试验也可不进行到破坏，但此时所加的最大试验荷载值应使土钉界面粘结应力的计算值（按粘结应力沿粘结长度均匀分布算出）超出设计计算所用标准值的1.25倍。

2) 对于基坑侧壁安全等级为三级的土钉抗拉承载力设计值可按下式确定（图7-35）：

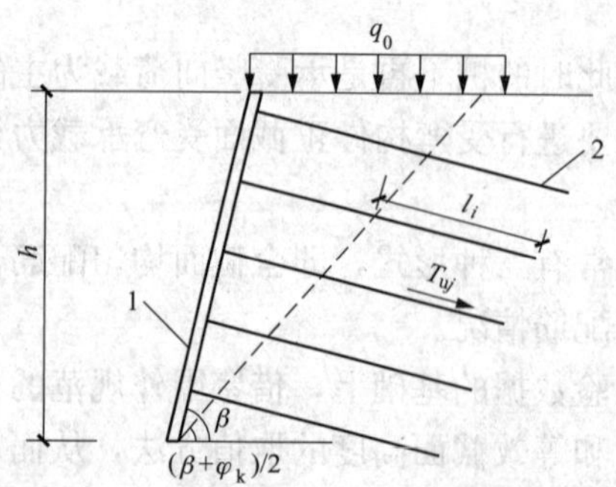

图7-35 土钉抗拉承载力计算简图

$$T_{uj}=\frac{1}{\gamma_s}\pi d_{nj}\sum q_{sik}l_i \tag{7-98}$$

式中　γ_s——土钉抗拉抗力分项系数，取 1.3。

d_{nj}——第 j 根土钉锚固体直径。

q_{sik}——土钉穿越第 i 层土土体与锚固体极限摩阻力标准值，应由现场试验确定，如无试验资料，可采用表 7-5 确定。表中数据从本质上讲与土的抗剪强度指标有关，随着抗剪强度指标（c、φ）的增大而增大。

l_i——第 j 根土钉在直线破裂面外穿越第 i 稳定土体内的长度，破裂面与水平面的夹角 $(\beta+\varphi_k)/2$。由于土钉的存在，使主动土压力破裂面更陡，从而使破裂面与水平面的夹角不同于无土钉时的情况。

表 7-5　土钉锚固体与土体极限摩阻力标准值表

土的名称	土的状态	q_{sik}(kPa)
填 土		16～20
淤 泥		10～16
淤泥质土		16～20
黏性土	$I_L>1$	18～30
	$0.75<I_L\leqslant 1$	30～40
	$0.50<I_L\leqslant 0.75$	40～53
	$0.25<I_L\leqslant 0.50$	53～65
	$0.0<I_L\leqslant 0.25$	65～73
	$I_L\leqslant 0.0$	73～80
粉 土	$e\geqslant 0.90$	20～40
	$0.75<e\leqslant 0.90$	40～60
	$e\leqslant 0.75$	60～90
粉细砂	稍 密	20～40
	中 密	40～60
	密 实	60～80
中 砂	稍 密	40～60
	中 密	60～70
	密 实	70～90
粗 砂	稍 密	60～90
	中 密	90～120
	密 实	120～150
砾 砂	中密、密实	130～160

注　1. 表中数据为低压或无压注浆值。

2. I_L 为土的液性指数；e 为土的孔隙比。

通过式（7-98）可以确定土钉的长度，但需验算土钉截面是否满足强度要求。

（2）土钉抗拉承载力的验算。

单根土钉抗拉承载力计算应符合下式要求：

$$1.25\gamma_0 T_{jk}\leqslant T_{uj} \tag{7-99}$$

$$T_{jk}=\zeta e_{ajk}s_{xj}s_{zj}/\cos\alpha_j \tag{7-100}$$

$$\zeta=\tan\frac{\beta-\varphi_k}{2}\left[\frac{1}{\tan\frac{\beta-\varphi_k}{2}}-\frac{1}{\tan\beta}\right]/\tan^2\left(45°-\frac{\varphi}{2}\right) \tag{7-101}$$

式中 T_{jk}——第 j 根土钉受拉荷载标准值，可按式（7-100）计算；

T_{uj}——第 j 根土钉抗拉承载力设计值，可按式（7-98）确定；

ζ——荷载折减系数，可按式（7-101）式计算；

e_{ajk}——第 j 个土钉位置处的基坑水平荷载标准值；

s_{xj}、s_{zj}——第 j 根土钉与相邻土钉的平均水平垂直间距；

α_j——第 j 根土钉与水平面的夹角；

β——土钉墙坡面与水平面的夹角；

φ_k——土钉所在土体内摩擦角。

2. 土钉墙整体稳定性验算

确定了土钉长度和初步估算每根土钉可以承受的抗拉承载力后，还必须结合实际施工过程，验算施工期间不同开挖深度及基坑底面以下可能滑动面采用圆弧滑动简单条分法进行整体稳定性验算，验算时需通过试算，选定一个最危险圆弧滑动面，如图 7-36 所示。将滑动面以上的土体分成任意 n 个宽度相等的土条，取第 i 条作为隔离体，则作用在土条上的力有：土条的重量 W_i，该土条上的荷载 q_0b_i，土钉的极限抗拉力 T_{nj}，土体沿切向的黏聚力 $c_{ik}L_i$（L_i 为第 i 分条滑裂面处弧长）。

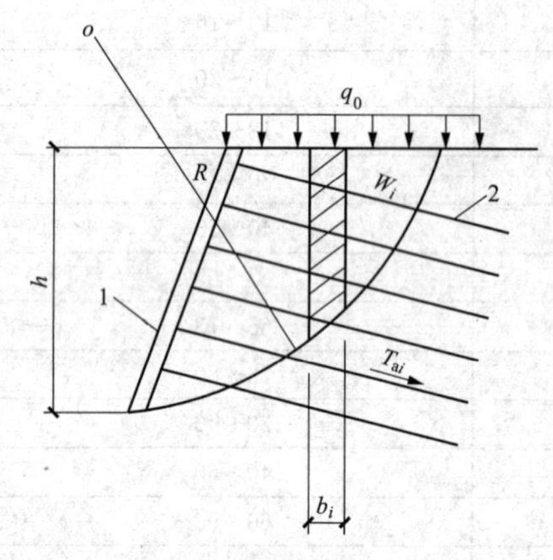

图 7-36 土钉墙整体稳定性验算简图

1—喷射混凝土面层；2—土钉

由土条重量 W_i 及土条上的荷载 q_0b_i 在第 i 条土体滑动面上产生的正应力及剪应力为

$$\sigma_{i1}=(W_i+q_0b_i)\cos\theta_i \tag{7-102}$$

$$\tau_{i1}=(W_i+q_0b_i)\sin\theta_i \tag{7-103}$$

由土钉的极限抗拉力 T_{nj} 在第 i 条土体滑动面上产生的正应力及剪应力为

$$\sigma_{i2}=T_{nj}\sin(\alpha_j+\theta_j) \tag{7-104}$$

$$\tau_{i2}=T_{nj}\cos(\alpha_j+\theta_j) \tag{7-105}$$

按总应力法，第 i 条土体上的抗剪力

$$\begin{aligned}S_i&=(c_{ik}+\sigma_i\tan\varphi_{ik})\\&=c_{ik}L_i+\tau_{i2}+\sigma_{i1}\tan\varphi_{ik}+\sigma_{i2}\tan\varphi_{ik}\\&=c_{ik}L_i+T_{nj}\cos(\alpha_j+\theta_j)+(w_i+q_0b_i)\cos\theta_i\tan\varphi_{ik}+T_{nj}\sin(\alpha_j+\theta_j)\tan\varphi_{ik}\end{aligned} \tag{7-106}$$

整个滑动面上的抗剪力

$$\begin{aligned}S&=\sum S_i\\&=\sum_{i=1}^{n}c_{ik}L_i+\sum_{j=1}^{m}T_{nj}\cos(\alpha_j+\theta_j)+\sum_{i=1}^{n}(W_i+q_0b_i)\cos\theta_i\tan\varphi_{ik}+\\&\quad\sum_{j=1}^{m}T_{nj}\sin(\alpha_j+\theta_j)\tan\varphi_{ik}\end{aligned} \tag{7-107}$$

需要特别说明的是式（7-107）最后一项与规程 JGJ 120—2012 中表述不尽相同，《建筑基坑支护技术规程》（JGJ 120—2012）中的表述为

$$S=\sum S_i$$
$$=\sum_{i=1}^{n} c_{ik}L_i+\sum_{j=1}^{m} T_{nj}\cos(\alpha_j+\theta_j)+\sum_{i=1}^{n}(W_i+q_0b_i)\cos\theta_i\tan\varphi_{ik}+$$
$$\frac{1}{2}\sum_{j=1}^{m} T_{nj}\sin(\alpha_j+\theta_j)\tan\varphi_{ik}$$

从理论上看不出规程公式的合理性，但工程应用中由于规程公式偏于安全，建议采用《建筑基坑支护技术规程》（JGJ 120—2012）公式进行设计。

第 i 条土体上的剪力

$$T_i=\tau_{i1}=(W_i+q_0b_i)\sin\theta_i \tag{7-108}$$

整个滑动面上的剪力

$$T=\sum T_i=\sum_{i=1}^{n}(W_i+q_0b_i)\sin\theta_i \tag{7-109}$$

取整体滑动稳定安全系数为 γ_k，并考虑基坑侧壁重要性系数 γ_0：

$$\frac{S}{\gamma_0 T}\geqslant\gamma_k \tag{7-110}$$

将式（7-107）、式（7-119）代入式（7-110），整理可得稳定验算的公式为

$$\sum_{i=1}^{n} c_{ik}L_i+\sum_{i=1}^{n}(W_i+q_0b_i)\cos\theta_i\tan\varphi_{ik}+\sum_{j=1}^{m} T_{nj}\times[\cos(\alpha_j+\theta_j)+\sin(\alpha_j+\theta_j)\tan\varphi_{ik}]$$
$$-\gamma_k\gamma_0\sum_{i=1}^{n}(W_i+q_0b_i)\sin\theta_i\geqslant 0 \tag{7-111}$$

式中　n——滑动体分条数。

m——滑动体内土钉数。

γ_k——整体滑动分项系数，可取 1.3。

γ_0——基坑侧壁重要性系数。

w_i——第 i 分条土重，滑裂面位于黏性土或粉土中时，按上覆土层的饱和土重度计算；滑裂面位于砂土或碎石类土中时，按上覆土层的浮重度计算。

b_i——第 i 分条宽度。

c_{ik}——第 i 分条滑裂面处土体固结不排水（快）剪黏聚力标准值。

φ_{ik}——第分条滑裂面处土体固结不排水（快）剪内摩擦角标准值。

θ_i——第 i 分条滑裂面处中点切线与水平面夹角。

α_j——土钉与水平面之间的夹角。

L_i——第 i 分条滑裂面处弧长。

T_{nj}——第 j 根土钉在圆弧滑裂面外锚固体与土体的极限抗拉力，可按式（7-112）确定。

单根土钉在圆弧滑裂面外锚固体与土体的极限抗拉力可按下式确定

$$T_{nj}=\pi d_{nj}\sum q_{sik}l_{ni} \tag{7-112}$$

式中　l_{ni}——第 j 根土钉在圆弧滑裂面外穿越第 i 层稳定土体内的长度。

3. 构造要求

土钉墙设计及构造应符合下列规定：

(1) 土钉墙墙面坡度不宜大于1∶0.1；

(2) 土钉必须和面层有效连接，应设置承压板或加强钢筋等构造措施，承压板或加强钢筋应与土钉螺栓连接或钢筋焊接连接；

(3) 土钉的长度宜为开挖深度的0.5～1.2倍，间距宜为1～2m，与水平面夹角宜为5°～20°；

(4) 土钉钢筋宜采用HRB335、HRB400级钢筋，钢筋直径宜为16～32mm，钻孔直径宜为70～120mm；

(5) 注浆材料宜采用水泥浆或水泥砂浆，其强度等级不宜低于M10；

(6) 喷射混凝土面层宜配置钢筋网，钢筋直径宜为6～10mm，间距宜为150～300mm；喷射混凝土强度等级不宜低于C20，面层厚度不宜小于80mm；

(7) 坡面上下段钢筋网搭接长度应大于300mm。

当地下水位高于基坑底面时，应采取降水或截水措施；土钉墙墙顶应采用砂浆或混凝土护面，坡顶和坡脚应设排水措施，坡面上可根据具体情况设置泄水孔。

7.3.4 地下水控制

1. 概述

在基坑开挖中，为提供地下工程作业条件，确保基坑边坡稳定、基坑周围建筑物、道路及地下设施安全，对地下水进行控制是基坑支护设计必不可少的内容。地下水控制方法有集水明排法、降水法、截水和回灌技术。降水的方法通常有轻型井点法、喷射井点法、管井井点法和深井泵井点法。合理确定控制地下水的方案是保证工程质量、加快工程进度、取得良好社会和经济效益的关键。通常应根据地质、环境和施工条件以及支护结构设计等因素综合考虑，可按表7-6选用。

表7-6 地下水控制方法适用条件

方法名称		土类	渗透系数(m/d)	降水深度(m)	水文地质特征
集水明排			7<20.0	<5	上层滞水或水量不大的潜水
降水	真空井点	填土、粉土、黏性土、砂土	0.1～20.0	单级<6 多级<20	
	喷射井点		0.1～20.0	<20	
	管井	粉土、砂土、碎石土、可溶岩、破碎带	1.0～200.0	>5	含水丰富的潜水、承压水、裂隙水
截水		黏性土、粉土、砂土、碎石土、岩溶岩	不限	不限	
回灌		填土、粉土、砂土、碎石土	0.1～200	不限	

选择降水方法时，一般中粗砂以上粒径的土用水下开挖或堵截法；中砂和细砂颗粒的土用井点法和管井法；淤泥或黏土用真空法或电渗法。降水方法必须经过充分调查，并注意含水层埋藏条件及其水位或水压，含水层的透水性（渗透系数、导水系数）及富水性，地下水

的排泄能力，场地周围地下水的利用情况，场地条件（周围建筑物及道路情况、地下水管线埋设情况）等。

对基坑周围环境复杂的地区，确定地下水控制方案，应充分论证和预测地下水对环境影响的变化，并采取必要措施，以防止发生因地下水的改变而引起的地面下沉、道路开裂、管线错位、建筑物偏斜、损坏等危害。

当因降水危及基坑周边环境时，宜采用截水或回灌方法。截水后，基坑中的水量或水压较大时，宜采用基坑内降水。当基坑底为隔水层且层底作用有承压水时，应进行坑底土突涌验算，必要时刻采取水平封底隔渗或钻孔减压措施，以保证坑底土层稳定。

2. 集水明排法

集水明排法又称表面排水法，它是在基坑开挖过程中以及基础施工和养护期间，在基坑四周开挖集水沟汇集坑壁及坑底渗水，并引向集水井。

集水明排法可单独采用，亦可与其他方法结合使用。单独使用时，降水深度不宜大于5m，否则在坑底容易产生软化、泥化，坡角出现流砂、管涌，边坡塌陷，地面沉降等问题。与其他方法结合使用时，其主要功能是收集基坑中和坑壁局部渗出的地下水和地面水。

排水沟和集水井可按下列规定布置：

(1) 排水沟和集水井宜布置在拟建建筑基础边净距0.4m以外，排水沟边缘离开边坡坡脚不应小于0.3m；在基坑四角或每隔30～40m应设一个集水井。

(2) 排水沟底面应比挖土面低0.3～0.4m，集水井底面应比沟底面低0.5m以上。

(3) 沟、井截面应根据排水量确定，排水量V应满足下列要求：

$$V \geqslant 1.5Q \tag{7-113}$$

式中　Q——基坑总涌水量，可按规程JGJ 120—2012中的附录F计算。

当基坑侧壁出现分层渗水时，可按不同高程设置导水管、导水沟等构成明排系统；当基坑侧壁渗水量较大或不能分层明排时，宜采用导水降水法。基坑明排尚应重视环境排水，当地表水对基坑侧壁产生冲刷时，应在基坑外采取截水、封堵、导流等措施。

集水明排法设备简单，费用低，一般土质条件均可采用。但当地基土为饱和粉细砂等黏聚力较小的细粒土层时，由于抽水会引起流砂现象，造成基坑破坏和坍塌，因此应避免采用集水明排法。

3. 降水法

降水法主要是将带有滤管的降水工具沉设到基坑四周的土中，利用各种抽水工具，在不扰动土的结构条件下，将地下水抽出，以利基坑开挖。一般有轻型井点、喷射井点、管井井点、深井泵井点等方法。

(1) 轻型井点法。

当在井内抽水时，井中的水位开始下降，周围含水层的地下水流向井中，经过一段时间后达到稳定，水位形成向井弯曲的“下降漏斗”，地下水位逐渐降低到坑底设计标高以下，使施工能在干燥无水的环境下进行。

井点布置（图7-37轻型井点布置示意）应当根据基坑的大小、平面尺寸和降水深度的要求，以及含水层的渗透性能和地下水位流向等因素确定。若要求降水深度在4～5m，可采用单排井点，若降水深度大于6m，则可采用两级或多级井点。若基坑宽度小于10m，可在地下水流的上游设置单排井点。当基坑面积较大时可设置不封闭井点或封闭井点（如环形、

U形），井点管距基坑壁不小于1～2m。

轻型井点系统包括滤管、集水总管、连接管和抽水设备（图7-37）。用连接管将井点管与集水总管和水泵连接，形成完整系统。抽水时，先打开真空泵抽出管路中的空气，使之形成真空，这时地下水和土中空气在真空吸力作用下被吸入集水箱，空气经真空泵排出，当集水点管存水较多，再开动离心泵抽水。降水系统接通以后，试抽水，若无漏水、漏气和淤塞等现象，即可正式使用。应控制真空度，一般不低于55.3～66.7kPa。管路井点有漏气时，会造成真空度达不到要求。为保证连续抽水，应配置双电源；待地下建筑回填后，才能拆除井点，并将井点孔填土。冬季施工时，还应对集水总管做保温处理。

一般认为，轻型井点法适用于渗透系数为0.1～80m/d的土层，对土层中含有大量的细砂和粉砂层特别有效。具有可以防止流砂现象和增加土坡稳定，且便于施工的特点。

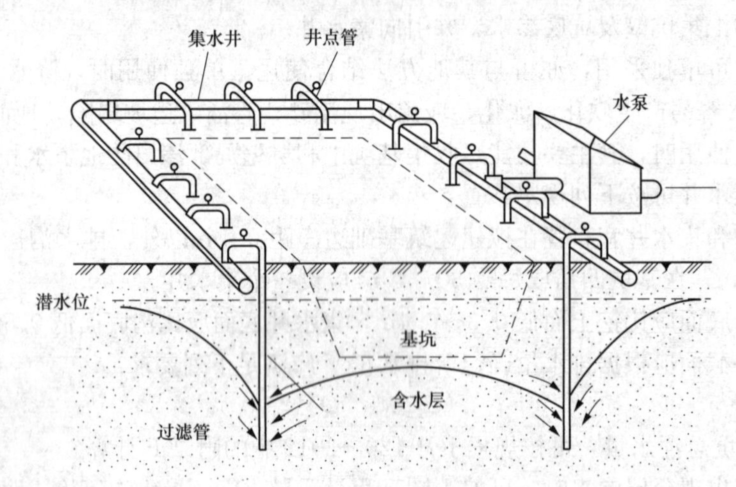

图7-37 轻型井点布置示意

（2）喷射井点法。

喷射井点一般有喷水和喷气两种，井点系统由喷射器、高压水泵和管路组成。

喷射器结构形式有外接式和同心式两种，喷射井点构造原理如图7-38所示。工作原理是利用高速喷射液体的动能工作，有离心泵供给高压水流入喷嘴高速喷出，经混合室造成混合室压力降低，形成负压和真空，则井内的水在大气压力作用下，将水由吸气管压入吸水室，吸入水和高速射流在混合室中相互混合，射流的动能将本身的一部分传给被吸入的水，使吸入水流的动能增加，混合水流入扩散室，由于扩散室截面扩大，流速下降，大部分动能转化为压能，将水由扩散室送至高处。

当基坑开挖较深，降水深度要求大于6m，而且场地狭窄，不允许布置多级轻型井点时，宜采用喷射井点降水。其一层降水深度可达10～20m。适用于渗透系数为3～50m/d的砂性土层。

（3）管井井点法。

管井井点的确定先根据总涌水量验算单根管井极限涌水量，再确定管井的数量。管井由两部分组成，即井壁管和滤水管。井壁管可用直径200～300mm的铸铁管、无砂混凝土管、塑料管。滤水管可用钢筋焊接骨架，外包滤网（孔眼为1～2mm），长2～3m，也可用实管打花孔，外缠铅丝做成。

根据已确定的管井数量沿基坑外围均匀设置管井。钻孔可用泥浆护壁套管法，也可用螺旋钻。但孔径应大于管井外径 150～250mm，将钻孔底部泥浆掏净，下沉管井，用集水总管将管井连接起来。并在孔壁与管井之间填 3～15mm 砾石作为过滤层。吸水管用直径 50～100mm 胶皮管或钢管，其底端应在设计降水位的最低水位以下。

管井井点适用于轻型井点不易解决的含水层水量大、降水深的场合。

（4）深井泵井点法。

当土粒较粗、渗透系数很大，而透水层厚度也大时，一般用井点系统或喷射井点不能奏效，此时可采用深井泵井点法。

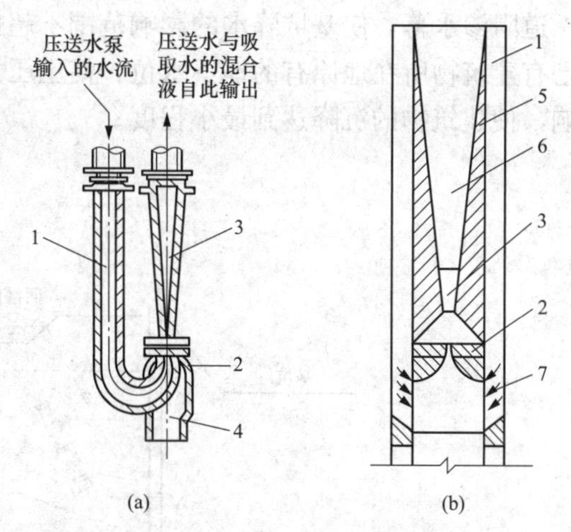

图 7-38　喷射井点构造原理图

1—输水导管；2—喷嘴；3—混合室；4—吸入管；5—内管；6—扩散室；7—工作水流

深井泵井点由深井泵（深井潜水泵）和井管滤网组成。井孔钻孔可用钻孔机或水冲法，孔的直径应大于井管直径 200mm。孔深应考虑到抽水期内沉淀物可能的厚度而适当加深。井管放置应垂直，井管滤网应放置在含水层适当的范围内。井管内径应大于水泵外径 50mm，孔壁与井管之间填大于滤网孔径的填充料。应注意潜水泵的电缆要可靠，深井泵的电机宜有阻逆装置，在换泵时应清洗滤井。

4. 截水与回灌

如果地下降水对基坑周围建（构）筑物和地下设施会带来不良影响时，可采用竖向截水帷幕或回灌的方法避免或减小该影响。

竖向截水帷幕通常用水泥搅拌桩、旋喷桩等做成。其结构形式有两种：一种是当含水层较薄时，穿过含水层，插入隔水层中；另一种是当含水层相对较厚时，帷幕悬吊在透水层中。前者作为防渗计算时，只需计算通过防渗帷幕的水量，后者尚需考虑绕过帷幕涌入基坑的水量。

截水帷幕的厚度应满足基坑防渗要求，截水帷幕的渗透系数宜小于 1.0×10^{-6}cm/s。落底式竖向截水帷幕应插入下卧不透水层，其插入深度可按下式计算

$$l=0.2h_{\mathrm{w}}-0.5b \tag{7-114}$$

式中　l——帷幕插入不透水层的深度；

h_{w}——作用水头；

b——帷幕厚度。

当地下含水层渗透性较强，厚度较大时，可采用悬挂式竖向截水与坑内井点降水相结合或采用悬挂式竖向截水与水平封底相结合的方案。截水帷幕施工方法和机具的选择应根据场地工程水文地质及施工条件等综合确定。

在基坑开挖与降水过程中，地下水位的下降将使地基中有效应力的增大，有效应力的增大将使地面下沉而导致建筑物开裂，因此需采用回灌技术防止因周边建筑物基础局部下沉而影响建筑物的安全。回灌方式有两种：一种采用回灌沟回灌（图 7-39），另一种采用回灌井回灌（图 7-40）。其基本原理是：在基坑降水的同时，向回灌井或沟中注入一定水量，形成

一道阻渗水幕，使基坑降水的影响范围不超过回灌点的范围阻止地下水向降水区流失，保持已有建筑物所在地原有的地下水位，使土压力仍处于原有平衡状态，从而有效防止降水的影响，使建筑物的沉降达到最小程度。

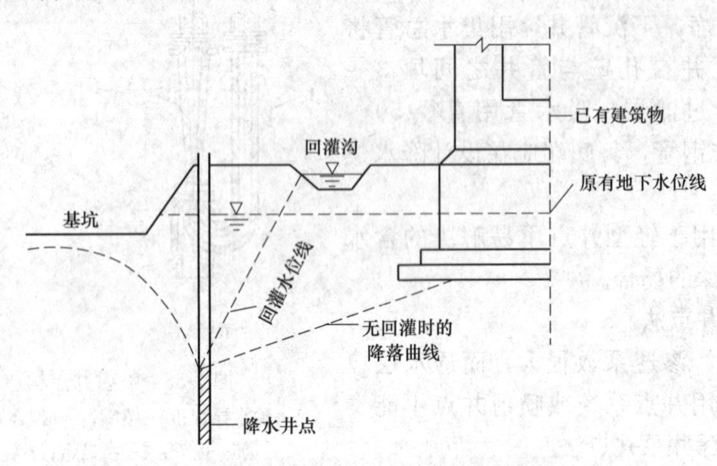

图 7-39　井点降水与回灌沟回灌示意

如果建筑物离基坑稍远，且为较均匀的透水层，中间无隔水层，则采用最简单的回灌沟方法进行回灌较好，其经济易行，如图 7-39 所示。但如果建筑物离基坑近，且为弱透水层或透水层中间夹有弱透水层和隔水层时，则须用回灌井点进行回灌，如图 7-40 所示。

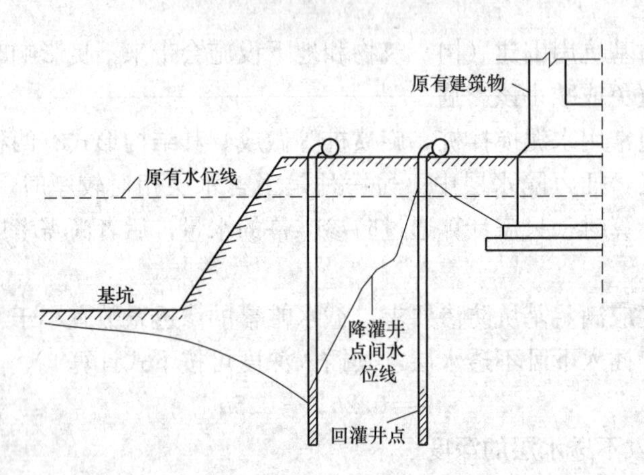

图 7-40　井点降水与井点回灌示意

回灌井点系统的工作条件恰好和抽水井点系统相反，将水注入井点以后，水从井点向四周土层渗透，在井点周围形成一个抽水相反的倒转漏斗，有关回灌井点系统的设计，亦应按照水井理论进行计算与优化。

思 考 题

1. 重力式挡土墙有哪几种类型其特点如何？

2. 重力式挡土墙的设计需要进行哪几个方面的验算？

3. 重力式挡土墙的抗倾覆验算时，以哪一点作为转动点？在实际工程中可能出现绕这一点发生的倾覆吗？为什么？

4. 论述地基承载力大小对抗倾覆稳定的有利或不利的影响。

5. 基坑支护结构的形式一般有哪些？分别适用于什么条件？

6. 基坑工程的稳定性分析时，应考虑哪些稳定性验算？

7. 什么是基坑隆起？如何验算基坑底部抗隆起稳定性？

8. 排桩和地下连续墙支护结构设计的步骤是什么？

9. 排桩和地下连续墙结构计算中的静力平衡法和等值梁法有何区别？各有什么局限性？

10. 土钉墙的作用机理是什么？进行土钉墙设计时，应进行什么验算？

11. 如何选择合理的基坑降水方法？

12. 基坑开挖时地下水的下降可能会给周边建筑带来什么危害？分析产生这些危害的原因和可能采取的处置措施。

习 题

1. 某俯斜式挡土墙，净挡土高度为5m，填土面水平即$\beta=0°$，填土面均布荷载标准值$q_k=10kN/m^2$，填料内摩擦角$\varphi_k=20°$，墙背很粗糙，排水良好，基底摩擦系数$\mu=0.30$。地基承载力特征值$f_{ak}=180kPa$，墙后填土及基底土容重均为$\gamma=18kN/m^3$，地基承载力宽度修正系数$\eta_b=0.3$，深度修正系数$\eta_d=1.6$。该挡土墙处于非抗震区，采用M7.5水泥砂浆MU30毛石砌筑，墙身容重$\gamma_s=22kN/m^3$，挡土墙安全等级为二级。试设计该挡土墙。

2. 某直立式挡土墙，净挡土高度为5m，填土面水平即$\beta=0°$，填土面均布荷载标准值$q_k=10kN/m^2$，填料内摩擦角$\varphi_k=20°$，墙背很粗糙，排水良好，基底摩擦系数$\mu=0.30$。地基承载力特征值$f_{ak}=180kPa$，墙后填土及基底土容重均为$\gamma=18kN/m^3$，地基承载力宽度修正系数$\eta_b=0.3$，深度修正系数$\eta_d=1.6$。该挡土墙处于非抗震区，采用M7.5水泥砂浆MU30毛石砌筑，墙身容重$\gamma_s=22kN/m^3$，挡土墙安全等级为二级。试设计该挡土墙。

3. 图7-32所示基坑为均质黏质粉土，黏聚力$c=10kPa$，内摩擦角$\varphi=26°$，土的天然重度$\gamma=20kN/m^3$，无地下水及地表超载，基坑开挖深度$h=8m$，支护等级一级，排桩支护，设单排锚杆，间距3m，锚定点在地面以下3m（$h_T=5m$）。分别用等值梁计算法和静力平衡计算法计算锚杆每延米水平力T及桩嵌入基坑底深度h_d。

第8章 特殊土地基

8.1 概 述

我国地域辽阔，从沿海到内陆，从山区到平原，广泛分布着各种各样的土类。某些土类，由于生成时不同的地理环境、气候条件、地质成因、历史过程和次生变化等原因，使它们具有一些特殊的成分、构造和性质。当遇到特殊土地基时，如果不注意这些特殊性就可能出现工程事故。通常把这些具有特殊工程地质的土类称为特殊土。各种天然形成的特殊土的地理分布存在着一定的规律，表现出一定的区域性，故又有区域性特殊土之称。

我国主要的区域性特殊土有湿陷性黄土、膨胀土、红黏土、软土以及盐渍土和多年冻土地基等。此外，我国山区范围较大，广泛分布于我国西南地区的山区，山区地基与平原地基相比，其主要表现为地基的不均匀性和场地的不稳定性两方面，工程地质条件更为复杂，如岩溶、土洞及土岩组合地基等，对构筑物更具有直接和潜在的危险，为保证各类构筑物的安全和正常使用，应根据其工程特点和要求，因地制宜、综合治理，尤其是我国中西部城镇化的快速发展，对该类地基的处治提出了更高的要求。

限于篇幅，本章主要介绍上述特殊土地基的工程特征和评估指标，以及在这些地区从事工程建设时应采取的措施。

8.2 软 土 地 基

8.2.1 软土及其分布

软土系指天然孔隙比大于或等于1.0，天然含水量大于液限，压缩系数大于0.5MPa^{-1}，不排水抗剪强度小于30kPa，并具有灵敏性的细粒土，包括淤泥、淤泥质土、泥炭、泥炭质土等。

软土多为静水或缓慢流水环境中沉积，并经生物化学作用形成，其成因类型主要有滨海环境沉积、海陆过渡环境沉积（三角洲沉积）、河流环境沉积、湖泊环境沉积和和沼泽环境沉积等。软土大多分布于我国的经济发达地区，如长江、珠江地区的三角洲沉积；上海、天津塘沽、江苏连云港等地的滨海相沉积；闽江口平原的溺谷相沉积；洞庭湖、洪泽湖、太湖以及昆明滇池等地区的内陆湖泊相沉积；河滩沉积位于各大、中河流的中、下游地区；沼泽沉积的有内蒙古、大兴安岭、小兴安岭、南方及西南森林地区等。

此外广西、贵州、云南等省的某些地区还存在山地型的软土，是泥灰岩、炭质页岩、泥质砂页岩等风化产物和地表的有机物经水流搬运，沉积于低洼处，长期饱水软化或间有微生物作用而形成。沉积的类型以坡洪积、湖沉积和冲沉积为主。其特点是分布面积不大，但厚度变化很大，有时相距2～3m内，厚度变化可达7～8m。

我国厚度较大的软土，一般表层约有0～3m厚的中或低压缩性黏性土（俗称硬壳层或表土层），其层理上大致可分为以下几种类型：

(1) 表层为1～3m粉质黏土，第二、三层为淤泥或淤泥质土，属高压缩性土，第四层为较密实的黏土层或砂层。

(2) 表层由人工填土及较薄的粉质黏土组成，厚3～5m，第二层为5～8m的高压缩性淤泥层，基岩离地表较近，起伏变化较大。

(3) 表层为1m余厚的黏性土，其下为30m以上的高压缩性淤泥层。

(4) 表层为3～5m厚粉质黏土，以下为淤泥及粉砂夹层交错形成。

(5) 表层为3～5m厚粉质黏土，第二层为厚度变化很大、呈喇叭口状的高压缩性淤泥，第三层为较薄残积层，其下为基岩，多分布在山前沉积平原或河流两岸靠山地区。

(6) 表层为黏性土，其下为饱和软土或淤泥及泥炭，成因复杂，极大部分为坡洪积、湖沼沉积、冲积，分布面积不大，厚度变化悬殊的山地型软土。

8.2.2 软土的工程特性及其评价

软土的主要特征是含水量高（$w=35\%\sim80\%$）、孔隙比大（$e\geqslant1$）、颗粒细并含有机质，由于这三个主要物理特性，使软土具有压缩性高、承载力低、渗透性差等特点，一般软土具有如下工程特性：

(1) **触变性**。尤其是滨海相软土一旦受到扰动（振动、搅拌、挤压或搓揉等），原有结构破坏，土的强度明显降低或很快变成稀软状态。触变性的强弱，常用灵敏度 S_t 来衡量，灵敏度是扰动前后强度的比值，一般 S_t 在3与4之间，个别可达8～9。故软土地基在振动荷载下，易产生侧向滑动、沉降及基底向两侧挤出等现象。

(2) **流变性**。软土除排水固结引起变形外，在剪应力长期作用下，土体还会随时间发生缓慢而长期的变形，对地基沉降有较大影响，对斜坡、堤岸、码头的地基稳定不利。

(3) **高压缩性**。软土的压缩系数很大，一般 $\alpha_{1-2}=0.5\sim1.5\text{MPa}^{-1}$，最大可达 4.5MPa^{-1}；压缩指数 C_c 约为0.35～0.75，软土地基的变形特性与其天然固结状态相关，欠固结软土在荷载作用下沉降更大，天然状态下的软土层大多属于正常固结状态。

(4) **低强度**。软土的天然不排水抗剪强度一般小于20kPa，其变化范围约为5～25kPa，有效内摩擦角 φ' 约为12°～35°，固结不排水剪内摩擦角 $\varphi_{cu}=12°\sim17°$，软土地基的承载力一般为50～80kPa。

(5) **低透水性**。软土的渗透系数一般约为 $1\times10^{-6}\sim1\times10^{-8}\text{cm/s}$，在自重或荷载作用下固结速率很慢，导致完成沉降的时间很长。同时，在加载初期地基中常出现较高的孔隙水压力，降低有效应力，使地基承载力显著降低。

(6) **不均匀性**。由于沉降环境的变化，黏性土层中常局部夹有厚薄不等的粉土，粉土在水平向分布不均匀，在垂直向分布也不均匀，使建筑物地基易产生不均匀沉降。

软土地基的岩土工程分析和评价应根据工程特性，结合具体工程要求进行，通常应包括以下内容：

(1) 判定地基产生滑移和不均匀变形的可能性。当建筑物位于池塘、河岸、边坡附近时，应验算其稳定性。

(2) 选择适宜的持力层和基础型式，当有地表硬壳层时，基础宜浅埋。

(3) 当相邻建筑物存在高低差导致竖向荷载相差很大时，应分别计算各自的沉降，并分析其相互影响。当地面有较大面积堆载时，应分析对相邻建筑物的不利影响。

(4) 软土地基承载力应根据地区建筑经验，并结合下列因素综合确定：

1）软土成分、应力历史、力学特性及排水条件。

2）上部结构的结构类型、刚度、荷载性质、大小和分布，建筑物对不均匀沉降的敏感性。

3）基础的类型、尺寸、埋深、刚度等。

4）施工方法和程序。

5）采用预压排水处理的地基，应考虑软土固结排水后强度的增长。

（5）地基的沉降量可采用分层总和法计算，并乘以经验系数；也可采用土的应力历史的沉降计算方法。

（6）在软土开挖、打桩、降水时，应按《岩土工程勘察规范》（GB 50021）有关规定执行。

此外，还须特别强调软土地基承载力综合评定的原则，不能单靠理论计算，要以地区经验为主。软土地基的变形控制比强度控制更为重要。

软土地基主要受力层中的倾斜基岩或其他倾斜坚硬地层，是软土地基的一大隐患；可能导致不均匀沉降，以及蠕变滑移而产生剪切破坏，因此对这类地基不但要考虑变形，而且要考虑稳定性。若主要受力层中存在有砂层，砂层将起排水通道作用，加速软土固结，有利于地基承载力的提高。

水文地质条件对软土地基影响较大，如抽降地下水形成降落漏斗将导致附近建筑物产生沉降或不均匀沉降；基坑迅速抽水则会使基坑周围水力坡度增大而产生较大的附加应力，致使坑壁坍塌；承压水头改变将引起明显的地面浮沉等。在岩土工程评价中应引起重视。此外，沼气逸出等对地基稳定和变形也有影响，通常应查明沼气带的埋藏深度、含气量和压力的大小，以此评价对地基影响的程度。

建筑施工加荷速率的适当控制或改善土的排水固结条件，可提高软土地基的承载力及其稳定性。随着荷载的施加，地基土的抗剪强度逐渐增大，地基承载力得以提高；反之，若荷载过大，加荷速率过快，将出现局部塑性变形，甚至产生整体剪切破坏。

8.2.3 软土地基的工程措施

在软土地基上修建各种低层建筑物、构筑物时，要特别重视地基的变形和稳定问题，并考虑对上部结构的影响，采用必要的建筑及结构措施，确定合理的施工顺序和地基处理方法，并应采取下列措施：

（1）充分利用表层密实的黏性土（一般厚约1～2m）作为持力层，基础尽可能浅埋（埋深300～800mm），但应验算下卧层软土的强度。

（2）尽可能设法减小基底附加应力，如采用轻型结构、轻质墙体、扩大基础底面尺寸、设置地下室或半地下室等。

（3）采用换土垫层或桩基础等，若为端承型桩应考虑欠固结软土产生的桩侧负摩阻力。

（4）采用砂井预压，加速土层排水固结。

（5）采用高压喷射注浆、深层搅拌、粉体喷射注浆等处理方法。

（6）使用期间，对大面积地面堆载划定范围，避免地面堆载荷载对基础的影响。

当遇到暗塘、暗沟、杂填土及冲填土时，须查明范围、深度及填土成分。较密实均匀的建筑垃圾及性能稳定的工业废料可作为低层建筑物的地基持力层，而有机质含量大的生活垃圾和对地基有侵害作用的工业废料，未经处理不宜作为地基持力层。并应根据具体情况，选用如下处理方法：

（1）不挖土，直接打入短桩，并认为承台底土与桩共同承载，土承受该桩所受荷载的70%左右，但不超过30kPa，对暗塘、暗沟下有强度较高的土层效果更佳。如上海地区通常采用长约7m、断面200mm×200mm的钢筋混凝土桩，单桩承载力特征值采用30～70kN。

（2）填土不深时，可挖去填土，将基础落于较深的持力层，或用毛石混凝土、混凝土等回填至基底标高，也可用自然级配砂石垫层处理。若暗塘、暗沟不宽，可设置基础梁直接跨越。

（3）对于低层民用建筑可适当降低地基承载力，直接利用填土作为持力层。

（4）冲填土一般可直接作为地基。若土质不良时，可选用上述方法加以处理。

8.3 湿陷性黄土地基

8.3.1 黄土的特征和分布

黄土是一种产生于第四纪地质历史时期干旱条件下的沉积物，其外观颜色较杂乱，主要呈黄色或褐黄色，颗粒组成以粉粒（0.075～0.005mm）为主，同时含有砂粒和黏粒。它的内部物质成分和外部形态特征与同时期其他沉积物不同。一般认为不具层理的风成黄土为原生黄土，原生黄土经流水冲刷、搬运和重新沉积形成的黄土称次生黄土，常具层理和砾石夹层。

具有天然含水量的黄土，如未受水浸湿，一般强度较高，压缩性较小，某些黄土在一定压力下受水浸湿，土结构迅速破坏，产生显著附加下沉，强度也迅速降低，其称为湿陷性黄土，主要属于晚更新世（Q_3）的马兰黄土以及全新世（Q_4）的次生黄土。该类黄土形成年代较晚，土质均匀或较为均匀，结构疏松，大孔发育，有较强烈的湿陷性。在一定压力下受水浸湿，土结构不出现破坏，并无显著附加下沉的黄土称为非湿陷性黄土，一般属于中更新世（Q_1）的午城黄土，其形成年代久远，土质密实，颗粒均匀，无大孔或略具大孔结构，一般不具有湿陷性或仅具轻微湿陷性。非湿陷性黄土地基的设计和施工与一般黏性土地基无甚差异，故下面仅讨论与工程建设关系密切的湿陷性黄土。

我国的湿陷性黄土，一般呈黄或褐黄色，粉粒含量常占土重的60%以上，含有大量的碳酸盐、硫酸盐和氯化物等可溶盐类，天然孔隙比约为1.0，一般具有肉眼可见的大孔隙，竖直节理发育，能保持直立的天然边坡。湿陷性黄土又分为非自重湿陷性和自重湿陷性黄土两种。在土自重应力作用下受水浸湿后不发生湿陷者称为非湿陷性黄土，在自重应力作用下受水浸湿后发生湿陷者称为自重湿陷性黄土。

黄土在世界各地分布甚广，其面积达1300万km^2，约占陆地总面积的9.3%，主要分布于中纬度干旱、半干旱地区。我国黄土分布非常广泛，面积约64万km^2，其中湿陷性黄土约占四分之三。以黄河中游地区最为发育，多分布于甘肃、陕西、山西地区，青海、宁夏、河南也有部分分布，其他如河北、山东、辽宁、黑龙江、内蒙古和新疆等省（区）也有零星分布。

我国《湿陷性黄土地区建筑规范》（GB 50025）在调查和搜集各地区湿陷性黄土的物理力学性质指标、水文地质条件、湿陷性资料等基础上，综合考虑各区域的气候、地貌、地层等因素，给出了我国湿陷性黄土工程地质分区略图以供参考。

8.3.2 影响黄土地基湿陷性的主要因素

1. 黄土的湿陷机理

黄土的湿陷现象是一个复杂的地质、物理、化学过程，其湿陷机理国内外学者有各种不同假说，如毛细管假说、溶盐假说、胶体不足假说、欠压密理论和结构学假说等，但至今尚未获得能够充分解释所有湿陷现象和本质的统一理论。以下仅简要介绍几种被公认为比较合理的假说。

(1) 黄土的欠压密理论认为，在干旱、少雨气候下，黄土沉积过程中水分不断蒸发，土粒间盐类析出，胶体凝固，形成固化黏聚力，在土湿度不大时，上覆土层不足以克服土中形成的固化黏聚力，因而形成欠压密状态，一旦受水浸湿，固化黏聚力消失，则产生沉陷。

(2) 溶盐假说认为，黄土湿陷是由于黄土中存在大量的易溶盐。黄土中含水量较低时，易溶盐处于微晶状态，附于颗粒表面，起胶结作用。受水浸湿后，易溶盐溶解，胶结作用丧失，从而产生湿陷。但溶盐假说并不能解释所有湿陷现象，如我国湿陷性黄土中易溶盐含量就较少。

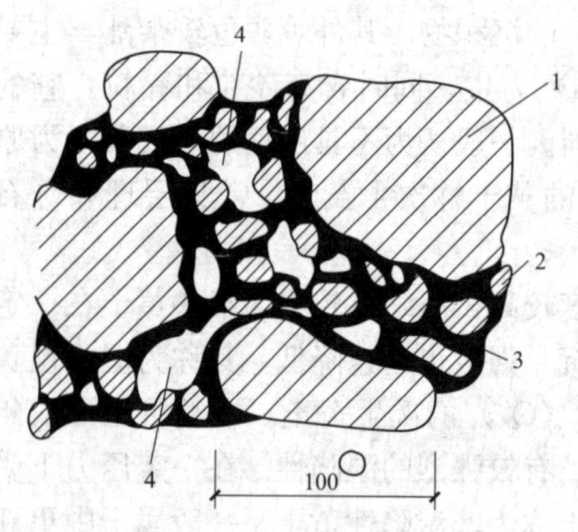

图 8-1 黄土结构示意图

1—砂粒；2—粗粉粒；3—胶结物；4—大孔隙

(3) 结构学说认为，黄土湿陷的根本原因是其特殊的粒状架空结构体系所造成。该结构体系由集粒和碎屑组成的骨架颗粒相互联结形成（图 8-1），含有大量架空孔隙。颗粒间的连接强度是在干旱、半干旱条件下形成，来源于上覆土重的压密，少量的水在粒间接触处形成毛管压力，粒间电分子引力，粒间摩擦及少量胶凝物质的固化黏聚等。该结构体系在水和外荷载作用下，必然导致连接强度降低、连接点破坏，致使整个结构体系失去稳定。

尽管解释黄土湿陷原因的观点各异，但归纳起来可分为外因和内因两个方面。黄土受水浸湿和荷载作用是湿陷发生的外因，黄土的结构特征及物质成分是产生湿陷性的内在原因。

2. 影响黄土湿陷性的因素

(1) **黄土的物质成分**。黄土中胶结物的多寡和成分，以及颗粒的组成和分布，对于黄土的结构特点和湿陷性的强弱有着重要的影响。胶结物含量大，可把骨架颗粒包围起来，则结构致密。黏粒含量特别是胶结能力较强的小于 0.001mm 颗粒的含量多，其均匀分布在骨架之间也起了胶结物的作用，均使湿陷性降低并使力学性质得到改善。反之，粒径大于 0.05mm 的颗粒增多，胶结物多呈薄膜状分布，骨架颗粒多数彼此直接接触，其结构疏松，强度降低而湿陷性增强。我国黄土湿陷性存在着由西北向东南递减的趋势，就是与自西北向东南方向砂粒含量减少而黏粒含量增多是一致的。此外黄土中的盐类以及其存在状态对湿陷性也有着直接的影响，如以较难溶解的碳酸钙为主而具有胶结作用时，湿陷性减弱，但石膏及其他碳酸盐、硫酸盐和氯化物等易溶盐的含量愈大时，湿陷性增强。

(2) **黄土的物理性质**。黄土的湿陷性与其孔隙比和含水量等土的物理性质有关。天然孔隙比越大，天然含水量越小，则湿陷性越强。饱和度 $S_r \geqslant 80\%$ 的黄土，称为饱和黄土，饱和黄土的湿陷性已退化。在天然含水量相同时，黄土的湿陷变形随湿度的增加而增大。

(3) **外加压力**。黄土的湿陷性还与外加压力有关。外加压力越大，湿陷量也显著增加，但当压力超过某一数值后，再增加压力，湿陷量反而减少。

8.3.3 湿陷性黄土地基的勘查与评价

正确评价黄土地基的湿陷性具有很重要的工程意义，其主要包括三方面内容：①查明一定压力下黄土浸水后是否具有湿陷性；②判别场地的湿陷类型，是自重湿陷性还是非自重湿陷性；③判定湿陷黄土地基的湿陷等级，即其强弱程度。

1. 湿陷系数

黄土的湿陷量与所承受的压力大小有关。湿陷性的有无、强弱可按某一给定压力下土体浸水后的湿陷系数 δ_s 来衡量，湿陷系数由室内压缩试验测定。在压缩仪中将原状试样逐级加压到规定的压力 p，当压缩稳定后测得试样高度 h_p，然后加水浸湿，测得下沉稳定后高度 h'_p。设土样原始高度为 h_0，则土的湿陷系数 δ_s 为

$$\delta_s = \frac{h_p - h'_p}{h_0} \tag{8-1}$$

在工程中，δ_s 主要用于判别黄土的湿陷性，当 $\delta_s < 0.015$ 时，定为非湿陷性黄土；$\delta_s \geqslant 0.015$ 时，定为湿陷性黄土。试验时测定湿陷系数的压力 p 应采用黄土地基的实际压力，但初勘阶段，建筑物的平面位置、基础尺寸和埋深等尚未确定，即实际压力大小难以预估。因而《湿陷性黄土地区建筑规范》GB 50025 规定：自基础底面（初勘时，自地面下 1.5m）算起，10m 以上的土层应用 200kPa，10m 以下至非湿陷性土层顶面，应用其上覆土的饱和自重应力（当大于 300kPa 时，仍用 300kPa）。如基底压力大于 300kPa 时，宜用实际压力判别黄土的湿陷性。

2. 湿陷起始压力

如前所述，黄土的湿陷量是压力的函数。事实上存在一个压力界限值，若黄土所受压力低于该数值，即使浸了水也只产生压缩变形而无湿陷现象。该界限称为湿陷起始压力 p_{sh}(kPa)。它是一个很有实用价值的指标。例如，当设计荷载不大的非自重湿陷性黄土地基的基础和土垫层时，可适当选取基础底面尺寸及埋深或土垫层厚度，使基底或垫层底面总压应力小于或等于 p_{sh}，则可避免湿陷发生。

湿陷起始压力可根据室内压缩试验或野外载荷试验确定，其分析方法可采用双线法或单线法。

(1) **双线法**。在同一取土点的同一深度处，以环刀切取 2 个试样。一个在天然湿度下分级加荷，另一个在天然湿度下加第一级荷重，下沉稳定后浸水，至湿陷稳定后再分级加荷。分别测定两个试样在各级压力下，下沉稳定后的试样高度 h_p 和浸水下沉稳定后的试样高度 h'_p，绘制不浸水试样的 p-h_p 曲线和浸水试样的 p-h'_p 曲线如图 8-2 所示。然后按式（8-1）计算各级荷载下的湿陷系数 δ_s，并绘制 p-δ_s 曲线。在 p-δ_s 曲线上取 $\delta_s = 0.015$ 所对应的压力作为湿陷起始压力 p_{sh}。

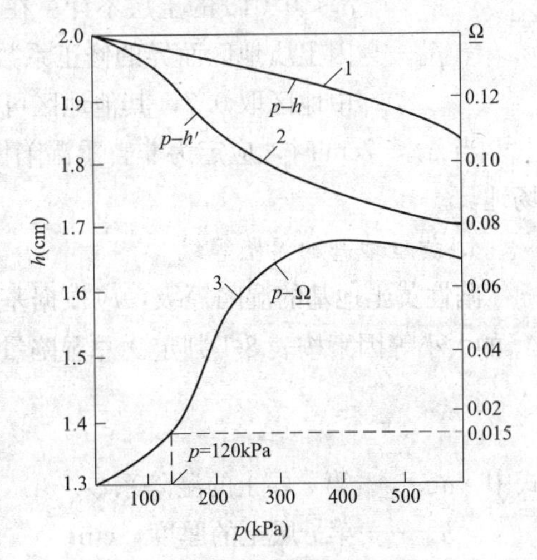

图 8-2 双线法压缩试验曲线

1—不浸水试样 p-h_p 曲线；
2—浸水试样 p-h'_p 曲线；3—p-δ_s 曲线

（2）**单线法**。在同一取土点的同一深度处，至少以环刀切取 5 个试样。各试样均分别在天然湿度下分级加荷至不同的规定压力。下沉稳定后测定土样高度 h_p，再浸水至湿陷稳定为止，测试样高度 h'_p，绘制 p-δ_s 曲线。p_{sh}的确定方法与双线法相同。

上述方法是针对室内压缩试验而言，按野外载荷试验方法相同。我国各地湿陷起始压力相差较大，如兰州地区一般为 20～50kPa，洛阳地区常在 120kPa 以上。此外，大量试验结果表明，黄土的湿陷起始压力随土的密度、湿度、胶结物含量以及土的埋藏深度等的增加而增加。

3. 场地湿陷类型的划分

工程实践表明，自重湿陷性黄土无外荷作用时，浸水后也会迅速发生剧烈的湿陷，甚至一些很轻的建筑物也难免遭受其害；对非自重湿陷性黄土地基则很少发生。对两种湿陷性黄土地基，所采取的设计和施工措施应有所区别。因此必须正确划分场地的湿陷类型。

建筑物场地的湿陷程度，应按实测自重湿陷量或计算自重湿陷量判定。实测自重湿陷量应根据现场试坑浸水试验确定。其结果可靠，但费水费时，且有时受各种条件限制而不易做到。计算自重湿陷量可按下式计算：

$$\Delta_{zs}=\beta_0\sum_{i=1}^{n}\delta_{zsi}h_i \tag{8-2}$$

式中 δ_{zsi}——第 i 层土在上覆土的饱和（$S_r>0.85$）自重应力作用下的湿陷系数，其测定和计算方法同 δ_s，即 $\delta_{zsi}=\dfrac{h_{zi}-h'_{zi}}{h_i}$，其中 h_{zi}是加压至土的饱和自重压力时，下沉稳定后的高度。h'_{zi}是上述加压稳定后，在浸水作用下，下沉稳定后的高度。

h_i——第 i 层土的厚度。

n——总计算土层内湿陷土层的总数。总计算厚度应从天然地面算起（当挖、填方厚度及面积较大时，自设计地面算起）至其下全部湿陷性黄土层的底面为止，$\delta_s<0.015$ 的土层不计算在内。

β_0——因土质地区而异的修正系数。陇西地区可取 1.5，陇东陕北地区取 1.2，对关中地区取 0.7，其他地区可取 0.5。

当 $\Delta_{zs}\leqslant$7cm 时，应定为非自重湿陷性黄土场地；大于 7cm 时，应定为自重湿陷性黄土场地。

4. 黄土地基的湿陷等级

陷性黄土地基的湿陷等级，应根据基底下各土层累计的总湿陷量 Δ_s和计算自重湿陷量 Δ_{zs}的大小等因素按表 8-1 判定。总湿陷量可按下式计算：

$$\Delta_s=\sum_{i=1}^{n}\beta\delta_{si}h_i \tag{8-3}$$

式中 δ_{si}—— 第 i 层土的湿陷系数。

h_i—— 第 i 层土的厚度，cm。

β——考虑地基土的侧向挤出和浸水概率等因素的修正系数。基底下 5m（或压缩层）深度内可取 1.5；5m 以下，对非自重湿陷性黄土场地可不计算；自重湿陷性黄土场地可按式（8-2）中 β_0 取用。

表 8-1　**湿陷性黄土地基的湿陷等级**

计算自重湿陷量（cm） 总湿陷量 Δ_s(cm)	非自重湿陷性场地	自重湿陷性场地	
	$\Delta_{zs}\leqslant 7$	$7<\Delta_{zs}\leqslant 35$	$\Delta_{zs}>35$
$\Delta_s\leqslant 30$	Ⅰ（轻微）	Ⅱ（中等）	—
$30<\Delta_s\leqslant 60$	Ⅱ（中等）	Ⅱ或Ⅲ	Ⅲ（严重）
$\Delta_s>60$	—	Ⅲ（严重）	Ⅳ（很严重）

注　1. 当总湿陷量 $30\text{cm}<\Delta_s<50\text{cm}$，计算自重湿陷量 $7\text{cm}<\Delta_s<30\text{cm}$ 时，可判为Ⅱ级；

2. 当总湿陷量 $\Delta_s\geqslant 50\text{cm}$，计算自重湿陷量 $\Delta_s\geqslant 30\text{cm}$ 时，可判为Ⅲ级。

Δ_s是湿陷性黄土地基在规定压力下充分浸水后可能发生的湿陷变形值。设计时应根据黄土地基的湿陷等级考虑相应的设计措施。相同情况下湿陷程度愈高，设计措施要求也愈高。

5. 黄土地基的勘察

湿陷性黄土地区的勘察除满足一般勘察要求外，还需针对湿陷性黄土的特点进行如下勘察工作：

(1) 应着重查明地层年代、成因、湿陷性土层的厚度、土的物理力学性质（包括湿陷起始压力），湿陷系数随深度的变化、地下水位变化幅度和其他工程地质条件，以及划分湿陷类型和湿陷等级，确定湿陷性、非湿陷性土层在平面与深度上的界限。

(2) 划分不同的地貌单元，查明湿陷洼地、黄土溶洞、滑坡、崩塌、冲沟和泥石流等不良地质现象的分布地段、规模和发展趋势及其对建筑物的影响。

(3) 了解场地内有无地下坑穴，如古墓、古井、坑、穴、地道、砂井和砂巷等；研究地形的起伏和降水的积累及排泄条件；调查山洪淹没范围及其发生时间段，地下水位的深度及其季节性变化情况，地表水体和灌溉情况等。

(4) 调查邻近已有建筑物的现状及其开裂与损坏情况。

(5) 采取原状土样，必须保持其天然湿度和结构（Ⅰ级土试样），探井中取样竖向间距一般为 1m，土样直径不小于 10cm。钻孔中取样，必须注意钻进工艺。取土勘探点中应有一定数量的探井。在Ⅲ、Ⅳ级自重湿陷性黄土场地上，探井数量不得少于取土勘探点的 1/3。场地内应有一定数量的取土勘探点穿透湿陷性黄土层。

8.3.4　湿陷性黄土地基的工程措施

湿陷性黄土地基的设计和施工，应满足地基承载力、湿陷变形、压缩变形及稳定性要求，并针对黄土地基湿陷性等级和工程要求，因地制宜地以地基处理为主采取如下措施防止地基湿陷，确保建筑物安全和正常使用。

(1) **地基处理**。其目的在于破坏湿陷性黄土的大孔结构，以便全部或者部分消除地基的湿陷性，从根本上避免或削弱湿陷现象的发生。常用的地基处理方法如表 8-2 所示。

若采用桩基，计算非自重湿陷性黄土地基的单桩承载力时，桩端阻力和桩侧摩阻力均应按饱和状态下的土确定。计算自重湿陷性黄土地基的单桩承载力时，不计湿陷性土层范围内桩侧摩阻力，并应扣除桩侧负摩阻力。桩侧负摩阻力的计算深度，应自桩基承台底面算起至湿陷性土层顶面为止。

(2) **防水措施**。其目的是消除黄土发生湿陷变形的外因。要求做好建筑物在施工及使用期间的防水、排水工作，防止地基土受水浸湿。其基本防水措施包括：做好场地平整和防水系统，防止地面积水；压实建筑物四周地表土层，做好散水，防止雨水直接渗入地基；主要给排水管道离建筑物有一定防护距离；提高防水地面、排水沟、检漏管沟和井等设施的设计标准，避免漏水浸泡局部地基土体等。

表 8-2　　湿陷性黄土地基常用的处理方法

名称		适用范围	一般可处理（或穿透）基底下的湿陷性土层厚度（m）
垫层法		地下水位以上，局部或整片处理	1～3
夯实法	强夯	S_r＜60%的湿陷性黄土，局部或整片处理	3～6
	重夯		1～2
挤密法		地下水位以上，局部或整片处理	5～15
桩基础		基础荷载大，有可靠的持力层	≤30
预浸水法		Ⅲ、Ⅳ级自重湿陷性黄土场地，6m 以上尚应采用垫层等方法处理	可消除地面下 6m 以下全部土层的湿陷性
单液硅化或碱液加固法		一般用于加固地下水位以上的已有建筑物地基	≤10 单液硅化加固的最大深度可达 20m

注　在雨季、冬期选择垫层法、夯实法和挤密法处理地基时，施工期间应采取防雨、防冻施，并应防止地面水流入已处理和未处理的基坑或基槽内。

（3）**结构措施**。从地基基础和上部结构相互作用概念出发，在建筑结构设计中采取适当措施，以减小建筑物的不均匀沉降或使结构能适应地基的湿陷变形。如选取适宜的结构体系和基础型式，加强上部结构整体刚度，预留沉降净空等。

（4）**施工措施及使用维护**。湿陷性黄土地基的建筑物施工，应根据地基土的特性和设计要求合理安排施工程序，防止施工用水和场地雨水流入建筑物地基引起湿陷。在使用期间，对建筑物和管道应经常进行维护和检修，确保防水措施的有效发挥，防止地基浸水湿陷。

在上述措施中，地基处理是主要的工程措施。防水、结构措施的采用，应根据地基处理的程度不同而有所差别。若通过地基处理消除了全部地基土的湿陷性，就不必再考虑其他措施；若只是消除了地基主要部分湿陷量，则还应辅以防水和结构措施。

8.4　膨胀土地基

8.4.1　膨胀土的特性

膨胀土一般系指黏粒成分主要由亲水性矿物组成，同时具有显著的吸水膨胀和失水收缩两种变形特性的黏性土，天然状态一般强度很高、压缩性低，易被误认为是较好的地基土。通常，一般黏性土也具有膨胀和收缩特性，但胀缩量不大，对工程无太多影响；膨胀土的膨胀一收缩一再膨胀的周期性变化特性非常显著，常给工程带来巨大危害。通常需将其与一般黏性土区别，作为特殊土处理。此外，由于该类土同时具有吸水膨胀和失水收缩的往复胀缩性，故亦称为胀缩性土。

1. 膨胀土的特征及分布

我国膨胀土除少数形成于全新世（Q_4）外，其地质年代多属第四纪晚更新世（Q_3）或更早一些，在自然条件下，膨胀土液性指数常小于零，呈硬塑或坚硬状态，压缩性较低，具黄、红、灰白等有别于普通土的颜色，常呈斑状，并含有铁锰质或钙质结核，具有如下一些工程特征：

(1) 多出露于二级及二级以上的河谷阶地、山前和盆地边缘及丘陵地带。地形坡度平缓，一般坡度小于12°，无明显的天然陡坎。膨胀土在结构上多呈坚硬一硬塑状态，结构致密，呈棱形土块者常具有胀缩性，且棱形土块愈小，胀缩性愈强。

(2) 裂隙发育是膨胀土的一个重要特征，常见光滑面或擦痕。裂隙有竖向、斜交和水平三种。裂隙间常充填灰绿、灰白色黏土。竖向裂隙常出露地表，裂隙宽度随深度的增加而逐渐尖灭；斜交剪切缝隙越发育，胀缩性越严重。此外，膨胀土地区旱季常出现地裂，上宽下窄，长可达数十米至百米，深数米，壁面陡立而粗糙，雨季则闭合。

(3) 我国膨胀土的黏粒含量一般很高，粒径小于0.002mm的胶体颗粒含量一般超过20%。液限大于40%，塑性指数大于17，且多在22～35之间。自由膨胀率一般超过40%(红黏土除外)。其天然含水量接近或略小于塑限，液性指数常小于零，压缩性小，多属低压缩性土。

(4) 膨胀土的含水量变化易产生胀缩变形。初始含水量与胀后含水量愈接近，土的膨胀就愈小，收缩的可能性和收缩值就愈大。膨胀土地区多为上层滞水或裂隙水，水位随季节性变化，常引起地基的不均匀胀缩变形。

膨胀土在我国分布广泛，且常常呈岛状分布，以黄河以南地区较多，广西、云南、湖北、湖南、河南、安徽、四川、河北、山东、陕西、江苏、贵州和广东等地均有不同范围的分布。目前，膨胀土的工程问题已成为世界性的研究课题。我国在总结大量勘察、设计、施工和维护等方面的成套经验基础上，已制订出《膨胀土地区建筑技术规范》(GB 50112—2013)。

2. 膨胀土的危害性

膨胀土具有显著的吸水膨胀和失水收缩的变形特性，使建造在其上的构筑物随季节性气候的变化而反复不断地产生不均匀的升降，致使房屋开裂、倾斜，公路路基发生破坏，堤岸、路堑产生滑坡，涵洞、桥梁等刚性结构物产生不均匀沉降等，造成巨大损失。其破坏具有如下特征和规律：

(1) 建筑物的开裂破坏具有成群出现的特点，建筑物裂缝随气候变化不停地张开和闭合。对于低层建筑物、砖混结构建筑物，建筑物的重量轻、整体性较差，且基础埋置浅，地基土易受外界环境变化的影响而产生胀缩变形，其损坏最为严重。

(2) 因建筑物在垂直和水平方向受弯扭，故转角处首先开裂，墙上常出现对称或不对称的八字形、X形交叉裂缝、外纵墙基础因受到地基膨胀过程中产生的竖向切力和侧向水平推力作用而产生水平裂缝和位移，室内地坪和楼板则发生纵向隆起开裂。

(3) 膨胀土边坡不稳定，易产生水平滑坡，引起房屋和构筑物开裂，且构筑物的损坏比平地上更为严重。

世界上已有40多个国家发现膨胀土造成的危害，据报道，目前每年给工程建设带来的经济损失已超过百亿美元，比洪水、飓风和地震所造成的损失总和的两倍还多。膨胀土的工程问题已引起包括我国在内的各国学术界和工程界的高度重视。

8.4.2 影响膨胀土胀缩变形的主要因素

膨胀土的胀缩变形特性主要取决于膨胀土的矿物成分与含量、微观结构等内在机制（内因），但同时受到气候尤其是降雨、地形地貌等外部环境（外因）的影响。

1. 影响膨胀土胀缩变形的内因

（1）**矿物成分**。膨胀土中主要黏土矿物是蒙脱石，其次为伊利石。蒙脱石亲水性强，具有既易吸水又易失水的特性。伊利石亲水性比蒙脱石低，但也有较高的活动性。两种矿物含量的大小直接决定了土的膨胀性大小。此外，蒙脱石矿物吸附外来阳离子的类型对土的胀缩性也有影响，如吸附钠离子（钠蒙脱石）时就具有特别强烈的胀缩性。

（2）**微观结构**。膨胀土中普遍存在着片状黏土矿物，颗粒彼此叠聚成微集聚体基本结构单元，其微观结构为集聚体与集聚体彼此面-面接触形成分散结构，该结构具有很大的吸水膨胀和失水收缩的能力。故膨胀土的胀缩性还取决于其矿物在空间分布上的结构特征。

（3）**黏粒含量**。由于黏土颗粒细小，比面积大，因而具有很大的表面能，对水分子和水中阳离子的吸附能力强。因此土中黏粒含量（粒径小于 $2\mu m$）愈高，则土的胀缩性愈强。

（4）**干密度**。土的胀缩表现于土的体积变化。土的密度愈大，则孔隙比愈小，浸水膨胀愈强烈，失水收缩愈小；反之，孔隙比愈大，浸水膨胀愈小，失水收缩愈大。

（5）初始含水量。土的初始含水量与胀后含水量的差值影响土的胀缩变形，初始含水量与胀后含水量相差愈大，则遇水后土的膨胀愈大，而失水后土的收缩愈小。

（6）**土的结构强度**。结构强度愈大，土体限制胀缩变形的能力也愈大。当土的结构受到破坏以后，土的胀缩性随之增强。

2. 影响膨胀土胀缩变形的外因

（1）**气候条件**。一般膨胀土分布地区降雨量集中，旱季较长。若建筑场地潜水位较低，则表层膨胀土受大气影响，土中水分处于剧烈变动之中，对室外土层影响较大，故基础室内外土的胀缩变形存在明显差异，甚至外缩内胀，使建筑物受到往复不均匀变形的影响，导致建筑物开裂。实测资料表明，季节性气候变化对地基土中水分的影响随深度的增加而递减。

（2）**地形地貌**。高地临空面大，地基中水分蒸发条件好，故含水量变化幅度大，地基土的胀缩变形也较剧烈。因此一般低地的膨胀土地基较高地的同类地基的胀缩变形要小得多；在边坡地带，坡脚地段比坡肩地段的同类地基的胀缩性又要小得多。

（3）**日照环境**。日照的时间与强度也不可忽视。通常房屋向阳面开裂较多，背阳面（即北面）开裂较少。此外，建筑物周围树木（尤其是不落叶的阔叶树）对胀缩变形也将造成不利影响（树根吸水，减少土中含水量），加剧地基的干缩变形；建筑物内外的局部水源补给，也会增加胀缩变形的差异。

8.4.3 膨胀土地基的勘察和评价

1. 膨胀土的工程特性指标

为判别及评价膨胀土的胀缩性，除一般物理力学指标外，尚应确定下列胀缩性指标。

（1）**自由膨胀率**。

将人工制备的磨细烘干土样（结构内部无约束力），经无颈漏斗注入量土杯（容积10mL），盛满刮平后，倒入盛有蒸馏水的量筒（容积50mL）内，加入凝聚剂并用搅拌器上下均匀搅拌10次，使土样充分吸水膨胀，至稳定后测其体积。在水中增加的体积与原体积之比，称为自由膨胀率 δ_{ef}，可按下式计算：

$$\delta_{ef}=\frac{V_w-V_0}{V_0} \tag{8-4}$$

式中 V_w——土样在水中膨胀稳定后的体积（mL）；

V_0——干土样原有体积（mL）。

自由膨胀率表示膨胀土在无结构力影响下和无压力作用下的膨胀特性，可反映土的矿物成分及含量，用于初步判定是否为膨胀土。

（2）**膨胀率**。

膨胀率指原状土样在一定压力下，处于侧限条件下浸水膨胀后，土样增加的高度与原高度之比。试验时，将原状土置于侧限压缩仪中，根据工程需要确定最大压力，并逐级加荷至最大压力。待下沉稳定后，浸水使其膨胀并测读膨胀稳定值。然后逐级卸荷至零，测定各级压力下膨胀稳定时的土样高度变化值。按下式计算膨胀率 δ_{ep}：

$$\delta_{ep}=\frac{h_w-h_0}{h_0} \tag{8-5}$$

式中 h_w——侧限条件下土样浸水膨胀稳定后的高度（mm）；

h_0——土样的原始高度（mm）。

膨胀率 δ_{ep} 可用于评价地基的胀缩等级，计算膨胀土地基的变形量以及测定其膨胀力。

（3）**线缩率和收缩系数**。

膨胀土失水收缩，其收缩性可用线缩率和收缩系数表示。它们是地基变形计算中的两项主要指标。线缩率指土的竖向收缩变形与原状土样高度之比。试验时将土样从环刀中推出后，置于20℃恒温或15～40℃自然条件下干缩，按规定时间测读试样高度，并同时测定其含水量（w）。按下式计算土的线收缩率 δ_s：

$$\delta_s(\%)=\frac{h_0-h_i}{h_0} \tag{8-6}$$

式中 h_i——某含水量 w_i 时的土样高度，mm；

h_0——土样的原始高度，mm。

根据不同时刻的线缩率及相应的含水量可绘制出收缩曲线如图8-3所示。可以看出，随着含水量的蒸发，土样高度逐渐减小，δ_s 增大。原状土样在直线收缩阶段中含水量每降低1%时，所对应的竖向线缩率的改变即为收缩系数 λ_s。

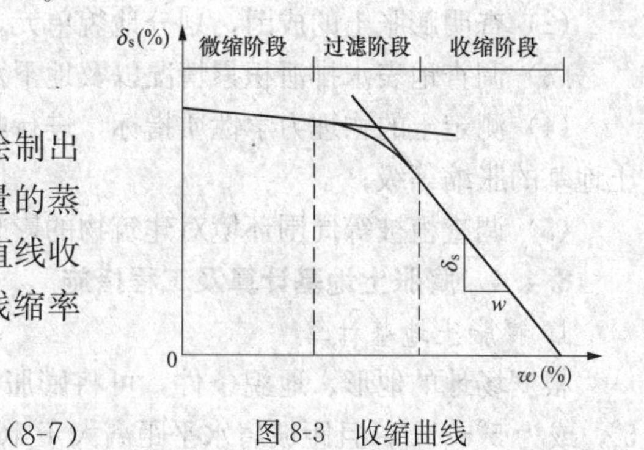

图8-3 收缩曲线

$$\lambda_s=\frac{\Delta\delta_s}{\Delta w} \tag{8-7}$$

式中 Δw——收缩过程中，直线变化阶段内两点含水量之差（%）；

$\Delta\delta_s$——两点含水量之差对应的竖向线缩率之差（%）。

（4）**膨胀力**。

原状土样在体积不变时，由于浸水产生的最大内应力称为膨胀力 p_e，若以试验结果中各级压力下的膨胀率 δ_{ep} 为纵坐标，压力 p 为横坐标，可得 p-δ_{ep} 关系曲线如图8-4所示，该曲线与横坐标的交点即为膨胀力 p_e。

在选择基础形式及基底压力时，膨胀力是个有用的指标，若需减小膨胀变形，则应使基底压力接近或大于 p_e。

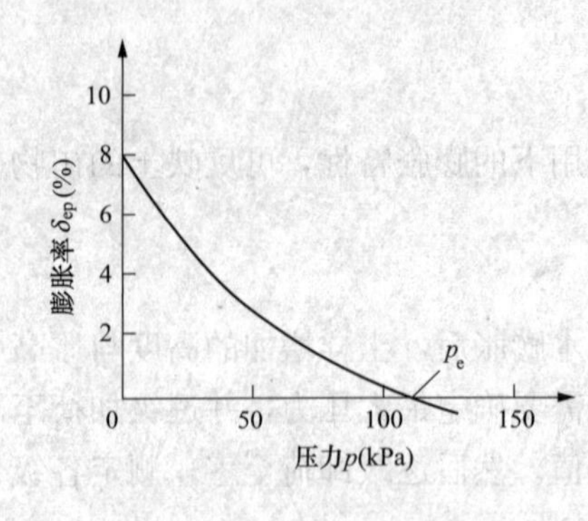

图 8-4 p-δ_{ep} 关系曲线

2. 膨胀土地基的评价

（1）**膨胀土的判别。**

膨胀土的判别是膨胀土地基勘察、设计的首要问题。其主要依据是工程地质特征与自由膨胀率 δ_{ep}。凡 $\delta_{ep} \geqslant 40\%$，且具有上述膨胀土野外特征和建筑物开裂破坏特征，胀缩性较大的黏性土应判定为膨胀土。

（2）**膨胀土的膨胀潜势。**

不同胀缩性能的膨胀土对建筑物的危害程度明显不同，故判定为膨胀土后，还要进一步确定膨胀土的胀缩性能，即胀缩强弱。研究表明：自由膨胀率 δ_{ef} 较小的膨胀土，膨胀潜势较弱，建筑物损坏轻微；δ_{ef} 较大的膨胀土，膨胀潜势较强，建筑物损坏严重。因此《膨胀土地区建筑技术规范》（GB 50112—2013）按 δ_{ef} 大小划分土的膨胀潜势强弱，以判别土的胀缩性高低。

（3）膨胀土地基的胀缩等级。

评价膨胀土地基，应根据其膨胀、收缩变形对低层砖混结构的影响程度进行。《膨胀土地区建筑技术规范》（GB 50112—2013）规定以 50kPa 压力下（相当于一层砖石结构的基底压力）测定的土的膨胀率，计算地基分级变形量 s_e[计算见式（8-8）]，作为划分膨胀土地基胀缩等级的标准。

3. 膨胀土地基的勘察

膨胀土地基勘察除满足一般勘察要求外，还应着重进行如下工作：

（1）收集当地多年的气象资料（降水量、气温、蒸发量、地温等），了解其变化特点；

（2）查明膨胀土的成因，划分地貌单元，了解地形形态及有无不良地质现象；

（3）调查地表水排泄积累情况以及地下水的类型、埋藏条件、水位和变化幅度；

（4）测定土的物理力学性质指标，进行收缩试验、膨胀力试验和膨胀率试验，确定膨胀土地基的胀缩等级；

（5）调查植被等周围环境对建筑物的影响，分析当地建筑物损坏原因。

8.4.4 膨胀土地基计算及工程措施

1. 膨胀土地基计算

根据场地的地形、地貌条件，可将膨胀土建筑场地分为：①平坦场地，地形坡度小于5°，或为5°～14°，且距坡肩水平距离大于10m的坡顶地带；②坡地场地，地形坡度不小于5°，或地形坡度小于5°，但同一建筑物范围内局部地形高差大于1m。

膨胀土地基的胀缩变形量 s_e 可按下式计算：

$$s_e = \psi_e \sum_{i=1}^{n} (\delta_{epi} + \lambda_{si} \Delta w_i) h_i \tag{8-8}$$

式中 ψ_e——计算胀缩变形量的经验系数，可取 0.7；

δ_{epi}——基础底面下第 i 层土在压力 p_i（该层土平均自重应力与附加应力之和）作用下的膨胀率，由室内试验确定；

λ_{si}——第 i 层土的垂直收缩系数；

Δw_i——第 i 层土在收缩过程中可能发生的含水量变化的平均值（小数表示），按《膨

胀土地区建筑技术规范》(GB 50112—2013)公式计算;

h_i——第 i 层土的计算厚度(cm),一般为基底宽度的0.4倍;

n——自基底至计算深度内所划分的土层数,计算深度可取大气影响深度,有浸水可能时,可按浸水影响深度确定。

位于平坦场地的建筑物地基,承载力可由现场浸水载荷试验、饱和三轴不排水试验或《膨胀土地区建筑技术规范》(GB 50112—2013)承载力表确定,变形则按胀缩变形量控制。位于斜坡场地上的建筑物地基,除上述计算控制外,尚应进行地基的稳定性计算。

2. 膨胀土地基的工程措施

膨胀土地基的工程建设,应根据当地气候条件、地基胀缩等级、场地工程地质和水文地质条件,结合当地建筑施工经验,因地制宜采取综合措施,一般可从以下几方面考虑:

(1)设计措施。

选择场地时应避开地质条件不良地段,如浅层滑坡、地裂发育、地下水位剧烈等地段。尽量布置在地形条件比较简单、地质较均匀、胀缩性较弱的场地。坡地建筑应避免大开挖,依山就势布置,同时应利用和保护天然排水系统,并设置必要的排洪、借流和导流等排水措施,加强隔水、排水,防止局部浸水和渗漏现象。

建筑上力求体型简单,建筑物不宜过长,在地基土不均匀、建筑平面转折、高差较大及建筑结构类型不同处,应设置沉降缝。一般地坪可采用预制块铺砌,块体间嵌柔性材料,大面积地面作分格变形缝;对有特殊要求的地坪可采用地面配筋或地面架空等措施,尽量与墙体脱开。民用建筑层数宜多于2层,以加大基底压力,防止膨胀变形,并应合理确定建筑物与周围树木间距离,避免选用吸水量大、蒸发量大的树种绿化。

结构上应加强建筑物的整体刚度,承重墙体宜采用拉结较好的实心砖墙,不得采用空斗墙、砌块墙或无砂浆混凝土砌体,避免采用对变形敏感的砖拱结构、无砂浆大孔混凝土砌块和无筋中型砌块等。基础顶部和房屋顶层宜设置圈梁,其他层隔层设置或层层设置。建筑物的角段和内外墙的连接处,必要时可增设水平钢筋。

加大基础埋深,且不应小于1m。当以基础埋深为主要防治措施时,基底埋置宜超过大气影响深度或通过变形验算确定。较均匀的膨胀土地基,可采用条基;基础埋深较大或条基基底压力较小时,宜采用墩基。

可采用地基处理方法减小或消除地基胀缩对建筑物的危害,常用的方法有换土垫层、土性改良、深基础等。换土应采用非膨胀性黏土,砂石或灰土等材料,厚度应通过变形计算确定,垫层宽度应大于基底宽度。土性改良可通过在膨胀土中掺入一定量的石灰来提高土的强度,也可采用压力灌浆将石灰浆液灌注入膨胀土的裂缝中起加固作用。当大气影响深度较深,膨胀土层较厚,选用地基加固或墩式基础施工困难时,可选用桩基础穿越。

(2)施工措施。在施工中应尽量减少地基中含水量的变化。基槽开挖施工宜分段快速作业,避免基坑土体受到曝晒或浸泡。雨季施工应采取防水措施。当基槽开挖接近基底设计标高时,宜预留150~300mm厚土层,待下一工序开始前挖除;基槽验槽后应及时封闭坑底和坑壁;基坑施工完毕后,应及时分层回填夯实。

由于膨胀土坡地具有多向失水性和不稳定性,坡地建筑比平坦场地的破坏严重,故应尽量避免在坡坎上设计建筑。若无法避开,首先应采取排水措施,设置支挡和护坡进行治理、整治环境,再开始新建建筑。

8.5 山区地基及红黏土地基

山区地基覆盖层厚薄不均，下卧基岩面起伏较大，土岩组合地基在山区较为普遍。当地基下卧岩层为可溶性岩层时，易出现岩溶发育。土洞是岩溶作用的产物，凡具备土洞发育条件的岩溶地区，一般均有土洞发育，土洞一般位于土层与岩层结合部位。红黏土也常分布在岩溶地区，成为基岩的覆盖层。由于地表水和地下水的运动引起冲蚀和潜蚀作用，红黏土中也常有土洞存在。

8.5.1 土岩组合地基

当建筑地基的主要受力层范围内存在：① 下卧基岩表面坡度较大；② 石牙密布并有石牙出露的地基；③ 大块孤石地基。任意具备以上三种情况之一时，则属于土岩组合地基。

1. 土岩组合地基的工程特性

土岩组合地基在山区建设中较为常见，其主要特征是地基在水平和垂直方向具有不均匀性，容易产生不均匀沉降，进而导致建筑物开裂。

土岩组合地基主要工程特性如下：

(1) **下卧基岩表面坡度较大。**

若下卧基岩表面坡度较大，其上覆土层厚薄不均，将使地基承载力和压缩性相差悬殊而引起建筑物不均匀沉降，致使建筑物倾斜或土层沿岩面滑动而丧失稳定。

如建筑物位于沟谷部位，基岩呈 V 形，岩石坡度较平缓，上覆土层强度较高时，对中小型建筑物，只需适当加强上部结构刚度，不必作地基处理。若基岩呈八字形倾斜，建筑物极易在两个倾斜面交界处出现裂缝，此时可在倾斜交界处用沉降缝将建筑物分开。

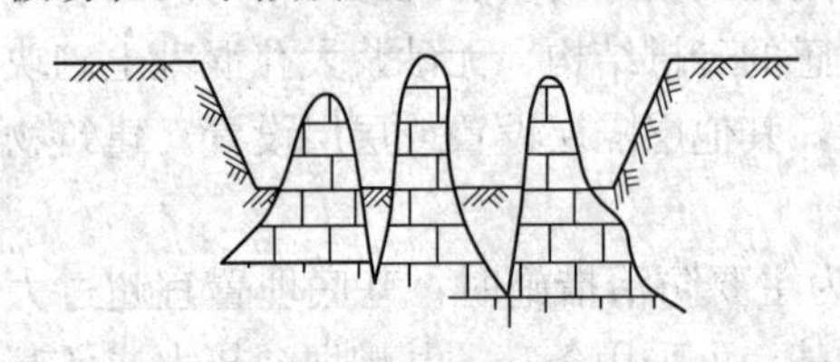

图 8-5 石芽密布地基

(2) **石芽密布并有出露的地基。**

该类地基多系岩溶的结果，我国贵州、广西和云南等省广泛分布。其特点是基岩表面凹凸不平，起伏较大，石芽间多被红黏土充填（图 8-5），即使采用很密集的勘探点，也不易查清岩石起伏变化全貌。其地基变形目前理论上尚无法计算。若充填于石芽间的土强度较高，则地基变形较小；反之变形较大，有可能使建筑物产生过大的不均匀沉降。

(3) **大块孤石或个别石芽出露地基。**

地基中夹杂着大块孤石，多出现在山前洪积层中或冰碛层中。该类地基类似于岩层面相背倾斜及个别石芽出露地基，其变形条件最为不利，在软硬交界处极易产生不均匀沉降，造成建筑物开裂。

2. 土岩组合地基的处理

土岩组合地基的处理，可分为结构措施和地基处理两方面，两者相互协调与补偿。

(1) **结构措施。**

建造在软硬相差比较悬殊的土岩组合地基，若建筑物长度较大或造型复杂，为减小不均匀沉降所造成的危害，宜用沉降缝将建筑物分开。缝宽 30～50mm。必要时应加强上部结构的刚度，如加密隔墙，增设圈梁等。

(2) **地基处理**。

地基处理措施可分为两大类。一类是处理压缩性较高部分的地基，使之适应压缩性较低的地基。如采用桩基础、局部深挖、换填或用梁、板、拱跨越，当石芽稳定可靠时，以石芽作支墩基础等方法。此类处理方法效果较好，但费用较高；另一类是处理压缩性较低部分的地基，使之适应压缩性较高的地基。如在石芽出露部位做褥垫（图 8-6），也能取得良好效果。褥垫可采用炉渣、中砂、土夹石（其中碎石含量占 20%～30%）或黏性土等，厚度宜取 300～500mm，采用分层夯实。

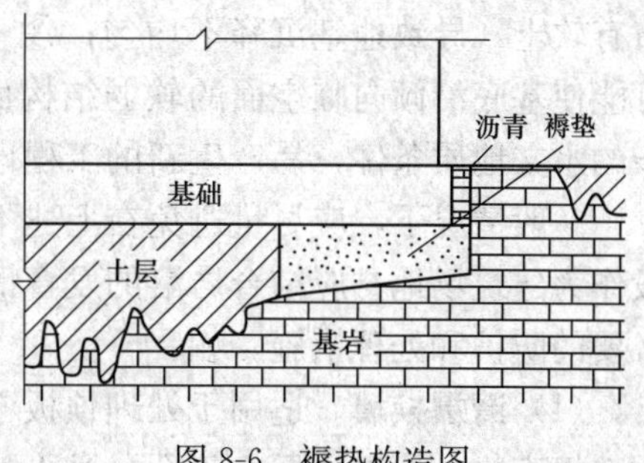

图 8-6　褥垫构造图

8.5.2　岩溶

岩溶或称喀斯特（Karst）是指可溶性岩石，如石灰岩、白云岩、石膏、岩盐等受水的长期溶蚀作用而形成溶洞、溶沟、裂隙、暗河、石芽、漏斗、钟乳石等奇特的地区及地下形态的总称（图 8-7）。我国岩溶分布较广，尤其是碳酸盐类岩溶，西南、东南地区均有分布，贵州、云南、广西等省最为发育。

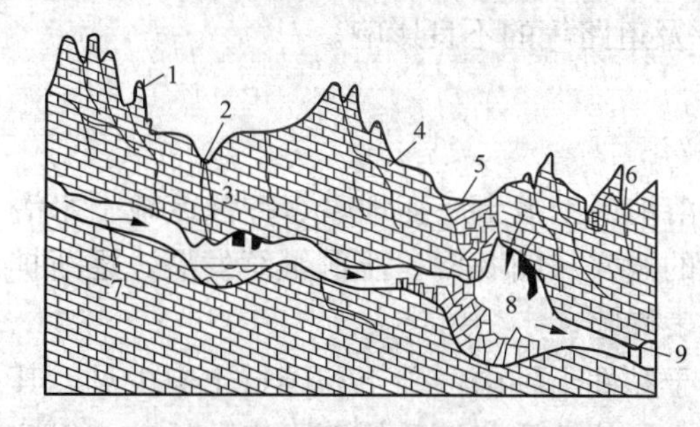

图 8-7　岩溶岩层剖面示意图

1—石芽、石林；2—漏斗；3—落水洞；4—溶蚀裂隙；5—塌陷洼地；6—溶沟、溶槽；7—暗河；8—溶洞；9—钟乳石

1. 岩溶发育条件和规律

岩溶的发育与可溶性岩层、地下水活动、气候、地质构造及地形等因素有关，前两项是形成岩溶的必要条件。若可溶性岩层具有裂隙，能透水，而又具有足够溶解能力和足够流量的水，就可能出现岩溶现象。岩溶的形成必须有地下水的活动，因富含 CO_2 的大气降水和地表水渗入地下后，不断更新水质，维持地下水对可溶性岩层的化学溶解能力，从而加速岩溶的发展。若大气降水丰富，地下水源充沛，岩溶发展就快。此外，地质构造上具有裂隙的背斜顶部和向斜轴部、断层破碎带、岩层接触面和构造断裂带等，地下水流动快，有利于岩溶的发育。地形的起伏直接影响地下水的流速和流向，如地势高差大，地表水和地下水流速大，也将加速岩溶的发育。

可溶性岩层不同，岩石的性质和形成条件不同，岩溶的发育速度也就不同。一般情况下，石灰岩、泥灰岩、白云岩及大理岩发育较慢。岩盐、石膏及石膏质岩层发育很快，经常存在有漏斗、洞穴并发生塌陷现象。岩溶的发育和分布规律主要受岩性、裂隙、断层以及不同可溶性岩层接触面的控制。其分布常具有带状和成层性。当不同岩性的倾斜岩层相互成层时，岩溶在平面上呈带状分布。

2. 岩溶地基稳定性评价和处理措施

对岩溶地基的评价与处理，是山区工程建设经常遇到的问题，通常，应先查明其发育、分布等情况，做出准确评价，其次是预防与处理。

首先要了解岩溶的发育规律、分布情况和稳定程度。岩溶对地基稳定性的影响主要表现在：① 地基主要受力层范围内若有溶洞、暗河等，在附加荷载或振动作用下，溶洞顶板塌陷，地基出现突然下沉；② 溶洞、溶槽、石芽、漏斗等岩溶形态使基岩面起伏较大，或分布有软土，导致地基沉降不均匀；③ 基岩上基础附近有溶沟、竖向岩溶裂痕、落水洞等，可能使基底沿倾向临空面的软弱结构面产生滑动；④ 基岩和上覆土层内，因岩溶地区较复杂的水文地质条件，易产生新的工程地质问题，造成地基恶化。

一般情况下，应尽量避免在上述不稳定的岩溶地区进行工程建设，若一定要利用这些地段作为建筑场地，应结合岩溶的发育情况、工程要求、施工条件、经济与安全的原则，采取必要的防护和处理措施。如：

(1) **清爆换填**。适用于处理顶板不稳定的浅埋溶洞地基。即清除覆土，爆开顶板，挖去松软填充物，回填块石、碎石、黏土或毛石混凝土等，并分层密实。对地基岩体内的裂隙，可灌注水泥浆、沥青或黏土浆等。

(2) **梁、板跨越**。对于洞壁完整、强度较高而顶板破碎的岩溶地基，宜采用钢筋混凝土梁、板跨越，但支承点必须落在较完整的岩面上。

(3) **洞底支撑**。适用于处理跨度较大，顶板具有一定厚度，但稳定条件差，若能进入洞内，可用石砌柱、拱或钢筋混凝土柱支撑洞顶。但应查明洞底的稳定性。

(4) **水流排导**。地下水宜疏不宜堵，一般宜采用排水隧洞、排水管道等进行疏导，以防止水流通道堵塞，造成动水压力对基坑底板、地坪及道路等的不良影响。

8.5.3 土洞地基

1. 概述

土洞是岩溶地区上覆土层在地表水冲蚀或地下水潜蚀作用下形成的洞穴（图 8-8）。土洞继续发展，逐渐扩大，则引起地表塌陷。

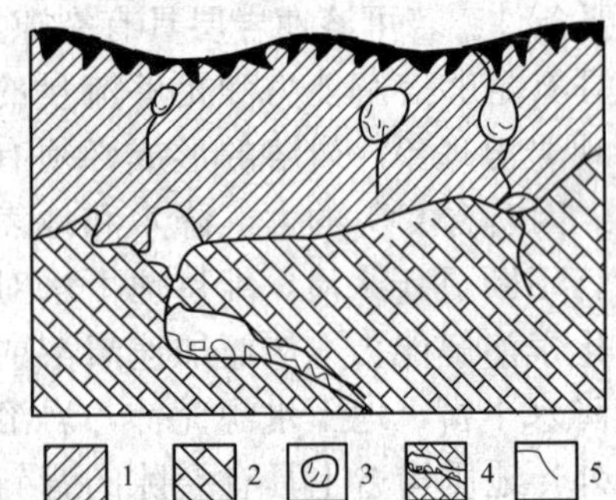

图 8-8 土洞剖面示意图

1—土；2—灰岩；3—洞；4—溶洞；5—裂隙

土洞多位于黏性土层中，砂土和碎石土中少见。其形成和发育与土层的性质、地质构造、水的活动、岩溶的发育等因素有关。且以土层、岩溶的存在和水的活动等三因素最为重要。根据地表或地下水的作用可将土洞分为：① 地表水形成的土洞，因地表水下渗，内部冲蚀淘空而逐渐形成的土洞；② 地下水形成的土洞，若地下水升降频繁或人工降低地下水位，水对松软土产生潜蚀作用，使岩土交界面处形成土洞。

2. 土洞地基的工程措施

在土洞发育地区进行工程建设，应查明土洞的发育程度和分布规律，土洞和塌陷的形状、大小、深度和密度，以提供建筑场地选择、建筑总平面布置所需的资料。

建筑场地最好选择于地势较高或最高水位低于基岩面的地段，并避开岩溶强烈发育及基岩面软黏土厚而集中的地段。若地下水位高于基岩面，在建筑施工或使用期间，应注意因人、工降水或取水时形成土洞或发生地表塌陷的可能性。

在建筑物地基范围内有土洞和地表塌陷时，必须认真进行处理。采取如下措施：

(1) **地表、地下水处理**。在建筑场地范围内，做好地表水的截流、防渗、堵漏，杜绝地表水渗入，使之停止发育，尤其对地表水引起的土洞和地表塌陷，可起到根治作用。对形成土洞的地下水，若地质条件许可，可采取截流、改道的办法，防止土洞和塌陷的进一步发展。

(2) **挖填夯实**。对于浅层土洞可先挖除软土，然后用块石或毛石混凝土回填。对地下水形成的土洞和塌陷，可挖除软土和抛填块石后做反滤层，面层用黏土夯实，也可用强夯破坏土洞，加固地基，效果良好。

(3) **灌填处理**。适用于埋藏深、洞径大的土洞。施工时在洞体范围的顶板上钻两个或多个钻孔，用水冲法将砂、砾石从孔中（直径 >100mm）灌入洞内，直至排气孔（小孔，直径 50mm）冒砂为止。若洞内有水，灌砂困难时，也可用压力灌注 C15 的细石混凝土等。

(4) **垫层处理**。在基底夯填黏土夹碎石作垫层，以扩散土洞顶板的附加压力，碎石骨架还可降低垫层沉降量，增加垫层强度，碎石之间以黏性土充填，可避免地表水下渗。

(5) **梁板跨越**。若土洞发育剧烈，可用梁、板跨越土洞，以支承上部建筑物，但需考虑洞旁土体的承载力和稳定性；若土洞直径较小，土层稳定性较好时，也可只在洞顶上部用钢筋混凝土连续板跨越。

(6) **桩基和沉井**。对重要建筑物，当土洞较深时，可用桩、沉井或其他深基础穿过覆盖土层，将建筑物荷载传至稳定的岩层上。

8.5.4 红黏土地基

1. 红黏土的形成和分布

石灰岩、白云岩等碳酸盐系出露区的岩石在炎热湿润气候条件下，经长期的成土化学风化作用（红土化作用），形成棕红、褐黄等色的高塑性黏土称红黏土。其液限一般大于 50%，具有表面收缩、上硬下软、裂隙发育等特征。

红黏土广泛分布于我国贵州、云南、广西等省，湖南、湖北、安徽、四川等部分地区也有分布。通常堆积在山坡、山麓、盆地或洼地中，主要为残积、坡积类型。常为岩溶地区的覆盖层，因受基岩起伏影响，厚度变化较大。若红黏土层受间歇性水流冲蚀，被搬运至低洼处，沉积形成新土层，但仍保留其基本特征，且液限大于 45%者称为次生红黏土。

2. 红黏土的工程地质特征

(1) **矿物化学成分。**

红黏土的矿物成分主要为石英和高岭石（或伊利石），化学成分以 SiO_2、Fe_2O_3、Al_2O_3 为主。土中基本结构单元除静电引力和吸附水膜连结外，还有铁质胶结，使土体具有较高的连接强度，抑制土粒扩散层厚度和晶格扩展，在自然条件下具有较好的水稳性。由于红黏土分布区气候潮湿多雨，含水量远高于缩限，在自然条件下失水，土粒结合水膜减薄，颗粒距离缩小，使红黏土具有明显的收缩性和裂隙发育等特征。

(2) **物理力学性质。**

红黏土中较高的黏土颗粒含量（55%～70%）使其孔隙比较大（1.1～1.7），常处于饱和状态（S_r>85%），天然含水量（30%～60%）几乎与液限相等，但液性指数较小（−0.1～0.4），即红黏土以含结合水为主。故其含水量虽高，但土体一般仍处于硬塑或坚硬状态，且具有较高的强度和较低的压缩性。在孔隙比相同时，其承载力约为软黏土的 2～3 倍。此外，红黏土的各种性能指标变化幅度很大，具有较高的分散性。

(3) **不良工程特征。**

从土的性质来说，红黏土是较好的建筑物地基，但也存在一些不良工程特征。① 有些地区的红黏土具有胀缩性；② 厚度分布不均，常因石灰岩表面石芽、溶沟等的存在，其厚度在短距离内相差悬殊（有的 1m 之间相差竟达 8m）；③上硬下软，从地表向下由硬至软明显变化，接近下卧基岩面处，土常呈软塑或流塑状态，土的强度逐渐降低，压缩性逐渐增大；④ 因地表水和地下水的运动引起的冲蚀和潜蚀作用，岩溶现象一般较为发育，在隐伏岩溶上的红黏土层常有土洞存在，影响场地稳定性。

3. 红黏土地基评价与工程措施

在工程建设中，应根据具体情况，充分利用红黏土上硬下软的分布特征，基础尽量浅埋。当红黏土层下部存在局部的软弱下卧层和岩层起伏过大时，应考虑地基不均匀沉降的影响，采取相应的措施。

红黏土地还常存在岩溶和土洞，可按前述方法进行地基处理。为了清除红黏土中地基存在的石芽、土洞和土层不均匀等不利因素的影响，应采取换土、填洞、加强基础和上部结构整体刚度，或采用桩基和其他深基础等措施。

红黏土裂隙发育，在建筑物施工或使用期间均应做好防水排水措施，避免水分渗入地基。对于天然土坡和人工开挖的边坡及基槽，应防止破坏坡面植被和自然排水系统，坡面上的裂隙应加填塞，做好地表水、地下水及生产和生活用水的排泄、防渗等措施，保证土体的稳定性。对基岩面起伏大，岩质坚硬的地基，也可采用大直径嵌岩桩和墩基进行处理。

8.6 冻土地基及盐渍土地基

8.6.1 冻土地基

温度小于或等于 0℃，含有冰，且与土颗粒呈胶结状态的各类土称为冻土。根据冻土的冻结延续时间又可分为季节性冻土和多年冻土两大类。

季节性冻土是指地壳表层冬季冻结而在夏季又全部融化的土。我国华北、西北、和东北广大地区均有分布。因其周期性的冻结、融化，对地基的稳定性影响较大。

多年冻土是指持续冻结时间在 2 年或 2 年以上的土。多年冻土常存在地面下的一定深度，每年旱季冻结，暖季融化，其年平均地温大于 0℃的地壳表层称为季节融化层。其下为多年冻土层，多年冻土层的顶面称为多年冻土上限。多年冻土主要分布在黑龙江的大小兴安岭一带，内蒙古纬度较大地区，青藏高原和甘肃、新疆的高山区，其厚度从不足 1m 至几十米。

8.6.2 盐渍土地基

1. 盐渍土的形成和分布

盐渍土系指含有较多易溶盐（含量＞0.5%），且具有吸湿、松胀等特性的土。

盐渍土分布很广，一般分布在地势较低且地下水位较高的地段，如内陆洼地、盐湖和河流两岸的漫滩、低阶地、牛轭湖以及三角洲洼地、山间洼地等。我国西北地区如青海、新疆有大面积的内陆盐渍土，沿海各省则有滨海盐渍土。

盐渍土厚度一般不大，自地表向下约 1.5～4.0m ，其厚度与地下水埋深、土的毛细作用上升高度以及蒸发作用影响深度（蒸发强度）等有关。其形成受如下因素影响：① 干旱半干旱地区，因蒸发量大，降雨量小，毛细作用强，极利于盐分在表面聚集；② 内陆盆地因地势低洼，周围封闭，排水不畅，地下水位高，利于水分蒸发盐类聚集；③ 农田洗盐、压盐、灌溉退水、渠道渗漏等进入某土层也将促使盐渍化。

2. 盐渍土的工程特征

影响盐渍土基本性质的主要因素是土中易溶盐的含量。土中易溶盐主要有氯化物盐类、硫酸盐类和碳酸盐类三种。

3. 盐渍土的工程评价及防护措施

盐渍土的岩土工程评价应包括下列内容：

(1) 根据地区的气象、水文、地形、地貌、场地积水、地下水位、管道渗漏、地下洞室等环境条件变化，并对场地建筑适宜性做出评价。

(2) 评价岩土中含盐类型、含盐量及主要含盐矿物对岩土工程性能的影响。

(3) 盐渍土地基的承载力宜采用载荷试验确定，当采用其他原位测试方法，如标准贯入、静（动）力触探及旁压试验等时，应与荷载试验结果进行对比。盐渍岩地基承载力可按《建筑地基基础设计规范》(GB 50007—2010) 软质岩石的小值确定，并应考虑盐渍岩的水溶性影响。

(4) 盐渍岩边坡的坡度宜比非盐渍岩的软质岩石边坡适当放缓，对软弱夹层、破碎带及中、强风化带应部分或全部加以防护。

(5) 盐渍土的含盐类型、含盐量及主要含盐矿物对金属及非金属建筑材料的腐蚀性评价。

此外，对具有松胀性及湿陷性盐渍土评价时，尚应按照有关膨胀土及湿陷性土等专业规范的规定，做出相应评价。

思考题

1. 常见的特殊土包含哪些类型？

2. 何谓软土地基？其有何特征？在工程中应注意采取哪些措施？

3. 何谓自重和非自重湿陷性黄土？其主要特征有哪些？工程中应注意哪些问题？

4. 影响黄土湿陷性的因素有哪些？工程中如何判定黄土地基的湿陷等级，并应采取哪些工程措施？

5. 膨胀土具有哪些工程特征？影响膨胀土胀缩变形的主要因素有哪些？

6. 什么是自由膨胀率？如何评价膨胀土地基的胀缩等级？

7. 何谓土岩组合地基？其有何工程特点及相应的工程处理措施？

8. 岩溶和土洞各有什么特点？在这些地区进行工程建设时，应采取哪些工程措施？

9. 什么是红黏土？红黏土地基有何工程特点？

10. 何谓季节性冻土和多年冻土地基？工程上如何划分和处理？

11. 什么是盐渍土地基？其具有何工程特征？

第9章 地 基 处 理

基础直接建造在未经加固的天然土层上时，这种地基称为天然地基。若天然地基很软弱，不能满足地基强度和变形等要求，则需要对地基进行人工处理，这种地基加固称为地基处理。工程实践中还可能遇到一些特殊情况需要对地基进行处理，比如地基事故的处理，或由于建筑物的加层和扩建等原因增大了作用在地基上的荷载，或地下铁道、穿越既有建筑物的隧道等。工程实践表明，地基问题处理不好，将产生严重后果；地基问题处理得当，不仅安全可靠，而且具有较好的经济效益。近些年来我国地基处理技术发展很快，地基处理队伍不断壮大，地基处理水平不断提高，地基处理已成为土木工程领域中的一个热点。总结国内外地基处理方面的经验教训，推广和发展各种地基处理技术，提高地基处理水平，对加快基本建设速度、节约基本建设投资具有特别重要的意义。

9.1 概 述

9.1.1 地基处理存在的问题及目的

1. 地基可能存在的问题

一般而言，地基问题可归结为以下几个方面：

(1) 承载力及稳定性。

地基承载力较低，不能承担上部结构的自重及外荷载，导致地基失稳，出现局部剪切破坏、整体剪切破坏或冲剪破坏。

(2) 沉降变形。

高压缩性地基可能导致建筑物发生过大的沉降量，使其失去使用效能；地基不均匀或荷载不均匀导致地基沉降不均匀，使建筑物倾斜、开裂、局部破坏，失去使用效能甚至破坏。

(3) 动荷载下的地基液化、失稳和震陷。

饱和无黏性土地基具有振动液化的特性。在地震、机器振动、爆炸冲击、波浪作用等动荷载作用下，地基可能因液化、震陷导致地基失稳破坏；软黏土在振动作用下，产生震陷。

(4) 渗透破坏。

土具有渗透性，当地基中出现渗流时，将可能导致流土（流砂）和管涌（潜蚀）现象，严重时能使地基失稳、崩溃。

存在上述问题的地基，称为不良地基或软弱地基。合适的地基处理方法能够使这些问题得到解决或较好地解决，从而满足工程建设的要求。

2. 地基处理的目的

根据工程情况及地基土质条件或组成的不同，地基处理的目的可以归纳为：

(1) 提高土的抗剪强度，使地基保持稳定。

(2) 降低土的压缩性，使地基的沉降和不均匀沉降减至允许范围内。

(3) 降低土渗透性或渗流的水力梯度，减少或防止水的渗流，避免渗流造成地基破坏。

(4) 改善土的动力性能，防止地基产生震陷变形或因土的振动液化而丧失稳定性。

(5) 减少或消除土的湿陷性或胀缩性引起的地基变形，避免建筑物破坏或影响其正常使用。

处理后的地基应满足建筑物地基承载力、变形和稳定性要求，地基处理的设计尚应符合下列规定：

(1) 经处理后的地基，当在受力层范围内仍存在软弱下卧层时，应进行软弱下卧层地基承载力验算。

(2) 按地基变形设计或应作变形验算且需进行地基处理的建筑物或构筑物，应对处理后的地基进行变形验算。

(3) 对建造在处理后的地基上受较大水平荷载或位于斜坡上的建筑物及构筑物，应进行地基稳定性验算。

认识和分析地基条件，评价其工程性质，选择合理的地基处理方法并完成卓有成效的施工．实现高质量、低成本的目标是岩土工程师的重要任务之一。

9.1.2 地基处理的对象

1. 软弱地基

《建筑地基基础设计规范》(GB 50007—2011) 中规定，软弱地基系指主要由淤泥、淤泥质土、冲填土、杂填土或其他高压缩性土层构成的地基。

(1) 淤泥及淤泥质土。

淤泥及淤泥质土总称为软黏土，一般是第四纪后期在滨海、湖泊、河滩、三角洲、冰碛等地质沉积环境下沉积形成的，还有部分冲填土和杂填土。这类土的物理特性大部分是饱和的，含有机质，天然含水率大于液限，孔隙比大于1。当天然孔隙比大于1.5时，称为淤泥，天然孔隙比大于1而小于1.5时，则称为淤泥质土。这类土工程特性甚为软弱，抗剪强度很低，压缩性较高，渗透性很小，并具有结构性。广泛分布于我国东南沿海地区和内陆江河湖泊的周围，是软弱土的主要土类，通称为软土。

(2) 冲填土。

在整治和疏通江河航道时，用泥浆泵将挖泥船挖出的泥砂，通过输泥管吹填到江河两岸而形成的沉积土，称为冲填土。

冲填土的成分比较复杂，如以黏性土为例，由于土中含有大量的水分而难以排出，土体在沉积初期处于流动状态。因而冲填土属于强度较低、压缩性较高的欠固结土。另外，主要以砂或其他粗粒土所组成的冲填土，其性质基本上类似于粉细砂面不属于软弱土范围。可见，冲填土的工程性质主要取决于其颗粒组成、均匀性和沉积过程中的排水固结条件。

(3) 杂填土。

杂填土是由于人类活动而任意堆填的建筑垃圾、工业废料和生活垃圾。杂填土的成因很不规律，组成物杂乱分布极不均匀。结构松散。它的主要特性是强度低、压缩性高和均匀性差，一般还具有浸水湿陷性。对有机质含量较多的生活垃圾和对基础有侵蚀性的工业废料等杂填土，未经处理不宜作为基础的持力层。

(4) 其他高压缩性土。

饱和松散粉细砂（包括部分粉土）也应该属于软弱地基的范围。当机械设备振动或地震荷载重复作用于该类地基土时，将使地基土产生液化；基坑开挖时也会产生管涌。

对软弱地基的勘察，应查明软弱土层的均匀性、组成、分布范围和土质情况。对冲填土应了解排水固结条件，对杂填土应查明堆载历史，明确在自重作用下的稳定性和湿陷性等基本因素。

2. 特殊土地基

特殊土地基大部分具有地区性特点，它包括软黏土、湿陷性黄土、膨胀土、红黏土、冻土以及岩溶等。

(1) 软黏土。

软黏土是在静水或非常缓慢的流水环境中沉积，并经生物化学作用形成，其天然含水率大于液限，天然孔隙比大于1.0的黏性土。当软黏土的天然孔隙比大于1.5时称为淤泥。软黏土广布在我国东南沿海、内陆平原和山区，如上海、杭州、温州、福州、广州、宁波、天津和厦门等沿海地区，以及武汉和昆明等内陆地区。

软黏土的特性是天然含水率高、天然孔隙比大、抗剪强度低、压缩系数大、渗透系数小。在外荷载作用下地基承载力低、变形大、不均匀变形也大、透水性差和变形稳定历时较长。在比较深厚的软黏土层上，建筑物基础的沉降常持续数年乃至数十年之久。

(2) 湿陷性黄土。

凡天然黄土在上覆土的自重应力作用下，或在上覆土自重应力和附加应力的共同作用下。受水浸湿后土的结构迅速破坏而发生显著附加沉降的黄土，称为湿陷。

由于黄土的浸水湿陷而引起建（构）筑物的不均匀沉降是造成黄土地区工程事故的主要原因，设计时首先要判断其是否具有湿陷性，再考虑如何进行地基处理。

我国湿陷性黄土广泛分布在甘肃、陕西、黑龙江、吉林、辽宁、内蒙古、山东、河北、河南、山西、宁夏、青海和新疆等地。

(3) 膨胀土。

膨胀土是指土的黏性成分主要是由亲水性黏土矿物组成的黏性土，是一种吸水膨胀、失水收缩，具有较大的胀缩变形性能且反复变形的高塑性黏土。

我国膨胀土分布在广西、云南、湖北、河南、安徽、四川、河北、山东、陕西、江苏、贵州和广东等省。利用膨胀土作为建筑物地基时，必须进行地基处理。

(4) 红黏土。

在亚热带温湿气候条件下，石灰岩和白云岩等碳酸盐类岩石经风化作用所形成的褐红色黏性土，称为红黏土。

红黏土通常是较好的地基土，但由于下卧岩层面起伏变化，以及基岩的溶沟、溶槽等部位常常存在软弱土层，致使地基土层厚度及强度分布不均匀，此时容易引起地基的不均匀变形。

(5) 冻土。

当温度低于0℃时，土中液态水冻结成冰并胶结土粒而形成的一种特殊土，称为冻土。冻土按冻结持续时间又分为季节性冻土和多年冻土。季节性冻土是指冬季冻结、夏季融化的土层。冻结状态持续三年以上的土层称为多年冻土或冻土。

季节性冻土在我国东北、华北和西北广大地区均有分布，因其呈周期性的冻结和融化，对地基的稳定性影响较大。例如，冻土区地基因冻胀而隆起，可能导致基础被抬起、开裂及变形，而融化又使地基沉降，再加上建筑物下面各处地基土冻融程度不均匀，往往造成建筑物的严重破坏。

(6) 岩溶。

岩溶主要出现在碳酸类岩石地区。其基本特性是地基主要受力层范围内受水的化学和机械作用而形成溶洞、溶沟、溶槽、落水洞以及土洞等。

9.1.3 地基处理方案的选用原则

各种地基处理方法都有它的适用范围、局限性和优缺点，没有一种方法是万能的。在具体的地基处理工程中，情况是非常复杂的，工程地质条件千变万化，具体的处理要求也不相同，而且各施工单位的设备、技术、材料也不同。所以，对每一项具体地基处理工程要进行具体细致分析，应从地基条件、处理要求、工程费用以及材料、设备等各方面进行综合考虑，以确定合理的地基处理方法。在选择地基处理方案前，应完成下列工作：

(1) 搜集详细的岩土工程勘察资料、上部结构及基础设计资料等；

(2) 根据工程的要求和采用天然地基存在的主要问题，确定地基处理的目的、处理范围和处理后要求达到的各项技术经济指标等；

(3) 结合工程情况，了解当地地基处理经验和施工条件，对于有特殊要求的工程，尚应了解其他地区相似场地上同类工程的地基处理经验和使用情况等；

(4) 调查邻近建筑、地下工程和有关管线等情况；

(5) 了解建筑场地的环境情况。

随着地基处理设计水平的提高、施工工艺的改进和施工设备的更新，我国地基处理技术发展很快，对于各种不良地基，经过地基处理后，一般均能满足建造大型、重型或高层建筑的要求。由于地基处理的适用范围进一步扩大，地基处理项目的增多，用于地基处理的费用在工程建设投资中所占的比重不断增大。因而，地基处理的设计和施工总的原则是做到安全适用、技术先进、经济合理、确保质量、保护环境。地基处理除应满足工程设计要求外，尚应做到因地制宜、就地取材和节约资源等。

大量工程实例证明，采用加强建筑物上部结构刚度和承载能力的方法，能减少地基的不均匀变形，取得较好的技术经济效果。因此，对于需要进行地基处理的工程，在选择地基处理方案时，应同时考虑上部结构、基础和地基的共同作用，尽量选用加强上部结构和处理地基相结合的方案，这样既可降低地基的处理费用，又可收到满意的效果。

9.2 复合地基理论

复合地基是指天然地基在地基处理过程中部分土体得到增强，或被置换，或在天然地基中设置加筋材料，加固区是由基体（天然地基土体）和增强体两部分组成的人工地基。初期，复合地基主要是指在天然地基中设置碎石桩而形成碎石桩复合地基，随着工程实践的进展，人们发现，碎石桩复合地基的承载力受到天然土体强度的制约，为进一步提高复合地基的承载力性能，水泥土类桩甚至低强度混凝土桩作为增强体逐渐被应用，由于这种高强度桩体形成的复合地基具有承载力高、压缩性低等特点，使得复合地基成为应用越来越广泛的一种现代地基处理技术。

9.2.1 复合地基的分类和形成条件

复合地基根据地基中增强体的方向可分为水平向增强体复合地基和竖向增强体复合地基。水平向增强体复合地基主要包括由各种加筋材料，如土工聚合物、金属材料格栅等形成的复合地基。竖向增强体复合地基通常称为桩体复合地基。在桩体复合地基中，桩的作用是主要的，而地基处理中桩的类型较多，性能变化较大。为此，复合地基的类型按桩的类型进行划分较妥。然而，桩又可根据成桩所采用的材料以及成桩后桩体的强度（或刚度）来进行分类。

桩体按成桩所采用的材料可分为：

（1）散体材料类桩，如碎石桩、砂桩等；

（2）水泥土类桩，如水泥土搅拌桩、旋喷桩等；

（3）混凝土类桩，如树根桩、水泥粉煤灰碎石（CFG）桩等。

桩体按成桩后的桩体的强度（或刚度）可分为：

（1）柔性桩，散体材料类桩属于此类桩；

（2）半刚性桩，如水泥土类桩；

（3）刚性桩，在地基变形中，桩体是不变形的桩，如混凝土类桩。

由柔性桩和桩间土所组成的复合地基可称为柔性桩复合地基，其他依次为半刚性桩复合地基、刚性桩复合地基。

通过协调变形，桩体和天然土体共同承担上部传来荷载是形成复合地基的基本条件。

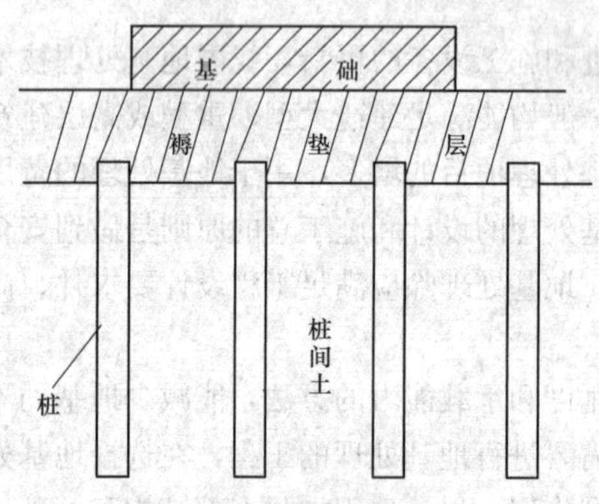

图 9-1　复合地基工作机理示意图

如图 9-1 所示，由于桩的模量大于土的模量，桩间土表面变形大于桩顶变形，桩向褥垫层刺入，伴随这一变化过程，粒状散体材料不断调整补充到桩间土表面上，基础通过褥垫层始终与桩间土保持接触，桩间土始终参与工作，桩间土承载能力得以发挥。

桩体和土体分别承担荷载的大小是通过设置垫层的厚度进行调节，垫层厚度越大，桩体所分担的荷载越小，厚度过大时桩体的支撑作用就得不到体现，复合地基的设置已失去了意义；垫层厚度越小，桩体所分担的荷载越大，桩间土承载力就不能得到充分发挥。合理设置垫层厚度是复合地基设计的重要组成部分。

需要特别指出的是，复合地基与桩基都是采用以桩的形式处理地基，故两者有其相似之处，但复合地基属于地基范畴，而桩基属于基础范畴，所以两者又有其本质区别。复合地基中桩体与基础往往不是直接相连的，它们之间通过垫层（碎石或砂石垫层）来过渡，而桩基中桩体与基础直接相连，两者形成一个整体。因此，它们的受力特性也存在着明显差异，即复合地基的主要受力层在加固体内，而桩基的主要受力层是在桩尖以下一定范围内。由于复合地基的理论的最基本假定为桩与桩周土的协调变形，为此，从理论而言，复合地基中也不存在类似桩基中的群桩效应。

9.2.2 复合地基与浅基础和桩基础的区别

当天然地基能够满足建（构）筑物对地基的要求时，通常采用浅基础。当天然地基不能满足建（构）筑物对地基的要求时，需要对天然地基进行处理形成人工地基以满足建（构）筑物对地基的要求。桩基础是软弱地基最常用的一种人工地基形式。桩基技术也是一种地基处理技术，而且是一种最常见的地基处理技术。采用的地基处理方法不同，天然地基经过地基处理后形成的人工地基性态也不同。

浅基础、复合地基和桩基础之间并不存在严格的界限，是连续分布的。复合地基置换率等于0时就是浅基础，复合地基桩土应力比等于1时也就是浅基础。复合地基中不考虑桩间土的承载力，复合地基承载力计算则与桩基础相同。摩擦桩基中考虑桩间土直接承担荷载的作用，也可属于复合地基，或者说考虑桩土共同作用就要归属于复合地基。

根据上述分析，工程建设中常用的三种地基基础形式（包括浅基础、复合地基和桩基础）的荷载传递特点总结如表9-1所示。经典桩基础理论不考虑基础板下地基土直接对荷载的传递作用，虽然客观上摩擦桩桩间土是直接参与共同承担荷载的，但在计算中是不予考虑的。此外，它们的受力特征存在明显差异，即复合地基的受力层在加固区，桩基础则是在桩尖以下一定范围内，并且复合地基不存在类似桩基的群桩效应的影响。

复合地基中桩体与桩间土直接同时承担荷载是复合地基的基本特征，也是复合地基的本质。强调从荷载传递路线来判断是否属于复合地基。

表9-1　　浅基础、复合地基和桩基础荷载传递特点

<table>
<tr><th>基础类型</th><th colspan="2">不同类型基础和地基处理的荷载传递特点</th></tr>
<tr><td>浅基础</td><td colspan="2">上部结构荷载是通过基础板直接传递给地基土体</td></tr>
<tr><td rowspan="2">复合地基</td><td rowspan="2">上部结构荷载通过基础板直接同时将荷载传递给桩体和基础板下地基土体</td><td>对散体材料桩，由桩体承担的荷载通过桩体鼓胀传递给桩侧土体和通过桩体传递给深层土体</td></tr>
<tr><td>对粘结材料桩，由桩体承担的荷载则通过桩侧摩阻力和桩端端承力传递给地基土体</td></tr>
<tr><td rowspan="2">桩基础</td><td rowspan="2">荷载通过桩体传递给地基土体</td><td>在端承桩桩基础中，上部结构荷载通过基础板传递给桩体，再依靠桩的端承力直接传递给桩端持力层。不仅基础板下地基土不传递荷载，而且桩侧土也基本不传递荷载</td></tr>
<tr><td>在摩擦桩桩基础中，上部结构荷载通过基础板传递给桩体，再通过桩侧摩阻力和桩端端承力传递给地基土体，以桩侧摩阻力为主</td></tr>
</table>

9.2.3 复合地基的作用机理

复合地基按其作用机理可分为以下几方面的作用。

1. 桩体作用

复合地基是桩体与桩周土共同作用，由于桩体的刚度比周围土体大，在刚性基础下等量变形时，地基中的应力将重新分配，桩体产生应力集中而桩周土应力降低，于是复合地基承载力和整体刚度高于原地基，沉降量有所减小。

由于复合地基中的桩体刚度比周围土体大，在刚性基础下等量变形时，地基中应力将按材料模量进行分布。因此，桩体上产生应力集中现象，大部分荷载由桩体承担，桩间土所承受的应力和应变减小，这样使得复合地基承载力较原地基有所提高，沉降量有所减小，随着桩体刚度的增加，其桩体作用发挥得更加明显。

2. 垫层作用

由于复合地基形成的复合土体性能优于原天然地基，它可起到类似垫层的换土、均匀地基应力和增大应力扩散角等作用。在桩体没有贯穿整个软弱土层的地基中，垫层的作用尤其明显。

3. 加速固结作用

除碎石桩、砂桩具有良好的透水特性，可加速地基的固结外，水泥土类和混凝土类桩在某种程度上也可加速地基固结。因为地基固结不仅与地基土的排水性能有关，而且还与地基土的变形特性有关。

从固结系数 C_v 的计算式可以看出，虽然水泥土类桩会降低地基土的渗透系数 k，但同样会减小地基土的压缩系数 α，而且通常后者的减小幅度要比前者大。为此，使加固后水泥土的固结系数 C_v 大于加固前原地基土的系数，同样起到了加速固结的作用。

4. 挤密作用

如砂桩、土桩、石灰桩、砂石桩等在施工过程中由于振动、挤压、排土等原因，可使桩间土起到一定的挤密作用。采用生石灰桩，由于其材料具有吸水、发热和膨胀等作用，对桩间土同样可起到挤密作用。

对于深层搅拌桩，有资料报道，日本横滨泵厂建设工程在深层搅拌施工过程中，对距施工点 4.5m 处的地基土侧向位移进行测量，结果发现深层搅拌桩同样存在排土问题。粉体喷射法施工过程中使桩周土强度产生瞬时下降，然后随着时间推延，会重新得到恢复，在达 30d 时强度可恢复到 80%，因而水泥土搅拌法在施工过程中的排土效应还应进一步探讨。

5. 加筋作用

各种桩土复合地基除了可提高地基的承载力外，还可用来提高土体的抗剪强度，增加土坡的抗滑能力。目前在国内的深层搅拌桩、粉体喷射桩和旋喷桩等已被广泛地用于基坑开挖时的支护。在国外，碎石桩和砂桩常用于高速公路等路基或路堤的加固，这都利用了复合地基中桩体的加筋作用。

9.2.4 复合地基破坏模式

竖向增强体复合地基和水平向增强体复合地基破坏模式不同，现分别加以讨论分析。

竖向增强体复合地基的破坏形式首先可以分成下述两种情况：桩间土首先破坏进而发生复合地基全面破坏；桩体首先破坏进而发生复合地基全面破坏。在实际工程中，桩间土和桩体同时达到破坏是很难遇到的。大多数情况下，桩体复合地基都是桩体先破坏，继而引起复合地基全面破坏。

竖向增强体复合地基中桩体破坏的模式可以分成下述四种形式：鼓胀破坏、刺入破坏、桩体剪切破坏和滑动剪切破坏，如图 9-2 所示。

桩体鼓胀破坏模式，如图 9-2（a）所示，在荷载作用下，桩周土不能提供桩体足够的围压，以防止桩体发生过大的侧向变形，产生桩体鼓胀破坏。在刚性基础下和柔性基础下散体材料桩复合地基均可能发生桩体鼓胀破坏。

桩体发生刺人破坏模式，如图 9-2（b）所示，桩体刚度较大，地基上承载力较低的情况下较易发生刺入破坏。桩体发生刺入破坏，承担荷载大幅度降低，进而引起复合地基桩问土破坏，造成复合地基全面破坏。刚性桩复合地基较易发生刺入破坏，特别是柔性基础下刚性桩复合地基更易发生刺入破坏。

桩体剪切破坏模式，如图 9-2（c）所示，在荷载作用下，复合地基中桩体发生剪切破坏，进而引起复合地基全面破坏。低强度的柔性桩较易产生桩体剪切破坏。刚性基础下和柔

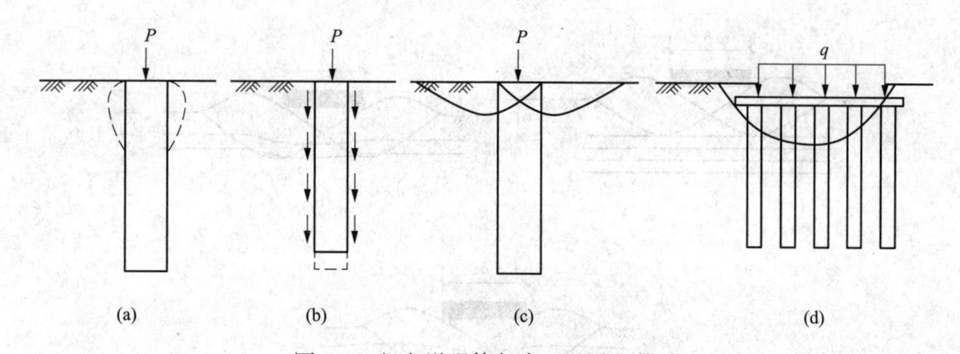

图 9-2　竖向增强体复合地基破坏模式

（a）鼓胀破坏；（b）刺入破坏；（c）桩体剪切破坏；（d）滑动剪切破坏

性基础下低强度柔性桩复合地基均可产生桩体剪切破坏。相比较柔性基础下发生可能性更大。

滑动剪切破坏模式，如图 9-2（d）所示，在荷载作用下，复合地基沿某一滑动面产生滑动破坏。在滑动面上，桩体和桩间土均发生剪切破坏。各种复合地基均发生滑动破坏。柔性基础下的比刚性基础下的发生可能性更大。

水平增强体复合地基通常的破坏模式是整体破坏。受天然地基土体强度、加筋体强度和刚度以及加筋体的布置形式的因素影响而具有多种破坏形式。目前主要有三种破坏形式（图 9-3）。

（1）加筋体以上土体剪切破坏。在荷载作用下，最上层加筋体以上土体发生剪切破坏。也有人把它称为薄层挤出破坏。这种破坏多发生在加筋体埋深较深、加筋体强度大，并且具有足够锚固长度，加筋层上部土体强度较弱的情况。这种情况下，上部土体中的剪切破坏无法通过加筋层，剪切破坏局限于加筋体上部土体中。若基础宽度为 b，第一层加筋体埋深为 z。当 $z/b>2/3$ 时，发生这种破坏形式可能性较大。

（2）加筋体在剪切过程中被拉出或与土体产生过大相对滑动产生破坏。在荷载作用下，加筋体与土体间产生过大的相对滑动，甚至加筋体被拉出，加筋体复合地基发生破坏而引起整体破坏。这种破坏形式多发生在加筋体埋深较浅，加筋层较少，加筋体强度高但锚固长度过短，两端加筋体与土体界面不能提供足够的摩擦力以阻止加筋体拉出的情况。试验表明，这种破坏形式发生在 $z/b<2/3$ 和加筋层数 N 小于 2 或 3 的情况。

（3）加筋体在剪切过程中被拉断而产生剪切破坏。在荷载作用下，剪切过程中加筋体被绷断，引起整体剪切破坏。这种破坏形式多发生在加筋体埋深较浅，加筋层数较多，并且加筋体足够长，两端与土体界面能够提供足够的摩擦力防止加筋体被拉断，然后一层一层逐步向下发展。试验结果表明加筋体绷断破坏形式多发生于 $z/b<2/3$，且加筋体较长，加筋体层数 $N>4$ 的情况。

9.2.5　复合地基承载力

1. 竖向增强体复合地基承载力计算

复合地基的极限承载力可用下式表示：

$$f_{\mathrm{spf}}=k_1\lambda_1 m f_{\mathrm{pf}}+k_2\lambda_2(1-m)f_{\mathrm{sf}} \tag{9-1}$$

式中　f_{spf}——复合地基极限承载力特征值（kPa）；

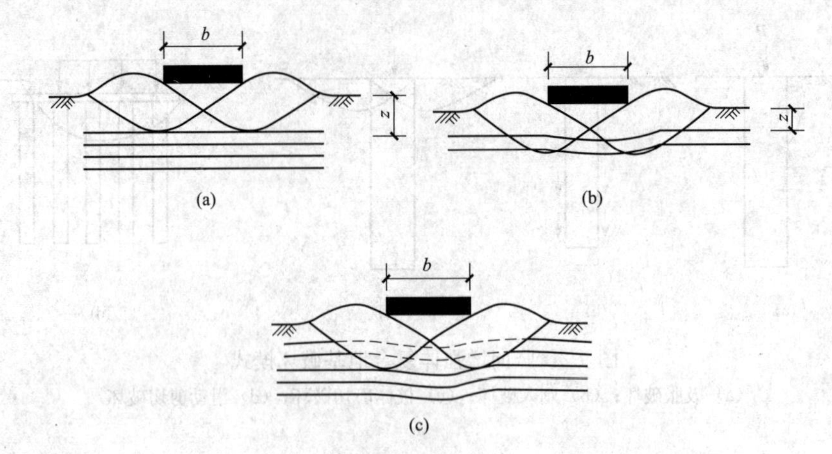

图 9-3 水平向增强体复合地基破坏模式

(a) 薄层挤出；(b) 加筋体滑移；(c) 加筋体拉断

f_{pf}——桩体极限承载力特征值（kPa）；

f_{sf}——天然地基极限承载力特征值（kPa）；

k_1——反映复合地基中桩体实际极限承载力的修正系数，其值与地基土质情况、成桩方法等因素有关，一般大于 1.0；

k_2——反映复合地基中桩间土实际极限承载力的修正系数，其值与地基土质情况、成桩方法等因素有关，可能大于 1.0，也可能小于 1.0；

λ_1——复合地基破坏时，桩体发挥其极限强度的比例，也称为桩体极限强度发挥度；

λ_2——复合地基破坏时，桩间土发挥其极限强度的比例，也称为桩间土极限强度发挥度；

m——复合地基置换率。

对于刚性桩复合地基和柔性桩复合地基，桩体极限承载力可采用类似摩擦桩极限承载力计算式计算，其表达式为

$$p_{pf}=u_p\sum_{i=1}^{n}q_{si}l_i+q_pA_p \tag{9-2}$$

式中 p_{pf}——桩周摩阻力极限值（kPa）；

u_p——桩身周边长度（m）；

A_p——桩身截面面积（m^2）；

q_{si}——桩端土极限承载力；

l_i——按土层划分的各段桩长，对于柔性桩，桩长大于临界桩长时，计算桩长应取临界桩长值。

按式（9-2）计算桩体极限承载力外，尚需计算桩身材料强度允许的单桩极限承载力，即

$$p_{cu}=q \tag{9-3}$$

式中 q——桩体极限抗压强度（kPa）。

由式（9-2）和式（9-3）计算所得的二者中取较小值为桩的极限承载力。

2. 复合地基的载荷试验

复合地基载荷试验用于测定承压板下应力主要影响范围内复合土层的承载力和变形参数。水泥土搅拌桩复合地基、高压喷射注浆桩复合地基、砂桩地基、振冲桩复合地基、土和灰土挤密桩复合地基、水泥粉煤灰碎石桩复合地基及夯实水泥土桩复合地基，地基承载力检验应采用复合地基载荷试验，其承载力检验，数量为总数的0.5%～1%，但试验点不应小于3点。基于复合地基是由竖向增强体和地基土通过变形协调承载的机理，复合地基的承载力目前只能通过现场载荷试验确定。

（1）试验步骤。

复合地基载荷试验承压板应具有足够刚度。单桩复合地基载荷试验的承压板可用圆形或方形，面积为一根桩承担的处理面积；多桩复合地基载荷试验的承压板可用方形或矩形，其尺寸按实际桩数所承担的处理面积确定。桩的中心（或形心）应与承压板中心保持一致，并与荷载作用点相重合。

承压板底面标高应与桩顶设计标高相适应。承压板底面下宜铺设粗砂或中砂垫层，垫层厚度为50～150mm，桩身强度高时取大值。试验标高处的试坑长度和宽度，应不小于承压板尺寸的3倍。基准梁的支点应设在试坑之外。

加载等级可分为8～12级，最大加载压力不应小于设计要求压力值的2倍。每加一级荷载，在加荷载前后各读记压板沉降一次，以后每30min读记一次。当1h内沉降增量小于0.1mm时可加下一级荷载。当出现下列情况之一时，即可终止加载。

1）沉降急骤增大、土被挤出或压板周围出现明显的裂缝。

2）累计的沉降量已大于压板宽度或直径的6%。

3）总加载量已为设计要求值的两倍以上。

卸荷级数可为加载级数的一半，等量进行，每卸一级，间隔30min，读记回弹量，待卸完全部荷载后间隔3h读记录总弹回量。

复合地基的载荷试验现场如图9-4所示。

(a)

(b)

图9-4 复合地基的载荷试验现场

复合地基承载力特征值的确定应根据竖向荷载—沉降（$Q-s$）曲线按有关规范规定确定。

当出现下列情况之一时，即可终止加载。

1）沉降急剧增大，土被挤出或承压板周围出现明显的隆起。

2）承压板的累计沉降量已大于其宽度或直径的6%。

3）当达不到极限荷载，而最大加载压力已大于设计要求压力值的2倍。

（2）承载力的确定。

承载力特征值的确定应符合下列规定。

1）根据$Q-s$曲线确定承载力。

当$Q-s$曲线上极限荷载能确定，而其值不小于对应比例界限的2倍时，可取比例界限；当其值小于对应比例界限的2倍时，可取极限荷载的一半。

一根桩承担的处理面积可按如下方法计算：

①矩形布桩时，一根桩承担的处理面积等于两个方向的桩距的乘积；

②等边三角形布桩时，一根桩承担的处理面积等于0.866乘以桩距的平方；

③梅花形布桩时，一根桩承担的处理面积等于桩的行距与排距的乘积。

2）按相对变形值确定承载力。

当压力-沉降曲线是平缓的光滑曲线时，按相对变形值确定承载力。

砂石桩、振冲桩复合地基或强夯置换墩，当以黏性土为主的地基，可取s/b或者s/d等于0.015所对应的压力；当以粉土或砂土为主的地基，可取s/b或者s/d等于0.01所对应的压力。

土挤密桩，石灰桩或柱锤冲扩桩复合地基，可取s/b或s/d等于0.012所对应的压力；对于灰土挤密桩复合地基，可取s/b或s/d等于0.008所对应的压力。

水泥粉煤灰碎石桩或夯实水泥土桩复合地基，当以卵石、圆砾、密实粗中砂为主的地基，可取s/b或s/d一等于0.008所对应的压力；当以黏性土、粉土为主的地基，可取s/b或s/d等于0.01所对应的压力。

水泥土搅拌桩或旋喷桩复合地基，可取s/b或s/d等于0.006所对应的压力。

有经验的地区，也可按当地经验确定相对变形值。按相对变形值确定的承载力特征值不应大于最大加载压力的一半。

试验点不应少于3点，当试验实测值的极差不超过其平均值的30%时，取此平均值作为该复合地基的承载力特征值。

9.2.6 复合地基沉降计算

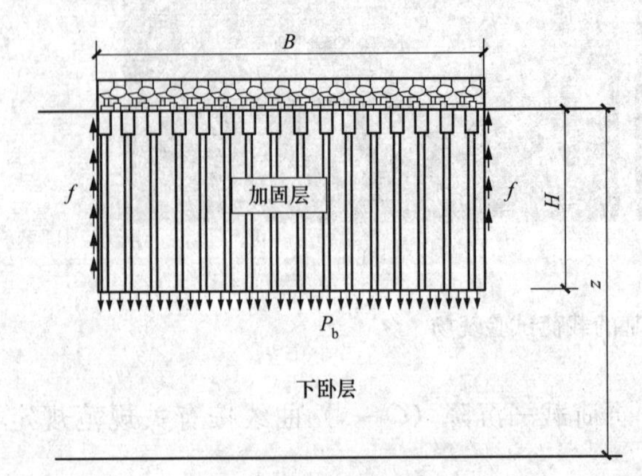

图9-5 复合地基沉降

复合地基的沉降量计算，是比复合地基承载力更为复杂的问题，其计算参数难以准确确定，计算结果通常也仅作为设计参考。在各类实用计算方法中，通常把复合地基沉降量分为两部分，一部分为加固区压缩量，另一部分为下卧层压缩量，如图9-5所示。

图9-5中，H为复合地基加固区厚度，z为荷载作用下地基压缩层厚度。复合地基加固区的压缩量为s_1，地基压缩层厚度内加固区下卧层厚度为$(z-H)$，其压缩量记为s_2。于是，在荷载作用下复合地基的总沉降量s可表示为两部分之和，即

$$s = s_1 + s_2 \tag{9-4}$$

1. s_1 的计算

s_1 的计算方法一般有以下三种方法。

（1）复合模量法。

将复合地基加固区中增强体和基体两部分视为一复合土体，采用复合压缩模量 E_{cs} 来评价复合土体的压缩性。采用分层总和法计算 s_1，表达式为

$$s_1 = \sum_{i=1}^{n} \frac{\Delta_{pi}}{E_{csi}} H_i \tag{9-5}$$

式中 Δ_{pi}——第 i 层复合土体上附加应力增量；

H_i——第 i 层复合土层的厚度；

E_{csi}——复合压缩模量，可通过面积加权计算或弹性理论表达式计算，也可通过室内试验测定。

E_{csi} 面积加权表达式为

$$E_{cs} = mE_p + (1-m) E_s \tag{9-6}$$

式中 m——复合地基面积置换率；

E_p——桩体压缩模量；

E_s——土体压缩模量。

（2）应力修正法。

在该方法中，根据桩间土承担的荷载 p_s，按照桩间土的压缩模量 E_s，忽略增强体的存在，采用分层总和法计算加固区土层的压缩量 s_1。

$$s_1 = \sum_{i=1}^{n} \frac{\Delta_{psi}}{E_{si}} H_i = \mu_s \sum_{i=1}^{n} \frac{\Delta_{pi}}{E_{si}} H_i = \mu_s s_{1s} \tag{9-7}$$

式中 Δ_{pi}——未加固地基在载荷 p 作用下第 i 层土上的附加应力增量；

Δ_{psi}——复合地基中第 i 层土的附加应力增量；

s_{1s}——未加固地基在载荷 p 作用下相应厚度内的压缩量；

n——桩土应力比；

μ_s——应力修正系数。

（3）桩身压缩量法。

在荷载作用下，桩身压缩量为

$$s_p = \frac{\mu_p p - p_{b0}}{2E_p} l \tag{9-8}$$

式中 μ_p——应力集中系数；

l——桩身长度；

E_p——桩身材料变形模量；

p_{b0}——桩底端承载力。

2. s_2 的计算

复合地基加固区下卧层压缩量 s_2 通常采用分层总和法计算。在分层总和法计算中，作用在下卧层土体的荷载或土体的附加应力是难以精确计算的。目前在工程应用上，常采用的方法有应力扩散法和等效实体法。

（1）应力扩散法。

利用应力扩散法计算加固区下卧层上附加应力示意图如图 9-6（a）所示。复合地基上荷载密度为 p，作用宽度为 B，长度为 D，加固区厚度为 h，压力扩散角为 β，则作用在下卧层上的 p_b 为

$$P_b = \frac{BD}{(B + 2h\tan\beta)(D + 2h\tan\beta)}p \tag{9-9}$$

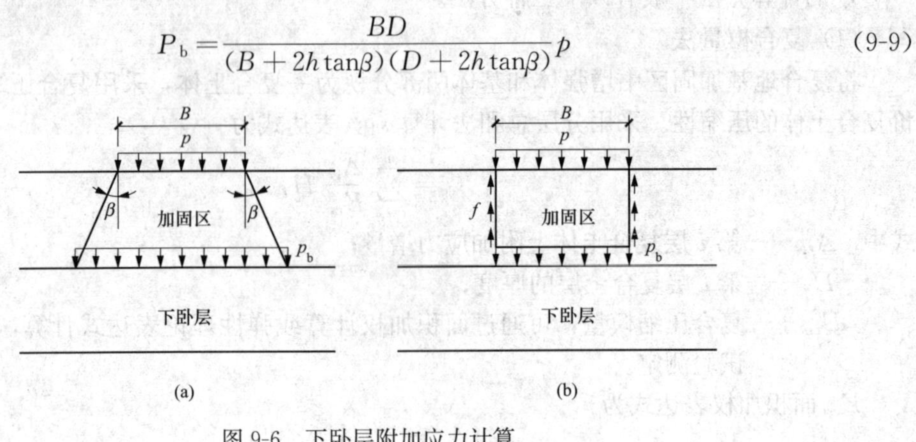

图 9-6 下卧层附加应力计算
（a）应力扩散法；（b）等效实体法

对于条形基础，仅考虑宽度方向扩散，则式（9-9）可改写为

$$\sigma_z = \frac{B}{(B + 2h\tan\beta)}p \tag{9-10}$$

（2）等效实体法。

等效实体法计算加固区下卧层上附加应力示意图如图 9-6（b）所示。复合地基上荷载密度为 p，作用面长度为 D，宽度为 B，加固区厚度为 h，f 为等效实体侧摩阻力密度，则作用在下卧层上的附加应力 p_b 为

$$p_b = \frac{BDp - (2B + 2D)hf}{BD} \tag{9-11}$$

对于条形基础，式（9-11）可改写为

$$p_b = p - \frac{2hf}{B} \tag{9-12}$$

等效实体法的计算关键是侧摩阻力的计算。

9.3 换土垫层法

当软弱土地基的承载力和变形满足不了建筑物的要求，而软弱土层的厚度又不很大时，将基础底面以下处理范围内的软弱土层的部分或全部挖去，然后分层换填强度较大的砂（碎石、素土、灰土、高炉干渣、粉煤灰）或其他性能稳定、无侵蚀性等材料，并压（夯、振）实至要求的密实度为止，这种地基处理的方法称为换土垫层法。按回填材料不同，垫层可分为砂垫层、砂石垫层、碎石垫层、素土垫层、灰土垫层、二灰垫层、干渣垫层和粉煤灰垫层等。按垫层压实方法可分为机械碾压、重锤夯实、平板振动压实等，这些施工方法不但可处理分层回填土，也可加固地基表层土。

9.3.1 换土垫层法的作用及适用范围

1. 换土垫层法的作用

提高承载力，增强地基稳定。将软弱土挖除或部分挖除后，垫层材料经压实作为持力层并增加应力扩散范围。

2. 换填法的适用范围

换填法适用于浅层地基处理，包括淤泥、淤泥质土、松散素填土、杂填土、已完成自重固结的吹填土等地基处理以及暗塘、暗沟等浅层处理和低洼区域的填筑。换土垫层法还适用于一些地域性特殊土的处理，用于膨胀土地基可消除地基土的涨缩作用，用于湿陷性黄土地基可消除黄土的湿陷性，用于山区地基可用于处理岩面倾斜、破碎、高低差，软硬不匀以及岩溶等，用于季节性冻土地基可消除冻胀力和防止冻胀损坏等。在用于消除黄土湿陷性时，尚应符合国家现行标准《湿陷性黄土地区建筑规范》（GB 50025—2004）中的有关规定。

实践证明，换土垫层可以有效地处理某些荷载不大的建筑物地基问题，如一般的三层或四层房屋、路堤、油罐和水闸等的地基。

浅层处理和深层处理很难明确划分界限，一般可认为地基浅层处理的范围大致在地面以下 5m 深度以内。浅层人工地基的采用不仅取决于建筑物荷载量值的大小，而且在很大程度上与地基土的物理力学性质有关。与深层处理相比地基浅层处理，一般使用比较简便的工艺技术和施工设备，耗费较少量的材料。

9.3.2 换土垫层法的作用和原理

在各种不同类型的工程中，垫层所起的作用有时也是不同的。例如，砂垫层可分为换土砂垫层和排水砂垫层两种。一般工业与民用建筑物基础下的砂垫层主要起换土作用，路堤及土坝等工程中，主要利用砂垫层起排水固结作用，提高固结速率和地基土的强度。换土垫层视工程具体情况而异，软弱土层较薄时，常采用全部换土，软弱土层较厚时，可采用部分换土，并允许有一定程度的沉降及变形。

下面仅以砂垫层为例讨论换土垫层法的作用。

1. 提高浅基础下地基的承载力

一般来说，地基中的剪切破坏是从基础底面开始的，并随着应力的增大逐渐向纵深发展。因此，若以强度较大的砂代替可能产生剪切破坏的软弱土，就可以避免地基的破坏。

2. 减少沉降量

一般情况下，基础下浅层地基的沉降量在总沉降量中所占的比例是比较大的。以条形基础为例，在相当于基础宽度的深度范围内，沉降量约占总沉降量的 50%，同时由侧向变形而引起的沉降，理论上也是浅层部分占的比例较大。若以密实的砂代替了浅层软弱土，那么就可以减少大部分的沉降量。由于砂垫层对应力的扩散作用。作用在下卧土层上的压力较小，这样也会相应减少下卧土层的沉降量。

3. 加速软弱土层的排水固结

建筑物的不透水基础直接与软弱土层接触时，在荷载的作用下，软弱土地基中的水被迫沿基础两侧排出，因而使基底下的软弱土不易固结，形成较大的孔隙水压力，还可能导致由于地基土强度降低而产生塑性破坏的危险。砂垫层提供了基底下的排水面，不但可以使基础下面的孔隙水压力迅速消散，避免地基土的塑性破坏，还可以加速砂垫层下软弱土层的固结并提高其强度，但是固结的效果只限于表层，对其深部的影响就不显著了。

在各类工程中，砂垫层的作用是不同的，房屋建筑物基础下的砂垫层主要起置换的作用，对于路堤和土坝等，则主要起排水固结的作用。

4. 防止冻胀

因为粗颗粒的垫层材料孔隙大，不易产生毛细管现象，因此可以防止寒冷地区土中结冰所造成的冻胀。这时，砂垫层的底面应满足当地冻结深度的要求。

5. 消除膨胀土的胀缩作用

在膨胀土地基上采用换土垫层法时，一般可选用砂、碎石、块石、煤渣或灰土等作为垫层，但是垫层的厚度应根据变形计算确定，一般不小于 300mm，且垫层的宽度应大于基础的宽度，而基础两侧宜用与垫层相同的材料回填。

6. 消除湿陷性黄土的湿陷作用

在黄土地区，常采用素土、灰土或二灰土垫层处理湿陷性黄土，可用于消除 1～3m 厚黄土层的湿陷性。

9.3.3 垫层设计

1. 垫层厚度的确定

根据垫层作用的原理，砂垫层厚度必须满足在建筑物荷载作用下垫层地基不应产生剪切破坏，同时通过垫层传递至下卧软弱土层的应力也不产生局部剪切破坏，即应满足对软弱下卧层验算的要求（但其中地基压力扩散角的取值方法不同），即

$$p_z + p_{cz} \leqslant f_{az} \tag{9-13}$$

式中 f_{az}——砂垫层底面处软弱土层的承载力设计值（kPa），应按垫层底面的深度考虑深度修正；

p_{cz}——砂垫层底面处土的自重应力标准值（kPa）；

p_z——砂垫层底面处的附加应力设计值（kPa），按图 9-7 中的应力扩散图形计算。

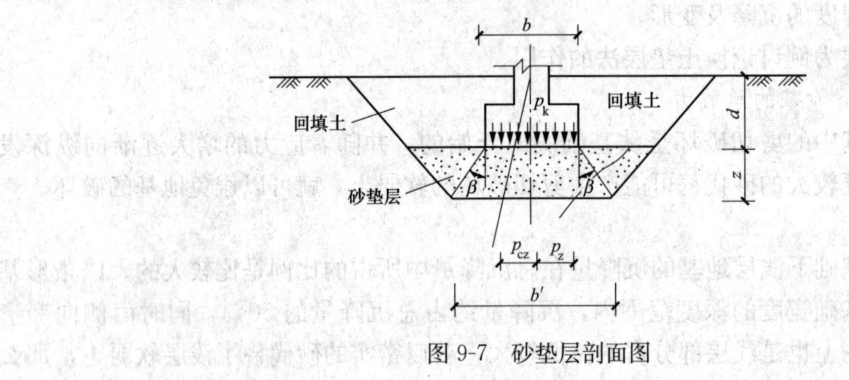

图 9-7 砂垫层剖面图

σ_z 计算公式如下：

条形基础时：

$$p_z = \frac{b(p_k - p_c)}{b + 2z\tan\beta} \tag{9-14}$$

矩形基础时：

$$p_z = \frac{bl(p_k - p_c)}{(b + 2z\tan\beta)(l + 2z\tan\beta)} \tag{9-15}$$

式中 l，b——分别为基础的长度和宽度；

z——砂垫层的厚度；

p_k——基底压力设计值；

p_c——基础底面标高处土的自重应力（kPa）；

β——砂垫层的压力扩散角，可按表 9-2 采用。

表 9-2 压力扩散角 β

z/b	换填材料		
	中、粗、砾、碎石土、石屑	粉质黏土和粉土（$8<I_p<14$）	灰土
0.25	20°	6°	28°
≥0.50	30°	23°	

注 1. 当 $z/b<0.25$ 时，除灰土外，其余材料均取 $\theta=0°$；

2. 当 $0.25<z/b<0.50$ 时，θ 可内插求得。

2. 垫层宽度的确定

垫层的宽度应满足基础底面应力扩散的要求，并适当加宽，可按下式确定。

$$b'=b+2z\tan\beta \tag{9-16}$$

式中 b'——垫层底面宽度。

当 $z/b>0.5$ 时，垫层的宽度也可根据当地经验及基础下应力等值线的分布，按倒梯形剖面确定。整片垫层的宽度可根据施工的要求适当加宽。垫层顶面每边宜超出基础底边不小于 300mm，或从垫层底面两侧向上按当地开挖基坑的要求放坡。

垫层的承载力宜通过现场试验确定，并应验算下卧层的承载力。对重要建筑或存在较弱下卧层的建筑应进行地基变行计算。换填地基的变形由换填垫层自身变形和下卧层的变形组成。垫层下卧层的变形量可按《建筑地基基础设计规范》（GB 50007—2011）有关规定计算。

9.3.4 换土垫层法的施工

1. 垫层材料选择

（1）砂石。

宜选用中、粗、砾砂，也可用石屑（粒径小于 2mm 的部分不应超过总量的 45%），应级配良好，不含植物残体、垃圾等杂质，泥的质量分数不宜超过 3%。当使用粉细砂或石粉（粒径小于 0.075mm 的部分的质量分数不超过总量的 9%）时，应掺入质量分数不少于 30% 的碎石或卵石。最大粒径不宜大于 50mm。对湿陷性黄土或膨胀土地基，不得选用砂石等透水材料。

（2）粉质黏土。

土料中有机质含量不得超过 5%，且不得含有冻土或膨胀土。当含有碎石时，其最大粒径不宜大于 50mm。用于湿陷性黄土或膨胀土地基的粉质黏土垫层，土料中不得夹有砖、瓦和石块等。

（3）灰土。

体积配合比宜为 2∶8 或 3∶7。土料宜用粉质黏土不宜使用块状黏土，且不得含有松软杂质，土料应过筛且最大粒径不得大于 15mm。灰土宜用新鲜的消石灰，其颗粒不得大于 5mm。

(4) 粉煤灰。

可分为湿排灰和调湿灰。可用于道路、堆场和中、小型建筑、构筑物换填垫层。粉煤灰垫层上宜覆土 0.3～0.5m。

(5) 矿渣。

垫层使用的矿渣是指高炉重矿渣，可分为分级矿渣、混合矿渣及原状矿渣。矿渣垫层主要用于堆场、道路和地坪，也可用于中、小型建筑、构筑物地基。

(6) 其他工业废渣。

在有可靠试验结果或成功工程经验时，质地坚硬、性能稳定、透水性强、无腐蚀性和放射性危害的工业废渣均可用于填筑换填垫层。

(7) 土工合成材料。

由分层铺设土工合成材料及地基土构成加筋垫层。用于垫层的土工合成材料包括机织土工织物、土工格栅、土工垫、土工格室等。其选型应根据工程特性、土质条件与土工合成材料的原材料类型、物理力学性质、耐久性及抗腐蚀性等确定。

土工合成材料在垫层中受力时延伸率不宜大于 4%～5%，且不应被拔出。当铺设多层土工合成材料时，层间应填以中、粗、砾砂，也可填细粒碎石类土等能增加垫层内摩阻力的材料。在软土地基上使用加筋垫层时，应考虑保证建筑物的稳定性和满足允许变形的要求。

对于工程量较大的换填垫层，应根据选用的施工机械、换填材料及场地的天然土质条件进行现场试验，以确定压实效果。

垫层材料的选择必须满足无污染、无侵蚀性及放射性等公害。

2. 垫层施工及注意事项

(1) 垫层施工应根据不同的换填材料进行施工。粉质黏土、灰土垫层宜采用平碾、振动碾或羊足碾，以及蛙式夯、柴油夯；砂石垫层等宜用振动碾；粉煤灰垫层宜采用平碾、振动碾、平板振动器、蛙式夯；矿渣垫层宜采用平板振动器或平碾，也可采用振动碾。

(2) 垫层的施工方法、分层铺填厚度、每层压实遍数等宜通过试验确定。除接触下卧软土层的垫层底层应根据施工机械设备及下卧层土质条件的要求具有足够的厚度外，一般情况下，垫层的分层铺贴厚度可取 200～300mm。为保证分层压实质量，应控制机械碾压速度。

(3) 粉质黏土和灰土垫层土料的施工含水量宜控制在最优含水量 w_{op} 上下浮动 2% 的范围内，粉煤灰垫层的施工含水量控制在最优含水量 w_{op} 上下浮动 4% 的范围内。最优含水量可通过击实试验确定，也可按当地经验选取。

(4) 当垫层底部存在古井、古墓、洞穴、旧基础、暗塘等软硬不均的部位时，应根据建筑物对不均匀沉降的要求予以处理，并经检验合格后，方可铺填垫层。

(5) 基坑开挖时应避免坑底土层受扰动，可保留 180～200mm 厚的土层暂不挖去，待镭填垫层前再挖至设计标高。严禁扰动垫层下卧层的淤泥或淤泥质土层，防止其被践踏、受冻或受浸泡。在碎石或卵石垫层底部宜设置 150～300mm 厚的砂垫层或铺一层土工织物，并应防止基坑边坡塌土混入垫层。

对淤泥或淤泥质土层厚度较小，在碾压或强夯荷载下抛石能挤入该层底面的工程，可采用抛石挤淤处理。先在软弱土面上堆填块石、片石等，然后将其碾压入或夯入以置换和挤出软弱土。在滨河滨海开阔地带，可利用爆破挤淤。在淤泥面堆块石堆，并在其侧边下部淤泥中按设计量埋入炸药，通过爆炸挤出淤泥，使块石沉落底部至坚实土层之上。

(6) 换填垫层施工应注意基坑排水，必要时应采用降低地下水位的措施，严禁水下换填。

(7) 垫层底面宜设在同一标高上，如深度不同，基坑底面应挖成阶梯或斜坡搭接，并按先深后浅的顺序进行垫层施工，搭接处应碾压密实。

粉质黏土及灰土垫层分段施工时，不得在柱基、墙角及承重窗间墙下接缝；上下两层的缝距不得小于500mm，且接缝处应夯击密实。灰土应拌和均匀，并应当日铺填夯压，灰土夯实后3日内不得受水浸泡。粉煤灰垫层宜铺填后当天压实，每层验收后应及时铺填上层或封层，防止干燥后松散起尘污染，同时应禁止车辆碾压通行。

垫层竣工后，应及时进行基础施工与基坑回填。

(8) 铺设土工合成材料时，下卧层顶面应均匀平整，防止土工合成材料被刺穿、顶破。铺设时端头应固定，如回折锚固，且避免长时间曝晒或暴露，连接宜用搭接法、缝接法和胶接法，搭接法的搭接长度宜为300～1000mm，基底较软者应选取较大的搭接长度，当采用胶接法时，搭接长度应不小于100mm，并均应保证主要受力方向的连接强度不低于所采用材料的抗拉强度。

(9) 当碾压或夯击振动对邻近既有或正在施工中的建筑产生有害影响时，必须采取有效预防措施。

3. 垫层质量检验

(1) 对粉质黏土、灰土、粉煤灰和砂石垫层的施工质量检验可用环刀法、贯入仪、静力触探、轻型动力触探或标准贯入试验检验，对砂石、矿渣垫层可用重型动力触探检验，并均应通过现场试验以设计压实系数所对应的贯入度为标准检验垫层的施工质量。压实系数也可采用环刀法、灌砂法、灌水法或其他方法检验。

(2) 垫层的施工质量检验必须分层进行。应在每层的压实系数符合设计要求后铺填上层土。

(3) 采用环刀法检验垫层的施工质量时，取样点应位于每层厚度的2/3深度处。检验点数量，对大基坑每50～100m^{2}不应少于1个检验点；对基槽每10～20m不应少于1个点；每个独立柱基不应少于一个点。采用贯入仪或动力触探检验垫层的施工质量时，每分层检验点的间距应小于4m。

(4) 竣工验收采用荷载试验检验垫层承载力时，每个单体工程不宜少于3点；对于大型工程则应按单体工程的数量或工程的面积确定检验点数。

9.4 重锤夯实法和强夯法

9.4.1 重锤夯实法

重锤夯实法是利用起重机械将重锤提到一定高度，自由落下，以重锤自由下落的冲击能来夯实浅层地基。经过多次重复提起、落下，使地基表面形成一层均匀密实的硬壳层，从而提高地基承载力，减少地基变形。

过去习用夯实法进行浅层地基处理。20 世纪 50 年代后，夯实用的夯锤达 2～4t，落距 3.5～5.0m，夯实影响深度约 1～2m。近年来，在苏联将夯锤重量提高到 5～7t，落距加大到 5～9m，夯实影响深度达 2～3.5m，但基本上仍属浅层地基处理。1970 年后，法国研究成功重锤夯实法（DC 法或称动力夯实法），夯锤质量一般为 8～40t，落距 5～30m，夯实影响深度可达 20～30m，不仅适用于松散填土或不饱和颗粒状土及湿陷性大孔土的压实，而且还能适用于多种土壤的压实。目前世界上使用的重夯法，最大夯锤重量达 200t，落距 25m，夯实影响深度可达 40m。

（1）适用的土质条件：废砂石及砂土类回填土、砂、粉砂、泥炭、淤泥质黏土（含水量高达 50%甚至 100%）、可压缩的第四纪冲积土以及城市垃圾土。

（2）夯实作业特点：以巨大能量对地基表面夯砸，一般以每分钟 1～2 击的速率夯击。施夯可分阶段进行，一般为 1～8 阶段，各阶段之间的间隔（停留）时间可为 1～6 星期，夯砸程序和夯击落点的布置均随被处理地基的土质组成、渗透性以及处理后预期达到的效果等的不同而异。

（3）优缺点：

优点：施工机具比较简便，陆上施工除排水措施外不需要更多的设备；施工费用省，耗电（或其他能源）量小；不需耗费大量建筑材料，由于处理后的基土一般即能承受上部设计荷载；不需预压。

缺点：机械磨损大，震动力大；施工不易控制，需积累相当经验后方能获预期成效；需要较多的专门测试仪器及设备。

9.4.2 强夯法

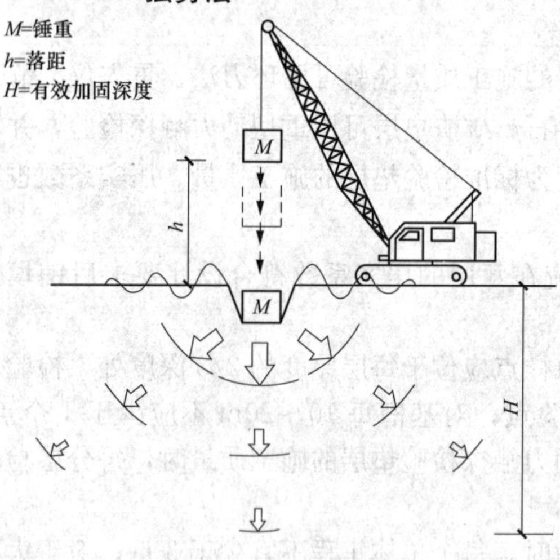

图 9-8 强夯法示意图

强夯法是法国 Menard 技术公司在 1969 年首创的，通过 80～300kN 的重锤（最重达 200t）和 8～30m 的落距（最高达 40m），对地基土施加很大的冲击能（图 9-8），一般能量为 500～8000kN·m。强夯在地基土中所出现的冲击波和动应力，可以提高地基土的强度，降低土的压缩性，改善砂土的抗液化条件，消除湿陷性黄土的湿陷性等。同时，夯击能还可以提高土层的均匀程度，减少将来可能出现的地基差异沉降。

强夯法适用于碎石土、砂土、杂填土、低饱和度的粉土与黏性土、湿陷性黄土和人工填土等地基的加固处理。对于饱和度较高的淤泥和淤泥质土，应通过现场试验获得效果后才宜采用。这种方法的不足之处是施工振动大，噪声大，影响附近建筑物，所以在城市中不宜采用。

近年来，对于高饱和度的粉土与黏性土地基，有人采用在坑内回填碎石、块石或其他粗颗粒材料，强行夯入并排开软黏土，最后形成碎石桩与软黏土的复合地基，该方法称为强夯置换（或强夯挤淤、动力置换），如深圳国际机场即采用强夯块石墩法加固跑道范围内的地基土。

工程实践表明，强夯法具有施工简单、加固效果好、使用经济等优点，因而被世界各国工程界所重视。我国于20世纪70年代末首次在天津新港三号公路进行了强夯试验，随后在各地进行了多次实践和应用。到目前为止，国内很多工程都成功地采用了强夯法，并取得了良好的加固效果。

1. 加固机理

强夯法虽然在实践中已被证实是一种较好的地基处理方法，但到目前为止，还没有一套成熟和完善的理论及设计计算方法。

目前，强夯法加固地基有三种不同的加固机理，即动力密实、动力固结、动力置换和震动波密实理论，各种加固机理的特性取决于地基土的类别和强夯施工工艺。

(1) 动力密实。

强夯法加固多孔隙、粗颗粒、非饱和土是基于动力密实的机理，即用冲击型动力荷载，使土体中的孔隙体积减小，使土体变得密实，从而提高地基土强度。非饱和土的夯实过程就是土中的气相被挤出的过程，夯实变形主要是由于土颗粒的相对位移引起的。实际工程表明，在冲击能作用下，地面会立即产生沉陷。夯击一遍后，其夯坑深度一般可达0.6～1.0m，夯坑底部形成一超压密硬壳层，承载力可比夯前提高2～3倍。

(2) 动力固结。

利用强夯法处理细颗粒饱和土时，则是采用动力固结机理，即巨大的冲击能在土中产生很大的应力波，破坏了土体原有的结构，使土体局部发生液化并产生许多裂隙，使孔隙水顺利逸出，待超孔隙水压力消散后，土体固结，加上软黏土具有触变性，土的强度得以提高。

法国Menard教授根据强夯法的实践，首次对传统的固结理论提出了不同的看法，阐述了“饱和土是可以压缩的”新的机理。

1) 饱和土的压缩。

在工程实践中，不论土的性质如何，夯击时均可立即引起地基土的很大沉降。对渗透性很小的饱和细粒土，孔隙水的排出被认为是产生沉降的充分必要条件，这是传统的固结理论的基本假定。可是，饱和细粒土的渗透性低，在瞬时荷载作用下，孔隙水不能迅速排出，所以就难以解释在夯击时产生很大沉降的机理。Menard认为，由于土中有机物的分解，第四纪土中大多数都含有以微气泡形式存在的气体，含气量在1%～4%范围内。进行强夯时，气体体积压缩，孔隙水压力增大，随后气体有所膨胀，孔隙水排出的同时压力逐渐减小。这样每夯击一遍，液相体积和气相体积都有所减少。根据试验，每夯击一遍，气体的体积可减少40%。

2) 土体液化。

在重复夯击作用下，施加在土体上的夯击能使气体逐渐受到压缩。因此，土体的夯沉量与夯击能量成正比。当土中气体按体积百分比接近于零时，土体变成不可压缩的土体。相应地，孔隙水压力上升到覆盖压力相等的能量级，土体便产生液化，液化度为孔隙水压力与液化压力之比，而液化压力即为覆盖压力。当液化度为1.0%时，即为土体产生液化的临界状态，对应的能量称为“饱和能”。此时，土中的吸附水变成自由水，土的强度下降到最小值。一旦达到“饱和能”而继续施加能量，除了对土体起重塑的破坏作用外，纯属浪费能量。应当指出，天然土层的液化常常是逐渐发生的。绝大多数沉积物是层状的和结构性的。粉质和砂质土层比黏性土层先进入液化状态。另外，强夯时所产生的液化不同于地震时的液化，只是土体的局部液化。

3）改善土体的渗透性。

在很大夯击能的作用下，地基土体中会出现冲击波和动应力。当出现的超孔隙水压力大于颗粒间的侧向压力时，会致使土颗粒间出现裂隙，形成排水通道，此时土的渗透系数骤增，使孔隙水顺利排出。在有规则的网格布置夯点的施工现场，由于夯击能的积聚，在夯坑四周会形成有规则的垂直裂缝，并出现涌水现象。所以，应规划好强夯的施工顺序，而不规则的乱夯，只会破坏这些天然排水通道的连续性。因此，在现场观察到夯击前土工试验所量测的渗透系数，并不能说明夯击后孔隙水压力能迅速消散这一特性。

当孔隙水压力消散到小于颗粒间的侧向压力时，裂隙即自行闭合，土中水的运动重新恢复常态。

4）恢复触变性。

在重复夯击作用下，土体强度逐渐减低，当土体出现液化或接近液化时，土的强度达到最小值。此时土体产生裂隙，而土中的吸附水部分变成了自由水。随着孔隙水压力的消散，土的抗剪强度和变形模量都有了大幅度的增长。土颗粒间紧密接触和新吸附水层逐渐固定是土体强度增大的原因，而吸附水逐渐固定的过程可能会延续至几个月。在触变恢复期间，土体的变形是很小的（有资料介绍在1‰以下）。如果用传统的固结理论就无法解释这一现象，这时自由水重新被土颗粒所吸附而变成了吸附水，这也是具有触变性土的特性。

（3）动力置换。

动力置换可分为整式置换和桩式置换。整式置换是采用强夯将碎石整体挤入淤泥中，其作用机理类似于换土垫层。桩式置换是通过强夯将碎石填筑于土体中，部分碎石桩（墩）间隔地夯入软黏土中，形成桩（墩）式的碎石桩（墩）。其作用机理类似于振冲法等形成的碎石桩，它主要是靠碎石内摩擦角和墩间土的侧限来维持桩体的平衡，并与墩间土起复合地基作用。

（4）震动波压密理论。

在实施强夯时，重锤由高空落下，产生强大的动能（震动源）作用于地基土。此时，动能转化为波能，从震源向深层扩散，能量释放于一定范围的地基中，使土体得到不同程度的加固，这就是震动波压密理论。

震动波主要分为体波和面波，体波又分为纵波和横波，对地基加固起主要作用的是体波。地基压密理论将地基加固区分为四层。第一层是松弛区，地基土因受冲击力而扰动，第二层是固结效果最佳区。由于压缩波在此层反复作用，使地下应力超过了地基的破坏强度，土中吸收纵波放出的能量最多，所以这层的固结效果也最好。第三层效果减弱区，第四层是无效固结区，此层地下应力处于地基的弹性界限内。能量消耗已经无法克服土体的塑性变形，故此层基本上没有固结作用。

2. 强夯法的设计

（1）有效加固深度。

强夯法的有效加固深度应根据现场或当地经验确定。在缺乏试验资料或经验时可按式（9-17）或表9-3估算。

$$H = a\sqrt{Mh} \tag{9-17}$$

式中 H——有效加固深度（m）；

M——锤重（kN）；

h——落距（m）；

α——根据所处理地基土的性质而定，对软土可取0.5，对黄土可取0.34～0.5。

表9-3　强夯法的有效加固深度　(m)

单位夯击能（kN·m）	碎石土、砂土等粗粒土	粉土、粉质黏土、湿陷性黄土等细颗粒土
1000	4.0～5.0	3.0～4.0
3000	6.0～7.0	5.0～6.0
5000	8.0～8.5	7.0～7.5
8000	9.0～9.5	8.0～8.5
10 000	9.5～10.0	8.5～9.0
12 000	10.0～11.0	9.0～10.0

(2) 夯锤和落距。

单击夯击能为锤重M与落距h的乘积，整个加固场地的总夯击能量等于单击夯击能乘以总夯击数。若以整个加固场地的总夯击能量除以加固面积，即可计算出单位夯击能。强夯的单位夯击能应根据地基土类别、结构类型、荷载大小和要求处理的深度等级综合考虑，并通过试验确定。在一般情况下，对粗颗粒土可取1000～3000(kN·m)/m^2，对细颗粒土可取1500～4000(kN·m)/m^2。

在设计中，根据需要加固的深度初步确定采用的单击夯击能，然后再根据机具条件因地制宜地确定锤重和落距。

根据工程实践经验，一般情况下夯锤可取10～60t，落距取8～25m。锤底静接地压力可取25～80kPa。锤底面积宜按土的性质确定。砂性土和碎石填土时，一般锤底面积为2～4m；一般第四纪黏性土时锤底面积建议用3～4m；淤泥质土时锤底面积建议采用4～6m；黄土时锤底面积建议采用4.5～5.5m。

(3) 夯击范围、夯击点布置及间距。

强夯法处理范围应大于建（构）筑物基础范围，每边超出基础外缘的宽度一般应为加固厚度的1/2～1/3并不小于3m。夯击点布置一般为三角形或正方形。第一遍夯击点间距可取5～9m，或夯击锤直径的2.5～3.5倍。第二遍夯击点位于第一遍夯击点之间，以后各遍夯击点间距可适当减小，以保证使夯击能量传递到深处和保护夯坑周围所产生的辐射向裂缝为基本原则。

(4) 夯击数和夯击遍数。

夯点的夯击次数应按现场试夯得到的夯击次数和夯沉量关系曲线确定，并应同时满足下列条件：

1) 后两击的平均夯沉量不宜大于下列数值：当单击夯击能小于4000kN·m时，为50mm；当单击夯击能为4000～6000kN·m时为100mm；当单击夯击能为6000～8000kN·m时为150mm；当单击夯击能为8000～12 000kN·m时为200mm。

2) 夯坑周围地面不应发生过大隆起。

3) 不因夯坑过于深而发生起锤困难。

4) 夯击遍数应根据地基土的性质确定，可采用点夯2～3遍，对于渗透性较差的细颗粒土，必要时夯击遍数可适当增加；最后再以低能量满夯两遍，满夯可采用轻锤或低落距锤多次夯击，锤印搭接。

(5) 间隔时间 两遍夯击之间应有一定的时间间隔，间隔时间取决于土中超静孔隙水压力的消散时间。当缺少实测资料时，可根据地基土的渗透性确定，对渗透性好的地基，超静孔隙水压力消散很快，夯实一遍，第二遍可连续夯击；对于渗透性较差的黏性土地基，间隔时间不应少于 2～3 周。

9.5 桩土复合地基法

9.5.1 砂石桩法

1. 概述

碎石桩、砂桩和砂石桩总称砂石桩，是指采用振动冲击或水冲等方式在软弱地基中成孔后，再将砂或碎石挤压入已成的孔中，形成大直径的砂石所构成的密实桩体。碎石桩法早期主要用于挤密松散砂土地基，随着研究和实践的深化，特别是高效能专用机具出现后，应用范围不断扩大。

砂石桩法不仅适用于挤密松散砂土、粉土、黏性土、素填土、杂填土等地基，还可用于处理软土地基和可液化地基。

砂石桩作用于松散砂土、粉土、黏性土、素填土及杂填土地基，主要靠桩的挤密和施工中振动作用使桩周围土的密度增大，从而使地基的承载力提高，压缩性降低。

砂石桩法用于处理软土地基，其主要作用是部分置换并与软黏土构成复合地基，同时加速软土的排水固结，从而增大地基土的强度，提高软基的承载力。

(1) 碎石桩。

目前国内外碎石桩法的施工方法多种多样，按其成桩过程和作用可分为四类，见表 9-4。

表 9-4 碎石桩施工方法分类

分 类	施工方法	成桩工艺	适用土类
挤密法	振冲挤密法	采用振冲器振动水冲成孔，再振动密实填料成桩，并挤压桩间土	砂性土、非饱和黏性土，以炉灰、炉渣、建筑垃圾为主的杂填土，松散素填土
	沉管法	采用沉管成孔，振动或锤击密实填料成桩，并挤密桩间土	
	干振法	采用振孔器成孔，再用振孔器振动密实填料成桩，并挤压桩间土	
置换法	振冲置换法	采用振冲器振动水冲成孔，再振动密实填料成桩	饱和黏性土
	钻孔锤击法	采用沉管并且钻孔取土方法成孔，锤击填料成桩	
排土法	振动气冲法	采用压缩气体成孔，振动密实填料成桩	饱和黏性土
	沉管法	采用沉管成孔，振动或锤击填料成桩	
	强夯置换法	采用锤击夯实成孔和重锤夯击填料成桩	
其他方法	裙围碎石桩法	在群桩周围设置刚性的裙围来约束桩体的侧向膨胀	饱和黏性土
	水泥碎石桩法	在碎石内加水泥和膨胀土制成桩体	
	袋装碎石桩法	将碎石装入土工聚合物袋而制成桩体	

(2) 砂桩。

目前国内外砂桩常用的成桩方法有振动成桩法和冲击成桩法。振动成桩法是使用振动打桩机将桩管沉人土层中，并振动挤密砂料。冲击成桩法是使用蒸汽或柴油机打桩机将桩管打入土层中，并用内管夯击密实砂填料，实际上这也就是碎石桩的沉管法。因此砂桩的沉桩方法，对于砂性土相当于挤密法，对黏性土则相当于排土成桩法。

2. 设计与计算

(1) 加固范围。

加固范围应根据建筑物的重要性和场地条件及基础形式而定，通常都大于基底面积。对一般地基在基础外缘应扩大1～3排；对可液化地基，在基础外缘扩大宽度不应小于可液化土层厚度的1/2，并不应小于5m。

(2) 桩位布置。

对大面积满堂基础和独立基础，宜用正方形、矩形或三角形布桩；对于条形基础，可沿基础轴线采用单排布置桩或对称轴线多排布桩；对于圆形或环形基础，宜用放射形桩。

3. 施工要点

目前国内外砂石桩的施工方法多种多样，如振冲法、沉管法和干振法等。下面就振冲法在施工过程中的注意要点进行说明。

(1) 要合理安排振冲的顺序，为了避免振冲过程中对软土的扰动与破坏，施打时，应采取“由里向外”，或“由一边向另一边”的顺序施工，将软土朝一个方向向外挤出，保护桩体以免被破坏，必要时可采取朝一个方向间隔跳打的方式。

(2) 宜用“先护壁后振密，分段投料，分段振密”的振冲工艺，即先振冲成孔，清孔护壁，然后投料一段，下降振冲器振动密实后，提升振冲器出孔口，再投料，再振密，直至终孔。

(3) 严格控制施工过程中的水流、投料、留振的时间等，水压可用200～600kPa，水量可用200～400L/min，每次投料不宜超过50mm。

4. 质量检验

施工结束后，除砂土地基外，应间隔一定时间后方可进行质量检验。对粉质黏土地基间隔时间可取21～28d，对粉土地基可取14～21d。

碎石桩的施工质量检验可采用单桩载荷试验，对桩间土的检验可在处理深度内用标准贯入、静力触探等进行检验。处理后的地基竣工验收时，承载力检验应采用复合地基载荷试验。检验数量不应少于总桩数的0.5%，且每个单体工程不应少于3点。

9.5.2　水泥土搅拌桩法

水泥土搅拌桩法是用于加固饱和黏性土地基的一种新方法，它是利用水泥作为固化剂，通过特制的搅拌机械，在地基深处就地将软土和固化剂（浆液或粉体）强制搅拌，由固化剂和软土间所产生的一系列物理—化学反应，使软土硬结成具有整体性、水稳定性和一定强度的水泥桩体，且与桩间土形成复合地基，通过共同作用承担基础传来的荷载。根据施工方法的不同，水泥土搅拌桩法分为水泥浆搅拌（简称湿法）和粉体喷射搅拌（简称干法）两种。前者是用水泥浆和地基土搅拌，后者是用水泥粉或石灰粉和地基土搅拌。

1. 加固原理和适用范围

水泥浆搅拌法的基本原理是基于水泥加固土的物理化学反应过程，可通过专用机械设备将固化剂灌入需处理的软土地层内，并在灌注过程中上下搅拌均匀，使水泥与土发生水解和水化反应，生成水泥水化物并形成凝胶体，将土颗粒或小土团凝结在一起形成一种稳定的结构整体，这就是水泥骨架作用，同时，水泥在水化过程中生成的钙离子与土颗粒表面的钠离子（Na^{+}）进行离子交换作用，生成稳定的钙离子，从而进一步提高土体的强度，达到提高其复合地基承载力的目的。

（1）水泥土物理力学特性。

1）含水量。

水泥土在硬凝过程中，由于水泥水化等反应，使部分自由水以结晶水的形式固定下来，故水泥土的含水量低于原土样的含水量，且随着水泥掺入比的增加而减小，降低值约为15%～18%。

2）重度。

由于拌入软土中的水泥浆的重度与软土的重度相近，所以水泥土的重度与天然软土的重度相差不大，一般掺合量的水泥土的重度仅增加0.5%～3.0%。

3）相对密度。

由于水泥的相对密度为3.1，比一般软土的相对密度2.65～2.75为大，故水泥土的相对密度比天然软土的相对密度稍大。水泥土相对密度比天然软土的相对密度增加0.7%～2.5%。

4）渗透系数。

水泥土的渗透系数随水泥掺入比的增大和养护龄期的增长而减小，为10^{-8}～10^{-9}cm/s数量级。

5）无侧限抗压强度。

水泥土的无侧限抗压强度一般为1～5MPa，即比天然软土大几十倍至数百倍。其变形特征随强度不同而介于脆性体与弹塑体之间。

6）抗拉强度。

水泥土的抗拉强度σ_1随其无侧限抗压强度q_u的增长而提高。当q_u为1～2MPa时，其抗拉强度σ_1为0.1～0.2q_u；当q_u为2～4MPa时，其抗拉强度σ_1为0.08～0.5q_u。

7）抗剪强度。

水泥土的抗剪强度随抗压强度的增加而提高，一般约为q_u的30%～50%，其内摩擦角约为20°～30°。

8）变形模量。

当垂直应力达50%无侧限抗压强度时，水泥土的应力与应变的比值，称为水泥土的变形模量E_{50}。对于淤泥质土$E_{50}=(120～150)q_u$；对于含砂量在10%～15%的黏性土，$E_{50}=(400～600)q_u$。

9）压缩系数和压缩模量。

水泥土的压缩系数约为$(2.0～3.5)\times10^{-5}kPa^{-1}$，其相应的压缩模量$E_0=60～100MPa$。

（2）影响水泥土力学性质的因素。

1）固化剂和外加剂。

水泥土是以水泥为主要固化剂制成的，包括不同强度等级的各类水泥，这是影响水泥土强度特性的主要因素。由于被加固的各类地基土成分复杂，性质各异，这就要求根据地基土的化学成分、矿物成分、粗颗粒的含量等选用不同品种的水泥和相应的比例。为促使水泥水化物与地基土之间充分反应，增强水泥土的力学强度，常常添加外加剂，如磷石膏、粉煤灰、氯化钙等。对于不同的地基土类，采用不同比例的水泥品种和外加剂，才能取得力学强度较好的水泥土。

2）水泥的掺合量。

单位土体的湿重掺合水泥重量的百分比称为掺合比 a_w。水泥土的强度一般随着水泥掺入比的增加而增大，当 $a_w<5\%$时，由于水泥与土的反应过弱，水泥土固化程度低，强度离散性也较大，故在水泥土搅拌法的实际施工中，常用的掺合比为10%～20%。

3）龄期。

水泥土的强度随着龄期的增长而提高，一般在龄期超过28d后仍有明显增长，到90d增长才趋缓。因此，水泥土的强度以龄期90d作为标准强度。

4）土的含水量。

水泥土的强度随地基的含水量增大而降低，含水量太大会影响水泥与土拌和后硬化。

5）施工工艺。

水泥土体强度在其他条件相同时，还与施工工艺有关，如同一种土中，固化剂掺入量相同，采用复搅的办法能使水泥与土充分混合，可明显提高桩体强度。在含水量很小的松散填土中，搅拌时块状土不能破碎，造成桩体松散，采用注水后上下多次预搅，即可保证桩体强度。

（3）适用范围。

水泥土搅拌法适用于处理正常固结的淤泥与淤泥质土、粉土、饱和黄土、素填土、黏性土以及无流动地下水的饱和松散砂土等地基。当地基土的天然含水量小于30%（黄土含水量小于25%）、大于70%或地下水的 $pH<4$ 时不宜采用干法。用于处理泥炭土、有机质土、塑性指数 $I_p>25$ 的黏土、地下水具有腐蚀性时以及无工程经验的地区，必须通过现场试验确定其适用性。

2. 一般设计原则

（1）桩的平面布置。

根据上部结构特点及对地基承载力和变形的要求，采用柱状、壁状、格栅状或块状等加固形式。桩可只在基础平面范围内布置，独立基础下的桩数不宜少于3根。柱状加固可采用正方形、等边三角形等布桩形式。

1）柱状。

每隔一定距离打设一根水泥土桩，形成柱状加固形式，适用于独立柱基础和条形基础下的地基加固。

2）壁状。

将相邻桩体部分重叠搭接成为壁状加固形式，适用于深基坑开挖时的边坡加固以及建筑物长高比大、刚度小，对不均匀沉降较敏感的多层房屋条形基础下的地基加固。

3）格栅状。

它是纵横两个方向的相邻桩体搭接而形成的加固形式，适用于对上部结构单位面积荷载大和对不均匀沉降要求控制严格的建（构）筑物的地基加固。

（2）桩长（径）。

应根据承载力和变形的要求确定，并宜穿透软弱土层到达承载力相对较高的土层，为提高抗滑稳定性而设置的搅拌桩，其桩长应超过危险滑弧以下2m。湿法的加固深度不宜大于

20m，干法不宜大于15m。水泥土搅拌桩的桩径不应小于500mm。

(3) 水泥掺合量。

常用的掺合比10%～20%，当桩长超过10m时，可采用变掺量设计。在全桩水泥总掺量不变的前提下，桩身上部三分之一桩长范围内可适当增加水泥掺量及搅拌次数；桩身下部三分之一桩长范围内可适当减少水泥掺量。

(4) 褥垫层。

复合地基应在基础和桩之间设置褥垫层，褥垫层厚度可取200～300mm，其材料可选用中砂、粗砂、级配砂石等，最大粒径不宜大于20mm。

3. 单桩竖向承载力

单桩竖向承载力特征值应通过现场载荷试验确定，初步设计时也可按式(9-18)估算。并应同时满足式(9-19)的要求，应使由桩身材料强度确定的单桩承载力大于(或等于)由桩周土和桩端土的抗力所提供的单桩承载力。

$$R_a = u_p \sum_{i=1}^{n} q_{si} l_i + \alpha q_p A_p \tag{9-18}$$

$$R_a = \eta f_{cu} A_p \tag{9-19}$$

式中 f_{cu}——与搅拌桩桩身水泥土配比相同的室内加固土试块(边长为70.7mm的立方体，也可采用边长50mm的立方体)在标准养护条件下90d龄期的立方体抗压强度平均值(kPa)；

η——桩身强度折减系数，干法可取0.20～0.30，湿法可取0.25～0.33；

u_p——桩的周长；

q_{si}——桩周第i层土的侧阻力特征值，对淤泥可取4～7kPa，对淤泥质土可取6～12kPa，对软塑状态的黏性土可取10～15kPa，对可塑状态的黏性土可以取12～18kPa；

l_i——桩长范围内第i层土的厚度(m)；

q_p——桩端地基土未经修正的承载力特征值(kPa)，可按《建筑地基基础设计规范》(GB 50007—2011)的有关规定确定；

α——桩端天然地基土的承载力折减系数，可取0.4～0.6，承载力高时取低值。

4. 复合地基承载力

加固后搅拌复合地基承载力特征值应通过现场复合地基载荷试验确定，也可按下式计算：

$$f_{spk} = m \frac{R_a}{A_p} + \beta(1-m) f_{sk} \tag{9-20}$$

式中 f_{spk}——复合地基承载力特征值；

m——面积置换率；

A_p——桩截面积(mm^2)；

f_{sk}——桩间天然地基土承载力特征值(kPa)，可取天然地基承载力特征值；

β——桩间土承载力折减系数，当桩端土未经修正的承载力特征值大于桩周围土的承载力特征值的平均值时，可取0.1～0.4，差值大时取低值，当桩端土未经修正的承载力特征值小于或等于桩周土的承载力特征值时，可取0.5～0.9，差值大时或设置褥垫层时均取高值；

R_a——单桩竖向承载力特征值。

5. 水泥土搅拌桩沉降计算

竖向承载搅拌桩复合地基的变形包括搅拌桩复合土层的平均压缩变形 s_1 与桩端下未加固土层的压缩变形 s_2。

(1) 搅拌桩复合土层的压缩变形 s_1 可按下式计算:

$$s_1=\frac{(p_z+p_{z1})L}{2E_{sp}} \tag{9-21}$$

式中 p_z——搅拌桩复合土层顶面的附加压力值(kPa);

p_{z1}——搅拌桩复合土层底面的附加压力值(kPa);

E_{sp}——搅拌桩复合土层的压缩模量(kPa);

L——搅拌桩长度(m)。

(2) 桩端以下未加固土层的压缩变形 s_2 可按有关规定进行计算。

6. 质量检验

水泥土搅拌的质量控制应贯穿在施工的全过程,并应坚持全程的施工监理,施工过程中必须随时检查施工记录和计量记录,并对照规定的施工工艺对每根桩进行质量评定,检查重点是:水泥用量、桩长、搅拌头转数和提升速度、复搅次数和复搅深度、停浆处理方法等。

水泥土搅拌桩的施工质量检验可采用以下方法:

(1) 成桩7d后,采用浅部开挖桩头[深度宜超过停浆(灰)面下0.5m]目测检查搅拌的均匀性,量测成桩直径。检查量为总桩数的5%。

(2) 成桩后3d内,可用轻型动力触探(N_{10})检查每米桩身的均匀性。检验数量为施工期总桩数的1%,且不少于3根。

(3) 向承载水泥土搅拌地基竣工验收时,承载力检验应用复合地基载荷试验和单桩载试验。

(4) 载荷试验必须在桩身强度满足试验荷载条件时,并宜在成桩28d后进行。水泥土搅拌桩复合地基承载力检验应采用复合地基静载荷试验和单桩静载荷试验,检验数量不少于桩总数的1%,复合地基静载荷数量不少于3台(多轴搅拌为3组)。

(5) 对变形有严格要求的工程,应在成桩28d后,采用双管单动取样器钻取芯样作水泥土抗压强度检验,检验数量为施工总桩数的0.5%,且不少于6点。

(6) 基槽开挖后,应检验桩位、桩数与桩顶质量,如不符合设计要求,应采取有效补强措施。

9.6 化学加固法和灌浆法

9.6.1 化学加固法

化学加固法是在软黏土地基土中掺入水泥、石灰等,用喷射、搅拌等方法使其与土体充分混合固化,或把一些能固化的化学浆液(水泥浆、水玻璃、氯化钙溶液等)注入地基土孔隙,以改善地基土的物理力学性质,达到加固的目的。这类方法按加固材料的状态可分为粉体类(水泥、石灰粉末)和浆液类(水泥浆及其他化学浆液);按施工工艺可分为低压搅拌法(粉体喷射搅拌桩、水泥浆搅拌桩)、高压喷射注浆法(高压旋喷桩等)和胶结法(灌浆法、硅化法）三类；常用的加固方法分为硅化加固法、碱液加固法、电化学加固法和高分子化学加固法，下面分别予以介绍。

1. 硅化加固法

通过打入带孔的金属灌注管，在一定的压力下，将硅酸钠（俗称水玻璃）溶液注入土中，或将硅酸钠及氯化钙两种溶液先后分别注入土中。前者称为单液硅化，后者称为双液硅化。

硅化法可达到的加固半径与土的渗透系数、灌注压力、灌注时间和溶液的黏滞度等有关，一般为0.4～0.7m，可通过单孔灌注试验确定。各灌注孔在平面上宜按等边三角形的顶点布置，其孔距可采用加固土半径的1.7倍。加固深度可根据土质情况和建筑物的要求确定，一般为4～5m。

硅酸钠的模数值通常为2.6～3.3，不溶于水的杂质含量不超过2%。此法需耗用硅酸钠或氯化钙等工业原料，成本较高。其优点是能很快地抑制地基的变形，土的强度也有很大提高，特别适用于现有建筑物地基的加固。但是，对于已渗有石油产品、树胶和油类及地下水pH值大于9的地基土，不宜采用硅化法加固。

（1）单液硅化。

单液硅化适用于加固渗透系数为0.1～2.0m/d的湿陷性黄土和渗透系数为0.3～5.0m/d的粉砂。加固湿陷性黄土时，溶液由浓度为10%～15%的硅酸钠溶液掺入2.5%氯化钠组成。溶液人土后，钠离子与土中水溶性盐类中的钙离子（主要为硫酸钙）产生离子交换的化学反应，在土粒间及其表面形成硅酸凝胶，可以使黄土的无侧限极限抗压强度达到0.6～0.8MPa。加固粉砂时，在浓度较低的硅酸钠溶液内（相对密度为1.18～1.20）加入一定数量的磷酸（相对密度为1.02），搅拌均匀后注入，经化学反应后，其无侧限极限抗压强度可达0.4～0.5MPa。

（2）双液硅化。

双液硅化适用于加固渗透系数为2～8m/d的砂性土，或用于防渗止水，形成不透水的帷幕。硅酸钠溶液的相对密度为1.35～1.44。氯化钙溶液的相对密度为1.26～1.28。两种溶液与土接触后，除产生一般化学反应外，主要产生胶质化学反应，生成硅胶和氢氧化钙。在附属反应中，其生成物也能增强土颗粒间的胶结，并具有填充孔隙的作用。砂性土加固后的无侧限极限强度可达1.5～6.0MPa。

2. 碱液加固法

碱液对土的加固作用不同于其他的化学加固方法，不是从溶液本身析出胶凝物质，而是碱液与土发生化学反应后，使土颗粒表面活化，自行胶结，从而增强土的力学强度及其水稳定性。为了促进反应过程，可将溶液温度升高至80～100℃再注入土中。加固湿陷性黄土地基时，一般使溶液通过灌注孔自行渗入土中。黄土中的钙、镁离子含量较高，采用单液即能获得较好的加固效果。

3. 电化学加固法

电化学加固法是指在地基土中打入一定数量的金属电极杆，通过电极导人直流电流，使水分从阴极排走，从而使土固结。用电化学法加固地基时，主要发生三个过程：①电渗，电渗后土大量脱水并固结；②离子交换作用，交换时吸附的钠、钙被氢及铝代替；③结构形成过程，由铝胶形成土粒结构，也可采用电流和化学溶液配合的方法使土加固，即化学溶液通过带孔的灌注管网注入土中，通电后溶液随着水的运动由阳极向阴极扩散，提高加固效果。

该法一般用于加固渗透系数小于0.1m/d的淤泥质地基，但此法昂贵，需用专门的设备做试验，确认有效后才可采用。

4. 高分子化学加固法

高分子化学加固法是将高分子化学溶液压入土中进行地基处理的一种方法。它适用于砂类土地基加固、帷幕灌浆，以及地下工程的止水堵漏；对坝基工程的泥化夹层与断层破碎带的加固亦有成效，如将氰凝灌入砂土后的抗压强度可达10MPa。

用于地基加固的高分子材料品种较多，有脲醛树脂、丙烯酰胺类（也称丙凝）、聚氨酯类（也称聚氨基甲酸酯或氰凝）等，其中以聚氨酯类比较好。日本在20世纪60年代末首先研制的TACSS灌浆材料和中国在20世纪70年代初研制成的氰凝，都是以过量的异氰酸酯与聚醚反应而得，称为预聚体。预聚体含有一定量的游离异氰酸基（—NCO）能与水反应。当浆液灌入土中时，—NCO基遇水后在催化剂作用下，进一步聚合和交联，反应物的黏度逐渐增大而凝固，生成不溶于水的高分子聚合物，达到加固地基的目的。

氰凝灌浆遇水反应后，由于水是反应的组成部分，因此浆液被水冲淡或流失的可能性较小，而且在遇水反应过程中放出的二氧化碳气体使浆液发生膨胀，向四周渗透扩散，又扩大了加固范围。高分子材料价格昂贵，限制了它的使用，有剧毒，施工中应有防毒措施，并应考虑对环境污染的问题。

9.6.2 灌浆法

灌浆法是指利用一般的液压、气压或电化学法通过注浆管把浆液注入地层中，浆液以填充、渗透和挤密等方式进入土颗粒间孔隙中或岩石的裂隙中，经一定时间后，将原来松散的土粒或裂隙胶结成一个整体，形成一个强度大、防渗性能高和化学稳定性良好的固结体。

灌浆法首次应用于1802年，法国工程师Charles Beriguy首先采用灌注黏土和水硬石灰浆的方法修复了一座受冲刷的水闸，此后，灌浆法成为加固的一种方法。在我国煤炭、冶金、水电、建筑、交通和铁道等行业已经得到广泛的应用，并取得了良好的效果。

1. 灌浆法的目的

灌浆法的施工现场如图9-9。地基处理中灌浆法的主要目的如下：

图9-9 灌浆法施工现场

（1）防渗。降低地基土的透水性、防止流砂、钢板桩渗水、坝基漏水、隧道开挖时涌水以及改善地下工程的开挖条件。

（2）堵漏。截断水流，改善施工、运行条件，封填孔洞，堵截流水。

（3）加固。提高岩石的力学强度和变形模量，恢复混凝土结构及建筑物的整体性；防止桥墩和边坡岸的冲刷；整治塌方滑坡，处理路基病害；对原有建筑物地基进行加固处理。

（4）纠正建筑物偏斜。提高地基承载力，减少地基的沉降和不均匀沉降，使已发生不均匀沉降的建筑物恢复原位或减少其偏斜度。

2. 灌浆法的分类

（1）按灌浆材料分类。

灌浆加固离不开浆材，而浆材品种和性能又直接关系着灌浆工程的质量和造价，因而灌浆工程界历来对灌浆材料的研究和发展极为重视。现在可用的浆材越来越多，尤其在我国，浆材性能和应用问题的研究比较系统和深入，有些浆材通过改性使其缺点消除后，正朝理想浆材的方向演变。

灌浆工程中所用的浆液是由主剂、溶剂及各种附加剂混合而成，通常所说的灌浆材料是指浆液中所用的主剂。附加剂可根据在浆液中所起的作用，分为固化剂、催化剂、速凝剂、缓凝剂和悬浮剂等。

灌浆法按浆液材料主要分为水泥灌浆、水泥砂浆灌浆、黏土灌浆、水泥黏土灌浆、硅酸钠或高分子溶液化学灌浆。

(2) 按灌浆目的分类。

灌浆法按灌浆目的分为帷幕灌浆、固结灌浆、接触灌浆、接缝灌浆和回填灌浆等形式。

1）帷幕灌浆：将浆液灌入岩体或土层的裂隙、孔隙，形成防水幕，以减小渗流量或降低扬压力的灌浆。

2）固结灌浆：将浆液灌入岩体裂隙或破碎带，以提高岩体的整体性和抗变形能力的灌浆。

3）接触灌浆：将浆液灌入混凝土与基岩或混凝土与钢板之间的缝隙，以增加接触面结合能力的灌浆。

4）接缝灌浆：通过埋设管路或其他方式将浆液灌入混凝土坝体的接缝，以改善传力条件，增强坝体整体性的灌浆。

5）回填灌浆：用浆液填充混凝土与围岩或混凝土与钢板之间的空隙和孔洞，以增强围岩或结构的密实性的灌浆。

(3) 按被灌地层分类。

灌浆法按被灌地层的构成分为岩石灌浆、岩溶灌浆（见岩溶处理）、砂砾石层灌浆和粉细砂层灌浆。

(4) 按灌浆压力分类。

灌浆法按灌浆压力分为小于 40×10^5 Pa 的常规压力灌浆和大于 40×10^5 Pa 的高压灌浆。

3. *灌浆法的发展趋势*

灌浆法的应用领域越来越广，除坝基防渗加固外，在其他土木工程建设中如铁道、矿井、市政和地下工程等，灌浆法也占有十分重要的地位。它不仅在新建工程，而且在改建和扩建工程中都有广泛的应用领域。实践证明，灌浆法是一门重要且颇有发展潜力的地基加固技术。

浆材品种越来越多，浆材性能和应用问题的研究更加系统和深入，各具特色的浆材已能充分满足各类建筑工程和不同地基条件的需要。有些浆材通过改性已消除缺点，正向理想浆材的方向发展。

为解决特殊工程问题，化学浆材的发展为其提供了更加有效的手段，使灌浆法的总体水平得到提高，然而由于造价、毒性和环境污染等原因，国内外各类灌浆工程中仍是水泥系和水玻璃系浆材占主导地位，高价的有机化学浆材一般仅在特别重要的工程中，以及上述两类浆材不能可靠地解决问题的特殊条件下才使用。

劈裂灌浆在国外已有 40 多年的历史，我国自 20 世纪 70 年代末在乌江渡坝基采用这类灌浆工艺建成有效的防渗帷幕后，也在该领域已取得明显的发展，尤其在软弱地基中，劈裂灌浆技术已越来越多地成为提高地基承载力和清除（或减少）沉降的手段。

在一些比较发达的国家，电子计算机监测系统已较普遍地在灌浆施工中用来收集和处理诸如灌浆压力、浆液稠度和耗浆量等重要参数，不仅可使工作效率大大提高，还能更好地控制灌浆工序和了解灌浆过程本身，促进灌浆法从一门工艺转变为一门科学。

由于灌浆施工属于隐蔽性作业，复杂的地层构造和裂隙系统难于模拟，故开展理论研究实为不易。与浆材品种的研究相比，国内外在灌浆理论方面都仍属比较薄弱的环节。

4. 设计计算原则

(1) 方案选择。

灌浆方案的选择一般应遵循下述原则：

1) 灌浆目的如为提高地基强度和变形模量，一般可选用以水泥为基本材料的水泥浆、水泥砂浆和水泥水玻璃浆等，或采用高强度化学浆材，如环氧树脂、聚氨酯以及以有机物为固化剂的硅酸盐浆材等。

2) 灌浆目的如为防渗堵漏时，可采用黏土水泥浆、黏土水玻璃浆、水泥粉煤灰混合物、丙凝、铬木素以及无机试剂为固化剂的硅酸盐浆液等。

3) 在裂隙岩层中灌浆一般采用纯水泥浆或在水泥浆（水泥砂浆）中掺入少量膨润土，在砂砾石层中或溶洞中可采用黏土水泥浆，在砂层中一般只采用化学浆液，在黄土中采用单液硅化法或碱液法。

4) 对孔隙较大的砂砾石层或裂隙岩层中采用渗入性注浆法，在砂层灌注粒状浆材宜采用水力劈裂法，在黏性土层中采用水力劈裂法或电动硅化法，矫正建筑物的不均匀沉降则采用挤密灌浆法。

(2) 浆液扩散半径 r。

浆液扩散半径是一个重要的参数，它对灌浆工程量及造价具有重要的影响。r 值应通过现场灌浆试验来确定，在没有试验资料时，可按下式确定：

$$r=\left(\frac{3kh\,r_0t}{\beta n}\right)^{\frac{1}{3}} \tag{9-22}$$

式中 k——砂土的渗透系数；

h——灌浆压力（kPa）；

r_0——灌浆管半径（m）；

t——灌浆时间（h）；

β——浆液黏度对水的黏度比；

n——砂土的孔隙率。

(3) 灌浆压力。

灌浆压力是指不会使地表面产生变化和邻近建筑物受到影响前提下，可能采用的最大压力。由于浆液的扩散能力与灌浆压力的大小密切相关，有人倾向于采用较高的灌浆压力，在保证灌浆质量的前提下，使钻孔数尽可能减少。高灌浆压力还能使一些微细孔隙张开，有助于提高可灌性。当孔隙中被某种软弱材料充填时，高灌浆压力能在充填物中造成劈裂灌注，使软弱材料的密度、强度和不透水性等得到改善。此外，高灌浆压力还有助于挤出浆液中的多余水分，使浆液结石的强度提高。但是，当灌浆压力超过地层的压重和强度时，将有可能导致地基及其上部结构的破坏，因此，一般都以不使地层结构破坏或仅发生局部的和少量的破坏，作为确定地基容许灌浆压力的基本原则。

灌浆压力值与地层土的密度、强度和初始应力、钻孔深度、位置及灌浆次序等因素有关，而这些因素又难于准确地预知，因而宜通过现场灌浆试验来确定。

5. 施工技术

灌浆施工要点如下：

（1）注浆孔的钻孔孔径一般为70～110mm，垂直偏差应小于1%。注浆孔有设计角度时，应预先调节钻杆角度，倾角偏差不得大于20″。

（2）当钻孔钻至设计深度后，必须通过钻杆注入封闭泥浆，直到孔口溢出泥浆方可提杆，当提杆至中间深度时，应再次注入封闭泥浆，最后完全提出钻杆，封闭泥浆的7d无侧限抗压强度宜为0.3～0.5MPa。

（3）注浆过程中压力是变化的，初始压力小，最终压力大，在一般情况下，深度每增加1m，压力增加20～50kPa。

（4）若进行第2次注浆，化学浆液的黏度应较小，不宜采用自行密封式密封圈装置，宜采用两端用水加压的膨胀密封型注浆芯管。

（5）灌浆完后要及时拔管，拔管时宜用拔管机。

（6）灌浆的流量一般为7～10L/min，对于充填型灌浆，流量可适当加快，但也不宜大于20L/min。

（7）冒浆处理灌浆深度较浅时，浆液上抬较多，甚至会溢到地面上来，此时可采用间歇灌注法，让一定数量的灌浆液注入上层孔隙大的土中后，暂停工作，让浆液凝固，反复几次，就可把上抬的通道堵死。

6. 质量检验

灌浆效果的检查，通常在注浆结束后28d才可进行，检查方法如下：

（1）统计计算灌浆量，可利用灌浆过程中的流量和压力自动曲线进行分析，从而判断灌浆效果。

（2）利用静力触探测试加固前后土体力学指标的变化，了解加固效果。

（3）在现场进行抽水试验，测定加固土体的渗透系数。

（4）采用现场静载荷试验，测定加固土体的承载力和变形模量。

（5）进行室内试验，通过室内加固前后土的物理力学指标的对比试验，判定加固效果。

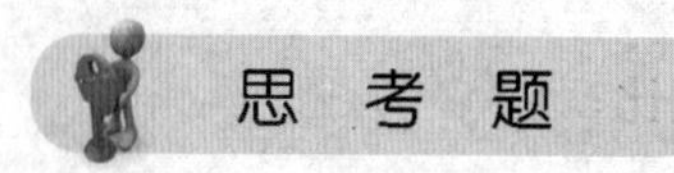

思 考 题

1. 何谓复合地基？复合地基如何进行分类？

2. 什么是复合地基置换率？如何计算复合地基置换率？

3. 什么是换土垫层法，其作用和适用范围分别是什么？

4. 换土垫层的垫层材料有哪些？如何选择？

5. 换土垫层后的建筑物地基沉降由哪些部分组成？

6. 什么是强夯法？简述其加固机理？

7. 什么是重锤夯实法？强夯法与重锤夯实法的区别是什么？

8. 水泥土搅拌桩的加固原理及其适用范围分别是什么？

9. 简述化学加固法的分类。

10. 什么是灌浆法？灌浆法在地基处理中的作用是什么？

11. 如何检验灌浆法的处理效果？

习 题

1. 某软弱地基采用水泥土搅拌桩处理方案，设计桩径 d＝500mm，采用正方形布置，桩间距为 1.2m，按照图的物理力学指标确定单桩承载力为 R_a＝210kN，已知 β＝0.8，η＝0.3，f_{cu}＝3MPa，f_{sk}＝100kPa，试确定单桩竖向承载力特征值与复合地基承载力特征值。

2. 某 4 层砖混结构的住宅建筑，承重墙下为条形基础，宽 1.2m，埋置深度为 1m，上部建筑物作用于基础的荷载为 120kPa，基础的平均重度为 $20kN/m^3$。地基土表层为粉质黏土，厚底为 1m，重度为 $17.5kN/m^3$；第 2 层为淤泥，厚 15m，重度为 $17.8kN/m^3$，地基承载力特征值 f_{ak}＝50kPa；第 3 层为密实的砂砾石。地下水位距地表为 1m。因地基土较软弱，不能承受建筑物的荷载，试设计砂垫层。

第 10 章　地基基础抗震

10.1 概　　述

所谓地震，指地壳发生突然破裂，所产生的能量以波的形式在地球内部传播，达到地表及其附近造成地表的剧烈振动。地震是一种自然现象。

我国地处世界上两个最活跃的地震带，东濒环太平洋地震带是世界上多震国家之一。2008 年 5 月 12 日发生的汶川地震是新中国成立以来发生的较为强烈的地震，死亡和失踪人数达 8.7 万人、受伤 37.5 万人。按当年 9 月份统计，直接经济损失为 8451 亿元人民币。另一次严重的地震是 1976 年 7 月 28 日发生的唐山地震几乎将整个唐山市夷为平地，死亡人数达 24.2 万人，直接经济损失按当年币值计算在百亿元以上。以上两次灾情，足以说明地震是一种多么严重的自然灾害。

10.1.1　地震成因

据目前资料分析，由于在地球的运动和发展过程中，内部积存着大量的能量，在地壳内的岩层中产生巨大的地应力，致使岩层发生变形褶皱。当地应力逐渐加强到超过某处岩层强度时，就会使岩层产生破裂或错断。这时，由于地应力集中作用而在该处岩层积累起来的能量，随着断裂而急剧地释放出来，引起周围物质振动，并以地震波的形式向四周传播。当地震波传至地面时，地面也就震动起来，从而引发了地震。这种由地壳运动引起的地震，称为构造地震。这种地震发生次数最多，约占全球地震总数的 90%以上。一般来说，这类地震发生在活动性大断裂带的两端和拐弯的部位、两条断裂的交汇处，以及现代断裂差异运动变化强烈的大型隆起和凹陷的转换地带。这些地方是地应力比较集中、构造比较脆弱的地段，往往容易发生地震。

此外，在火山活动区，当火山喷发时，会引起附近地区发生振动，称火山地震。在石灰岩地下溶洞地区，有时因溶洞塌陷，也能引起小范围的地面振动，叫作陷落地震。在进行地下核爆炸及爆破工程，或在有活动性断裂构造的地区修建大型水库，以及往深井内高压注水时，也可以激发和引起地震，称为诱发地震。

发生地震的部位称为震源。震源铅垂于地面的位置，称为震中，它是受地震影响最强烈的地区。从地面上某一点至震中的距离，称为震中距。

10.1.2　地震波及地震反应

地震引起的振动以波的形式从震源向各个方向传播并释放能量，这就是地震波，它包含在地球内部传播的体波和只限于在地面附近传播的面波。

体波又包括两种形式的波，即纵波和横波。纵波是由震源向外传播的压缩波，它在传递过程中，其介质质点的振动方向与波的前进方向一致，周期短，振幅小。横波是由震源向外传播的剪切波，其介质质点的振动方向与波的前进方向垂直，周期较长，振幅较大。

面波是体波经地层界面多次反射形成的次生波，它包括两种形式的波，即瑞利波和乐夫波。面波振幅大，周期长。弹性理论公式计算以及实测表明：纵波传播速度最快，衰减也快，横波次之，面波最慢，但能传播到很远的地方。一般情况下，当横波或面波到达时，地面振动最猛烈，造成危害也大。

当地震波在土层中传播时，经过不同土层的界面多次反射，将出现不同周期的地震波。若某一周期的地震波与地表土层的固有周期相近时，由于共振作用该地震波的振幅将显著增大，其周期称为卓越周期。若建筑物的基本周期与场地土层的卓越周期相近时，也将由于共振作用而增大振幅，导致建筑物破坏。

10.1.3　震级与烈度

1. 震级

地震的大小通常用震级表示。震级就是一次地震释放能量多少的量度。地震中震源释放的能量越大，震级也就越高。目前，国际上比较通用的是里氏震级，记为地震震级 M。

$$M = \lg A \tag{10-1}$$

式中　A——标准地震仪在距震中100km处记录的以 μm 为单位的最大水平地动位移。震级 M 与震源释放能量 E（单位为 erg，$1\text{erg} = 10^{-7}$J）之间的关系为

$$\lg E = 1.5M + 11.8 \tag{10-2}$$

所以震级每增加一级，能量增大约30倍。一般来说，小于2.5级的地震，人们感觉不到；5级以上的地震开始引起不同程度的破坏，称为破坏性地震或强震；7级以上的地震称为大震。

2. 烈度

烈度是指发生地震时地面及建筑物遭受破坏的程度。在一次地震中，地震的震级是确定的，但地面各处的烈度各异，距震中越近，烈度越高；距震中越远，烈度越低。震中附近的烈度称为震中烈度。根据地面建筑物受破坏和受影响的程度，地震烈度划分为12度。烈度越高，表明受影响的程度越强烈。地震烈度不仅与震级有关，同时还与震源深度、震中距以及地震波通过的介质条件等多种因素有关。

震中烈度的高低，主要取决于地震震级和震源深度。震级大、震源浅，则震中烈度高。震中烈度 I_0 与震级 M 关系可粗略表示为

$$M = 1 + \frac{2}{3} I_0 \tag{10-3}$$

震级和烈度虽然都是衡量地震强烈程度的指标，但烈度直接反映了地面建筑物受破坏的程度，因而与工程设计有着更密切的关系。工程中涉及的烈度概念有以下几种：

(1) 基本烈度。基本烈度是指在今后一定时期（50年）内，某一地区在一般场地条件下可能遭受的最大地震烈度，由国家地震局编制的《中国地震烈度区划图》(GB 18306—2015）确定。基本烈度所指的地区，是一个较大的区域范围，因此，又称为区域烈度。

(2) 场地烈度。所谓场地是指建筑物所在的局部区域，大体相当于厂区，居民点和自然村的范围。场地烈度即指区域内一个具体场地的烈度。通常在烈度高的区域内可能包含烈度较低的场地，而在烈度低的区域内也可能包含烈度较高的场地。这主要是因为局部场地的地质构造、地基条件、地形变化等因素与整个区域有所不同，这些局部性控制因素称为小区域因素或场地条件。一般在场地选址时，应进行专门的工程地质和水文地质调查工作，查明场地条件，确定场地烈度，据此避重就轻，选择对抗震有利的地段布置工程。

(3) 设防烈度。设防烈度是指按国家规定的权限批准的作为一个地区抗震设防依据的地

震烈度。设防烈度是针对一个地区而不是针对某一建筑物确定，也不随建筑物的重要程度提高或降低。我国现行《建筑抗震设计规范》（GB 50011—2010）（2016 年版）将设防烈度分为三个水准。50 年内超越概率约为 63%的地震烈度为对应于统计“众值”的烈度，比基本烈度约低一度半，规范中取为第一水准烈度，称为“多遇地震”；50 年超越概率约 10%的地震烈度，即 1990 中国地震区划图规定的“地震基本烈度”或中国地震动参数区划图规定的峰值加速度所对应的烈度，规范取为第二水准烈度，称为“设防地震”；50 年超越概率 2%～3%的地震烈度，规范中取为第三水准烈度，称为“罕遇地震”，相应于第三水准的烈度在基本烈度 6 度时为 7 度强，7 度时为 8 度强，8 度时为 9 度弱，9 度时为 9 度强。

10.2 地基基础的震害现象

我国自古以来有记载的地震达 8000 多次，7 级以上地震就有 100 多次。表 10-1 列举了我国大陆近几十年来发生的几次强震的资料和震害情况，由此可见我国地震灾害之深重。

表 10-1 我国大陆部分大地震（$M>7$）及其灾害情况

地震地点	发生时间	震级	死亡人数	受灾情况
河北邢台	1966 年 3 月 22 日	7.2	0.79 万人	县内房屋几乎倒平
云南通海	1970 年 1 月 5 日	7.7	1.56 万人	房屋倒塌 90%
辽宁海城	1975 年 2 月 4 日	7.3	0.13 万人	房屋倒塌 50%
河北唐山	1976 年 7 月 28 日	7.8	24.2 万人	85%的房屋倒塌或严重破坏
四川汶川	2008 年 5 月 12 日	8.0	近 10 万人	新中国成立以来影响最严重的一次大地震
青海玉树	2010 年 4 月 14 日	7.1	近 0.3 万人	县内房屋大面积倒塌
四川雅安	2013 年 4 月 20 日	7.0	196 人	震中龙门乡 99%的房屋倒塌
四川九寨沟	2017 年 8 月 8 日	7.0	31 人	景区受损，大量旅客滞留

10.2.1 地基的震害

因地基失效造成的基础或上部结构震害，称为地基震害。由于地区特点和地形地质条件的复杂性，强烈地震造成的地面和建筑物的破坏类型多种多样。典型的地基震害有滑坡、地裂、地基土液化和震陷几种。

1. 滑坡

滑坡、山崩及泥石流是地震时常见的地基破坏现象，其主要原因是在地震加速度作用下产生附加惯性力，使边坡滑楔下滑力增大，同时抗滑的内摩擦力降低，这两个不利因素均可能造成边坡失稳。

在山区和陡峭的河谷区域，强烈地震可能引起诸如山崩、滑坡、泥石流等大规模的岩土体运动，从而直接导致地基、基础和建筑物的破坏。此外，岩土体的堆积也会给建筑物和人类的安全造成危害。图 10-1 给出了地震中的滑坡震害。

2. 地裂

地震时还常常在地面产生裂缝，即地裂。根据产生的机理不同。地裂缝可分为构造性地裂和非构造性地裂。构造性地裂源于地壳深部断层错动，裂缝一般延至地面，这种地裂往往出现于震中区。非构造性地裂则是与地震滑坡引起的地层相对错动有关，多发生在河谷地

(a)

(b)

图 10-1　地震中的滑坡

区、河漫滩、低级阶地前缘地带、古河道的河岸部分、滨海淤泥质土的坑边等。

地震导致岩面和地面的突然破裂和位移会引起位于附近的或跨断层的建筑物的变形和破坏。如唐山地震时，地面出现一条长 10km、水平错动 1.25m、垂直错动 0.6m 的大地裂，错动带宽约 2.5m，致使在该断裂带附近的房屋、道路、地下管道等遭到极其严重的破坏，民用建筑几乎全部倒塌。图 10-2 给出了地震中的地裂现象。

(a)

(b)

图 10-2　地震中的地裂

3. 震陷

震陷是指地基土在强烈的地震作用下，由于土层加密、塑性区扩大或强度降低而产生的明显的竖向永久变形，宏观的表现为建筑物或地面下沉。震陷往往发生在软土、松散类砂土、不均匀地基和人工填土中。在发生强烈地震时，如果地基由软弱黏性土和松散砂土构成，其结构受到扰动和破坏，强度严重降低，在重力和基础荷载的作用下会产生附加沉陷。在我国沿海地区及较大河流的下游软土地区，震陷往往也是主要的地基震害之一。当地基土的级配较差、含水量较高、孔隙比较大时震陷也大。砂土的液化也往往引起地表较大范围的震陷。此外，在溶洞发育和地下存在大面积采空区的地区，在强烈地震的作用下也容易诱发震陷。图 10-3 为地震中的震陷。

4. 液化

在地震的作用下，饱和砂土的颗粒之间发生相互错动而重新排列，其结构趋于密实，如果砂土为颗粒细小的粉细砂，则因透水性较弱而导致孔隙水压力加大，同时颗粒间的有效应

(a) (b)

图 10-3 地震中的震陷

力减小，当地震作用大到使有效应力减小到零时，将使砂土颗粒处于悬浮状态，即出现砂土的液化现象。图 10-4 给出的是地震中的液化现象。

(a) (b)

图 10-4 地震中的液化

砂土液化时其性质类似于液体，抗剪强度完全丧失，使作用于其上的建筑物产生大量的沉降、倾斜和水平位移，可引起建筑物开裂、破坏甚至倒塌。在国内外的大地震中，砂土液化现象相当普遍，是造成地震灾害的重要原因。

影响砂土液化的主要因素为：土层的地质年代，地震烈度，振动的持续时间，土的粒径组成，密实程度，饱和度，土中黏粒含量以及土层埋深等。本章 10.3 节将对土的液化作详细介绍。

10.2.2 建筑基础的震害

建筑基础的常见震害为沉降、不均匀沉降和倾斜，水平位移，桩基和高耸结构物受拉破坏。

(1) 沉降、不均匀沉降和倾斜。由地震作用导致建筑物发生沉降的沉降量大小主要取决于地基土的性质。观测资料表明，一般地基上的建筑物由地震产生的沉降量通常不大；而软土地基则可产生 10～20cm 的沉降，也有达 30cm 以上者；如地基的主要受力层为液化土或含有厚度较大的液化土层，强震时则可能产生数十厘米甚至 1m 以上的沉降，造成建筑物的倾斜和倒塌。

(2) 水平位移。常见于边坡或河岸边的建筑物，其原因是土坡失稳和岸边地下液化土层的侧向扩展等。

(3) 桩基和高耸结构物受拉破坏。此种震害通常在下列场合中遇到，会使得基础承受较大弯矩，基础最外侧的桩排受到轴向过大的拉力而将桩体或锚固于承台内的钢筋拔出。

1) 在地震发生时，受到浮力的地下管线或地下结构锚桩因抗拔力不足而被抬高；

2) 杆、塔等结构拉锚装置的基础因地震时产生的拉力而使螺栓上拔或基础底板发生位移。

10.3 土的液化

地震时，饱和松散的砂土或粉土（饱和指土的孔隙中充满了水，一般地下水位以下的土才可能成为饱和土，不含黄土）的颗粒在强烈振动下发生相对位移。微小颗粒趋于压密。颗粒间孔隙水来不及排泄，受到挤压使孔隙水压力急剧增加，当孔隙水压力上升到土颗粒所受到的总的正压力接近或相等时，土粒之间因摩擦产生的抗剪能力消失，土颗粒普遍形同“液体”一样处于悬浮状态，使地基承载力丧失或减弱，甚至喷水冒砂，这种现象一般称为砂土液化或地基土液化。

液化土层多属河流中、下游的冲积层，若液化层面向河心有少许倾斜时，在液化之后，会导致已液化土层和上覆非液化土层一起流向河心，这种现象称为液化侧向扩展。天然或人工的含液化土的土坡，若其坡度较大，液化时也会产生大规模的滑坡，这种现象称为流滑。液化侧向扩展和流滑会造成地面开裂、桥梁破坏等。

液化使土体的抗震强度丧失，引起地基不均匀沉降并引发建筑物的破坏甚至倒塌，主要对建筑物的灾害有以下几种：

(1) 地面开裂下沉使建筑物产生过度下沉或整体倾斜；

(2) 不均匀沉降引起建筑物上部结构破坏，使梁板等水平构件及其节点破坏，使墙体开裂和建筑物体型变化处开裂；

(3) 室内地坪上鼓、开裂，设备基础上浮或下沉。

发生于1964年的美国阿拉斯加地震和2004年的日本新泻地震，都出现了因大面积砂土液化而造成建筑物严重破坏，从而引起了人们对地基土液化及其防治措施的关切。在我国1975年的辽宁海城地震及1976年的唐山地震中，也发生了大面积的地基液化震害。

10.3.1 影响地基土液化的因素

根据震害调查和室内试验，得出影响场地土液化的因素主要有下列6个方面：

1. 土层的地质年代，地貌单元

地质年代的新老意味着土层沉积时间的长短，较老的沉积土层，经过长期的固结作用和不断地压密及沉积间断时期的水化学作用，土层除密度增大外，还往往具有一定的胶结与紧密作用。因此地层年代愈老，土的同结程度、密实度、结合性一般就愈好，所以地质年代古老的饱和砂土不易液化，而地质年代较新的则易于液化。地貌单元反映了土层的成因类型和沉积环境，一般也对应着一定的地质年代。液化地层一般为地质年代较新的沉积层，多分布于古河道、河漫滩、近代海积平原及部分一级阶地等地貌单元上，处于高级阶地等地貌单元内的晚更新世及其以前的饱和砂土或粉土层极少发生液化现象。

2. 砂土的类型、密实程度，粉土中的黏粒含量

细砂和粗砂比较，由于细砂的渗透性较差，地震时易于产生超孔隙水压，故细砂较粗砂更易于液化。密实程度较小的松砂，由于天然孔隙比 e 一般较大，构成土层液化的水力梯度临界值一般较小，故易于液化；而密实程度大的砂土不易液化。粉土是黏性土和砂类土之间的过渡性土壤，黏粒含量越高，土的性质越接近于黏性土，土体颗粒之间由于摩擦而产生的正应力越大，越不容易液化。

3. 土层的埋置深度

一般来说，地震剪应力随深度的增大不如土的自重应力随深度的增长来得快，所以浅层土液化的可能性比深层土要大。土层埋深越大，土层上的有效覆盖应力越大，土层就越不容易液化，当砂土层上面覆盖着较厚的黏土层，即使砂土层液化，也不致发生冒水喷砂现象，从而避免地基产生严重的不均匀沉陷。

4. 地下水位深度

土层的完全饱和是发生液化的必要条件，地下水位越低，使饱和砂土层上的有效覆盖应力加大，则土层就越不容易液化。一般来说，地下水位低于地表下 10m 的地区不具备发生液化的条件。

5. 地震强度和地震持续时间

对于可能液化的地层，从外部条件而言，液化现象通常出现在烈度为 7 度以上的地震中。已有的资料表明，能使土层发生液化的振动持续时间一般都在 15s 以上。地震烈度越高和地震持续时间越长，饱和砂土越易液化。

6. 历史地震情况

试验表明，砂样预先经受振动的历史可能因先期振动的强度不同而使它变得对液化更加敏感或比较不敏感。一系列小的先期振动，只要没有引起液化，将时砂土均匀的密实和加强结构性，从而提高它的抗液化能力。然而，过强的振动，包括先期的液化，将引起土体密度分布不均匀（上层松下层密）和土体结构性的消失，从而在随后的循环剪应力作用下显示出比原先小得多的抗液化能力。在地震中已经观察到，某场地的强震作用下，一经发生喷水冒砂，后来即使在较小的余震中，也会出现喷水冒砂。

以上因素在对地基进行液化判别时将得到应用和体现。

10.3.2　液化的判别

当建筑物的地基有饱和砂土或饱和粉土（不含黄土）时，应经勘察预测其在未来地震时是否会出现液化，并确定是否需要采取相应的抗液化措施。由于 6 度区的震害较轻，《建筑抗震设计规范》（GB 50011—2010）规定，饱和砂土和饱和粉土（不含黄土）的液化判别和地基处理，6 度时，一般情况下可不进行判别和处理，但对液化沉陷敏感的乙类建筑可按 7 度的要求进行判别和处理；7～9 度时，乙类建筑可按本地区抗震设防烈度的要求进行判别和处理。

地基土液化判别过程可以分为初步判别和标准贯入试验数据判别两大步骤。当初步判别地基土为不液化地基或无需考虑液化影响时，则无需进行标准贯入试验判别；只有当初步判别为需考虑液化影响时，才需要进行标准贯入试验判别。

1. 初步判别

初步判别地基土液化的指标有地质年代、抗震设防烈度、粉土的黏粒含量、非液化土层

厚度和地下水位深度等。符合下列条件之一时，饱和的砂土或粉土（不含黄土）可判别为不液化或可不考虑液化影响：

（1）地质年代为第四纪晚更新世（Q3）及其以前时，7 度、8 度时可判为不液化。此处所指的地质年代必须有建筑场地地基土的年代测试数据，不能利用小比例尺第四纪地质图。

（2）粉土的黏粒（粒径小于 0.005mm 的颗粒）含量百分率（按质量计，采用六偏磷酸钠作分散剂测定，采用其他方法时应按有关规定换算），7 度、8 度和 9 度分别不小于 10%、13%和 16%时，可判为不液化土。作为黏粒含量分析的样品，应取自标准贯入处的土样，即贯入器中的扰动土样，应满足《岩土工程勘察规范》（GB 50021—2017）对测试及试验数据的要求（每层土不小于 6 个数据）。

（3）浅埋天然地基的建筑，当上覆非液化土层厚度和地下水位深度符合下列条件之一时，可不考虑液化影响：

$$d_u > d_0 + d_b - 2 \tag{10-4}$$

$$d_w > d_0 + d_b - 3 \tag{10-5}$$

$$d_u + d_w > 1.5d_0 + 2d_b - 4.5 \tag{10-6}$$

式中　d_w——地下水位深度（m），宜按设计基准期内年平均最高水位采用，也可按近期内年最高水位采用；

d_u——上覆盖非液化土层厚度（m），计算时宜将淤泥和淤泥质土层扣除；

d_b——基础埋置深度（m），不超过 2m 时应采用 2m；

d_0——液化土特征深度（m），可按表 10-2 采用。

表 10-2　液化土特征深度　（m）

饱和土类别	抗震设防烈度		
	7 度	8 度	9 度
粉土	6	7	8
砂土	7	8	9

注　当区域的地下水位处于变动状态时，应按不利的情况考虑。

应当注意的是，初步判别的第 3 个条件所得结论为“可不考虑液化影响”，这与前两个判别条件所得结论“判别为不液化土”有所不同，即该条件实质上没有明确土层究竟是否液化，而是允许出现即使下部土层液化，当满足本条件要求时，也可不考虑其对上部建筑物的影响。本条件中所针对的基础为浅埋于天然地基的浅基础（基础埋置深度不大于 5m）；上覆非液化土层厚度，指地震时不会发生液化的土层的厚度，即中等强度以上的黏性土的厚度，不包括淤泥和淤泥质土，且不包括经判定为不液化的饱和砂土和粉土层的厚度；条件中的地下水位深度，应按设计基准期内年平均最高水位采用或近 3～5 年内的最高水位采用，不能直接取勘探时的水位进行评价。

2. 标准贯入试验判别

当饱和砂土、粉土的初步判别认为需进一步进行液化判别时，应采用标准贯入试验判别法判别地面下 20m 范围内土的液化，但对可不进行天然地基及基础的抗震承载力验算的各类建筑，可只判别地面下 15m 范围内土的液化。当饱和土标准贯入锤击数（未经杆长修正）小于或等于液化判别标准贯入锤击数临界值时，应判为液化土。当有成熟经验时，尚可采用其他判别方法。

标准贯入试验是一种在建设场地现场进行的试验，试验设备由穿心锤（标准质量63.5kg）、触探杆、贯入器等组成，如图10-5所示。试验时，先用钻具钻至试验土层标高以上15cm，再将标准贯入器打至试验土层标高位置，然后，在锤的落距为76cm的条件下，连续打入土层30cm，记录所得锤击数为$N_{63.5}$。土体越密实，锤击数$N_{63.5}$越大；土体越松散，锤击数$N_{63.5}$越小。

(a)

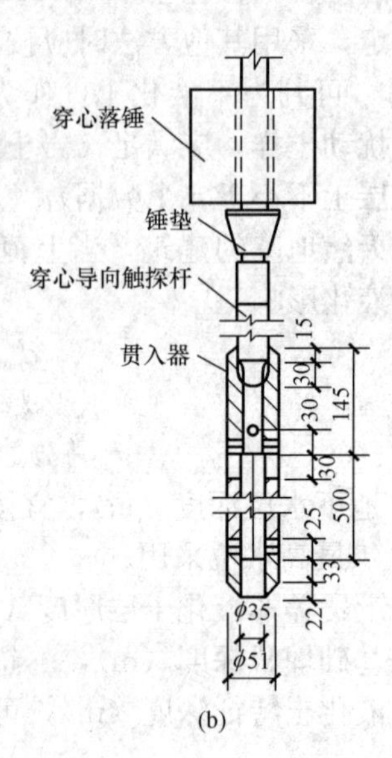

(b)

图10-5　标准贯入试验现场图及设备示意

标准贯入试验时应注意下列几个问题：

(1) 为判别液化而布置的勘探点不应少于3个，勘探孔深度应大于液化判别深度。在初勘阶段判别场地液化与否时，液化判别孔应适量增加，可考虑在控制性钻孔中做液化试验；

(2) 在需做判别的土层中，试验点的竖向间距宜为1.0～1.5m，每层土的试验点数及黏粒试验数据不宜少于6个。

在地面下20m深度范围内，液化判别标准贯入锤击数临界值可按式（10-7）计算，当$N_{63.5} \leqslant N_{cr}$时，判定为液化土，当$N_{63.5} \geqslant N_{cr}$时，判定为不液化土。

$$N_{cr} = N_0 \beta [\ln(0.6d_s + 1.5) - 0.1d_w] \sqrt{3/\rho_c} \tag{10-7}$$

式中　N_{cr}——液化判别标准贯入锤击数临界值；

N_0——液化判别标准贯入锤击数基准值，可按表10-3采用；

d_s——饱和土标准贯入点深度（m）；

d_w——地下水位（m）；

ρ_c——黏粒含量百分率，当小于3或为砂土时，应采用3；

β——调整系数，设计地震第一组取0.80，第二组取0.95，第三组取1.05。

表10-3　　液化判别标准贯入锤击数基准值N_0

设计基本地震加速度（g）	0.10	0.15	0.20	0.30	0.40
液化判别标准贯入锤击数基准值	7	10	12	16	19

从式（10-7）可以看出，地基土液化的临界指标 N_{cr} 的确定，主要考虑了土层所处的深度（即试验时所取用的标准贯入点深度 d_s）、地下水位深度 d_w、饱和土的黏粒含量 ρ_c 以及抗震设防烈度等影响土层液化的要素。此处所取的地下水位深度同初步判别的要求。

10.3.3　液化地基的评价

经过上述两步判别认为地基土确实存在液化趋势后，应对存在液化土层的地基探明各液化土层的深度和厚度，通过定量分析，评价液化土可能造成的危害程度，评价采用的方法是计算每个钻孔的液化指数，并按表 10-4 综合划分地基的液化等级。

标准贯入度试验中，某钻孔的液化指数按下式确定：

$$I_{lE}=\sum_{i=1}^{n}\left(1-\frac{N_i}{N_{cri}}\right)d_iW_i \tag{10-8}$$

式中　I_{lE}——液化指数。

n——在判别深度范围内每一个钻孔标准贯入试验点的总数。

N_i，N_{cri}——分别为 i 点标准贯入锤击数的实测值和临界值，当实测值大于临界值时应取临界值；当只需要判别 15m 范围以内的液化时，15m 以下的实测值可按临界值采用。

d_i——i 点所代表的土层厚度（m），可采用与该标准贯入试验点相邻的上、下两标准贯入试验点深度差的一半，但上界不高于地下水位深度，下界不深于液化深度。

W_i——i 土层单位土层厚度的层位影响权函数值（单位为 m^{-1}）。当该层中点深度不大于 5m 时应采用 10，等于 20m 时应采用零值，5～20m 时应按线性内插法取值。

表 10-4　**液化等级与液化指数的对应关系**

液化等级	轻　微	中　等	严　重
液化指数 I_{lE}	$0<I_{lE}\leqslant 6$	$6<I_{lE}\leqslant 18$	$I_{lE}>18$

在判定时，对多个钻孔的判别结果应区别对待，如有的钻孔判别结果为液化，有的不液化，或液化等级不同时，都应对场地进行分区。

不同等级的液化地基，地面的喷水冒砂情况和对建筑物造成的危害有着显著不同，见表 10-5。

表 10-5　**各种液化等级地基的震害及对建筑物的危害**

液化等级	地面喷水冒砂情况	对建筑的危害情况
轻微	地面无冒水冒砂，或仅在洼地、河边有零星的喷水冒砂点	危害性小，一般不至引起明显的震害
中等	喷水冒砂可能性大，从轻微到严重均有，多数属中等	危害性较大，可造成不均匀沉陷或开裂，有时不均匀沉陷可能达到 200mm
严重	一般喷水冒砂都很严重，地面变形很明显	危害性大，不均匀沉陷可能大于 200mm，高重心结构可能产生不容许的倾斜

【例 10-1】 某高层建筑场地，抗震设防烈度为 8 度，基础埋深为 3m，设计地震分组为第一组设计地震基本加速度为 0.20g，工程场地近年最高水位埋深为 2m，其工程地质年代为 Q_4，地层岩性及野外原位测试及室内数据见表 10-6，是判断该工程场地是否液化，并对其液化等级做出评价。

表 10-6 某高层建筑场地标准贯入试验结果

岩土名称	地层深度（m）	标贯点中点深度（m）	标贯值 $N_{63.5}$	黏粒含量（%）
粉质黏土	1.5	—	—	—
砂质粉土	9.5	3.3 4.5 6.0 7.5	7 8 8 9	6 5 6 7
细砂	15.0	10.5 12.0 13.5	18 20 23	
重粉质黏土	20.0			

解：(1) 液化判别。

工程地质年代为 Q_4，不满足不液化的地质年代要求；

砂质粉土的黏粒含量百分率均小于 8 度时的临界值（13%），不满足不液化的要求；

$$d_0+d_b-3m=7m+3m-3m=7m$$

$d_w=2m<7m$，不满足；

$$d_0+d_b-2m=7m+3m-2m=8m$$

$d_u=2m<8m$，不满足；

$$1.5d_0+2d_b-4.5m=1.5\times7m+2\times3m-4.5m=12m$$

$d_u+d_w=2m+2m=4m<12m$，不满足。

则已知地质条件均不满足初步判别条件，该场地需要考虑液化影响。

(2) 标准贯入试验判别。

按式（10-7）计算各标注贯入试验点所对应的标准贯入试验锤击数临界值，根据地层分布判断出需做判别的砂质粉土和细砂层均分布在 20m 以内，其中 $N_0=12$，$\beta=0.8$，$d_w=2$，砂质粉土层黏粒含量见表 10-6，砂土层黏粒含量取为 3。

第一点（深度 3.3m）：

$N_{cr}=12\times0.8\times[\ln(0.6\times3.3+1.5)-0.1\times2]\sqrt{3/6}=7.1\Rightarrow N_{cr}>N_{63.5}$，液化土

第二点（深度 4.5m）：

$N_{cr}=12\times0.8\times[\ln(0.6\times4.5+1.5)-0.1\times2]\sqrt{3/5}=9.2\Rightarrow N_{cr}>N_{63.5}$，液化土

第三点（深度 6.0m）：

$N_{cr}=12\times0.8\times[\ln(0.6\times6.0+1.5)-0.1\times2]\sqrt{3/6}=9.7\Rightarrow N_{cr}>N_{63.5}$，液化土

第四点（深度 7.5m）：

$N_{cr}=12\times0.8\times[\ln(0.6\times7.5+1.5)-0.1\times2]\sqrt{3/7}=10.0\Rightarrow N_{cr}>N_{63.5}$，液化土

第五点（深度 10.5m）：

$N_{cr}=12\times0.8\times[\ln(0.6\times10.5+1.5)-0.1\times2]\sqrt{3/3}=17.8\Rightarrow N_{cr}<N_{63.5}$，不液化

第六点（深度 12.0m）：

$N_{cr}=12\times0.8\times[\ln(0.6\times12.0+1.5)-0.1\times2]\sqrt{3/3}=18.9\Rightarrow N_{cr}<N_{63.5}$，不液化

第七点（深度 13.5m）：

$N_{cr}=12\times0.8\times[\ln(0.6\times13.5+1.5)-0.1\times2]\sqrt{3/3}=19.8\Rightarrow N_{cr}<N_{63.5}$，不液化

液化判别结论为：9.5m 以上的砂质粉土液化，9.5m 以下细砂层不液化。液化深度为 9.5m。

(3) 液化地基评价。

1) 求每个标准贯入点所代表的土层厚度 d_i。

第一个标准贯入点与第二个标准贯入点的中点深度：(4.5−3.3)m÷2+3.3m=3.9m

第二个标准贯入点与第三个标准贯入点的中点深度：(6.0−4.5)m÷2+4.5m=5.25m

第三个标准贯入点与第四个标准贯入点的中点深度：(7.5−6.0)m÷2+6.0m=6.75m

因此

$$d_{i1}=3.9\text{m}-2.0\text{m}=1.9\text{m}$$
$$d_{i2}=5.25\text{m}-3.9\text{m}=1.35\text{m}$$
$$d_{i3}=6.75\text{m}-5.25\text{m}=1.50\text{m}$$
$$d_{i4}=9.5\text{m}-6.75\text{m}=2.75\text{m}$$

2) 求每个标准贯入点所代表土层厚度中点深度所对应的权函数 W_i。

本题液化判别深度条件为 20m，故 W_i 按 20m 深度权函数图形求解。

d_{i1}的中点深度 (3.9−2.0)m÷2+2.0m=2.95m，位于简图 5.0m 以上，故 $W_{i1}=10$。

d_{i2}的中点深度 (5.25−3.9)m÷2+3.9m=4.575m，位于简图 5.0m 以上，故 $W_{i2}=10$。

d_{i3}的中点深度 (6.75−5.25)m÷2+5.25m=6.0m，故 $W_{i3}=9.33$。

d_{i4}的中点深度 (9.5−6.75)m÷2+6.75m=8.125m，故 $W_{i4}=7.92$。

3) 由式 10-8 计算液化指数 I_{lE}。

$$\begin{aligned}I_{lE}&=\left(1-\frac{7}{7.1}\right)\times1.9\times10+\left(1-\frac{8}{9.18}\right)\times1.35\times10+\left(1-\frac{8}{9.7}\right)\times1.5\times9.33\\&\quad+\left(1-\frac{9}{10}\right)\times2.75\times7.92\\&=0.27+1.74+2.45+2.18\\&=6.64\end{aligned}$$

由计算结果知 $I_{lE}=6.64$，查表 10-4 可知，该地基液化等级为中等液化。

10.3.4 地基抗液化措施

当地基已判定为液化且液化等级已确定后，下一步的任务就是选择抗液化措施。一般情况下，不宜将未经处理的液化土层作为天然地基持力层。

抗液化措施的选择首先应考虑建筑物的重要性和地基液化等级的大小，对不同抗震设防类别的建筑和不同液化等级的地基，有不同要求的抗液化措施。当液化砂土层、粉土层较平坦且均匀时，宜按表 10-7 选用地基抗液化措施，同时也可以考虑上部结构重力荷载对液化危害的影响，根据液化震陷量的估计适当调整抗液化措施。

表 10-7 **抗液化措施**

建筑抗震设防类别	地基的液化等级		
	轻微	中等	严重
乙类	部分消除液化沉陷，或对基础和上部结构处理	全部消除液化沉陷。或部分消除液化沉陷且对基础和上部结构	全部消除液化沉陷
丙类	基础和上部结构处理，亦可不采取措施	基础和上部结构处理，或更高要求的措施	全部消除液化沉陷，或部分消除液化沉陷且对基础和上部结构处理
丁类	可不采取措施	可不采取措施	基础和上部结构处理，或其他经济的措施

注 甲类建筑的地基抗液化措施应进行专门研究，但不宜低于乙类的相应要求。

1. 全部消除地基液化沉陷的措施

全部消除地基液化沉陷的措施，应符合下列要求：

(1) 采用桩基时，桩端伸入液化深度以下稳定土层中的长度（不包括桩尖部分），应按计算确定，且对碎石土，砾、粗、中砂，坚硬黏性土和密实粉土尚不应小于 0.8m，对其他非岩石土尚不宜小于 1.5m。

(2) 采用深基础时，基础底面应埋入液化深度以下的稳定土层中，其深度不应小于 0.5。

(3) 采用加密法（如振冲、振动加密、挤密碎石桩、强夯等）加固时，应处理至液化深度下界；振冲或挤密碎石桩加固后，桩间土的标准贯入锤击数不宜小于按式（10-7）计算的液化判别标准贯入锤击数临界值。

(4) 用非液化土替换全部液化土层，或增加上覆非液化土层的厚度。

(5) 采用加密法或换土法处理时，在基础边缘以外的处理宽度，应超过基础底面下处理深度的 1/2 且不小于基础宽度的 1/5。

2. 部分消除地基液化沉陷的措施

部分消除地基液化沉陷的措施，应符合下列要求：

(1) 处理深度应使处理后的地基液化指数减少，其值不宜大于 5；大面积筏形基础、箱形基础的中心区域（指位于基础外边界以内沿长宽方向距外边界大于相应方向 1/4 长度的区域），处理后的液化指数可比上述规定降低 1；对独立基础和条形基础，尚不应小于基础底面下液化土特征深度和基础宽度的较大值。

(2) 采用振冲或挤密碎石桩加固后，桩间土的标准贯人锤击数不宜小于按式（10-7）计算的液化判别标准贯入锤击数临界值。

(3) 基础边缘以外的处理宽度，应超过基础底面下处理深度的 1/2 且不小于基础宽度的 1/5。

(4) 采取减小液化震陷的其他方法，如增厚上覆非液化土层的厚度和改善周边的排水条件等。

3. 减轻液化影响的基础和上部结构处理的措施

减轻液化影响的基础和上部结构处理，可综合采用下列各项措施：

（1）选择合适的基础埋置深度；

（2）调整基础底面积，减少基础偏心；

（3）加强基础的整体性和刚度，如采用箱形基础、筏形基础或钢筋混凝土交叉条形基础，加设基础圈梁等；

（4）减轻荷载，增强上部结构的整体刚度和均匀对称性，合理设置沉降缝，避免采用对不均匀沉降敏感的结构形式等；

（5）管道穿过建筑处应预留足够尺寸或采用柔性接头等。

一般情况下，除丁类建筑外，不应将未经处理的液化土层作为地基的持力层。

10.4 基础抗震

10.4.1 抗震设计的任务与要求

在地壳表层岩土上建造着各种类型的建筑物和构筑物。发生地震时，由震源释放出来的地震波到达地表后引起地表土层发生震动。当地基土强度不能承受地基震动所产生的内力时，建筑物就会丧失整体性，地基失效，结构变形过大而导致倒塌。

地基基础抗震设计的任务就是研究地基与基础的稳定性和变形，包括地基的抗震承载力验算，地基液化可能性判别和液化等级的划分，震陷分析，确定合理的基础结构形式以及为保证地基、基础能有效工作所必须采取的抗震措施等内容。

《建筑工程抗震设防分类标准》（GB 50223—2008）中将建筑物按使用功能的重要性和破坏后果的严重性分为以下四个抗震设防类别：

（1）特殊设防类。其指使用上有特殊设施，涉及国家公共安全的重大建筑工程和地震时可能发生严重次生灾害等特别重大灾害后果，需要进行特殊设防的建筑，简称甲类。

（2）重点设防类。其指地震时使用功能不能中断或需尽快恢复的生命线相关建筑，以及地震时可能导致大量人员伤亡等重大灾害后果，需要提高设防标准的建筑，简称乙类。

（3）标准设防类。其指大量的除（1）、（2）、（4）款以外按标准要求进行设防的建筑，简称丙类。

（4）适度设防类。其指使用人员稀少且震损不致产生次生灾害，允许在一定条件下适度降低设防要求的建筑，简称丁类。

各抗震设防类别建筑的抗震设防标准应符合下列要求：

（1）对于标准设防类，应按本地区抗震设防烈度确定其抗震措施和地震作用，达到在遭遇高于当地抗震设防烈度的预估罕遇地震影响时不致倒塌或发生危及生命安全的严重破坏的抗震设防目标。

（2）对于重点设防类，应按高于本地区抗震设防烈度一度的要求加强其抗震措施，抗震设防烈度为9度时应按比9度更高的要求采取抗震措施。地基基础的抗震措施应符合有关规定。同时，应按本地区抗震设防烈度确定其地震作用。

（3）对于特殊设防类，应按高于本地区抗震设防烈度一度的要求加强其抗震措施，抗震设防烈度为9度时应按比9度更高的要求采取抗震措施。同时，应按批准的地震安全性评价结果且高于本地区抗震设防烈度的要求确定其地震作用。

（4）对于适度设防类，允许按低于本地区抗震设防烈度的要求采取抗震措施，但抗震设防烈度为6度时不应降低。一般情况下，仍应按本地区抗震设防烈度确定其地震作用。

对于划为重点设防类而规模很小的工业建筑，当改用抗震性能较好的材料且符合《建筑抗震设计规范》(GB 50011—2010）对结构体系的要求时，允许按标准设防类设防。

10.4.2 抗震设计的目标和地基基础的概念设计

1. 抗震设计目标

抗震设计目标为“三个水准”，即“小震不坏，中震可修，大震不倒”。按《建筑抗震设计规范》(GB 50011—2010）进行抗震设计的建筑，基本的抗震设计目标是：当遭受低于本地区抗震设防烈度的多遇地震影响时，主体结构不受损坏或不需修理即可继续使用；当遭受相当于本地区抗震设防烈度的设防地震影响时，可能发生损坏，但经一般性修理仍可继续使用；当遭受高于本地区抗震设防烈度的罕遇地震影响时，不致倒塌或发生危及生命的严重破坏。对于使用功能或其他方面有专门要求的建筑，当采用抗震性能化设计时，具有更具体或更高的抗震设防目标。对于抗震设防烈度6度及以上地区的建筑，必须进行抗震设计。

与各地震烈度水准相对应的抗震设防目标是：一般情况下遭遇第一水准烈度（众值烈度）时，建筑处于正常使用状态，从结构抗震分析角度可以视为弹性体系，采用弹性反应谱进行弹性分析；遭遇第二水准烈度（基本烈度）时，结构进入非弹性工作阶段，但非弹性或结构体系的损坏可控制在可修复的范围；遭遇第三水准烈度（预估的罕遇地震）时，结构有较大的非弹性变形。但应控制在规定范围内，以免倒塌。

《建筑抗震设计规范》(GB 50011—2010）规定在具体的设计工作中采用两阶段设计步骤。

第一阶段的设计内容是承载力验算。取第一水准烈度的地震动参数计算结构的弹性地震作用标准值和相应的地震作用效应，采用《建筑结构可靠度设计统一标准》(GB 50068）规定的分项系数设计表达式进行结构构件的承载力验算，其可实现第一、二水准的设计目标。大多数结构可仅进行第一阶段设计，而通过概念设计和抗震构造措施来满足第三水准的设计要求。

第二阶段的设计内容是弹塑性变形验算。对于有特殊要求的建筑、地震时易倒塌的结构以及有明显薄弱层的不规则结构，除进行第一阶段设计外，还要进行结构薄弱部位的弹塑性层间变形验算，并采取相应的抗震构造措施，以实现第三水准的设防要求。

上述设防原则和设计方法可简短地表述为“三水准设防，两阶段设计”。

地基承载力和基础结构只要满足了第一水准对于强度的要求，也就满足了第二水准的设防目标，故只需进行第一阶段设计。对于地基液化验算，则直接采用第二水准烈度，对判明存在液化土层的地基，采取相应的抗液化措施。地基基础相应于第三水准的设防要通过概念设计和构造措施来满足。

2. 地基基础的概念设计

建筑结构概念设计的问题早已提出，并已做了不少工作。地基基础的设计对于建筑物的安全和造价控制起着举足轻重的作用。对地基基础的概念设计问题进行研究，并逐步将它运用于工程实践，是非常必要的。

地基基础的概念设计就是将上部结构荷载不通过基础的二次传力，将大部分荷载传给其正下方的地基，用变刚度调平等方法来改变地基刚度和承载力，使结构各部分的沉降和地基反力趋于均匀。

变刚度调平概念设计应考虑工程的结构、荷载、地质特点等因素进行优化：对于天然地基，可以在核心筒等荷载密集区实施局部增强，如采用复合地基或桩基础等；对于桩基础，可通过调整桩径、桩长、桩距等方法强化核心筒等荷载密集区，弱化外围区。因此，对场地的选择、处理，地基与上部结构动力相互作用的考虑以及地基基础类型的选择等都是概念设计的重要方面。

10.4.3　场地选择

地震造成的建筑破坏是通过场地、地基和基础传递给上部结构的，场地与地基在地震时支承着上部结构，因此，选择有利于抗震的建筑场地是减轻地震灾害的第一道工序。

在抗震设计中，场地是指具有相似的反应谱特征的房屋群体所在地，不仅仅是房屋基础下的地基，其范围相当于厂区、居民点和自然村，在平坦地区面积一般不小于 1.0km，而场地土是指场地范围内的地基土在剖面上按地面下 15m 范围内土层平均特性进行划分。当场地覆盖层厚度小于 15m 时，按覆盖土层的平均特性划分。

1. 场地类型的划分

场地类型划分的目的是为了便于采取合理的设计参数和有关的抗震构造措施。从各国规范中场地分类的总趋势看，分类标准应当反映影响场地面运动特征的主要因素，现有的强震资料还难以用更细的尺度与之对应，所以场地一般至多分为 3～4 类，划分指标以土层软硬描述为多。它虽然只是一种定性描述，但由于其精度能与场地分类要求相适应，似乎已为各国规范所认同。作为定量指标，覆盖层厚度亦已被许多规范所接受，采用剪切波速作为土层软硬描述的指标近年来也逐渐增多。我国近年来修订的规范都采用了这类指标进行场地分类。此外，为避免场地分类引入设计反应谱跳跃式变化，我国的《建筑抗震设计规范》（GB 50011—2010）、《公路桥梁抗震设计细则》（JTG TB02—01—2008）中采用了连续场地指数对应连续反应谱的处理方式。

建筑的场地类型划分，《建筑抗震设计规范》（GB 50011—2010）中用等效剪切波速和覆盖层厚度双指标分类方法按表 10-8 划分为四类，其中Ⅰ类分为$Ⅰ_0$、$Ⅰ_1$两个亚类。为了在保障安全的条件下尽可能减少设防投资，在保障技术合理的前提下适当扩大了Ⅱ类场地的范围。

表 10-8　　各类建筑场地的覆盖层厚度和场地类别

等效剪切波速 (m/s)	场地类别				
	$Ⅰ_0$	$Ⅰ_1$	Ⅱ	Ⅲ	Ⅳ
$v_s>800$	0				
$500<v_s\leqslant800$		0			
$250<v_s\leqslant500$		<5	≥5		
$150<v_s\leqslant250$		<3	30～50	>50	
$v_s\leqslant150$		<3	3～15	15～80	>80

场地覆盖层厚度的确定方法如下：

在一般情况下，应按地面至等效剪切波速大于 500m/s 的坚硬土层或岩层顶面的距离确定；当地面 5m 以下存在剪切波速大于相邻上层土剪切波速 2.5 倍的下卧土层，且下卧土层的剪切波速均不小于 400m/s 时，可按地面至该下卧土层顶面的距离确定；剪切波速大于

500m/s 的孤石和硬土透镜体视为同周围土层一样；土层中的火山岩硬夹层视为绝对刚体，其厚度从覆盖土层中扣除。对土层剪切波速的测量，在大面积初勘阶段，测量的钻孔数量应为控制性钻孔数量的 1/5～1/3，且不少于 3 个；在详勘阶段，单幢建筑不少于 2 个，密集的高层建筑群每幢建筑不少于 1 个。

对于丁类建筑、层数不超过 10 层且高度不超过 30m 的丙类建筑，当无实测剪切波速时，可根据岩土名称和性状按表 10-9 划分土的类型，再利用当地经验在表 10-7 所示的等效剪切波速范围内估计各土层的剪切波速。

表 10-9　土的类型划分和剪切波速范围

土的类型	岩土名称和性状	土层剪切波速范围（m/s）
岩石	坚硬、较硬且完整的岩石	$v_s>800$
坚硬土或软质岩石	破碎和较破碎的岩石或软和较软的岩石，密实的碎石土	$500<v_s\leqslant 800$
中硬土	中密、稍密的碎石土，密实、中密的砾、粗、中砂，$f_{ak}>150$ 的黏性土和粉土，坚硬黄土	$250<v_s\leqslant 500$
中软土	稍密的砾、粗、中砂，除松散外的细、粉砂，$f_{ak}\leqslant 150$ 的黏性土和粉土，$f_{ak}>130$ 的填土，可塑新黄土	$150<v_s\leqslant 250$
软弱土	淤泥和淤泥质土，松散的砂，新近沉积的教性土和粉土，$f_{ak}<130$ 的填土，流塑黄土	$v_s\leqslant 150$

注　f_{ak}为由载荷试验等方法得到的地基承载力特征值（kPa）；v_s 为岩土剪切波速。

场地土层的等效剪切波速，应按下列公式计算：

$$v_{se}=d_0/t \tag{10-9}$$

$$t=\sum_{i=1}^{n}(d_i/v_{si}) \tag{10-10}$$

式中　v_{se}——土层等效剪切波速（m/s）；

d_0——计算深度（m），取覆盖层厚度和 20m 两者的较小值；

t——剪切波在地面至计算深度之间的传播时间；

d_i——计算深度范围内第 i 土层的厚度（m）；

v_{si}——计算深度范围内第 i 土层的剪切波速（m/s）；

n——计算深度范围内土层的分层数。

【例 10-2】 已知某建筑场地的钻孔地质资料如表 10-10 所示，试确定该场地的类别。

表 10-10　钻孔地质资料

土层底部深度（m）	土层厚度（m）	岩土名称	土层剪切波速 v_{se}（m/s）
1.5	1.5	杂填土	180
3.5	2.0	粉土	240
7.5	4.0	细砂	310
15.5	8.0	砾砂	520

解：（1）确定覆盖层厚度 d。

由于地表以下 7.5m 土层的剪切波速 $v_s=520\text{m/s}>500\text{m/s}$，所以有 $d=7.5\text{m}$。

（2）计算土层等效剪切波速 v_{se}。

按式（10-9）、式（10-10）有 $v_{se}=\dfrac{7.5}{\left(\dfrac{1.5}{180}+\dfrac{2.0}{240}+\dfrac{4.0}{310}\right)}\text{m/s}=253.6\text{m/s}$

查表10-8，v_{se}值位于250～500m/s，且d>5.0m，故该场地类别属于Ⅱ类。

2. 场地的选择

通常，场地的工程地质条件不同，建筑物在地震中的破坏程度也明显不同。因此，在工程建设中适当选取建筑场地，将大大减轻地震灾害。此外，由于建设用地受到地震以外众多因素的限制，除了极不利和有严重危险性的场地以外往往是不能排除其作为建设场地的。故很有必要按照场地、地基对建筑物所受地震破坏作用的强弱和特征采取抗震措施，也即地震区场地分类与选择的目的。

建筑场地的地形条件、地质构造、地下水位及场地土覆盖层厚度、场地类别等对地震灾害的程度有显著影响。我国多次地震震害调查表明，局部地形条件对地震作用下建（构）筑物的破坏有较大影响，条状突出的山嘴、高耸孤立的山丘、非岩石的陡坡、河岸和边坡边缘等均对建筑抗震不利。因此，我国《建筑抗震设计规范》（GB 50011—2010）规定，选择建筑场地时，应按表10-11划分对建筑抗震有利、不利和危险的地段。

表10-11 有利、一般、不利和危险地段的划分

地段类别	地质、地形、地貌
有利地段	稳定基岩，坚硬土，开阔、平坦、密实、均匀的中硬土等
一般地段	不属于有利、不利和危险的地段
不利地段	软弱土，液化土，条状突出的山嘴，高耸孤立的山丘，陡坡，陡坎，河岸和边坡的边缘，平面分布上成因、岩性、状态明显不均匀的土层（含故河道、疏松的断层破碎带、暗埋的塘浜沟谷和半填半挖地基），高含水量的可塑黄土，地表存在结构性裂缝等
危险地段	地震时可能发生滑坡、崩塌、地陷、地裂、泥石流等及发震断裂带上可能发生地表位错的部位

在选择建筑场地时，应根据工程需要，掌握地震活动情况、工程地质和地震地质的有关资料，对抗震有利、不利和危险地段做出综合评价。对不利地段，应提出避开要求；当无法避开时应采取有效措施。对危险地段，严禁建造甲、乙类的建筑，不应建造丙类的建筑。

关于局部地形条件的影响，从国内几次大地震的宏观调查资料来看，岩质地形与非岩质地形有所不同。云南通海地震的大量宏观调查表明，非岩质地形对烈度的影响比岩质地形的影响更为明显。如通海和东川的许多岩石地基上很陡的山坡，震害也未见有明显的加重。因此对于岩石地基的陡坡、陡坎等，规范未将其列为不利地段。但对于岩石地基中高度达数十米的条状突出的山脊和高耸孤立的山丘，由于鞭梢效应明显，振动有所加大，烈度仍有增高的趋势。

当场地中存在发震断裂时，尚应对断裂的工程影响做出评价。《建筑抗震设计规范》（GB 50011—2010）（2016年版）在对发震断裂的评价和处理上提出以下要求：

（1）对符合下列规定之一者，可忽略发生地震断裂错动对地面建筑的影响：①抗震设防烈度小于8度；②非全新世活动断裂；③抗震设防烈度为8度和9度时，前第四纪基岩隐伏断裂的土层覆盖厚度分别大于60m和90m。

（2）对不符合上列规定的情况，应避开主断裂带。其避让距离不宜小于表10-12对发震断裂最小避让距离的规定。在避让距离的范围内确有需要建造分散的、低于三层的丙、丁类

建筑时，应按提高一度采取抗震措施，并提高基础和上部结构的整体性，且不得跨越断层线。

表 10-12 发震断裂的最小避让距离 (m)

烈度	建筑抗震设防类别			
	甲	乙	丙	丁
8	专门研究	200m	100m	—
9	专门研究	400m	200m	—

进行场地选择时还应考虑建筑物自振周期与场地卓越周期的相互关系，原则上应尽量避免两种周期过于相近，以防共振，尤其要避免将自振周期较长的柔性建筑置于松软深厚的地基土层上。若无法避免，例如我国上海、天津等沿海城市地基软弱土层深厚，又需兴建大量高层和超高层建筑，此时宜提高上部结构整体刚度和选用抗震性能较好的基础类型，如箱形基础或桩箱基础等。

10.4.4 浅基础的抗震

地基基础的抗震验算一般采用所谓的拟静力法。此法假定地震作用如同静力，然后在这种条件下验算地基和基础的承载力和稳定性。所列的公式主要是参考相关规范的规定后提出的，对压力的计算应采用地震作用效应标准组合，即各作用分项系数均取 1.0 的组合，且地基抗震承载力应取地基承载力特征值乘以地基抗震承载力调整系数进行计算。

验算天然地基在地震作用下的竖向承载力时，按地震作用效应标准组合计算的基础底面平均压力和边缘最大压力应符合下列各式的要求：

$$p \leqslant f_{aE} \tag{10-11}$$

$$p_{max} \leqslant 1.2 f_{aE} \tag{10-12}$$

式中 p——地震作用效应标准组合的基础底面平均压力；

f_{aE}——调整后的地基抗震承载力，按式（10-13）计算；

p_{max}——地震作用效应标准组合的基础边缘的最大压力。

对于高宽比大于 4 的高层建筑，在地震作用下基础底面不宜出现脱离区（零应力区），其他建筑的基础底面与地基之间的脱离区（零应力区）面积不应超过基础底面面积的 15%。

在天然地基抗震验算中，地基土承载力特征值调整系数的确定主要参考了国内外资料和相关规范的规定，考虑了地基土在有限次循环动力作用下强度一般较静强度提高和在地震作用下结构可靠度容许有一定程度降低这两个因素。

基于上述两方面原因，《建筑抗震设计规范》（GB 50011—2010）采用抗震极限承载力与静力极限承载力的比值作为地基土的承载力调整系数，其值也可近似通过动静强度之比求得。因此，在进行天然地基抗震验算时，地基的抗震承载力应按下式计算：

$$f_{aE} = \zeta_a f_a \tag{10-13}$$

式中 f_{aE}——调整后的地基抗震承载力；

ζ_a——地基抗震承载力调整系数，应按表 10-13 采用；

f_a——深宽修正后的地基承载力特征值，应按现行国家标准《建筑地基基础设计规范》采用。

表 10-13　地基抗震承载力调整系数

岩土名称和性状	ζ_a
岩石，密实的碎石土，密实的砾、粗、中砂，$f_{ak}\geqslant300$kPa 的黏性土和粉土	1.5
中密、稍密的碎石土，中密和稍密的砾、粗、中砂，密实和中密的细、粉砂，$150\text{kPa}\leqslant f_{ak}<300$kPa 的黏性土和粉土，坚硬黄土	1.3
稍密的细、粉砂，$100\text{kPa}\leqslant f_{ak}<150$kPa 的黏性土和粉土，可塑黄土	1.1
淤泥，淤泥质土，松散的砂，杂填土，新近堆积黄土及流塑黄土	1.0

注　表中 f_{ak} 指未经深宽修正的地基承载力特征值，按现行国家标准《建筑地基基础设计规范》(GB 50007—2011) 确定。

我国多次强地震中遭受破坏的建筑表明，只有少数房屋是因地基的原因而导致上部结构破坏的。而这类地基大多数是液化地基、易产生震陷的软土地基和严重不均匀的地基。而一般地基均具有较好的抗震性能，极少发现因地基承载力不够而产生震害。因此，通常对于量大面广的一般地基和基础可不做抗震验算，而对于容易产生地基基础震害的液化地基、软土地基和严重不均匀地基，则规定了相应的抗震措施，以避免或减轻震害。《建筑抗震设计规范》(GB 50011—2010)(2016 年版) 规定下列建筑可不进行天然地基及基础的抗震承载力验算：

(1)《建筑抗震设计规范》(GB 50011—2010) 规定可不进行上部结构抗震验算的建筑。

(2) 地基主要受力层范围内不存在软弱黏性土层的下列建筑：

1) 一般的单层厂房和单层空旷房屋；

2) 砌体房屋；

3) 不超过 8 层且高度在 24m 以下的一般民用框架和框架抗震墙房屋；

4) 基础荷载与③项相当的多层框架厂房和多层混凝土抗震墙房屋。

其中软弱黏性土层指抗震设防烈度为 7 度、8 度和 9 度时，地基承载力特征值分别小于 80、100kPa 和 120kPa 的土层。

10.4.5　桩基础的抗震

采用桩基是消除地基液化沉陷的有效措施之一。地震的宏观经验表明，桩基础的抗震性能普遍优于其他类型基础，尤其对承受竖向荷载为主的低承台桩基（桩基承台埋于地下），其抗震效果一般较好。但对于需要承受水平荷载和地震作用的高承台桩基，破坏率比较高，震害程度也比较严重。因此，为了减轻桩基的震害，要进行桩基础的抗震验算。验算时，应采用地震作用效应组合计算桩基础的地震反应。

1. 可不进行桩基抗震承载力验算的建筑

《建筑抗震设计规范》(GB 50011—2010) 规定，承受竖向荷载为主的低承台桩基，当地面下无液化土层，且桩承台周围无淤泥、淤泥质土和地基承载力特征值不大于 100kPa 的填土时，下列建筑可不进行桩基抗震承载力验算：

(1) 6～8 度时的下列建筑：

1) 一般的单层厂房和单层空旷房屋；

2) 不超过 8 层且高度在 24m 以下的一般民用框架房屋和框架-抗震墙房屋；

3) 基础荷载与 2) 项相当的多层框架厂房和多层混凝土抗震墙房屋。

（2）《建筑抗震设计规范》（GB 50011—2010）规定可不进行上部结构抗震验算的建筑及砌体房屋。

2. 非液化地基土桩基抗震承载力验算

（1）桩基竖向抗震承载力验算。

非液化土中低承台桩基的单桩竖向承载力抗震验算，应符合下列规定：

$$N_{E} \leqslant R_{aE} \tag{10-14}$$

$$N_{Emax} \leqslant 1.2R_{aE} \tag{10-15}$$

$$N_{Emin} > 0 \tag{10-16}$$

式中 N_{E}——地震作用效应标准组合的单桩桩顶平均竖向力值；

N_{Emax}、N_{Emin}——地震作用效应标准组合的边缘单桩最大、最小竖向力值；

R_{aE}——单桩竖向抗震承载力特征值。

单桩竖向抗震承载力特征值 R_{aE} 按下式确定：

$$R_{aE} = 1.25R_{a} \tag{10-17}$$

式中 R_{a}——单桩非抗震竖向承载力特征值。

对于各类土层中的单桩，其抗震承载力均比静承载力提高 25%。这主要考虑到：虽然不同地基土抗震承载力调整系数不同，但桩身、桩端往往处于不同土层中，实际设计中分别进行调整难以做到；地震震害调查表明，即使是对于抗震承载力较小的软土地基，水平场地上建筑物桩基也均未失效。因此不分土类，一律调高 25%。

对于摩擦群桩竖向抗震承载力验算，包括群桩的整体竖向抗震承载力验算和软弱下卧层抗震承载力验算，验算方法与静力设计一样，只需将桩端土及其软弱下卧层土的抗震承载力采用调整后的天然地基抗震承载力特征值即可。

（2）桩水平抗震承载力验算。

非液化土中低承台桩基的单桩竖向承载力抗震验算，应符合下列规定：

$$H_{E} \leqslant R_{EHa} \tag{10-18}$$

式中 H_{E}——地震作用效应标准组合的单桩桩顶平均水平向力值；

R_{EHa}——单桩水平向抗震承载力特征值。

单桩水平向抗震承载力特征值按下式确定：

$$R_{EHa} = 1.25R_{Ha} \tag{10-19}$$

式中 R_{Ha}——单桩非抗震水平向承载力特征值。

地震作用效应标准组合的桩基所受的总水平力值按下列原则确定：

①当承台周围的回填土夯实至于密度不小于现行国家标准《建筑地基基础设计规范》（GB 50007—2011）对填土的要求时，可由承台正面填土与桩共同承担水平地震作用，但土体的抗力不应大于被动土压力的 1/3；但不应计入承台底面与地基土间的摩擦力。

②若在剪力传递方向承台旁有刚性地坪，且其抗力较承台正面被动土压力的 1/3 大，则由总水平力值中扣除地坪抗力作为桩所承担的净的总水平力值。地坪抗力可取为地坪与结构侧面的接触面与地坪材料的抗压强度的乘积。

3. 液化地基上桩基抗震承载力验算

根据《建筑抗震设计规范》（GB 50011—2010）的规定，存在液化土层的低承台桩基抗震验算，应符合下列规定：

(1) 承台埋深较浅时，不宜计入承台周围土的抗力或刚性地坪对水平地震作用的分担作用。

(2) 当桩承台底面上、下分别有厚度不小于 1.5m、1.0m 的非液化土层或非软弱土层时，可按下列两种情况进行桩的抗震验算，并按不利情况设计：

①桩承受全部地震作用，桩承载力按非液化土层中的有关规定取用，液化土的桩周摩阻力及桩水平抗力均应乘以表 10-14 的折减系数。

表 10-14　土层液化影响折减系数

实际标贯锤击数/临界标贯锤击	深度 d_s (m)	折减系数
≤0.6	$d_s \leqslant 10$	0
	$10 < d_s \leqslant 20$	1/3
>0.6～0.8	$d_s \leqslant 10$	1/3
	$10 < d_s \leqslant 20$	2/3
>0.8～1.0	$d_s \leqslant 10$	2/3
	$10 < d_s \leqslant 20$	1

②地震作用按水平地震影响系数最大值的 10%采用，桩承载力仍按非液化土层中的有关规定取用，但应扣除液化土层的全部摩阻力及桩承台下 2m 深度范围内非液化土的桩周摩阻力。

这一规定主要是基于这样的认识：在主震期间。一般认为桩基抗震承载力验算应考虑全部地震作用，但对液化土层的影响有不同的看法。一种看法认为地震与土层液化同步，在地震动作用下，可液化土层全部液化，液化层对桩的摩阻力和水平抗力应全部扣除。另一种看法认为，地震与土层液化不同步，地震到来之时，孔隙水压力的上升还没有导致土层液化，可液化土层在地震过程中还是稳定的，故可视为非液化土，主震期间可以不考虑液化土的影响。很显然，前者偏于保守，后者偏于危险。日本和中国的台湾在地震中实测的孔隙水压力时程和同一地点实测的加速度时程表明，孔隙水压力是单调上升的，达到峰值后单调地下降，其达到峰值的时刻即为加速度时程曲线中最大峰值出现的时刻。分析表明，液化与地震动是同步的，但是，在主震期间，液化土层对桩的摩阻力和水平抗力并不全部消失。因此，主震期间考虑液化对土性参数的折减，是比较合理的方法。由于计算单桩的抗震承载力时，先将桩周摩阻力及水平抗力在其静承载力特征值基础上提高 25%，然后再乘折减系数，故当抗液化安全系数（实际标贯锤击数/临界标贯锤击）等于 1 时，其计算结果与非液化土中单桩的计算结果相吻合；随着抗液化安全系数的减小，可以体现出液化土层对桩承载力的影响越来越大。

在主震之后，验算桩基抗震承载力时，通常将液化土层的摩阻力和水平抗力均按零考虑，但是否还需要考虑部分地震作用，尚有不同看法。考虑到即使地震停止，液化喷砂冒水通常仍要持续几小时甚至几天，这段时间内还可能有余震发生，为安全起见，在这种条件下取地震影响系数为最大地震影响系数的 10%计算地震作用，进行桩基抗震承载力验算是适宜的。

此外，根据《建筑抗震设计规范》(GB 50011—2010) 的规定，打入式预制桩及其他挤土桩，当平均桩距为2.5~4倍桩径且桩数不少于5×5时，可计入打桩对土的加密作用及桩身对液化土变形限制的有利影响。当打桩后桩间土的标准贯入锤击数值达到不液化的要求时，单桩承载力可不折减，但对桩尖持力层作强度校核时，桩群外侧的应力扩散角应取为零。打桩后桩间土的标准贯入锤击数宜由试验确定，也可按下式计算：

$$N_1 = N_p + 100\rho(1 - e^{-0.3N_p}) \tag{10-20}$$

式中 N_1——打桩后的标准贯入锤击数；

ρ——打入式预制桩的面积置换率；

N_p——打桩前的标准贯入锤击数。

处于液化土中的桩基承台周围，宜用密实干土填筑夯实，若用砂土或粉土则应使土层的标准贯入锤击数不小于式（10-7）规定的液化判别标准贯入锤击数临界值。

液化土和震陷软土中桩的配筋范围，应自桩顶至液化深度以下符合全部消除液化沉陷所要求的深度，其纵向钢筋应与桩顶部相同，箍筋应加粗和加密。

在有液化侧向扩展的地段，桩基除应满足本节中的其他规定外，尚应考虑土流动时的侧向作用力，且承受侧向推力的面积应按边桩外缘间的宽度计算。

思考题

1. 地震有哪些分类？各类地震的成因分别是什么？

2. 地震的震级和烈度有什么区别？

3. 什么叫地震的震害？地震的震害主要有哪几种，有什么特点？

4. 什么叫作土体的液化？土体液化的主要影响因素有哪些？

5. 按《建筑抗震设计规范》（GB 50011—2010）（2016年版），如何初步判定地基土层是否可能液化？

6. 按《建筑抗震设计规范》（GB 50011—2010）（2016年版），若需对地基土层液化做进一步判断，应按标准贯入试验结果判定地基土层能否液化，其依据是什么？用什么标准判定？

7. 怎样进行地基的抗液化处理？

8. 进行过抗震设计的建筑，其基本的抗震设计目标是什么？

9. 抗震设计时，为什么可以对地基承载力进行适当放大？

10. 从抗震的角度，场地如何分类？分成哪几类？

11. 哪些情况下可不进行天然地基及基础的抗震承载力验算？

习 题

1. 某建筑场地，其地质条件从地表向下依次为：1m厚淤泥土；5m厚粉质黏土，其下为砂土。地下水位距地表为6.0m，基础埋深为2m。试问：

1）假定该场地为7度抗震设防区，初步判别该地基是否会液化？

2）假定该场地为8度抗震设防区，基础埋深为3m，初步判别该地基是否会液化？

2. 已知某建筑场地的钻孔资料如表 10-15 所示，试确定该场地属于哪类场地？

表 10-15　　钻孔地质资料

土层底部深度（m）	土层厚度（m）	岩土名称	土层剪切波速 v_{se}(m/s)
2.0	2.0	杂填土	190
10.5	8.5	粉土	240
22.5	12.0	中砂	380
28.5	6.0	碎石土	510

参考文献

[1] 建筑地基基础设计规范（GB 50007—2011）.
[2] 建筑桩基技术规范（JGJ 94—2008）.
[3] 建筑抗震设计规范（GB 50011—2010）（2016 年版）.
[4] 建筑地基处理技术规范（JGJ 79—2012）.
[5] 建筑基坑支护技术规程（JGJ 120—2012）.
[6] 岩土工程勘察规范（GB 50021—2017）.
[7] 湿陷性黄土地区建筑规范（GB 50025—2004）.
[8] 冻土工程地质勘察规范（GB 50324—2014）.
[9] 建筑边坡工程技术规范（GB 50330—2013）.
[10] 膨胀土地区建筑技术规范（GB 50112—2013）.
[11] 冻土地区建筑地基基础设计规范（JGJ 118—2011）.
[12] 高层建筑筏形与箱形基础技术规范（JGJ 6—2011）.
[13] 建筑地基处理技术规范（JGJ 79—2012）.
[14] 建筑基桩检测技术规范（JGJ 106—2014）.
[15] 混凝土结构设计规范（GB 50010—2010）（2015 年版）.
[16] 高层建筑混凝土结构技术规程（JGJ 3—2010）.
[17] 赵明华. 基础工程 [M]. 2 版，北京：高等教育出版社，2013.
[18] 戴国亮，程晔. 基础工程 [M]. 武汉：武汉大学出版社，2015.
[19] 周景星，李广信等. 基础工程 [M]. 3 版，北京：清华大学出版社，2015.
[20] 华南理工大学，浙江大学，湖南大学. 基础工程 [M]. 北京：中国建筑工业出版社，2003.
[21] 张威，梁昌望. 基础工程 [M]. 合肥：合肥工业大学出版社，2007.
[22] 刘起霞. 地基处理 [M]. 北京：北京大学出版社，2013.
[23] 龚晓南. 复合地基理论及工程应用 [M]. 北京：中国建筑工业出版社，2003.
[24] 巩天真，岳晨曦. 地基处理 [M]. 北京：科学出版社，2008.
[25] 李利，韩玮. 基础工程. 武汉：武汉大学出版社，2014.
[26] 陈东佐. 基础工程. 北京：化学工业出版社，2010.
[27] 周景星. 基础工程. 北京：清华大学出版社，2015.
[28] 李英民，杨溥. 建筑结构抗震设计. 重庆：重庆大学出版社，2017.
[29] 叶书麟，韩杰. 地基处理与托换技术 [M]. 北京：中国建筑工业出版社，1994.
[30] 高大钊. 岩土工程的回顾与前瞻 [M]. 北京：人民交通出版社，2001.
[31] 阎明礼，张东刚. CFG 桩复合地基技术及工程实践 [M]. 北京：中国水利水电出版社，2001.
[32]《注册岩土工程师专业考试案例分析历年考题及模拟题详解》编委会. 注册岩土工程师专业考试案例分析历年考题及模拟题详解 [M]. 北京：人民交通出版社，2013.
[33] 兰定筠. 一、二级注册结构工程师专业考试应试技巧与题解 [M]. 9 版，北京：中国建筑工业出版社，2017.
[34] 黄太华，袁健. 关于重力式挡土墙截面尺寸确定方法的探讨 [J]. 岩土工程技术.
[35] 龚晓南. 21 世纪岩土工程发展展望 [J]. 岩土工程学报，2000，22 (2)：238-242.
[36] 杨玉生，刘小生等. 地基砂土液化判别方法探讨 [J]. 水力学报. 2010，9：1061-1068.
[37] 曾凡振，侯建国等. 中美抗震规范地基土液化判别方法的比较研究 [J]. 建筑结构学报. 2010，增 2：309-314.